国家自然科学重点基金（41030856）和青岛市“胶州湾海洋环境保护研究”课题及
泰山学者建设工程专项资助

献给中国海洋大学90周年校庆

胶州湾地质与环境

李广雪　刘　勇　史经昊　董贺平
马妍妍　李　品　栾光忠　著

海洋出版社
2014年·北京

图书在版编目（CIP）数据

胶州湾地质与环境/李广雪等著.—北京：海洋出版社，2014.2
ISBN 978-7-5027-8807-0

Ⅰ.①胶… Ⅱ.①李… Ⅲ.①黄海-海湾-环境地质学 Ⅳ.①X14②P737.172

中国版本图书馆 CIP 数据核字（2014）第 039851 号

责任编辑：杨传霞
责任印制：赵麟苏
海洋出版社 出版发行
http：//www.oceanpress.com.cn
北京市海淀区大慧寺路 8 号 邮编：100081
北京画中画印刷有限公司印刷 新华书店发行所经销
2014 年 2 月第 1 版 2014 年 2 月北京第 1 次印刷
开本：787mm×1092mm 1/16 印张：16.5
字数：380 千字 定价：118.00 元
发行部：62132549 邮购部：68038093 总编室：62114335

前言

胶州湾海域的开发，可追溯到公元六世纪，海上航运和渔业的发展带动了环胶州湾地区经济的逐步繁荣，使之成为黄海之滨一颗璀璨的明珠。特别是新中国成立以后，伴随着全国经济的迅猛发展，胶州湾及其周边海岸带利用也发生了巨大变化。胶州湾凭借其得天独厚的港口海运条件和良好的水产、盐业、旅游和海洋空间等资源，成为青岛市构建国际化大都市发展的中心区。随着城市快速发展，人类开发活动加剧，胶州湾先后经历了盐田建设、填湾造地、围建和改建养殖池、开发港口、建设公路以及跨海大桥、海底隧道、临港工业区等大型项目的建设，且这类开发建设在黄岛、胶州等地区依然如火如荼。环胶州湾区域开发使得原有的美丽自然景观逐渐被人造工程所代替，湿地面积急剧缩小，海与陆的物质、能量交换被阻隔，最终将会导致生态系统破坏，生物种群及数量降低。开发总体规划将直接影响和决定胶州湾的命运，决定它是否会步世界海湾开发与保护失衡的后尘，如日本东京湾95%的岸线成为人工岸线，使得自然风貌消失殆尽。如果胶州湾地区任由人类无限开发，继续向海逼近，不仅会继续破坏宝贵的海岸带资源，使湿地面积缩小、岸线进一步缩短，还会造成胶州湾的纳潮面积缩小、纳潮量降低，导致海湾自净能力下降、生态环境恶化、生物多样性丧失，最为严重的是将造成口门堆积，海湾寿命缩短，最终使海湾渐渐失去其瑰丽的色彩。

胶州湾的调查研究工作始于德国人李希霍芬，他于1868—1872年间曾多次来华考察。1869年3—5月李氏专程来山东进行调查，他在1877年出版的《中国》一书中首次提出了胶州湾为中国北方最理想港口的观点，为德国侵华战略实施提供了重要依据。1897年德国派海河工程专家来华，专门对胶州湾的地形、气象、水文、地质、港口、交通、商业、居民点、民风民俗进行了详细调查研究，并向政府写了调查报告，从而坚定了德帝的侵华决心。在1897年11月德国侵占胶州湾后，为谋港务和航政的安全，于1898年在馆陶路1号设一简易气象台，并于3月1日开始观测。1900年改称气象天测所，1904年成立天测室及报时台，1905年搬至水道山（即今气象台处），1909年增设地震、天文等观测项目。1911年改名为青岛观象台，主要观测业务有气象、天文、地磁、潮汐等项目。1914年气象台被日本人占据，并从1915年起原每日3次观测改为每日7次观测。1922年国人收回青岛后，观象台也由国人管理，并于1928年增设海洋科，开始进行有计划有组织的海洋研究。1929年前，青岛观象台“每日派员在大港及前海测量海水表面温度、海水深度、海水盐度，并采取海水及海底沉淀，携归分析”。1932年水族馆动工，1933年竣工。1935年筹建海洋研究所，历时一年，房屋、设备告竣，终因1937年日军再度入侵而未建成。观象台也陷入敌手。

20世纪30年代初起，张玺等开始胶州湾生物的系统调查研究，先后发表了一系列调查报告和论文。1945年日本投降后，观象台又为国人接管，由于日本人破坏，各项设备均已零乱，资料也有遗失。

1949年后，胶州湾的研究有了重大进展。1949年黄海水产研究所自上海迁至青岛，是我国在青岛最早的中央直属水产科学研究机构。1950年8月中国科学院在青岛建立了海洋生物实验室，当时有科技人员10人，1957年8月扩大为中国科学院海洋生物研究所，1959年1月进一步扩大为现在的中国科学院海洋研究所。1959年成立了我国第一所专门以海洋为对象的高等学校——山东海洋学院（现中国海洋大学）。1964年又成立了国家海洋局第一海洋研究所，以及同年成立于南京、后于1979年重建于青岛的国土资源部青岛海洋地质研究所，1965年国家海洋局北海分局成立。众多科研单位的成立，无疑对胶州湾的研究起了推动作用。

20世纪50年代末至60年代初，中国科学院海洋研究所对胶州湾的海流、沉积物、地貌及周边地质进行过调查。70年代中期，山东海洋学院对胶州湾地球化学做了调查研究；70年代末至80年代初，山东海洋学院王化桐等进行了“胶州湾环流与污染扩散的数值模拟”的研究，先后发表了一系列研究成果。国家海洋局北海分局在此期间开始了胶州湾污染的监测工作。80年代初起，中国科学院海洋研究所和山东海洋学院依托全国海岸带和海岛调查计划，开展了地质地貌调查，同时，为胶州湾及邻近海域海洋农牧化开展了温盐、生物、生态等调查研究计划。国家海洋局第一海洋研究所，从1980年起，为进一步发展胶州湾航运事业，对胶州湾的气象、水文、地质、地貌、沉积、泥沙等项进行了全面系统的调查与研究，特别指出的是，波浪进行多站的长期系统的观测研究始于此，比较全面绘制黄岛前湾的基岩埋深图也始于此。所有这些成果均反映在1984年出版的《胶州湾自然环境》一书和一系列论文中。

胶州湾地区经历了一个多世纪的开发与发展，显示出了它无可争议的区位优势，胶州湾的开发为青岛市的经济和社会发展做出了重大贡献，并且带动了周边地区的共同繁荣与进步。现阶段“环湾保护、拥湾发展”战略决策的提出，将带动胶州湾在青岛市乃至山东省东南部的发展跃上一个更高的层次，人民的生活水平也将会得到极大改善。然而，胶州湾的发展并不是一帆风顺的，由于前期的快速围垦，已经导致了胶州湾的环境恶化、自然资源减退，包括海岸带资源、湾内水体质量、生物资源等，给胶州湾的进一步发展埋下了隐患。如何消除这些影响并让胶州湾畔人与环境和谐美好，就需要决策部门制定长期有效的总体规划与合理的政策措施，以胶州湾自然环境历史演变和现状为重要的参考依据，明确空间资源开发尺度，控制好人类开发力度，使胶州湾在环境保护与改善的同时能够朝着更加有利于社会可持续的方向发展。

近年来，随着国家对环境保护的认识逐步加强，当地政府采取了一系列相关的政策措施开始保护胶州湾，使胶州湾的主要资源，如湿地资源、岸线资源、海滩资源等都具有可持续利用的潜质，为子孙后代保留一份永续利用的财产。为给胶州湾海岸带地区的保护、恢复与总体规划提供科学依据，我们开展了基础地质和环境补充调查以及以3S技术为主的胶州湾海岸带资源自然地理现状的调查研究；对比了不同时段岸线以及海岸带资源与利用状况；采用数值模拟的方法探讨了胶州湾泥沙运移状况及寿命；深入研究了胶州湾空间资源现状，分析评价了胶州湾海岸线使用现状、利用质量与程度。

胶州湾是青岛人民的母亲湾，狭窄而稳定的岩石湾口是内湾天然屏障，环湾景色秀丽，随处可建良港。随着胶州湾的开发利用，一些不利于胶州湾长远发展的用海势头已逐渐显现，引起青岛市委市政府的高度重视，采取了一系列的措施来应对这种不利的局面，及时提出了“环湾保护，拥湾发展”的战略决策。近几年，青岛市越来越重视胶州湾的经济、环境和生态文明价值，提出了“加快建设组团式、生态化的海湾型大都市”的城市发展战略，制定并逐步落实“青岛市胶州湾保护条例”和“胶州湾近岸地区功能优化及岸线整治规划”。在保护的前提下进一步发挥胶州湾区位优势，在更高的层次上拉动青岛市的发展。因此，这里的“保护与发展”是辩证的统一，为胶州湾可持续发展奠定了科学的理论基石。具体地讲：①要在充分认识自然规律的基础上，加强管理，正确规划，促进胶州湾有序、合理利用；②在先进的科学技术支撑下，加强环湾地区环境的监控、监测与修复力度，改善胶州湾的环境质量，保护好胶州湾有限的海域空间和海岸带环境；③在有效保护海湾环境的条件下，继续提高其资源开发利用的社会和经济效益，使之长远造福于人类。

本书针对胶州湾所面临的新形势、新问题开展研究，共分为8个章节，第1章为胶州湾区域地质，第2章为胶州湾地区自然资源，第3章为胶州湾地区地形地貌，第4章为胶州湾冰后期沉积体系，第5章为胶州湾岸线变迁，第6章为胶州湾海岸现状与规划评价，第7章为胶州湾演变对沉积动力环境的影响，第8章为胶州湾沉积动力环境未来变化。

随着青岛作为山东半岛蓝色经济区领军城市的作用日益凸显，保持胶州湾长期可持续发展显得越来越重要。为此，本书在胶州湾基础地质与环境研究的基础上，重点关心三个核心问题：①胶州湾海岸带演变与现状。这是"环湾保护、拥湾发展"战略的基础。主要包括胶州湾地区地质与资源、岸线类型及其分布、海岸带土地利用，通过历史演变研究，对现状进行详细分析，获得准确的海岸带环境数据。重点对大沽河口及邻近地区的湿地空间变化开展研究。②胶州湾空间演变与现状。这是"环湾保护、拥湾发展"战略的保障。海域面积、体积、纳潮量以及由此引起的水交换、海床冲淤和水道变化等研究结果，直接关系到青岛市发展的长远目标。③胶州湾寿命问题。寿命问题是制约环湾发展的重大问题，影响海湾寿命的因素主要有两个方面，一个方面是与水体交换有关的环境容量承载力问题，在一定的时期内，可以通过控制污染物排放和工程修复技术来保护海湾环境；另一个方面就是口门淤积，当内湾面积占用使纳潮量减少到一定程度的时候，口门涨落潮三角洲快速发育，使航道和口门淤塞，并制约内湾水交换和环境容量。

作者

2014年2月11日

目 录

第1章 胶州湾区域地质

胶州湾位于山东半岛西南，是镶嵌在黄海岸边的一个扇形的海湾。面积近400 km^2，平均水深20 m左右，最大深度为64 m。湾内发育数条水下谷地，深度可达25～50 m，为港口建设提供了良好的天然避风和通航条件。随着青岛城市化的快速发展和城阳、黄岛两城市行政区的建置，事实上，胶州湾已经成为现代青岛城市发展的核心，需要进一步加强胶州湾及其周边地质、构造和防震减灾的研究。

胶州湾及其周边岩石性质复杂，不同方向的断裂汇聚、交切于湾内，多组断裂的空间排列造成胶州湾特殊的地貌特征（栾光忠，1998a，1998b，2002）。胶州湾成因众说纷纭。最早是叶良辅和喻德渊（1930）提出的风成侵蚀成因说，之后成国栋（1979）提出了旋扭构造成因说，刘洪滨（1986）提出了破火山口成因说，赵奎寰（1998）和栾光忠等（1998）认为胶州湾为一断陷盆地。赵奎寰认为胶州湾是由NE、NW向断裂构成的棋盘格式构造起着主要控制作用，栾光忠认为胶州湾的陷落是受沧口断裂以及新华夏系几组断裂控制。吕洪波（Lv et al.，2007）提出胶州湾冰川成因说，认为胶州湾是更新世晚期覆盖山东半岛的大陆冰川向黄海运移过程中挖掘出来的峡湾。近期，有人认为胶州湾内海底基岩基本与沿岸陆地和岛礁的岩性一致，是陆地岩层向海的延伸（李官保，2009）。多种成因说印证了胶州湾有其复杂的地质背景和成因，在学术上有重要的探索与研究价值，尤其是作为青岛的母亲湾，其成因、规划、开发与环境保护更加引人关注。由于胶州湾及其周边第四系和人工填土的覆盖，对其成因和构造特征的研究增加了困难。但几代地质工作者的努力和胶州湾大型勘查项目的实施，特别是近几年来胶州湾隧道、海湾大桥和青岛市活断层勘察等项目的实施，为本书的完成提供了较丰富的资料。

胶州湾地区Ⅱ级大地构造位于鲁东断块区，该断块区由北向南分别为胶北隆起、胶莱坳陷、胶南隆起，而胶州湾恰好位于胶南隆起的东端与胶莱坳陷接合处的特殊地带（图1.1）。鲁东断块是一个边界为深大断裂所围限的次级三角形构造块体，郯庐断裂带、燕山—渤海断裂带和淮阴—响水—千里岩—海洲断裂带构成块体的西、北和东南边界，整个断块由元古代变质岩和花岗岩侵入体组成，中生代在中部胶莱地区形成断陷盆地。断块区内构成华北地块和扬子断块分界线的NE向缝合线，在新构造期对两大断块无明显的控制作用。新生代该区处在整体隆起剥蚀阶段，形成多级夷平面。整个块体上升速率不均匀，东南部和西部上升速率高，北部地区上升慢。北部沿海地区，第四纪断裂活动强烈。

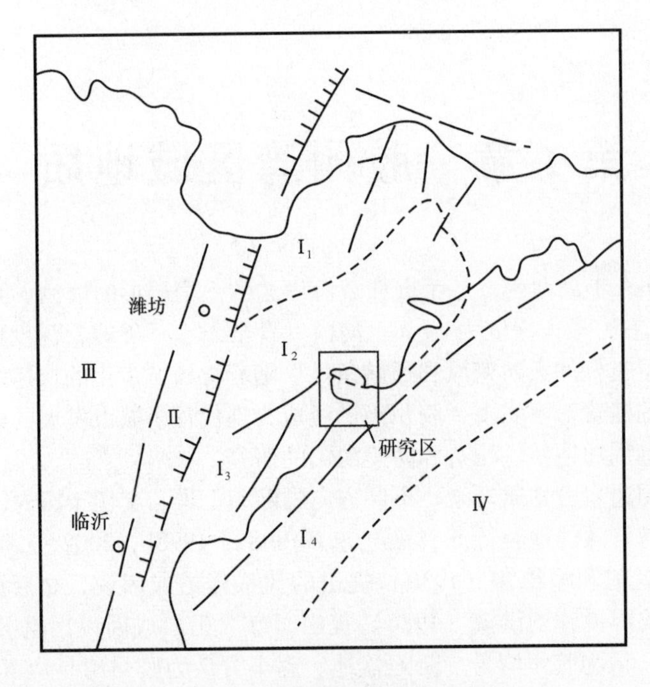

图 1.1 胶州湾区域构造位置

$Ⅰ_1$—胶北隆起；$Ⅰ_2$—胶莱坳陷；$Ⅰ_3$—胶南隆起；$Ⅰ_4$—千里岩隆起；Ⅱ—沂沭断裂带；Ⅲ—鲁西断块；Ⅳ—南黄海北部坳陷

1.1 地层

青岛胶州湾及其周边地层位于胶南隆起与胶莱坳陷的衔接部位，由于各时期花岗岩等侵入岩分布广，出露面积大，所以地层发育不全。古元古界（Pt_1）荆山岩群（Pt_1j）区域变质岩分布于胶州湾西南畔的小珠山等地区。中生界则分布于楼山、女姑山、胶州、红岛及胶州湾水域。新生界在本区沉积厚度不大，在时代上主要为上更新世和全新世，分布于胶州湾、胶莱河和其他低洼区（图 1.2）。

1.1.1 古元古界（Pt_1）

荆山岩群（Pt_1j）

野头岩组（Pt_1jY）：主要岩性为条带状含石墨透辉白云质大理岩、白云质大理岩，产化石：*Leiominuscula pellucentis*, *Leiopsophosphaera minor*, *Trachysphaeridium cf. simplex L. aff. orientalis*。厚度大于 100 m。主要分布于胶南柳花泊乡西北部及小珠山西北的石灰山一带。

陡崖岩组（Pt_1jD）：主要岩性为含石墨绢云石英片岩、石英岩、透闪岩。厚度 178.1 m。主要分布于红石崖西部的朱郭、田家窑及花林东山地区。

年代地层			岩石地层		岩性描述
界	系	统	组	代号	
新生界	第四系	全新统	人工填海堆积	Q^{s}	Q^{s} 人工填海堆积，厚10 m
			沂河组	$Q_4^{al}Y$	$Q_4^{al}Y$ 冲积相灰黄色含砾混粒砂、砾石层，厚1m
			泰安组	$Q_4^{al+pl}T$	$Q_4^{al+pl}T$ 洪积相砾石夹砂土，厚2 m
			寒亭组	$Q_4^{eol}Ht$	$Q_4^{eol}Ht$ 风积相黄白色中细砂，厚10 m
			白云湖组	$Q_4^{l}B$	$Q_4^{l}B$ 湖泊相黑色、黑褐色黏土、落质黏土，厚6.5 m
			潍北组	$Q_4^{m}W$	$Q_4^{m}W$ 海陆交互相灰黄色黏土、粉砂质黏土，产化石：*Ammonia Cribrononion tapaida incertum* 厚23 m
			旭口组	$Q_4^{m}Xk$	$Q_4^{m}Xk$ 滨海相砂夹少量砾石及淤泥层，厚10.8 m
			临沂组	$Q_4^{al+pl}L$	$Q_4^{al+pl}L$ 冲积相黏土质粉砂夹含砾中粗粒砂，厚13.5 m
			黑土湖组	$Q_4^{l}H$	$Q_4^{l}H$ 湖泊相灰黑色含砾砂质黏土，产化石：*Viviparus* sp. *Radix* sp. 厚4 m
		更新统	大站组	$Q_3^{al+pl}D$	$Q_3^{al+pl}D$ 冲洪积相黄色、黄褐色粉砂质黏土夹砂砾石层，产化石：*Elephas namadicus*
		全新统—更新统	山前组	$Q_{2-3}^{dl+el}\hat{S}$	$Q_{2-3}^{dl+el}\hat{S}$ 残坡积相灰黄色含砾砂质黏土，厚13 m
中生界	白垩系	上统	王氏群	K_2w	砖红色长石细砂岩、粉砂岩、粉砂质页岩，产化石：*Protoceratops* sp. *Oolithes spherodics* *Oolithes elongatus*
		下统	青山群	K_1q	紫灰色粗安质角砾集块熔岩、角砾熔岩，流纹岩、流纹质晶玻屑凝灰岩夹流纹质砂砾岩，角闪安山岩夹安山质粗砾岩，产介形类化石：*Prodeinodon* sp. *Cypridea* sp. *Darwinula* sp.
			莱阳群	K_1l	灰白色薄层状中细粒砂岩、粉砂质页岩、硅质页岩，紫红色角砾岩、砾岩、岩屑长石粗、细砂岩，泥岩紫灰色漂砾岩、中粗粒岩屑长石砂岩，卵砾岩。产孢粉化石：*Equisctites caldophlebis*
古元古界			荆山岩群	Pt_1j	含石墨绢云石英片岩、石英岩、透闪岩，条带状含石墨透辉白云质大理岩、白云石大理岩，产化石：*Leiominuscula pellucentis* *Leiopsophosphaera minor* *Trachysphaeridium cf.simplex* *L.aff. orientalis*

图 1.2　胶州湾及其周边地层格架

1.1.2　中生界（M_Z）

白垩系（K）

下统（K_1）

莱阳群（K_1l）

林寺山组（KlL）：上段为紫红色厚层状砾岩、砂岩夹泥岩，砾石成分为基底岩石之变质深成岩，厚度大于 7.1 m；下段为紫红色角砾岩、砾岩，砾石成分为基底岩石的片麻状中粗粒二长花岗岩，厚度大于 258 m。主要分布在沧口黄埠岭、牛王庙地区及红寨北部。

止凤庄组（KlZ）：黄色、灰黄色、紫灰色、紫红色中细粒岩屑长石砂岩夹薄层状泥质粉砂岩、浅紫灰色中细粒砂岩。厚度大于 1116. 2 m。主要分布在李沧区黄埠岭及红寨北部。

杜村组（KlD）：下部为紫灰色漂砾岩；中部为紫灰色中粗粒岩屑长石砂岩、含砾砂岩；上部为紫灰色卵砾岩夹含砾砂岩、砂岩和黄绿色粉砂质页岩、流纹质熔结凝灰岩透镜体。上述砾石成分为片麻状二长花岗岩、石英岩、大理岩、灰岩、斜长角闪岩等。厚度 2 309. 5 m。主要分布在胶州西北部。

曲戈庄组（KlQ）：紫灰色含砾中粒砂岩、细砂岩夹泥岩，以含安山质岩屑和砾石为特征，局部夹流纹质熔结岩屑凝灰岩透镜体。厚度 65. 6 ~ 160 m。主要分布在胶州西南部及黄岛红石崖的东南部。

法家茔组（KlF）：紫红色岩屑长石细砂岩为主，夹含砾中粒长石砂岩（岩石中以含安山质砾石为特征），下部为黄绿色粉砂质页岩夹流纹质岩屑凝灰岩。产孢粉化石 *Equisctites caldophlebis*。厚度大于 295 m。主要分布在胶州西南部。

青山群（K_1q）

后夼组（KqH）：流纹质晶玻屑熔结凝灰岩夹流纹质砂砾岩。厚度大于 147. 2 m。主要分布在胶州南部河套镇及大沽河东岸烟台顶地区。

八亩地组（KqB）：黑色、黑灰色及紫灰色玄武粗安岩、玄武安山岩、玄武粗安质沉集块角砾岩、玄武粗安质集块角砾岩、粗安质含集块凝灰角砾岩、玄武岩（全岩 K - Ar 同位素年龄为 116 Ma）、安山岩、粗安玢岩等。玄武粗安质沉集块角砾岩中含有 *Typhapollenites* sp. , *Rhuspollenites* sp. 。角闪安山岩夹安山质粗砾岩，产介形类化石 *Prodeinodon* sp. , *Cypridea* sp. , *Darwinula* sp. 。厚度 91. 4 ~ 888. 8 m。主要分布在胶州河套镇及其周边，四方区小水清沟西部，石老人及其北部，沧口的西北、西南及东北部。

石前庄组（KqS）：球粒流纹岩、流纹岩、流纹质火山角砾岩、流纹质晶玻屑凝灰岩夹薄层状凝灰质细砂岩、粉砂岩。厚度 315 ~ 1424 m。主要分布在胶州南部河套镇及其周边，灵山卫东部炮台山、塔山、黄山地区，沧口西南部红岛地区、女姑山北部，黄岛西部偏北地区。

方戈庄组（KqF）：粗面质含角砾熔结晶屑凝灰岩，粗面质角砾熔结晶屑凝灰岩，粗面质含集块角砾熔结晶屑凝灰岩。紫红色岩屑长石细砂岩为主，夹含砾中粒，长石砂岩（岩石中以含安山质砾石为特征），下部为黄绿色粉砂质页岩夹流纹质岩屑凝灰岩。产孢粉化石：*Equisctites caldophlebis*。厚度 25 ~ 1596. 1 m。主要位于胶州东部等地区。

上统（K_2）

王氏群（K_2w）

红土崖组（KwH）：橄辉玄武岩、玄武安山岩夹不稳定细砂岩、粉砂岩薄层，紫红色、紫灰色中细粒岩屑长石砂岩夹黑色、黑灰色、灰色气孔杏仁状伊丁石化橄榄玄武岩，砖红色长石细砂岩、粉砂岩、粉砂质页岩，产化石 *Protoceratops* sp. , *Oolithes elongates*, *Oolithes spheroides*。厚度 250 ~ 338. 24 m。主要分布在胶州胶东镇及其周边地区，上马镇及其周边地区，沧口、黄岛的西北部。

1.1.3　新生界

第四系

更新统（Q_{2+3}）

山前组（$Q_{2+3}^{dl+el}S$）：残坡积相灰黄色含砾砂质黏土，厚 13 m。主要分布在黄岛西北武山周边，黄岛西南部，小珠山水库东部及南部，灵山卫西南部及南部，北部凤凰山以北地区，青岛浮山所周边，李村河周边地区和沧口北部地区。

大站组（$Q_3^{al+pl}D$）：冲、洪积相黄色、黄褐色粉砂质黏土夹砂砾石层，产化石 *Elephas namadicus*。厚度 2～5 m。主要分布在胶州西北部，大沽河农场以西地区，黄岛中部红古崖南部，黄岛南部辛安镇及其周边地区，灵山卫北部及鹿岛西部。

全新统（Q_4）

黑土湖组（Q_4^lH）：湖泊相灰黑色含砾砂质黏土，产化石 *Viviparus* sp.，*Radix* sp.。厚 4 m。主要位于胶州北部，大沽河西部。

临沂组（$Q_4^{al+pl}L$）：冲积相黏土质粉砂夹含砾中粗粒砂，厚 13.5 m。主要位于胶州大沽河农场西北部，共青团水库西南部，黄岛西北部及红石崖西部，灵山卫西南部河流两岸附近，青岛李村河附近，石老人西北部，沧口北部及白沙河附近。

旭口组（Q_4^mXk）：滨海相砂夹少量砾石及淤泥层，厚 10.8 m。主要分布在胶州东南部胶州湾沿岸，黄岛东南部，灵山卫胶州湾沿岸，青岛浮山所南部沿海地区。

潍北组（Q_4^mW）：海陆交互相灰黄色黏土、粉砂质黏土，产化石 *Ammonia Cribrononion tapaida incertum*。厚 6.5 m。主要分布于胶州大沽河及其周围，胶州湾西北部盐田，黄岛北部，沧口西部盐田及其周边地区。

白云湖组（Q_4^lB）：湖泊相黑色、黑褐色黏土、砂质黏土，厚 6.5 m。主要分布于胶州桃源河及其周边地区。

寒亭组（$Q_4^{eol}Ht$）：风积相黄白色中细砂，厚 10 m。主要分布于灵山卫东南部。

泰安组（$Q_4^{al+pl}T$）：洪积相砾石夹砂土，厚 2 m。主要分布于灵山卫西南部崮上庄地区。

沂河组（$Q_4^{al}Y$）：冲积相灰黄色含砾混砾砂、砾石层，厚 1 m。主要分布于胶州三里河、大沽河、桃源河两侧附近，黄岛洋河、龙泉河沿岸，灵山卫河流沿岸，青岛李村河沿岸，沧口墨水河、白沙河沿岸。

人工填海堆积（Q^S）：人工填海堆积，厚 10 m 左右。主要分布于黄岛东部黑山的西部及北部，灵山卫北部、黄岛前湾南部。

1.2　侵入岩

胶州湾地区燕山期岩浆活动频繁而强烈，形成荣成—青岛—日照巨大的岩浆带，该带通过胶州湾，使胶州湾地质构造复杂化。该岩浆带北部为喷出岩，东南、西南部主要为侵入岩，湾内海域通过大量钻孔资料得到证实。该岩浆带形成早期岩性皆为喷溢的中基性火山岩，产状基本上向 NW 倾斜，倾角由缓逐渐变陡，其走向与岩浆带走向一致。局部地区火山岩产状受断裂构造影响（赵奎寰，1998），尤其是燕山期花岗岩岩体以巨大的岩基分布于崂山、小珠山地区，形成胶州湾畔的小珠山、崂山的中、高山。

1.2.1 中元古代变质深成岩

中元古代变质深成岩是胶州湾周边地区最古老的侵入岩，归属海阳所超单元，该岩体规模小，分布零星，多以东北向带状及小岩株状分布，主要见有通海单元、老黄山单元、大张八单元三个单元，其中通海单元距胶州湾较远，位于崂山一带。

1.2.2 新元古代变质深成岩

本区主要见有晋宁期荣成超单元、震旦期铁山超单元，岩石强烈变质变形，片麻状及片状构造发育，片麻理方向多以 NE、NEE 向，呈岩株状、带状展布。

（1）晋宁期侵入岩（$rQ\eta\gamma_2^3$）

在年代单位上系新元古代晋宁期荣成超单元威海亚超单元邱家单元，岩性为片麻状细粒含黑云二长花岗岩、斜长角闪岩等。岩体主要分布于崂山北东的王哥庄峰山及小管岛、兔子岛、大管岛、马儿岛一带。

（2）震旦期侵入岩（$tH\eta\gamma_2^4$）

在年代单位上系新元古代震旦期铁山超单元海青亚超单元海青单元。岩性为片麻状细粒含黑云二长花岗岩、斜长角闪岩等。岩体主要分布于胶州湾西南畔以及胶南沿海的斋堂岛、竹叉岛、鸭岛一带（附图Ⅳ）。

1.2.3 中生代印支期侵入岩

印支期闪长岩（σ_5^1），主要分布于胶州湾西南柳花泊镇窝洛子村一带，岩体规模小，呈包体状，小岩株零星分布，矿物含量多。主要岩性有细粒辉石闪长岩、细粒含角闪闪长岩、中粗粒角闪闪长岩、中细粒角闪石英闪长岩等幔源岩石类型。

1.2.4 中生代艾山期花岗岩

（1）隐珠山石英二长岩体（ηO_5^{3-1a}）

岩体位于胶州湾西南的隐珠山—小珠山水库一带，南部呈岩基产出。北部呈岩株状侵入至混合岩和混合花岗岩中。出露面积约 20 km^2，岩石呈浅灰色，主要矿物成分有：斜长石 40%，钾长石 35%，石英 9%，黑云母 8%，角闪石 5%。中粒二长结构，不等粒、似斑状结构，块状构造。

（2）象脖子花岗闪长岩体（$\gamma\delta_5^{3-1a}$）

岩体位于薛家岛一带，出露面积约 1 km^2，呈不规则状产出。岩石呈灰红色，主要矿物成分有：斜长石 40%，钾长石 24%，石英 20%，黑云母 4%，角闪石 10%。似斑状结构，块状构造，局部似斑状与片麻状构造。

1.2.5　燕山晚期侵入岩

主要分布于隐珠山、崂山、珠山三个区域，出露面积大，岩体规模大，多呈基岩产出，多呈东北向展布。岩石类型有中酸性、酸性和偏碱性。

（1）燕山晚期石英二长岩（ηo_5^3）

岩体位于隐珠山—小珠山水库南部，呈岩基产出，北部呈岩枝状侵入混合岩和混合花岗岩中，接触面产状较陡，出露面积约 20 km^2。岩石呈浅灰色，中粒二长结构、不等粒结构、似斑状结构，块状构造。主要矿物成分：斜长石 40%，钾长石 35%，石英 9%，黑云母 8%，角闪石 5%。副矿物主要有榍石、磷灰石和金属矿物。岩体相带不明显，但尚能以粒度粗细、石英含量多少区别之。全岩 K－Ar 测年为 108 Ma、(134.44 ± 3.56) Ma。分布于小珠山东、西两侧及隐珠山一带。

（2）燕山晚期正长岩（ξo_5^3）

岩体原定代号为 ξo_5^{3-2b}，岩体包括小珠山岩体、抓马山岩体。岩性为石英正长岩，在黄岛相变为花岗岩。岩体组成小珠山、抓马山山体。岩体呈东北向展布。出露面积约 40 km^2。岩石呈灰红色及肉红色，主要矿物成分有：斜长石 15.97%，钾长石 76.5%，石英 5.64%，黑云母 2.56%。中粒半自形—它形粒状结构，块状构造。全岩 K－Ar 测年为 204.76 Ma。分布于小珠山山脊和辛安镇北部山区。

（3）燕山晚期二长花岗岩（$\eta\gamma_5^3$）

岩体原定代号为 γ_5^{3-2a}，岩体分布于崂山岩体的西麓，包括浮山、石门山、三标山岩体。出露面积约 200 km^2。岩石呈浅灰色，风化后呈肉红色。主要矿物成分有：斜长石 15.76%，钾长石 50.82%，石英 30.33%，黑云母 1.75%。中粗—粗粒似斑状结构，花岗结构与文象结构，块状构造。全岩 K－Ar 测年为 68.5 Ma、(99.99 ± 1.98) Ma。

（4）燕山晚期碱长花岗岩（$\kappa\gamma_5^3$）

岩体原定代号为 γ_5^{3-2b}，岩体以崂顶为中心，西起枯桃—崂山水库一带，东在太平宫—青山村一线侵入至胶南群甄家沟组之中。在太清宫一带与莱阳组呈侵入和断层接触，出露面积约 300 km^2。岩石呈浅灰色，灰白色和浅肉红色。主要矿物成分有：斜长石 1.27%，钾长石 66.68%，石英 30.33%。中粗—粗粒似斑状结构，花岗结构与文象结构，块状构造。晶洞特别发育。全岩 K－Ar 测年为 94.5 Ma、(123.9 ± 1.84) Ma。

（5）燕山晚期正长花岗岩（$\xi\gamma_5^3$）

岩体原定代号为 γ_5^{3-2c}，主要分布于胶州湾东畔的青岛市区，出露面积约 50 km^2。岩石呈肉红色。主要矿物成分有：斜长石 14.89%，钾长石 54.58%，石英 29.26%，黑云母 1.07%。中细—中粗粒花岗结构、文象结构，块状构造。全岩 K－Ar 测年为 90.4～94.1 Ma。

（6）燕山晚期花岗斑岩（$\kappa\gamma\pi_5^3$）

岩体原定代号为 γ_5^{3-2d}，该次侵入岩呈小型岩株、岩墙侵入至 γ_5^{3-2a} 与 γ_5^{3-2b}，包括李村双山岩体、浮山脊部岩体。主要分布于沙子口的烟台顶—大顶子、浮山山脊、午山北岭和李村双山等地。出露面积约 20 km^2。岩石呈浅肉红色，斜长石 20%，钾长石

45%，石英 31.66%，黑云母 2%。细粒花岗结构，块状构造。全岩 K - Ar 测年为（88.04 ±7.39）Ma。

1.2.6 脉岩

胶州湾周边地区脉岩十分发育，分布广泛，大多以 NE 向脉状产出，最为集中的分布于崂山—小珠山侵入岩中，称之为崂山—大珠山脉岩带，该脉岩带大多呈 NE 45°~60°方向展布，产状近直立，主要岩性有闪斜煌斑岩、花岗斑岩等，以石英正长斑岩和花岗岩为主要脉岩。

薛家岛区、团岛、黄岛区主要见有花岗斑岩（$\gamma\pi_5^3$）、正长斑岩（$\xi\pi_5^3$）、石英正长斑岩（$\xi o\pi_5^3$），偶见闪长玢岩（$\sigma\mu_5^3$）、辉绿玢岩（$\beta\mu_6$）和煌斑岩（χ_5^3）。脉岩走向多为 NE 60°左右，宽数米至数十米，长数百米以上，向 NW 或 SE 倾斜，受 NE 向节理制约。

花岗斑岩脉体走向 60°左右，宽 10 m 以上，近直立。岩石呈肉红色，斑状结构，块状构造。矿物成分中，斑晶达 30%，其中石英含 10%，碱长石含 15%，斜长石含 5%；基质为 70%，为隐晶—微晶的长英质物质，有少量云母。

正长斑岩脉体走向多为 60°NE 左右，宽数米至数十米不等，岩石呈肉红色，斑状结构，块状构造，基质为显微粒状结构，局部具霏细结构。矿物成分中斑晶达 15%，其中正长石含 12%，石英含 3%；基质为 85%，含隐晶长英质及少量黑云母。

石英正长斑岩的脉体走向为 60°~80° NE，宽几米至十几米。岩石呈浅肉红色，斑状结构，块状构造，基质为微粒—隐晶结构。矿物成分中斑晶为 15%，由石英和钾长石组成；基质为 85%，由微小的石英、正长石小晶体组成，少见斜长石晶体。由于上述酸性、酸碱性岩脉结晶程度低、颗粒细小，石质致密坚硬，抵御风化能力强，往往形成山脊和陇岗、海岬、岛屿等地貌，其中，黄岛、小麦岛的成因就是如此。相反，煌斑岩岩墙中铁镁矿物占主导，在地表或近地表环境条件下不稳定，易风化，往往形成沟谷等负地形。通常规模较大的煌斑岩岩墙具有控制土壤和地下水的作用。

1.2.7 次火山岩

胶州湾周边地区火山岩和火山碎屑岩较发育，以喷出岩和潜火山岩体为主。喷出岩集中分布于胶莱盆地的东缘，呈 NE 向展布。中生代火山岩主要分布于惜福镇、沧口、城阳、红岛、河套、灵山卫、南庄等地，主要岩性有青山组后夼段流纹质岩屑熔岩，八亩地段玄武粗安岩、角闪粗安岩等，石前庄段球粒流纹岩、流纹岩、球泡流纹岩、流纹质晶岩屑凝灰岩等，方戈庄段石英粗面岩、粗面岩等，形成了一套中基性至酸性火山岩组合，属环太平洋火山活动带的一部分。到了晚白垩世，火山活动减弱，形成了一套钙碱性系列的橄榄玄武岩和拉斑玄武岩。潜火山岩集中分布于薛家岛、南庄、灵山卫、大沽河烟台顶、上马镇、午山、马山等地，是区内重要的岩浆—火山事件之一（李乃胜等，2006），主要岩性有潜流纹斑岩（$\lambda\pi\kappa q$）、潜英安玢岩（$\alpha\mu\kappa q B$）、潜粗面斑岩（$\tau\pi\kappa q F$）。

1.3 构造

1.3.1 大地构造位置

青岛地区西部以郯庐断裂为界，Ⅱ级大地构造位于鲁东断块区。Ⅲ级大地构造位置由北向南划分为胶北隆起（莱西和平度的北部）、胶莱盆地（莱西市、平度市、即墨市和胶州市）和胶南隆起（胶南市和青岛市区）（图1.1）。胶州湾位于胶南隆起的西北部、胶莱盆地的东南部，是上升、下降构造部位的衔接地带，导致区内多组断裂构造发育并交切于湾内，使胶州湾成为应力集中和地震地质环境复杂的主要区域之一。

1.3.2 断裂构造

从青岛胶州湾及其周边断裂构造分布图（图1.3）可以看出，NE向断裂是青岛胶州湾及其周边最为发育的一组断裂，其规模和活动强度均位于该地区断裂之首，成为青岛地区主要构造线方向。此外，胶州湾及其周边还发育有NNE、NWW、NW、NNW向断裂，现将胶州湾周边断裂按照由NE—SE—SW—NW顺时针方向描述。

1）即墨—流亭NE向断裂（F_1）

该断裂经即墨市向东北延伸，经郭家庄、朱家庄、演泉等地延伸至穴坊以远。该断裂是鲁东郭城—即墨断裂向青岛地区的延伸，是鲁东牟—即断裂带的主要断裂之一。该断裂在即墨市隐伏于第四系之下。经物探、钻探证实，断裂向西南经泊子、大北曲、烟墩山西北进入胶州湾。经国家海洋局第一海洋研究所（2005）勘察研究认为，胶州湾东北沧口水道西部的自东向西的三条NE向断裂是即墨断裂在胶州湾内的构造表现。

在郭家庄，断裂走向为NE 20°，倾向SE，倾角70°。断裂西北盘地层为K_1q^2，岩性为安山岩。西南盘为K_2w^2，岩性为紫色粉砂岩。根据断裂旁侧次级断裂构造造和构造透镜体的排列方式以及两盘地层的新老关系，断裂早期具有左旋压扭性质和晚期具有张性特征（图1.4）。

在演泉剖面，断裂表现为反“S”形雁列小断层组，断层延伸方向仍为20°～30°，产状为110°∠70°（图1.5），断裂带之K_2w劈理、揉皱发育，表明断裂的强烈变形和多次活动。

断裂在朱家庄剖面具有与上述剖面相近的产状和地层结构。国家地震分析预报中心在断裂带中取样做热释光（TL）测定，其构造年代距今为（19.7±2.4）万年。表明该断裂的最晚的一次构造活动年代是在中更新世。

2）沧口—温泉NE向断裂（F_2）

该断裂东北起即墨的七口，经远洪沟至温泉东，长约26 km。西南段自温泉，向西南经窝落子、拖车夼、石原、夏庄、十梅庵、南岭后被第四系掩盖，全长31 km。由卫片分析，该断裂向NE延伸可能与牟平—朱吴断裂相接，为牟—即断裂之一。

根据国家海洋局第一海洋研究所海域浅层地震勘探专题，沧口断裂在海域由沧口—

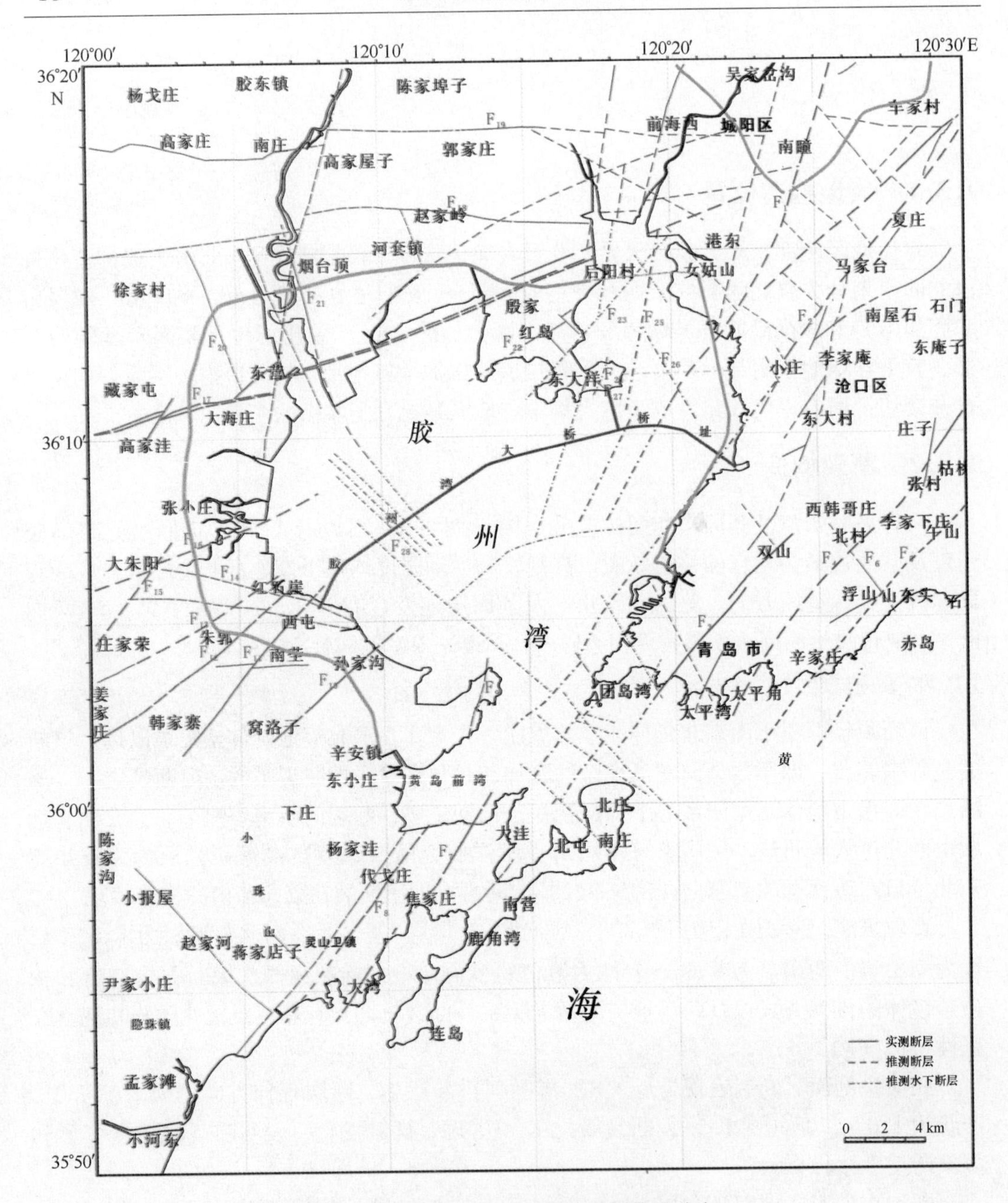

图 1.3　青岛胶州湾及其周边断裂构造分布

带入海，黄岛前湾一带登陆，在造船厂外侧，断裂的断点在延伸方向上不连续。海域部分，从北到南基岩落差变化较大，北端入海处 5 ~ 6 m，向南水道处最大达 30 多米，向南基岩落差逐渐变小，为 6 ~ 10 m 不等。断裂在团岛外侧海域与 NW 向断裂切割，受其影响断裂向西南方向错移近 500 m，断裂同样将 NW 向断裂向南错移，说明了沧口断裂在早期具有左旋特点。

在窝洛子村东剖面（图 1.6），断裂东南盘出露下白垩统莱阳组（K_1l）变质砂岩，

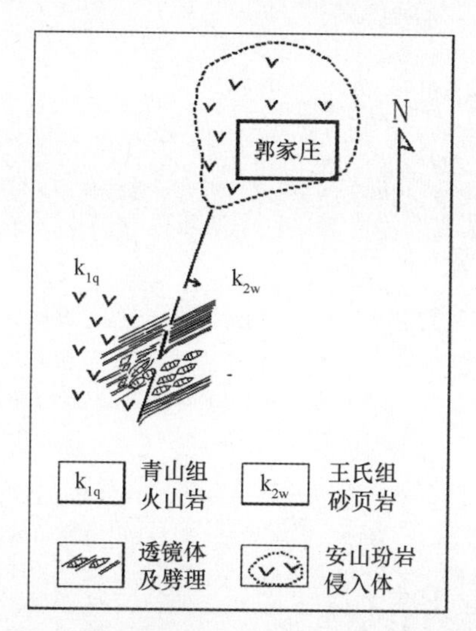

图1.4　郭家庄—即墨断裂平面图（山东海洋学院，1977）

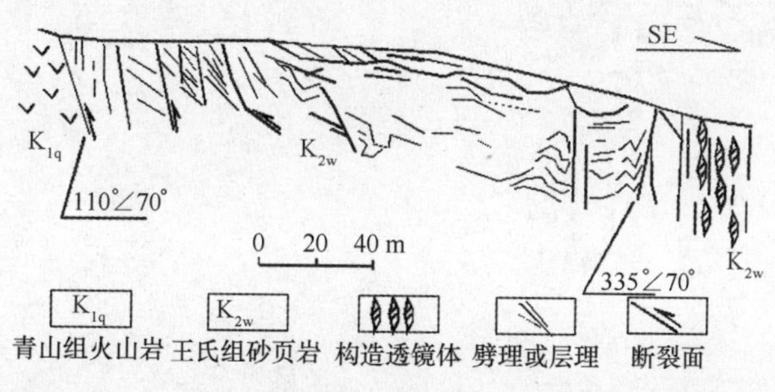

图1.5　演泉—即墨断裂剖面（山东海洋学院，1977）

西北盘出露下白垩统青山组（K_1q）火山岩，断面倾向138°，倾角83°（图1.7）。断裂带内填充碎粉岩、碎裂岩及断层角砾岩。断裂带宽达50～60 m，据断裂面上的水平擦痕及竖直阶步，断裂在地质历史时期具有右旋平移特征。断裂除沿东北向冲沟出露外，其余部分均被1～3 m厚的全新世砂砾沉积物覆盖，未见沉积物被断裂错动现象。

在拖车夼西南的石原村，断裂发育为两条近平行的东北向断裂，其产状见图1.8。两断裂之间出露本区基底地层胶南群（Ptjn），产状为75°∠35°。两条断裂的中间部位上升，组合为一地垒。

两侧地层为青山组，岩性为中、基性火山岩。南侧断裂碎粉岩带宽为2 m，出露碎粉岩、断层泥。北侧断裂带宽约10 m，带内出露硅化的透镜体带和红色松散的碎粉岩带。断裂带总宽度约为50～70 m。沿北侧断裂，在地貌上形成一北低南高的陡坎，成为沧口—即墨断陷带与崂山隆起的地貌界线。

在南岭剖面断裂的西北盘出露下白垩统青山组安山质熔岩夹火山凝灰岩。岩层产状倾向于西，倾角28°。东南盘出露燕山期花岗岩，断裂面倾向于NW，倾角62°～85°不等。带内表现出强烈的挤压、破碎现象（图1.9）。由碎粉岩、碎裂岩、断层角砾岩、节理密集带组成近百米宽的断裂带。

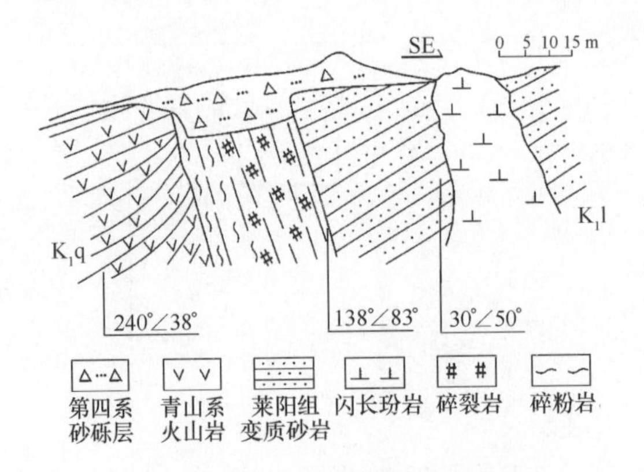

图 1.6 沧口—温泉断裂窝落子剖面

（1）第四系砂砾层；（2）青山组火山岩；（3）莱阳组变质砂岩；（4）闪长玢岩；（5）碎裂岩；（6）碎粉岩

图 1.7 沧口断裂窝落子剖面构造特征

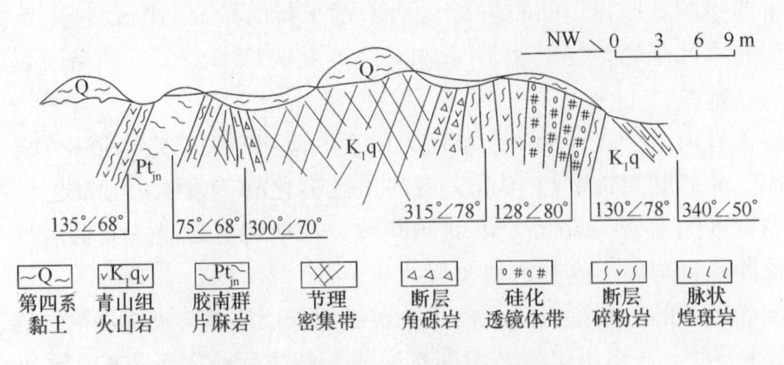

图 1.8 石原沧口—温泉断裂剖面

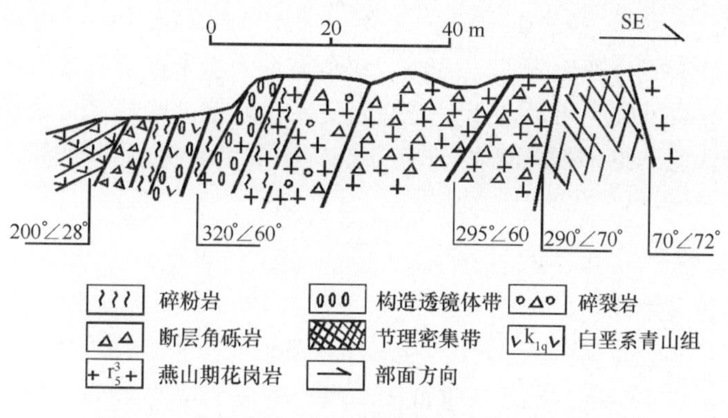

图 1.9　青岛南岭沧口断裂剖面（栾光忠，1999）

小庄以南，邢台路市教委青年公寓楼房地基开挖剖面上，观察到部分破碎带。在剖面上，断裂 NWW 盘为白垩系下统青山组（K_1q），产状凌乱、岩石破碎，岩性为紫红色安山质熔岩、火山碎屑岩。SEE 盘出露一破碎的花岗斑岩岩墙。断裂带自东南向西北，依次为花岗质碎裂岩带，宽达 5 m，劈理化和片理化岩带，宽达 3 ~ 5 m，紫红色碎裂岩带，出露宽达 5 m 左右。剖面总长 15 m 左右。断裂带产状为 295°∠74°，局部片理产状为 110°∠85°，断裂早期表现为强烈挤压、破碎特征，根据断裂两盘地层、岩石的出露情况进行构造分析，断裂晚期表现为上盘下降，具有张性特征。剖面的顶部，覆盖一层厚 0.5 ~ 1 m 的现代砂砾、黏土混杂的沉积物，未见有错动现象（图 1.10）。

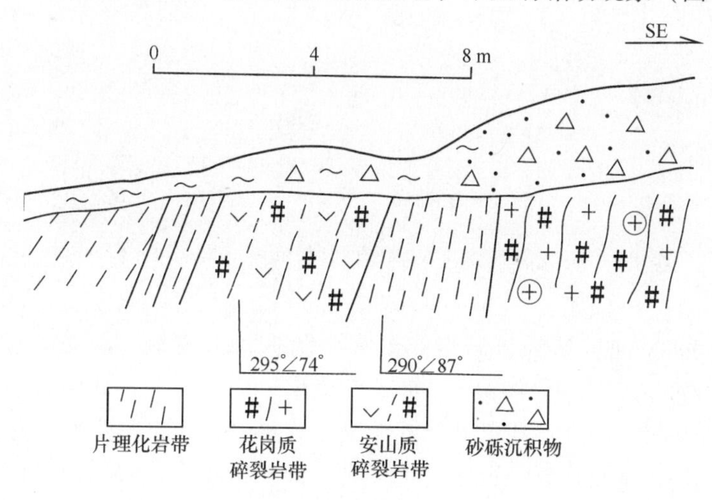

图 1.10　青岛邢台路青年教师公寓基坑沧口断裂剖面（栾光忠，1999）

国家地震局分析预报中心（1995）在与上述剖面邻近的人民印刷厂建筑地基剖面上出露的同一断裂带内取样，经中国科学院地质研究所做热释光年龄测定，其年龄距今为（13 ±1.1）万年，最晚活动时代应属于中晚更新世。

据丹山、小枣园、沧口的钻孔资料证实，上述钻孔地区断裂带产状倾向 NW，断裂带宽约 100 m。据国家地震分析预报中心热释光资料，沧口—温泉断裂活动的绝对年龄在（26.72 ±2.2）万年至（13.0 ±1.1）万年，地质年代相当中—晚更新世，说明断裂的最后一次活动是在中—晚更新世。另外，从断裂带之上未被错断的沉积物绝对年龄可以看出，沧口—温泉断裂主要活动年代是在晚更新世之前，晚更新世之后断裂的活动性趋向于相对稳定状态。据地震局近期研究，沧口断裂为晚更新世早期（31.77 ±2.70）万年弱活动断裂。

3）青岛山 NEE 向断裂（F_3）

该断裂位于青岛中部。据山东省地质矿产局（1988）研究认为，该断裂西南起青岛鲁迅公园，向东北经青岛名人公园、台东体育场、延安路、双山东南、杨家群等地，终止于李村南，全长 13 km。在台东体育场剖面，断裂带宽达 45 m。断裂带内出露碎裂岩、磨砾岩、构造透镜体和断层角砾岩等构造岩（图 1.11）。断层产状 325°∠70°、325°∠65°、340°∠24°。断裂面局部呈上陡下缓的铲形、犁形。根据构造透镜体长轴与断层面构成的锐夹角的指向，断裂具有上盘上冲的压扭特征。该断裂在青岛山东侧至杨家沟一带控制着燕山晚期正长花岗岩（$\xi\gamma_5^3$）与二长花岗岩（$\eta\gamma_5^3$）的界线，使两者成为断层接触关系。

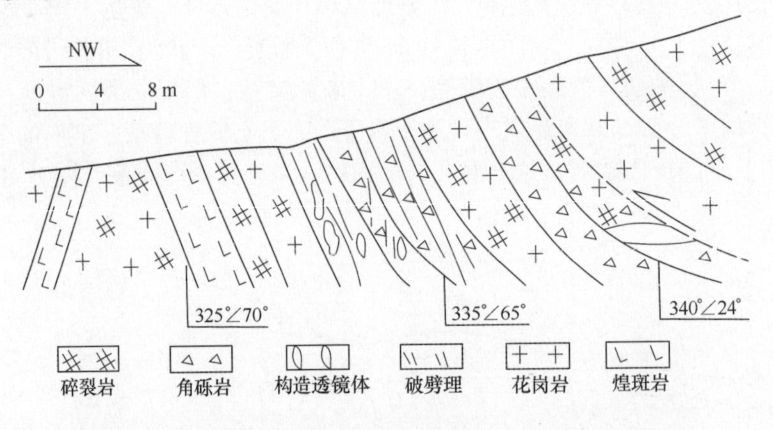

图 1.11 青岛台东体育场青岛山断裂剖面（李师汤，1985）

支鹏遥（2008）研究认为该断裂在汇泉角附近进入海域。断裂总体延伸方向为 NE—NEE 向，倾向 NW，倾角约 46°。断裂产状为 320°∠46°。胶州湾口磁力异常图上，断裂处于梯度变化带，结合钻孔资料分析，认为胶州湾内断裂段西侧为青山组安山岩，东侧为崂山花岗岩。从胶州湾海域磁力异常图可知，该断裂向 SW 的胶州湾口延伸至薛家岛后岔湾后被错断，南段向西错移约 700 m。该断裂也是构成胶州湾陷落的主要 NE 向断裂之一。

该断裂在鲁迅公园与第一海水浴场的衔接处和青岛名人公园均有露头出露。断裂在第一海水浴场平行于海岸延伸，控制着海岸形貌特征。

4）劈石口 NE 向断裂（F_4）

断裂东北起王哥庄蒲里村海岸线，向西南经黄泥崖、劈石口、大崂、北宅、洪园，经牟家、92 高地、枯桃村 186 高地西北侧、烟墩山，进入市区。断裂全长超过 40 km。

根据卫片分析，该断裂向东北可能与海阳—青岛断裂相接，为牟—即断裂带的组成部分。

该断裂在王哥庄何家村西南的黄泥崖一带出露。断裂走向 NE，产状为 310°∠85°，断裂带宽约 50 m。带内构造岩为碎粉岩。两侧对称分布碎裂岩、角砾岩和节理密集带。断裂西北盘出露燕山期含黑云母花岗岩，东南盘出露元古界胶南群黑云母片麻岩、角闪岩，产状为 240°∠32°。断裂面上显示出右旋平移的水平擦痕。

该断裂在劈石口路堑出露良好。断裂走向 NE，产状为 310°∠78°。断裂两盘均出露燕山期花岗岩，断裂带宽 30 余米。断裂面上可观察到反映右旋平移的水平擦痕和竖直的阶步（图 1.12），断裂带旁侧压性断裂和内部的压性劈理，反映断裂早期为左旋平移。根据岩组分析有压性特征（何永年，1975）。近期有人研究认为劈石口断裂明显活动有两次，先是左旋平移，后是右旋平移（尹延鸿，1987）。根据野外观察，断裂将一玄武玢岩右旋错开，水平错距为 69 m（图 1.13）。综上所述，劈石口断裂具有多期活动的特点。国家地震局分析预报中心（1995）在劈石口路堑断裂带内取样，做热释光构造年代测定，断裂带构造年代为（9.9 ±0.8）万年，表明劈石口断裂最晚的一次构造活动在晚更新世。根据野外观察，沿断裂带分布的区域，没有发现断层陡崖、断层三角面等构造微地貌。没有微震震中丛集沿断裂带呈条带分布的现象出现，表明劈石口断裂在全新世无明显的现代活动性特征。

图 1.12　劈石口断裂而上反映右旋平移的擦痕及阶步

在枯桃村北 186 高地西北侧剖面，断裂部分发育于燕山期花岗岩、花岗斑岩和煌斑岩中。断裂的东南部分出露上述岩石破碎形成的碎粉岩、碎裂岩、构造角砾岩和大量擦痕、摩擦镜面等构造现象。断裂走向 NE，产状为 310°∠88°和 320°∠88°。剖面上部覆盖一层约 0.2 m 厚的第四纪沉积物，未见错断现象。

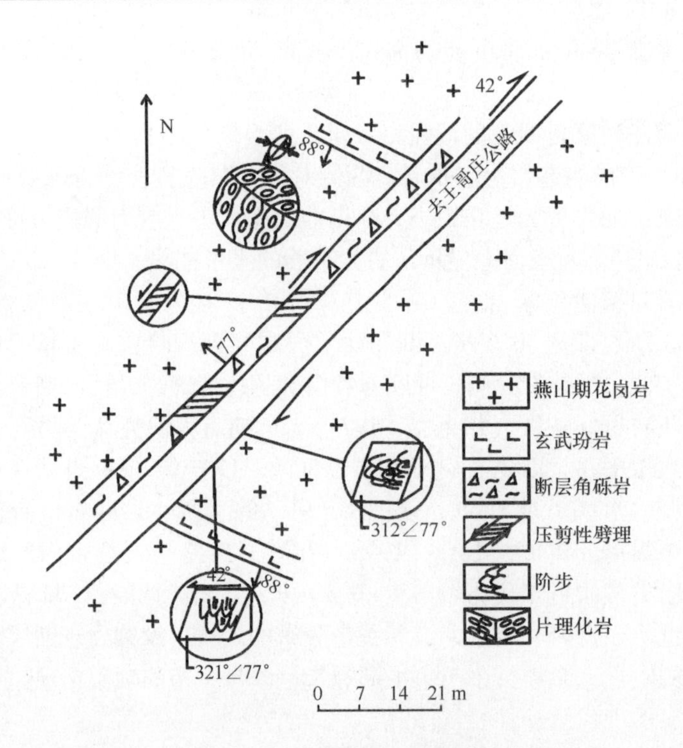

图 1.13 青岛劈石口断裂平面

在烟墩山剖面，断裂发育于燕山期花岗岩中，带内出露碎粉岩、碎斑岩、构造角砾岩、节理密集带。断裂出露完整，宽度可达 15 m。断裂面产状为 318°∠78°。上覆残—坡积物出露完整，未见错断现象。

断裂向西南延伸进入海域。据国家海洋局第一海洋研究所（2005）勘探证实，断裂可能经五四广场进入海域，在太平角南（36°2′5″N，120°21′31″E）和西南（36°2′4″N,120°21′36″E）等 7 处发现断点，断裂带宽度近 300 m，推断为劈石口断裂在海域的表现。断裂在海底形成一凹槽并切断基岩。断层面倾向东，倾角近于直立。上覆第四纪全新世沉积物未被错断。

5）王哥庄—北九水 NE 向断裂（F_5）

该断裂位于劈石口断裂的东南一侧，在空间展布上，与上述断裂基本平行。该断裂北起王哥庄的马头涧，经口子后、大河东、观崂村、柳树台等地，至彭家庄、午山坡前沟等地。向西南，在地形上反映出断裂经午山水库、至朱家洼（青岛会展中心西南）进入市区。青岛地震局工程地震研究所在青岛会展中心西侧石壁发现一断裂，根据断裂的构造特征和空间展布推测为上述断裂的延伸。

据胶州湾海域磁力异常图推测，在海域有一 NE 方向的磁力异常，推断是该断裂的构造表现。该断裂沿大致与劈石口断裂平等的方向进入海域。该断裂在陆地全长超过 30 km。断裂总体走向 40°。断裂在王哥庄至午山一带，在地形上沿沟谷、河流分布。断裂带宽度一般在 3～10 m。

在河东村南公路东侧冲沟中，断裂带宽约 5 m，产状 140°∠75°。发育有构造透镜体、碎裂岩和断层泥（图 1.14）。在观崂村、柳树台之间，沿断裂发育有很宽的煌斑岩岩墙出露，在地形山形成一沟谷。

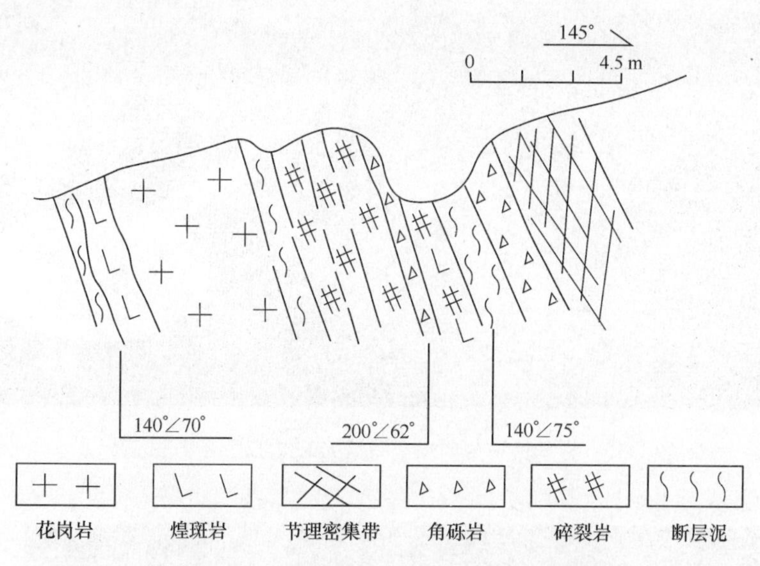

图 1.14　河东村王哥庄—北九水断裂剖面

北京地壳地质研究所（2000）采集断层泥测定其构造年代，ESR 年代是（17.5 ± 5.2）万年，说明断裂在中更新世中晚期有活动。

在小巴豆村水库北端，断裂带发育于崂山花岗岩中。断裂带宽约 5 m，由细碎裂岩和断层泥组成。产状为 155°∠70°。北京地质研究所采集断层泥测定其 TL 年龄为（16.96 ± 1.36）万年，说明该断裂最晚一次活动在距今 17 万年左右，晚更新世以来没有发生明显的构造活动。

在青岛市博物馆西北的皮草城基坑剖面（图 1.15），基岩是崂山二长花岗岩，断层面产状为 316°∠70°，在断裂面的下盘可见大量平行于断裂面的石英脉（图 1.16）。断裂带宽度 30 m 左右，构造特征见图 1.17。该断裂剖面是王哥庄断裂向市区第四系覆盖区的延伸和难得一见的露头。

6）山东头—小埠东 NNW 向断裂（F_6）

该断裂经山东头向西北至小埠东，两端进入第四系，长度约 4.5 km。其产状由 45°∠75°（走向 NW）向东南变为 55°∠80°（走向 NNW）。在浮山东剖面，仅碎粉岩宽度就有 3.5 m，两侧对称出露碎裂岩和节理密集带（图 1.18）。断裂面上有左旋平移水平擦痕，反映该断裂早期为与劈石口断裂配套的右旋平移断裂，后期被 NNW 向断裂借用或追踪（图 1.19）。在太平角海岸，发现该方向断裂切断 NE 岩脉。断裂具有左旋张扭的构造特征，控制 NW、NNW 向沟谷的发育和地下水的径流方向，成为地下水的开放系统。

图 1.15　青岛博物馆西皮草城基坑王哥庄断裂构造位置

图 1.16　青岛博物馆西皮草城基坑王哥庄断裂石英脉及水平擦槽

7）黄岛黄山 NE 向断裂（F_7）

该断裂位于黄岛唐岛湾的 NW 侧海岸，位于太行山路与长江路交汇处的黄山水库北侧。该断裂走向 30°～50°，主体走向 40°。断裂向西南经黄山水库后，被第四系覆盖，在花科子高地 SE 侧出露。断裂向东北延伸进入黄岛经济开发区，并沿丁家河断裂在辛岛一带进入海域。

断裂带在黄山剖面（黄岛汽车站附近 35°56′55.4″N，120°10′32.4″E）宽度 60 m 左

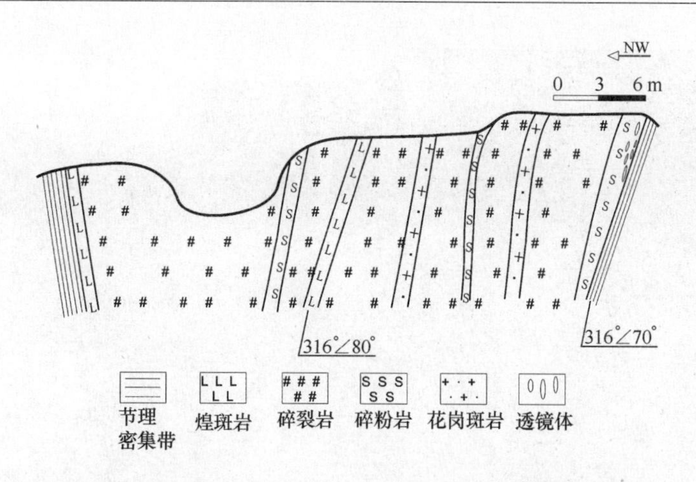

图 1.17　青岛博物馆西皮草城基坑王哥庄断裂的构造特征

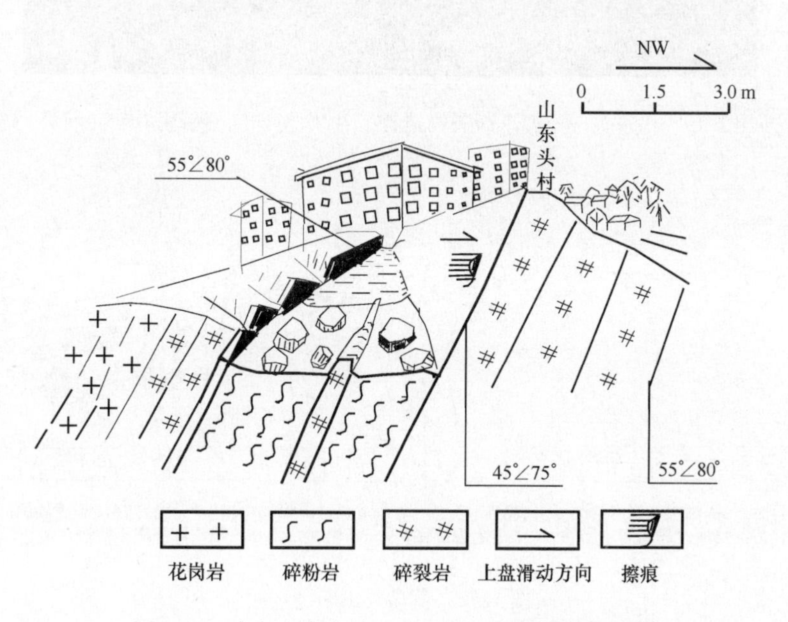

图 1.18　青岛山东头村 NW—NNW 向断裂构造样式

右，断裂带总体产状 310°∠70°。断裂带上盘为白垩系青山组第二段（K_1q^2）。岩性为安山岩、粗面岩，下盘出露花岗斑岩、燕山期细粒花岗岩、细晶岩等。断裂带内构造岩可划分为碎粉岩带（FA）、碎裂岩带（FB）、构造角砾岩带、构造透镜体带和节理密集带（图 1.20）。断裂带性质复杂，在其东侧一条近 SN 向逆冲断裂面上，显示出早期硅化，后经挤压破碎，出现侧伏角为 90°，上盘上冲的擦痕。在主干断裂的旁侧也有先硅化后经挤压破碎而成的构造角砾岩。在主干断裂和分支断裂之间普遍有 NE 20°及 NE 40°方向的石英细脉，呈张性和张扭性，上述构造现象反映断裂早期具有左旋压扭特征（图 1.21）。

主干断裂 FA，有 5 m 宽暗绿色的碎粉岩（断层泥），含有少量的碎斑岩、构造角

图 1.19 山东头—小埠东断裂构造特征（NNW 向断裂借用 NW 向断裂）

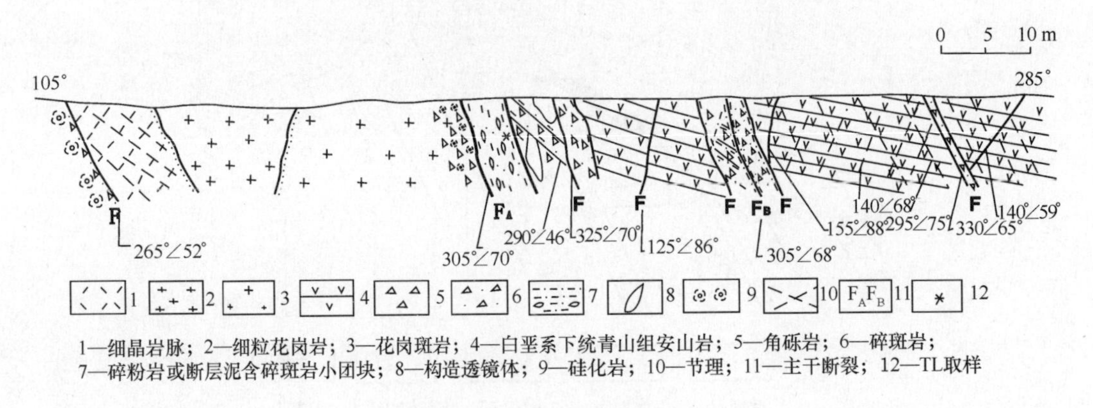

图 1.20 黄岛黄山断裂剖面

砾岩及构造透镜体。构造透镜体长轴呈南北方向，与主干断裂 FA 呈锐角相交。另外，断裂带内发育一组 NNE 向、倾向西、倾角 46°的断裂面（碎粉岩带，厚 5 ~ 15 cm），具有斜向擦痕。上述现象均反映断裂后期具有右旋平移兼向下滑动的特征。这种力学性质的转变与 40 Ma 前太平洋板块运动方向由 NNW 向转变为 NWW 向有关（尹延鸿，1987）。根据断裂两盘地层与岩石的分布空间、小构造特征和断面上的两期擦痕，断裂晚期具有上盘下降的张性活动。这与第四纪以来，中国东部东西向构造应力的活动导致 NE 向断裂的“正断层化”有关（栾光忠，2001）。NE 向断裂的张性活动对燕山期花岗岩的出露以及胶州湾的陷落具有控制作用。

根据黄山断裂的走向与海岸线延伸的方向可以看出，地质历史时期断裂构造对海岸线具有控制作用，表现在唐岛湾的陷落和小珠山的上升。但从黄山断裂在展布地带的现

图1.21 黄岛黄山断裂构造特征（反映压扭的擦痕与阶步）

代地貌特征、地震活动的空间分布，结合沧口断裂在地貌特征、第四系剖面和青岛近代地震活动的分布空间，依据断裂活动的构造年代资料来看，晚更新世早期以来构造活动趋向于稳定状态，构造活动不明显。

青岛市工程地震研究所（2002）在断裂带采集断层泥测定其TL年龄，推断该断裂在晚更新世以来活动趋向稳定，构造活动不明显。

8）灵山卫—辛庄NE向断裂（F_8）

该断裂北起张宝湾，向西南经辛庄、灵山卫镇，推测进入胶州湾。地表露头长约3 km。该断裂走向为40°，倾向SE，倾角60°~70°。断裂带在地表出露宽度2~5 m，断面呈舒缓波状，其表面出现多期擦痕，表现出压扭和上盘下降的张性特征。断裂带表现为花岗岩的破碎，由糜棱岩、破碎角砾岩构成。在黄岛前湾的破碎带宽50~100 m，构成负地形。断裂在花岗岩中挤压破碎及硅化现象十分普遍，脉岩非常发育，有多期花岗岩侵入。

在黄岛钱塘江路辛庄南（35°57′47.2″N，120°9′57″E）见良好的断裂剖面（图1.22），其中东南盘基岩为青山组，其中夹一花岗岩侵入体；NW盘基岩为花岗岩。断层面产状为130°∠65°，劈理产状为350°∠65°，根据断裂面的正阶步特征，断层表现出上盘下降的正断层特征（图1.23）。

根据灵山卫—辛庄断裂在地表的延伸情况，该断裂对黄岛前湾的形成以及前湾SE海岸的发育起一定的控制作用。成国栋（1979）、赵寰奎（1998）曾将沧口断裂与灵山卫断裂在胶州湾连接称之为板桥坊—灵山卫断裂。

9）黄岛NNE向断裂（F_9）

该断裂位于黄岛海滨公园的海岸带。断裂总体走向为NNE向，为一条左旋压扭性断层，长度约3.5 km。在黄岛海滨公园潮间带海滩中段，此点基岩为正长花岗岩

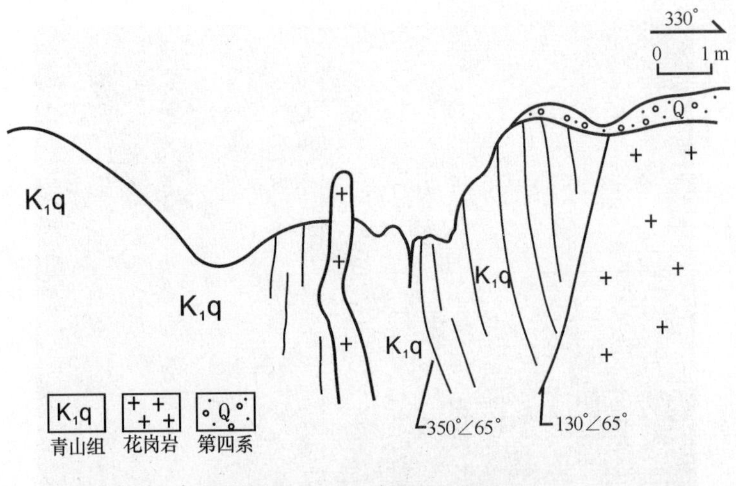

图 1.22 灵山卫断裂辛庄剖面

图 1.23 灵山卫断裂的构造特征

($\xi\gamma_5^3$)。脉岩为正长斑岩岩墙，结晶程度较低。流线明显，产状为 170°∠55°，绿色（冷凝边）岩墙产状为 185°∠60°，岩墙宽度 2.5 m，一条产状 295°∠70°、走向 25°的断裂，将岩墙左旋错断 4.4 m（图 1.24）。

在电厂海湾 NE 潮间带（36°02′48.9″N，120°13′20.5″E）地质露头处出露断层角砾岩，其宽度可达 40～50 m，推测是上述 NNE 向断裂延伸至该点。

10）殷家河—孙家沟 NE 向断裂（F_{10}）

该断裂西南起殷家河水库，向东北经唐家埠、山陈家北山、孙家沟、张戈庄进入胶州湾，全长约 7 km。总体走向为 NE—NEE 向，为左旋张扭性断层。

在孙家沟西南公路东侧（36°3′27.1″N，120°8′28.1″E）可见断层出露。断层面产

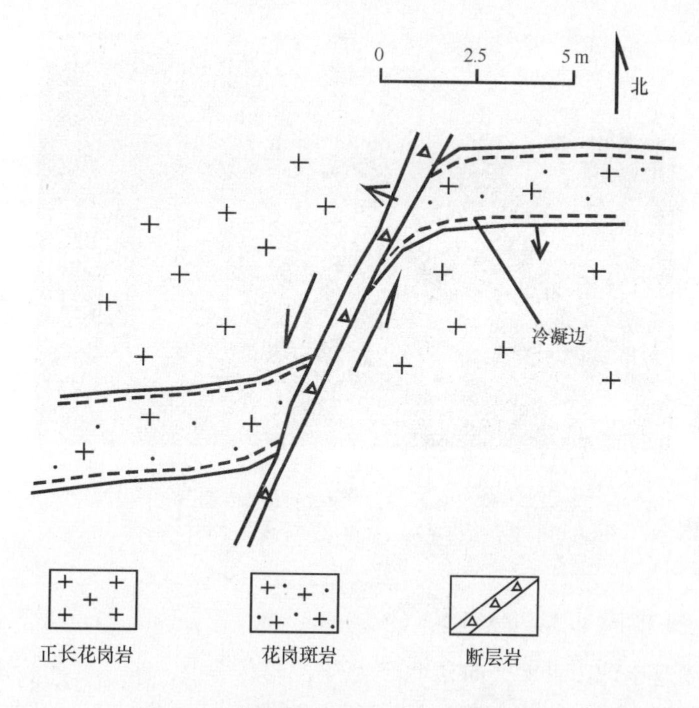

图 1.24　黄岛海滨公园 NNE 向断裂平面

状为 310°∠85°（图 1.25），其擦痕和阶步显示该断层为上盘下降的张性兼左旋运动。基岩为变质花岗岩，片理产状为 204°∠36°。其中有一平行于断裂走向的煌斑岩墙宽约 20 m,其中部夹约 1 m 宽的花岗岩捕虏体，显示断裂的张性特征（图 1.26）。

图 1.25　殷家河—孙家沟断裂构造特征
（断裂面上擦痕、阶步反映断裂的张性特征）

图 1.26　殷家河—孙家沟断裂构造特征
（断裂带中煌斑岩夹基岩捕虏体，反映断裂的张性特征）

11）老君塔山—山隋家 NE 向断裂（F_{11}）

该断裂西南起小珠山水库，向东北经大夼、老君塔山、东郭家沟、山隋家、西屯、红石崖进入胶州湾。断裂总体走向为 NE 向，全长约 9 km，为右旋张扭性断层，在东郭家沟与山隋家之间将一近东西向断层右旋错开约 250 m。推测其在西屯东北将另一 NWW 向断层右旋错开。

在山隋家西南（36°4′3.4″N，120°5′34.9″E）的一个采石场可见良好的断层剖面。其基岩为荆山岩群（Pt_1j）变质岩，片理产状为 50°∠20°。见数十条宽度在 1～4 m 的煌斑岩墙（图 1.27），其产状为 140°∠69°，显示该断裂的张性特征。整个断裂带宽度在 100 m 左右（图 1.28）。

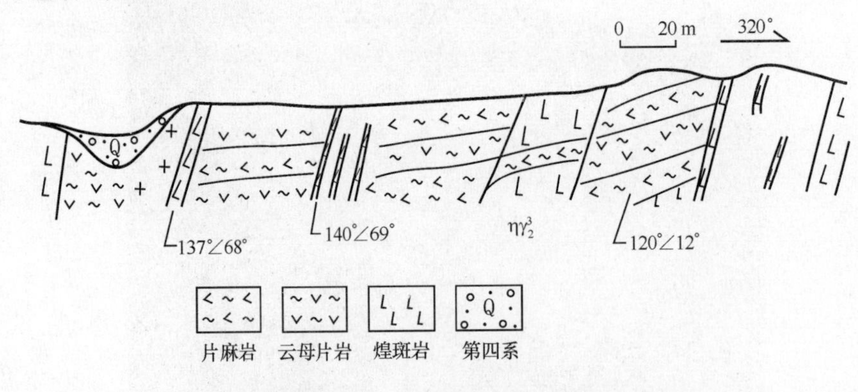

图 1.27　老君塔山—山隋家断裂山隋家西北向剖面

12）前马连沟—神埠顶 NEE 向断裂（F_{12}）

根据山东省地质调查局编制的 1∶50 000 地质图，该断裂西南起胶南的宝山镇东部，向东北经王台的林子水库、黄山镇，黄岛的岳家、法家庄、前马连沟、神埠顶、解家进

图1.28　老君塔山—山隋家断裂剖面（东北向）

入胶州湾，全长约25 km。总体走向为NEE，为一左旋压扭性断层，断层面倾角近于直立。在红石崖东部，推测其将一NWW断层右旋错开约100 m。

13）姜庄—朱郭断裂（F_{13}）

该断裂展布于红石崖镇西南姜庄—朱郭一带，呈NEE向展布。其东端被第四系覆盖，延伸进入胶州湾。该断裂穿过了莱阳组和变质花岗岩，经构造变形形成糜棱岩化花岗岩、初糜棱岩、糜棱岩。糜棱面理极为发育，变形强烈部位，岩石呈叶片状，优势产状为14°∠30°。线理也极为发育，由拉长的石英及呈线状分布的长英质矿物集合体组成，优势产状为40°∠2°。风化面呈疙瘩状外貌，镜下有“S－C”组构及云母鱼等构造指向标志，指示为左行剪切运动性质，结合线理产状，指示该韧性断裂具左行正滑运动。断裂带宽14 m，发育构造角砾岩。在基岩出露区，上盘为莱阳组地层，下盘为变质深成岩。其形成时的温度在450～500℃，变形环境相当于片岩相，属浅部构造相。

在红石崖镇东新公路北侧到海岸沙滩之间有一条地质雷达剖面，走向总体为NNW向，剖面长度为273 m。剖面南起点在东新公路北侧，终点在海岸沙滩。剖面所经地形略有起伏，尤其在起点处40 m以内。探查结果显示，红石崖断裂可能为一深切基底的走滑断层，上部又分为三支，表现为负花状构造。

14）红石崖NWW向断裂（F_{14}）

该断裂走向为NWW，西端被岛耳河断裂截断，向东南经烟台、观里、邵家、郝家、法家茔进入海域，切割莱阳群及荣成超单元花岗岩，陆地延伸长约14 km。除在烟台有出露外，其他地方均为第四系所掩盖，为推测断裂。据青岛胶州湾湾口海底隧道工程物探报告（国家海洋局第一海洋研究所，2004），断面产状20°∠85°，断裂带宽14 m，发育构造角砾岩，在基岩出露区，上盘为莱阳群，下盘为荣成超单元变质深成岩，次级裂隙产状320°∠62°，指示断裂为左旋张扭性质。布格重力异常图上显示为重力梯度带。该断裂在东部被前马连沟—神埠顶断裂、老君塔山—山隋家断裂右旋错断。

在该断裂北部，有一走向与其大致相同的断裂，该断裂西部也被岛耳河断裂所截断，向东南经龙泉河西村、红石崖南、大窑进入海域。该断裂为第四系所覆盖，为推测断裂。上述两条断裂对胶州湾 NWW 向海岸起控制作用。

15）岛耳河 NE 断裂（F_{15}）

推测该断裂是瓦屋大庄—殷家洼子断裂向东北的延伸，进入第四系，经王台镇、田家窑、岛耳河进入胶州湾，并通过 1979 年 3.2 级地震点，总体走向为东北，在进入胶州湾前被一南北向断裂左旋错开约 500 m。

16）郝官庄 NEE 断裂（F_{16}）

该断裂由胶南山相家向 NEE 延伸至胶州郝官庄，在山相家一带被一系列 NNW 向断层切割而终止，没有继续向东北延伸至胶州湾内。而根据青岛胶州湾湾口海底隧道工程物探报告（国家海洋局第一海洋研究所，2004），该断裂经王台至红石崖附近伸入胶州湾内，并在胶州湾内受到西北向潮连岛—大沽河断裂的切割，向南错断距离达 5 km 之多。

该断裂向西南与郯庐断裂的昌邑—大店断裂相交。断裂的总体方向为 NEE 向，全长达超过 80 km。断裂倾向西北，倾角 65°。断裂的东南盘为胶南群（Ptjn），片理产状 345°∠52°。西北盘地层为莱阳组，产状 30°∠25°。岩组分析表明断裂北盘向下滑动，具有俯冲型韧性剪切形式。根据断裂旁侧莱阳组中小褶皱的关系分析，断裂具有右旋压扭活动。晚期表现为高角度张性断裂，对上盘莱阳组的保存和小珠山岩体的抬升起控制作用。

17）关王庙—后韩家 NEE 断裂（F_{17}）

该断裂 SWW 从百尺河起，向 NEE 经铺集、大朱郭、小埠头、山寺村、殷家洼、关王庙南、东营进入大沽河口，并推测其沿 NEE 方向延伸至后韩家，进入胶州湾。该断裂走向为 NEE，倾向 SSE，倾角近于直立，全长约 70 km。其在小洛戈庄东北位置被一 NNE 向断裂右旋错开约 400 m，在东营东部约 1.5 km 处被另一 NNE 向断裂左旋错开约 700 m。在大沽河口被一 NWW 向断裂左旋错开。断裂北盘出露莱阳组，南盘出露王氏组和青山组。根据断裂性质和肉眼岩组学特征，上述断裂属于新华夏系的压扭面。具有右旋压扭的特征，总体上以右旋压扭性活动为主。上述两条断裂晚期表现出上盘下降的演化过程，两者之间构成一个地堑，对中生界的保存和胶州湾的陷落有重要的影响。

在关王庙西南侧路旁沟中（36°10′24.6″N，120°1′4.3″E），见到紫红色泥质粉砂岩，为王氏组和莱阳组的构造混杂堆积，具有劈理化和构造透镜体化等构造现象。断裂产状 170°∠75°（图 1.29）。

18）胶州—上马镇 NEE 断裂（F_{18}）

该断裂西起南三里河，向东经管里庄、池子崖、烟台岭进入第四系，在大沽河东被左旋错开约 700 m，向东经小涧、辛屯、上马镇进入第四系。该断裂多为第四系覆盖，断层北部为王氏组地层，南部为青山组地层。地貌上显示为南盘高、北盘低，布格重力异常图上为一重力剧变的梯度带。断裂总体走向为 85°，为一右旋张扭性断层。

图1.29　胶州湾西北关王庙—后韩家断裂带构造特征
（可见构造透镜体、劈理化构造岩）

19）五里堆—城阳NEE断裂（F_{19}）

该断裂展布于胶州至城阳一线，也有人称其为胶州断裂（国家海洋局第一海洋研究所，2004）。它的大部分为第四系覆盖，东边被NNE、NE向的断裂所切割，穿过了白垩系青山组和王氏组。该断裂在地貌上常形成不明显的陡坎，并断续分布有泉水，总体走向为90°~95°，倾角56°~85°，倾向南。断裂带宽大于6 m，由构造角砾岩及断层泥组成。该断裂亦见多期构造活动特征，早期为上盘下降、下盘上升的张性活动过程中形成的正断裂，晚期发育的断层泥及擦痕显示其左行压扭的特征。

20）营海—东营NNW断裂（F_{20}）

该断裂走向NNW，自西北向东南经烟台岭、营海至东营，全长约10 km。根据早期的地层划分（山东省地质矿产局，1988），该断裂东北盘为青山组，西南盘为莱阳组，反映断裂东北盘向大沽河沉降。在邓家庄南铁路、公路交会处发现一系列NNW向断层，产状为240°∠80°，其基岩为紫红色碎屑岩，产状为45°∠23°（图1.30）。NNW向断裂具有疏密韵律性强的特点，在大沽河口呈束状发育。据刘洪滨（1986）引用李好元在大沽河河口的电法资料，在大沽河有12条（NNW向）断裂呈束状发育。这些断裂断错了最上层的海陆混合相沙土，反映了断层的新构造活动。

21）烟台顶—罗家营NNW断裂（F_{21}）

该断裂带展布于胶州湾大沽河河口，断裂走向为325°~345°。断裂向东南方向延伸，可能与大沽河—潮连岛南断裂相连接（国家海洋局第一海洋研究所，2004）。断裂西南盘为莱阳组地层，地层产状为70°∠20°，东北盘为青山组地层，地层产状为50°∠10°,断裂产状为242°∠68°。断裂具有左旋张扭性质。它由数条平行的NNW向断裂组成。该方向断裂与NEE向断裂相交构成棋盘格式构造。该方向断裂对大沽河河口区地层的切割、陷落起控制作用，塑造了大沽河口堑状地貌。有人认为，该断裂为胶州

图 1.30　大沽河西岸邓家庄 NNW 向断裂构造特征
（紫红色粉砂岩被截断）

湾 3.2 级地震的控震断裂（栾光忠，2002）。国家地震预报分析中心在莱西曹家—下庄 NNW 向断裂带内取样做自旋共振构造年代测定，其构造年代大于 150 万年，表明断裂第四纪中、晚期没有活动。但从地面地质观察，NNW 向断裂在青岛地区多处切过 NE、NEE 向岩脉、断裂，说明主要构造活动时期相对较晚。

在烟台顶西北的大沽河东侧（36°14′42.8″N，120°7′10.2″E），地层为青山组凝灰质碎屑岩，岩层产状为 190°∠18°，见发育一系列 NNW 向断裂，在东侧两条断裂形成一个地垒（图 1.31）。断层面产状为 55°∠75°，擦痕侧伏为 50°N，另一组断层面产状 235°∠65°。向大沽河方向，一系列平行的断层使地层依次下降，构成阶梯状断层（图 1.31）。证实了“在大沽河河口地带，是由多条 NNW 向断裂组成的断裂带，一系列 NW（NNW）向正断裂依次向大沽河方向陷落”（栾光忠，1998b；国家海洋局第一海

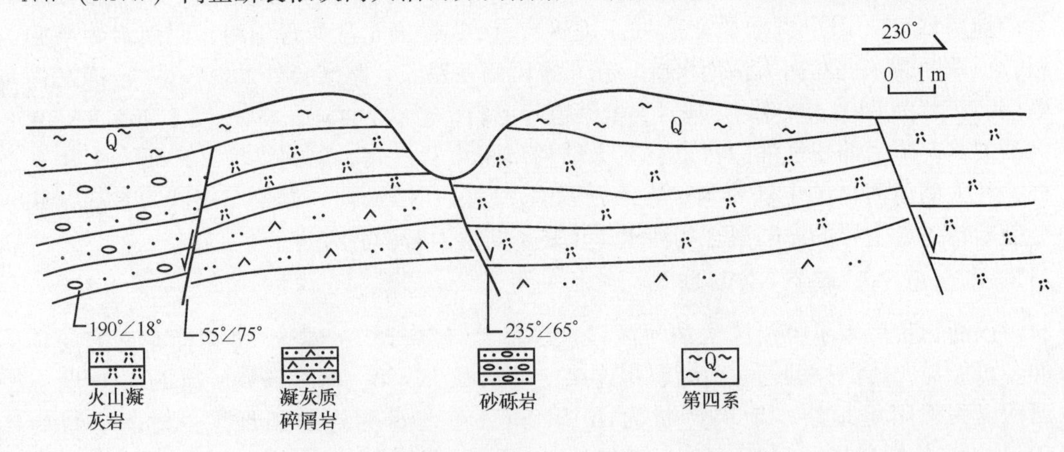

图 1.31　胶州湾大沽河口烟台顶 NNW 向断裂剖面

洋研究所，2005)。该地垒西部见 NW 向断层（产状 215°∠88°）切割 NNE 向断层（产状 283°∠86°）(图 1.32)。

图 1.32　大沽河口烟台顶 NNW 向断层及其地垒组合

22) 红岛 NEE 断裂 (F_{22})

该断裂位于红岛、虎守山 SE 部，走向为 NE 向，两端进入海域。其穿过青山群地层，为一右旋平移和右旋压扭断裂。在红岛海鲜市场以北（36° 12′ 45.0″ N，120°15′49.3″E)的断层剖面（图 1.33)，其基岩为板状流纹岩，断层面产状为 145°∠80°、330°∠65°。其上的擦痕显示断层为右旋活动，擦痕侧伏角为 10°NE。该观测点北盘地形高起。

图 1.33　红岛海鲜市场北侧 NEE 向断裂构造特征
（断层面上的擦痕、阶步反映断裂的右旋活动）

23）女姑山北—西大洋 NE 断裂（F_{23}）

该断裂位于红岛晓阳村与西大洋之间，沿东北向延伸，西南端进入胶州湾，东北端经脂鱼嘴进入胶州湾，控制该处东北向岸线的发育。根据青岛西环海公路工程女姑山跨海桥桥基地质构造特征（青岛海洋大学，1989）研究成果，在女姑山西胶州湾内发现一条断层，断裂带宽约 140 m，形成一个小地堑。断裂走向 NE，与上述断裂恰能连接，控制该区地形。

24）红岛湾顶—冒岛 NNE 断裂（F_{24}）

据相关资料（中国海洋大学，1977），该断裂自城阳楼子疃经西元庄向南 SW 延伸至冒岛西侧，整体方向为 NNE 向。该断裂的切割使冒岛与东大洋分离，成为海岛，控制东大山东侧与冒岛的形貌特征，为该区的一条较大的 NNE 向断裂。

25）东大山 NNE 断裂（F_{25}）

该断层位于东大洋村东部，总体走向为 NNE 向，两端进入海域。该断层穿过青山组地层，陆地长度约为 1.2 km，为一正断层，走向 NNE，倾向 NWW。该断层早期为左旋压扭，后期表现为正断层（图 1.34）。在东大洋东（36°11′25.4″N，120°17′45.4″E 及 36°11′28.0″N，120°17′44.7″E）处见断层露头，断层面产状为 330°∠60°。岩石破碎，擦痕显示其为正断层。

图 1.34 东大山西侧东大洋村 NNE 向断裂构造特征
（擦痕和阶步反映断裂晚期的张性活动）

26）红岛湾 NNW 断裂（F_{26}）

据山东省青岛市红岛水库 1:50 000 区域地质测量报告（中国海洋大学，1977），该断裂经原红岛大坝设计地址中部，向西北延伸。长约 3.5 km。恰与该区西北向水道重合。它对该区海湾地形的形成具有控制作用。

27）东大洋—虎守山NW断裂（F_{27}）

该断裂位于红岛区，由东大洋向西北延伸至虎守山一带，据相关资料（中国海洋大学，1977），断裂面上可见右旋水平擦痕，反映断裂具有右旋扭动的构造特征。该断裂在红岛将红岛断裂右旋断错。

28）大沽河—潮连岛南NW断裂（F_{28}）

根据青岛胶州湾湾口海底隧道工程物探结果（国家海洋局第一海洋研究所，2004），该断裂具有右旋张扭特征，这表现在对NE向断裂的右行错动、断裂带两侧海底岩石以及钻孔岩心中有多处方解石充填的张性裂隙所证明。多波束阴影图显示，在该断裂的两侧节理较发育。整个断裂构造被辉绿岩脉、正长斑岩脉和闪长岩脉多种中基性岩脉所充填，宽度80～100 m，有自西向东变窄的趋势；根据磁异常初步计算的结果，岩脉倾向NE，倾角约75°，它也代表了该断裂带的产状特征，岩脉顶部发育有约10 m厚的强风化带。据资料该断裂在湾口外侧海域的航磁资料显示为一串珠状高磁异常圈闭（李昭荣，1983），由靠近潮连岛南部海域西北向延伸至胶州湾湾口，在胶州湾海域磁异常平面等值线图上，该断裂被NE向沧口断裂和近东西向的郝官庄断裂分成三段（支鹏遥，2008）（图1.35）。

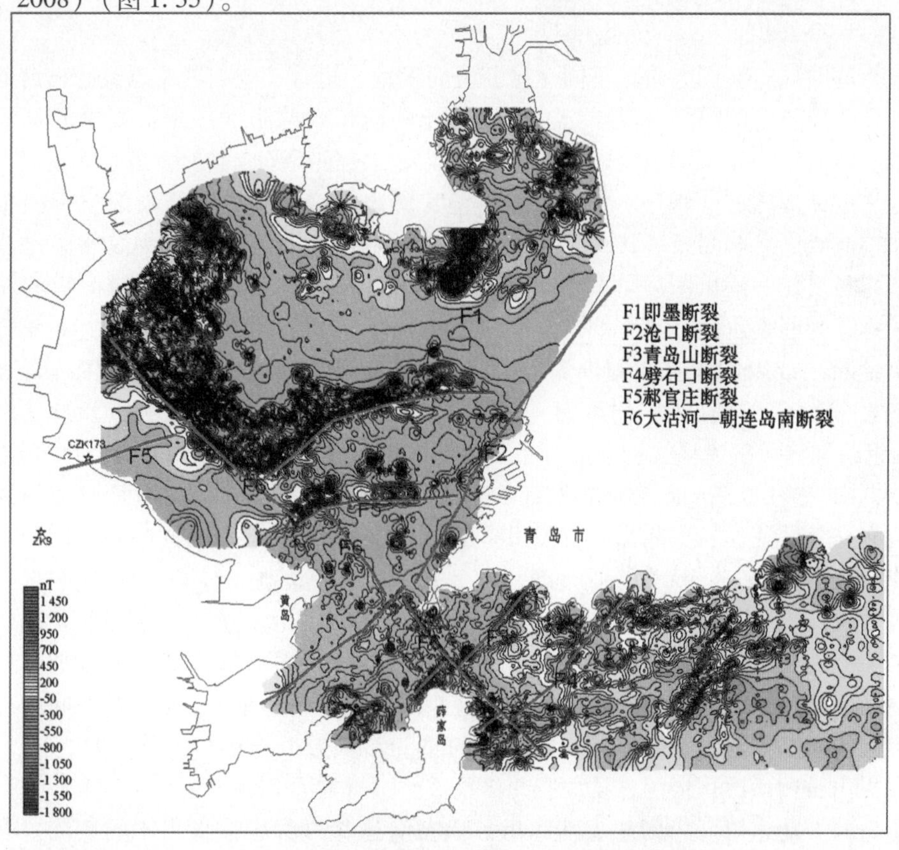

图1.35　胶州湾海域磁力异常平面图及断裂分布

（据国家海洋局第一海洋研究所，2005）

南段：与沧口断裂交会处向东，断裂在磁异常图中表现为西北方向延伸的线性串珠状正高异常圈闭，最大值高于背景值约300～500 nT。断裂带宽度在90～100 m，断裂带内主要被后期具磁性的侵入岩脉所充填，倾向NE，倾角约50°，侵入岩脉宽度约80 m，并由NW向SE逐渐变窄，顶界埋深（自海底面算起）30～42 m，并向东南逐步加深。断裂在海底与NW—SE向海底沟谷重合，沟谷的最宽处约100 m，深10 m左右。

中段：从沧口断裂向西北到与郝官庄断裂交汇处，其性质可能与南段相似。

北段：从郝官庄断裂向西北，沿“V”字形磁异常的左枝（西北向）延伸，磁异常变化比较强烈，异常西侧表现为宽缓的负磁异常变化，据陆域钻孔推测为胶南群片麻岩，而剧烈变化的磁异常推测是由沿断裂发育的青山群的安山岩和玄武岩引起的，火山岩的宽度约3 km，这一胶州湾西部陆域断裂带常被青山群充填一致，异常东侧推测为白垩纪沉积岩。

综合三段可知大沽河—潮连岛南断裂总体上呈西北—东南延伸，走向约320°，断裂被NE向沧口断裂错断，并向南错移了650 m，这与沧口断裂左旋性质相吻合，也表明该断裂活动要比沧口断裂早（支鹏遥，2008）。

1.4 胶州湾的地质成因

胶州湾与周边不同方向、不同性质断裂的发育、组合、空间展布以及胶州湾的形貌特征，导致胶州湾的成因众说纷纭。最早是叶良辅和喻德渊（1930）提出的风成侵蚀成因说，他们认为胶州湾地区的岩石松软，经风化侵蚀后形成盆地，海水入侵而形成胶州湾。之后，成国栋（1979）根据胶州湾及其周边周边不同方向断裂的空间展布提出了旋扭构造成因。李昭荣（1983）根据胶州湾的航磁资料解译，认为胶州湾是流亭—肖家断裂与夏庄—沧口断裂分割出来的一个上升地带，它的上升幅度较南面的花岗岩小，故称其为断裂阶地。整个胶州湾发育在此阶地上。可以看出，上述论述较早提出了胶州湾是断陷成因的观点。刘洪滨（1986）提出了破火山口成因说。赵奎寰（1998）和栾光忠（1998）等认为胶州湾为一断陷盆地，赵奎寰（1998）认为胶州湾是由NE、NW两组断裂构成棋盘格式构造起着主要控制作用。阎新兴等（2000）认为胶州湾的地质构造，NE向和近东向断裂均较发育，这不但在陆域有明显的表现，而且海域的钻孔资料也有充分的证据。这些都说明胶州湾是一个受NE向和近东西向断裂控制的断陷盆地。李乃胜等（2006）认为，胶州湾是一个小型的断陷盆地，本区的NE向和近东西向断裂均较发育，这不但在陆地有明显的证据，就在红岛东大山至娄山后的烟墩山资料也表明白垩纪王氏组的地层断陷下去，和青山组地层呈断层接触，其东盘是明显的下降盘；黄岛前湾打钻，也见过断层角砾等。这些都说明胶州湾是一个受NE向和近东西向断裂控制的断陷盆地。正因如此，胶州湾的总的形状近似菱形。吕洪波等（Lv et al.，2007）提出胶州湾冰川成因，认为胶州湾是更新世（距今180万～1.1万年）晚期覆盖山东半岛的大陆冰川（第四纪大陆冰川）向黄海运移过程中挖掘出来的峡湾。李官保（2009）认为胶州湾从元古代末至古生代长期处于隆起剥蚀过程，造成周边基岩大面积出露，而胶州湾内海底基岩基本与沿岸陆地和岛礁的岩性一致，是陆地岩层向海的延伸。栾光忠（1998）认为胶州湾的陷落是受温泉—沧口断裂以及新华夏系几组断裂控制，是上述断裂控制下的断陷盆地。

1.4.1　构造成因

1）断裂构造的控湾作用

不论是旋扭构造成因、破火山口机构成因还是断陷成因，均反映胶州湾是一个不同方向断裂非常发育且组合复杂的区域。李善为（1983）认为胶州湾是断裂的汇集之地，是胶州湾形成的构造基础。从图 1.36 可以看出，胶州湾周边海岸均由断裂构造控制。与胶州湾断陷成因有关海岸平行的主要断裂有 NE 向温泉—沧口断裂、NEE 向关王庙—后韩家断裂及 NWW 向红石崖—黄岛断裂。

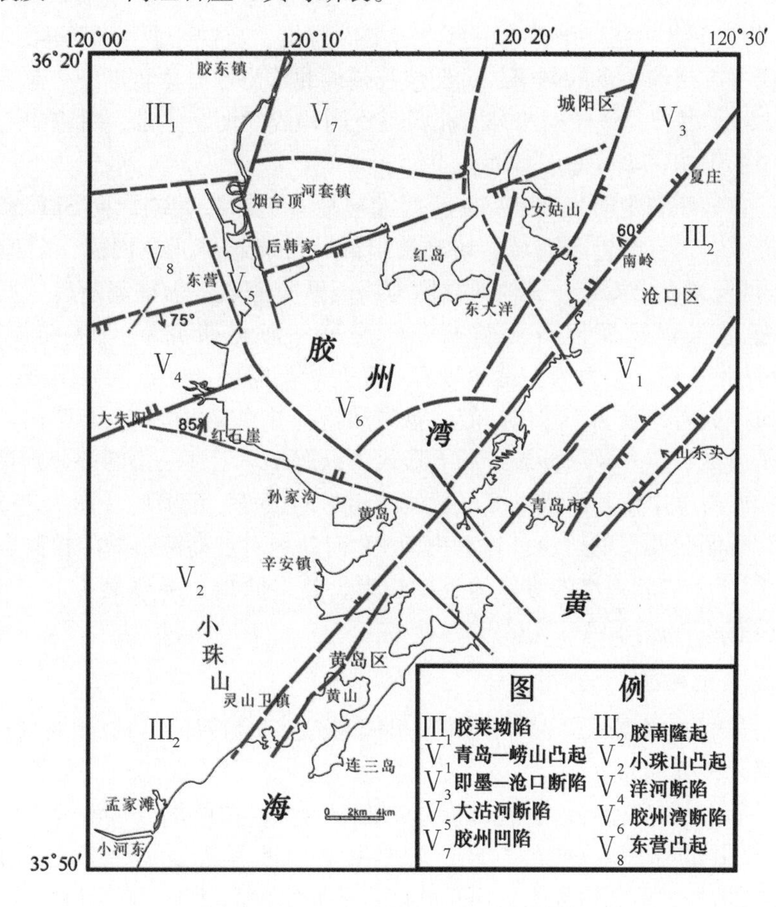

图 1.36　胶州湾大地构造单元分区

沧口—温泉断裂经历过多期活动，其活动方式也发生过多次变化，中生代主要表现为左旋压扭为主。断裂控制了白垩纪的火山喷发和沉积作用，以及崂山地区燕山期花岗岩体的侵入活动，并将该岩体断错。此外，沿断裂带和花岗岩体有多期岩脉侵入。说明在中、新生代，断裂曾多次活动。在新生代早期，断裂活动表现为右旋压扭。第四纪晚期断裂活动显示出右旋正断特点。在胶州湾东南海岸，海岸线方向与断裂走向基本一致，呈 NE—NNE 向，形成纵海岸。根据丹山、南岭、邢台路教师公寓、橡胶六厂等地质剖面，断裂产状均倾向于 NW。在地质组成方面，南岭剖面、邢台路教师公寓剖面以及胶州湾水域断裂上盘地层均出露青山群（组）（K_{1q}），断裂下盘出露燕山期正长花岗岩（$\xi\gamma_5^3$）（图 1.9、图 1.10），这足以表明，出露花岗岩（$\xi\gamma_5^3$）一盘的青岛—崂山凸起强烈抬升和出露青山组（K_{1q}）一盘胶州湾的陷落。同时，也表明胶州湾东南岸是由温泉—沧口断裂控制下形成的纵海岸（图 1.36）。

关王庙—后韩家断裂 SWW 从百尺河起，向 NEE 经铺集、大朱郭、小埠头、山寺村、殷家洼、关王庙南、东营进入大沽河口，沿 NEE 方向延伸至后韩家，进入胶州湾，全长约 70 km。该断裂走向为 NEE，倾向 SSE，倾角近于直立，断裂产状 170°∠75°（图 1.29）。断裂下盘出露莱阳组，上盘出露王氏群组，反映出露莱阳群陆地一盘的上升和出露王氏群胶州湾一盘的陷落，也反映胶州湾北部海岸是由该断裂控制下形成的纵海岸（图 1.36）。另外，该断裂与郝官庄断裂之间构成洋河断陷带，对胶州湾的陷落有重要控制作用的影响（栾光忠，1998）。

红石崖—黄岛断裂走向为 NWW 向，西端被岛耳河断裂截断，向 SEE 经烟台、观里、邵家、郝家、法家茔进入海域，切割莱阳群及荣成超单元花岗岩，陆地延伸长约 14 km。除在烟台顶有出露外，其他地方均为第四系所掩盖，为推测断裂。据青岛胶州湾湾口海底隧道工程物探报告（国家海洋局第一海洋研究所，2004），断面产状 20°∠85°，断裂带宽 14 m，发育构造角砾岩，在基岩出露区，上盘为莱阳群，下盘为荣成超单元变质深成岩，表明小珠山凸起一盘强烈抬升升和胶州湾的一盘陷落。表明胶州湾西南海岸是由红石崖—黄岛断裂控制下形成的纵海岸。上述三条断裂分别控制胶州湾东南、北部和西南海岸使其形成纵海岸，使胶州湾形状呈一正扇形（图 1.36）。除上述三条控湾断裂控制胶州湾的边缘外，湾内 NNW 向断裂对红岛湾形貌的控制也非常明显（图 1.36），印证了“胶州湾的雏形为近四边形，是多阶地边界断裂控制，与 NNW 向的大义山断裂有关”（李昭荣，1983）。

2）大地构造单元的控湾作用

栾光忠（1998）根据地层、岩石分布和断裂构造组合特征，将胶州湾周边划分为 8 个Ⅴ级构造单元，分别如下。

①青岛—崂山凸起（V_1）：西北部以沧口断裂为界，东南部以黄海为界。除零星出露莱阳组、青山组外，本单元广泛出来出露燕山晚期花岗岩。本区除崂山主峰（1 133 m）为高山外，地貌单元为低山丘岭区。平均海拔高度为 300 ~ 400 m。区内发育有Ⅰ、Ⅱ、Ⅲ级蚀阶地。反映出本构造单元以强烈抬升活动为主。

②小珠山凸起（V_2）：北部以郝官庄断裂为界，NE 以红石崖 NWW 向断裂为界。出露地层荆山岩群、青山群。岩石出露前震旦期花岗岩和燕山期花岗岩、正长岩（附图Ⅳ）。本区地貌单元为低山丘陵区。小珠山主峰 725 m。平均海拔高度为 200 ~ 300 m。在小珠山 724 m 处发现海蚀穴，反映小珠山凸起一直处于稳定上升的状态，在进入新生代中更新世以来更为强烈（山东省地质矿产局，1988）。

③即墨—沧口断陷带（V_3）：西北部以即墨—郭城断裂为界，西北的东部以温泉—沧口断裂为界。向西南进入胶州湾。出露地层为青山群、王氏群及第四系，第四系厚度达 26 m（山东省地质矿产局，1988）。主要河流有白沙河、墨河等，地形平坦，平均高度低于 100 m 以下，反映第四纪以来该构造单元的下降活动。

④洋河断陷带（V_4）：北部以关王庙—后韩家断裂为界，南部以郝官庄断裂为界。向东进入胶州湾。区内出露地层为青山组、王氏组和胶州湾组海相沉积物。平均海拔高度 15 m 左右。水系发育，有洋河、岛耳河。反映第四纪以来该构造单元的下降活动。

⑤大沽河断陷带（V_5）：本构造单元是沿大沽河发育的一系列 NNW 向断裂组成。据李好元电法探测发现（刘洪滨，1986），平行大沽河由 15 余条 NNW 向断裂组成堑、垒状伸展构造，致使断陷带中部基岩陷落。作者野外观察，发现该部位的堑、垒状构造（图 1.10，图 1.17）。断陷带范围是从大沽河入海口向南进入胶州湾。出露地层为青山组及第四系，平均海拔高度低于 5 m。

⑥胶州湾断陷盆地（V_6）：东南以温泉—沧口断裂为界，西南以黄岛—红石崖断裂为界。北部以东营—后韩家断裂为界。水域地层为青山群、王氏群和第四系全新统胶州湾组（现改名为旭口组 $Q_{4\ xk}^{m}$）。

⑦胶州凹陷（V_7）：东部以郭城—即墨断裂为界，南部以关王庙—后韩家断裂为界。出露地层为青山组、王氏组及第四系。地貌特征为冲积平原区。海拔高度低于 100 m,平均 40 m 左右。

⑧东营凸起（V_8）：南部以关王庙—后韩家断裂为界，北部以胶州—上马镇 NEE 断裂为界。该凸起广泛出露莱阳群、青山群，北部与胶州凹陷的王氏群以断层接触，南部与洋河断陷带、胶州湾断陷盆地的王氏群、青山群以断层接触，反映地块上升的地质特征。

从图 1.36 可以看出，胶州湾断陷明显受 V 级大地构造单元控制，胶州湾断陷盆地（V_6）相对于青岛—崂山凸起（V_1）、小珠山凸起（V_2）和东营凸起（V_8）明显为一断陷区域，而即墨—沧口断陷带（V_3）、洋河断陷带（V_4）与大沽河断陷带（V_5）向胶州湾延伸也导致胶州湾的沉陷。

1.4.2　岩石地层特征

从附图Ⅳ青岛胶州湾地质图可以看出，胶州湾东南畔的青岛—崂山凸起地质体以深成侵入岩—花岗岩为主体。其中，以燕山期晚期花岗岩为主，从西向东包括正长花岗岩（$\xi\gamma_5^3$）、二长花岗岩（$\eta\gamma_5^3$）和碱性花岗岩（$\kappa\gamma_5^3$）。其次，在崂山东部王哥庄一带及大、小管岛等海岛分布有晋宁期花岗岩（$rQ\eta\gamma_2^3$）和震旦期花岗岩（$tH\eta\gamma_2^4$）。青岛—崂山凸起广泛出露花岗岩的这一事实相对于胶州湾出露青山群、王氏群明显反映出胶州湾的陷落。

胶州湾西南畔的小珠山凸起地质体同样以深成侵入岩——花岗岩为主体。其中，以燕山晚期正长岩（ξo_5^3）为主，组成小珠山的山体，其次为燕山晚期正长花岗岩（$\xi\gamma_5^3$）、二长花岗岩（$\eta\gamma_5^3$）、石英二长花岗岩（ηo_5^3）以岩株、岩墙穿插于基岩中。在小珠山的西北出露大面积的晋宁期花岗岩（$rQ\eta\gamma_2^3$）和震旦期花岗岩（$tH\eta\gamma_2^4$）以岩基产状产出。在地层方面，青岛地区最老地层荆山岩群（Pt_1j）野头岩组（Pt_1jY）条带状含石墨透辉白云质大理岩、白云质大理岩，出露于胶南柳花泊乡西北部及小珠山西北的石灰山一带。上述岩石、地层的出露，均反映了小珠山凸起相对胶州湾盆地的抬升和胶州湾的断陷。

胶州湾西北畔的东营—后韩家凸起，该凸起西北部广泛出露莱阳群曲戈庄组（KlQ），岩性为紫灰色含砾中粒砂岩、细砂岩夹泥岩，以含安山质岩屑和砾石为特征，局部夹流纹质熔结岩屑凝灰岩透镜体，厚度65.6～160 m。上述地层走向NNW—SSE，产状80°∠19°。倾向断层—关王庙—后韩家断裂横向断错上述地层，以断层为界，与上盘王氏组呈断层接触，反映了东营凸起的抬升和胶州湾盆地的断陷（附图Ⅳ）。

众所周知，花岗岩属于深成侵入岩，是来自地球深处岩浆向上运移，至地表以下3～5 km凝结形成的岩石。围限胶州湾盆地的青岛—崂山凸起、小珠山凸起出露前震旦期花岗岩、燕山期花岗岩，而胶州湾海域的花岗岩却隐伏在海底之下的200～300 m处（李昭荣，1983）。而青岛—崂山凸起、小珠山凸起的花岗岩与胶州湾海域的青山组呈断层接触（图1.9，图1.10），这足以说明胶州湾海域的断陷，胶州湾为一断控型盆地。

1.4.3 地貌特征

1）海岸地貌

胶州湾周边海岸是典型的山地基岩港湾海岸，其地貌格局受构造、岩性控制。而现今胶州湾海岸地貌形态虽然受到外动力地质作用和人为改造，但仍旧保持其构造成因的特征（图1.36）。胶州湾东南海岸受温泉—沧口断裂的控制，海岸线保持NE—NNE向延伸，与断层走向一致，为纵海岸。胶州湾西南海岸受红石崖—黄岛断裂的控制，海岸线保持NWW向延伸，与断层走向一致，为纵海岸。胶州湾北部海岸受关王庙—后韩家断裂的控制，海岸基本保持NEE向延伸，与断层走向一致，同样为纵海岸。上述断裂控制下的胶州湾海岸形成倒三角形或正扇形（图1.36）。

2）火山地貌

按照地理学对山脉划分方法，位于青岛—崂山凸起的崂顶（1 133 m）属于高山，位于小珠山凸起的小珠山（725 m）属于中山。上述山脉均由花岗岩等深成侵入岩组成山体，为花岗岩地貌特征，反映了上述凸起的强烈抬升。与此相反，在胶州湾东北畔却分布着高度不足百米由火山岩组成的小山丘，如红岛乡的东大山，李沧区的烟墩山、楼山、女姑山等。上述山丘有人认为为白垩纪残留的古火山口（曹钦臣，1981；刘洪滨，1986）。东大山火山口位于红岛南端，火山堆积物出露面积约2 km^2，据曹钦臣（1981）研究，喷发顺序自下而上可分为三层：下层为流纹质黑云母凝灰岩呈环状分布于东大山四周，向火山口缓倾，厚度5～20 m。据钻孔揭露，上部为凝灰岩、下部为弱熔结凝灰岩，喷发不整合盖于下亚组安山岩之上。中层为流纹质火山角砾岩，角砾来自早期的安山岩和流纹岩，围绕火山口分布，大致以20°倾角内倾。上层为流纹斑岩、石泡流纹岩和球粒流纹岩，它们以火山通道溢出后覆盖在火山角砾岩球粒流纹岩三个岩相带。

楼山古火山口位于沧口附近，据曹钦臣（1981）研究，火山口是由青山组中亚组第一阶段流纹质火山岩强烈爆发形成的。早期产生培雷式猛烈爆发，堆积了巨厚的大块级熔结角砾岩、熔结凝灰岩、凝灰岩等，随着时间的推移、爆发强度逐步减弱，后期大量熔岩溢出，形成厚度大、流动构造清晰的流纹岩，覆盖在熔结火山碎屑岩之上。由于火山喷发产物量多，使岩浆房逐渐萎缩，火山口不同程度塌陷，使火山碎屑岩在平面上以火山口为中心呈环状分布向火山口缓倾斜，塌陷后的火山通道被球粒流纹岩或集块熔岩所充填。上述古火山遗迹经漫长的地质年代能够残留至今，一个重要的原因是它们位于胶州湾断陷盆地以及即墨—李沧断陷带，免于被“断隆”和遭受强烈的风化、剥蚀而消耗殆尽。假如上述古火山遗迹不是位于断陷区域，而是位于青岛—崂山凸起、小珠山凸起，要么被“断隆”而遭受强烈的风化、剥蚀而荡然无存，或者被花岗岩侵位、吞噬而消耗殆尽。因此，上述古火山遗迹的残留足以说明胶州湾及其周边处于断陷的大地构造部位，是胶州湾断陷成因的重要的地貌标识。

地壳的构造变动和构造控制是内动力，其控制地壳岩石在空间的分布、破坏与建设。断裂构造的形成、发展和活动控制着胶州湾的形成与演化。

1.4.4　胶州湾的形成与演化

任何事物的发展必然经过发生、发展和消亡的过程。胶州湾也是这样，经历了一个从孕育、形成、到发展漫长的地质历史时期。赵奎寰（1998）认为胶州湾的演化经太古至元古代结晶基底的形成及形变阶段、中生代构造强烈与岩浆活动频繁阶段和新生代构造活动减弱、差异升降活动阶段。认为胶州湾地区元古代末期蓬莱运动结束了地槽发展，褶皱成山，在漫长的地质历史时期，普遍遭受到较强烈的区域变质和混合岩化作用，这套最古老的变质岩系——胶南群形成胶州湾的结晶基底。印支期以来，由于太平洋板块由 NNW 向改变为 NWW 向运动，向欧亚板块俯冲挤压，直接影响我国整个东部，致使鲁东隆起区基底壳层发生大规模破裂、分化。在早期，胶州湾地区与鲁东隆起地区一样，均处于隆起剥蚀阶段；晚期鲁东地区发生大型 NE 向隆起和凹陷，沿胶南隆起与胶莱凹陷接合地带发生大量火山岩喷溢，形成以白垩统青山群中基性、中酸性火山岩系，构成东大洋火山岩带。当时，由于构造进一步强化，又产生一些 NE 向深大断裂作为岩浆通道，导致胶州湾东南部大规模的中酸性侵入体侵入，形成巨大的 NE 向花岗岩岩带。从白垩统青山群火山熔岩分布面积骤减，反映了火山活动的减弱，到晚白垩世出现陆相湖泊、河流相的堆积为主的王氏群地层。新生代构造活动减弱，差异升降活动仍存在，在燕山运动早期，胶州湾地区与鲁东隆起地区一样，均处于隆起剥蚀阶段。从胶州湾钻孔资料^{14}C 测年为（18 800 ± 200）年分析结果，为玉木冰期低海面时期，沉积物中不含海相生物化石仅发现植物碎屑和果核。孢粉分析表明植被以蒿属为主的草原景观，气候寒冷干燥，沉积物不发育，基岩之上普遍发育着厚度不大的残坡积物，其后由盆地周边河流向内输入物质，形成以河流相为主的河湖相沉积，这充分证明胶州湾形成初期不是海湾，而是未经海水侵入的陆相盆地。胶州湾作为海湾无疑产生于全新世，全新世初期，海水入侵，首先沿河流上溯，沉积了河口湾及三角洲相沉积物，沉积物中有海陆过渡相微体古生物化石，为盐沼—滨海环境。胶州湾全新世海面波动十分显著，中全新世早期距今6 000年时海侵鼎盛，胶州湾面积最大，现在的红岛（阴岛）、女姑山、薛家岛那时都是名副其实的海岛，此期海相沉积物最为发育。中全新世晚期5 500～2 500年海面有所下降。晚全新世（2 500年至今）以来胶州湾自然环境、岸线变化等接近现在的面貌。

我们主张胶州湾断陷成因，认为胶州湾是由断裂控制下形成的断陷盆地。因此，胶州湾所处的大地构造背景以及控湾断裂的活动历史就应该是胶州湾形成、演化的历史。而断裂构造的活动受断裂运动学特征和构造应力场转换历史所制约。在胶州湾控湾断裂中，温泉—沧口断裂是最重要的控湾断裂，也是胶东牟平—即墨断裂（简称为牟—即断裂）的重要组成部分。从盆地研究角度出发，许多学者强调牟—即断裂带是一条重要的控盆边界断裂带（陆克政等，1994；唐华风等，2003；刘建忠等，2004），其白垩纪伸展活动不仅控制了胶莱盆地形成和发育，同时沿断裂带形成一系列凹陷（张岳桥等，2007）。张岳桥等（2007）基于野外断层矢量分析和古构造应力场反演，侵入岩和火山岩锆石U－Pb离子探针和Ar－Ar测年分析，结合海域地球物理资料解释成果，研究了该断裂带平面展布形态和晚中生代构造演化历史。结果表明，牟—即断裂带在晚侏罗世至白垩纪时期经历了挤压左旋平移——引张伸展——右旋走滑拉分3个显著不同的运动学转变历史，并将牟—即断裂带在白垩纪运动历史划分为以下5个阶段（图1.37）。

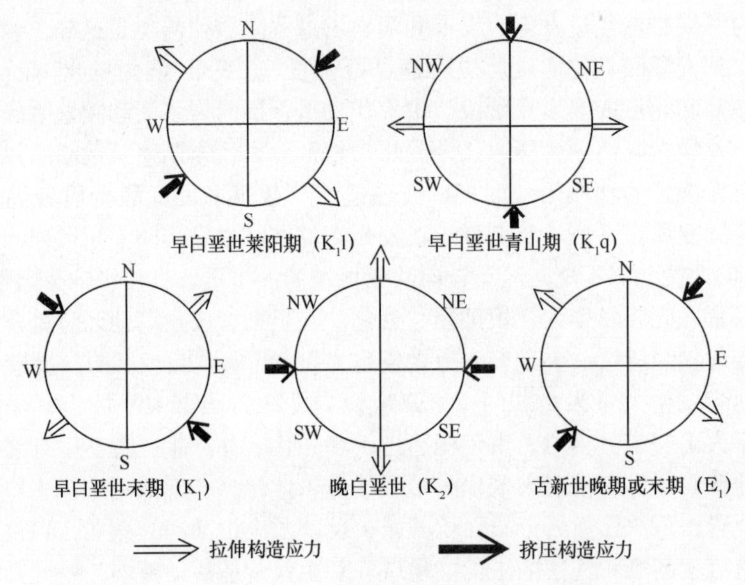

图1.37　胶东牟—即断裂带白垩纪运动历史划分的5个阶段
（张岳桥等，2007）

①早白垩世莱阳期NW—SEE向伸展阶段：该期伸展控制了莱阳群组沉积，但伸展应力方向主要记录在盆地基底，伸展作用控制了胶莱原型盆地的发育。在莱阳群沉积之后和青山群组发育之前，存在一期轻微的近东西向挤压，在莱阳组沉积地层中形成一组初始共轭节理。

②早白垩世青山期近东—西向伸展阶段：这期伸展发生在青山群火山岩喷发阶段，牟—即断裂带以伸展活动为主，与沂沭裂谷系大盛群沉积时期的伸展构造应力场一致。

③早白垩世末期 NW—SE 向挤压阶段：这期挤压应力作用发生在早、晚白垩世之间，是区域构造作用的结果，挤压作用导致牟—即断裂带左旋走滑复活并使早白垩世地层发生褶皱变形。这次构造挤压事件使胶莱盆地产生东、西分异，东部海阳凹陷整体抬升，并处于隆升剥蚀状态。

④晚白垩世近 N—S 向伸展阶段：该时期伸展作用主要发生在桃村—东陡山断裂带以西的莱阳凹陷和郭城凹陷的局部地区，伸展方向为近 S—N 向，伸展作用与牟—即断裂带的右旋剪切拉分作用有关。根据莱阳凹陷地层记录，推断这期伸展作用可能一直持续到整个古新世，因为莱阳凹陷中金岗口组是一个跨晚白垩世和古新世的地层单位。

⑤NE—SW 向挤压：这期挤压作用记录在所有白垩纪地层和基底岩石中，根据盆地地层记录推断，该挤压事件很可能发生在古新世晚期或末期（50 ~ 42 Ma）。它使 NE 向牟—即断裂带发生右旋走滑活动，但走滑量较小；同时，这期挤压作用结束了胶莱盆地的沉积历史，使盆地整体隆升，并遭受剥蚀。

对照上述牟—即断裂带（温泉—沧口断裂）在白垩纪及新生代早期活动的 5 个阶段，结合胶州湾及其周边的地质特征，笔者将胶州湾的形成、演化划分如下。

①早白垩世莱阳期：温泉—沧口断裂表现为正断，胶莱盆地断陷，莱阳群沉积。莱阳群沉积之后和青山群组发育之前，存在一期轻微的近东—西向挤压（张岳桥等，2007），在胶州湾西北部表现为莱阳群走向南—北，倾向东（附图Ⅳ）。

②早白垩世青山期（107 ~ 120 Ma）：温泉—沧口断裂左旋平移，火山物质沿断裂喷发，形成青山群和胶州湾及其周边的火山遗迹。随后，伴随青岛地区强烈的岩浆活动，崂山岩体（123 ~ 88 Ma）在地下侵位于莱阳群、青山群中。

③早白垩纪末期：太平洋板块由 NNW 向位移转向为 NW 向俯冲，挤压构造应力为 NW—SE 向，温泉—沧口等 NE 向断裂构造表现为上盘上冲的逆断层特征，典型的构造现象表现在劈石口断裂带中形成的长轴平行断裂走向的构造透镜体、碎粉岩和断层泥等（图 1.13）。由于构造应力方向为 NW—SE 向挤压，导致胶州湾南部薛家岛湾两畔、唐岛湾西北畔、沙子口午山的青山群走向 NE—SW，倾角高达 54°（山东省地质矿产局，1988）。随后 NNE、NEE 向断裂以左旋压扭和右旋压扭的构造特征产生。

④晚白垩世：由于构造主压应力为 E—W 向挤压，拉伸构造应力 S—N 向伸展，在胶州湾地区北部王氏群沉积，温泉—沧口等 NE 向断裂表现为右旋走滑。典型的构造现象表现为劈石口断裂右旋断错玄武玢岩岩墙 69 m（图 1.13）。在岩浆活动方面，NE、NEE、NNE 向断裂在南—北向伸展构造应力作用下，张性复活，在胶州湾地区形成 NE、NEE、NNE 向酸性、基性岩墙群这一伸展构造（附图Ⅳ）。根据地表某点岩墙出露宽度/某点总长度 = 地壳扩张（伸展）率估算，胶州湾南部薛家岛一带地壳扩张率可达 20% ~ 40%，局部可达 90% 以上（如汇泉角、太平角等地）。

⑤古新世晚期或末期：胶州湾断陷的鼎盛期。由于挤压构造应力为 NE—SW 向，温泉—沧口等 NE、NNE 断裂以及 NEE 向断裂表现为上盘下降的正断层。典型的构造现象表现为燕山期花岗岩与青山群呈断层接触，花岗岩温泉—沧口断裂的南岭剖面（图

1.9、图1.10)，关王庙—后韩家断裂带中正断层的构造特征（图1.29）。沧口断裂邢台路青年教师之家基坑剖面随后（图1.10)，青岛地区堑、垒状构造地貌形成，崂顶NW向的王哥庄断裂、劈石口断裂、温泉—沧口断裂以阶梯状断层形式上盘依次下降(图1.36)。即墨—沧口断陷带、洋河断陷带、大沽河断陷带形成并向胶州湾延伸，崂顶青岛—崂山凸起以地垒的形式抬升，崂山花岗岩体经风化、剥蚀“破土而出”。小珠山地块抬升，胶州湾陷落，胶州湾断陷进入鼎盛期。第四纪以来，由于喜山运动的影响，青岛地区地壳运动主要以差异升降运动为主。青岛崂山、小珠山地区以强烈抬升为特征。青岛—崂山凸起年上升率约为3 mm，小珠山凸起年上升率约为2 mm。以这两地为中心，地壳向西北做一掀斜运动。而位于这两个上升地块之间的胶州湾由于受沧口断裂和新华夏系几组断裂的控制，没有随上述地区整体抬升，作为相对孤立的构造单元而陷落，成为一断陷盆地。作为胶州湾的组成部分，沧口—即墨、洋河、大沽河断陷带向胶州湾延伸、交汇，构成了胶州湾断陷盆地的主体，并接受了约为15 m厚的第四纪陆、海相沉积物。根据沉积物的年代；盆地拗陷接受沉积的时代是中、晚更新世（$Q_2 \sim Q_3$）。

⑥晚更新世晚期：胶州湾断陷活动控湾断裂活动性的终结期。胶州湾控湾断裂，特别是温泉—沧口断裂活动性不仅关系到胶州湾断陷活动的历史延续，也关系到青岛地震灾害预防、地质环境安全的评价，青岛活断层研究也在近期得以实施。青岛市地震局对青岛市活断层研究中，对沧口断裂做了活断层研究及年代学测试工作。在丹山断层断错土红色含砾亚黏土（图1.38），该地层经TL测年（CK-TL-14），年龄值为（31.77±2.70）ka。灰绿色断层泥经TL测年（CK-TL-15），最新活动年龄值为（33.30±2.83）ka。认为丹山—胶州湾段断层向NW陡倾，活动性质为正断右旋走滑，为晚更新世早期弱活动断裂。郭玉贵等（2007）经钻孔探测资料证实，在陆地隐伏区，温泉—沧口断裂的强烈活动发生在晚更新世之前（即中更新世)，晚更新世早期仍有明显的活动，垂直错距约2 m。在海域，沧口—温泉断裂在晚更新世中期仍处于活动状态，垂直活动速率为0.48 mm/a。这表明胶州湾陷落时期在晚更新世晚期才终止。推断东营—后韩家断裂、黄岛—红石崖断裂等控湾断裂在这个时期前业已结束活动的历史。

⑦晚更新世末至全新世：胶州湾接受沉积和成为海湾时期。王永吉等（1983）依据青岛胶州湾中、南部地区钻孔岩芯的孢粉进行分析，证实距今20 000~13 000年时，胶州湾和全球一样都处于一个低温时期。由于气温下降，洋面降低，东海与黄海陆架地区几乎全部成为陆地。本阶段样品微体古生物分析没发现任何海相微体化石，说明当时的胶州湾和黄海一样，是一块陆地。在现代胶州湾区域，有一个青岛地区当时(^{14}C年代为（11 800±200）年）最大的湖泊，湖泊周围有草原，也有岛状分布的针阔叶森林，在山地丘陵区，则主要生长着以松属为主的针叶林。本阶段岩芯中，发现一些淡水陆相介形虫，如纯净小玻璃介等，直接证明了这个淡水湖泊的存在。如果以气候明显转暖作为划分更新世与全新世的分界，在青岛胶州湾地区，此界线在11 000年前后为宜。因此，胶州湾真正成为海湾，接受海相沉积物是在玉木冰期后期，距今约10 000年以后。

进入新生代之后，本区的地貌发育进入了新的阶段。燕山运动后，本区又出现了较长时间的稳定时期，陆地又开始遭受长期的大面积缓慢上升剥蚀夷平作用，这种作用可能一直到早更新世的晚期。在这一时期，这里形成了全国有名的胶莱剥蚀准平原，也有

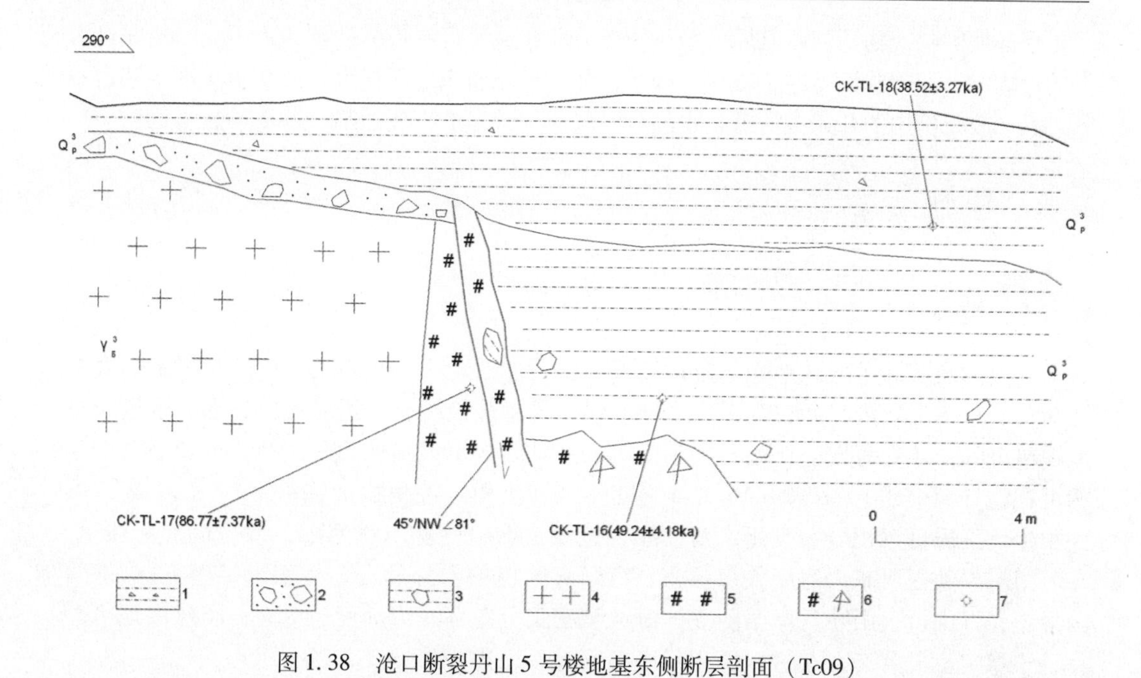

图 1.38　沧口断裂丹山 5 号楼地基东侧断层剖面（Tc09）
（青岛市活断层探测与地震危险性评价报告，2008）

1—浅棕色含砾亚黏土；2—棕褐色含砾砂质亚黏土；3—砂砾石；4—花岗岩；5—断层泥；6—断层泥构造角砾岩；7—TL 取样点

人把它称之为临城期夷平面，马戈庄、棘洪滩一带的准平原，即属此期产物，这也就是喜山运动的第一幕，对此区影响不甚大。而到了喜山运动的第二幕，本区的老构造开始复活。如上所述，胶州湾可能就是这时形成的断陷盆地。从钻孔取样测年为（18 800 ± 200）a 的沉积物看，它是晚更新世的产物。这种沉积物中没有任何海相微体化石，仅有少量的草子和果核，这说明当时不是海湾。盆地形成后，洋河、大沽河及白沙河等河流注入盆地，并在盆地东南汇流，从团岛南向东流去。这时盆地接受了大量河流物质，形成厚达 15 ~ 20 m 的河流堆积物。从黄海的研究可知，在 12.5 ka 前，黄海海面位于现在海面的 50 m 以下，后期由于玉木冰期结束，海面逐渐上升，胶州湾这个断陷盆地才被海水淹没，而成为海湾。因此，胶州湾真正形成海湾还不到一万年。这时那些入湖河流就成了入海河流了。随着海平面的不断上涨，胶州湾的面积不断扩大，湾口也冲刷得愈来愈深，河流沉积物的堆积也靠近了岸边，这样也使海冲积平原的面积不断扩大。约在 6 000 年前，达到最大的范围。在辛岛发现的沼泽层是陆相的，其年代为（7 070 ±90）a，当时还有森林及有鹿等动物活动，当时胶州湾的面积比目前大得多。之后，海水后退，胶州湾一度缩小。从黄岛后湾村海岸剖面资料可知，其后退时间，约在 2 770 年前后，因此当时在那里发育了陆相沼泽层。同样，在胶州湾的钻孔内，也发现在孔深 1 ~ 2 m 处，海相有孔虫大量减少。这一深度上下有孔虫数量都很多，同样，在后湾村沼泽层上部出现海相层，这说明，胶州湾在 3 000 年前的海退之后，又出现一次海侵，使胶州湾面积又有所扩大。全新世的这次海退与海侵，在天津一带也有表现。说明这不是局部地区的产物，从此以后，经过几次波动，就稳定到目前的位置上了。当然海进海退的过程中，河流并没有停止输沙，因此，陆域平原面积不断扩大，海湾中浅水水域也不断扩大。胶州湾中的几条古河道，也随着海侵成为潮水的主要通道，即今日之水道。

1.5 地质灾害

1.5.1 地震

胶州湾及其周边地区地壳稳定性良好，新构造活动主要显示为NE向断裂带的继承性活动，总体上以沧口断裂为界，东南部崂山等地缓慢抬升，遭受剥蚀；西北部胶州等地缓慢沉降，接受海侵。在南万一带的第四系钻孔显示，从地表0~10.2 m为海陆交互相沉积物（潍北组），10.2~16.1 m为陆相（河流相）冲积物（临沂组），16.1 m以下为中生代王氏群沉积岩。胶州水寨，原为近海岸区，约在100年前，该地区渔船往返。在胶南海岸地区，基岩海岸大多裸露，海岸海蚀现象十分发育。在积米崖南1 km炮台山沿岸，青山群火山喷发岸壁陡立，海蚀洞密集分布，海蚀高度约8 m；小珠山地区一直处于稳定上升状态，在进入新生代中更新世以来更为强烈。

夷平面的存在是地壳升降间歇的标志。早期形成山间平原，晚期地壳上升，遭受剥蚀，形成阶地。现代海蚀面，主要发育在东南侧的海岸带，以基岩海岸分布区最发育，多形成数米至数十米的海蚀陡坎、海蚀崖。海蚀陡坎高约十几米，上面布满了海蚀洞、海蚀穴，形成有海蚀柱等海蚀地质景观，海蚀平台位于高潮线以下。

区内较大的断裂为NE向和近东西向断裂，具有多期性、继承性活动的特点。在早白垩世早期，断裂基本形成，受差异运动的影响，使胶莱断陷盆地沉积了莱阳群巨厚的砂砾岩。第三纪区内基本属于稳定抬升阶段，第四纪由于受喜马拉雅运动影响，断裂继续以差异升降运动为主，使崂山花岗岩继续抬升，形成了莱阳—胶州湾第四纪坳陷盆地，沉积了厚10~30 m的第四系松散沉积物。

综合主要断裂和新构造运动特征，区内未见全新世活动明显、剧烈的断裂活动，仅沧口断裂的部分地段，以及部分NNW、NW向和近东西向断裂有活动迹象。第四纪以来地壳总体上是稳定的，以差异升降为主，海岸带地区总体以缓慢隆升为主。总之，构造地质环境较为稳定。

1）断裂及活动性

青岛黄岛及邻近地区大地构造单元属中朝准地台（Ⅰ级单元）中的鲁东断隆（Ⅱ级单元）。Ⅲ级大地构造位置为胶南隆起（胶南市、青岛市区和黄岛区）。其中，胶莱坳陷和胶南隆起的基底分界，以NE向的沧口断裂和NEE向的山相家—郝官庄断裂为界（栾光忠等，2002）。因此，青岛黄岛及邻近海岸带地区的大地构造位置总体位于胶南隆起。

胶南隆起出露的主要为中生代燕山期侵入岩与太古界至元古界胶南群变质岩。侵入体岩性主要为花岗岩，如南部小珠山岩体以黑云花岗岩、二长花岗岩为主。变质岩岩性主要为片麻岩、片岩、变粒岩。

整个青岛地区的地质构造主要以断裂构造为主，以 NE—NNE 向、NW—NWW 向和近 EW 向等几组断裂为主（图 1.39），其中以 NE 向断裂为主导。青岛海岸带地区的主要断裂有 15 条，其主要特征见表 1.1。

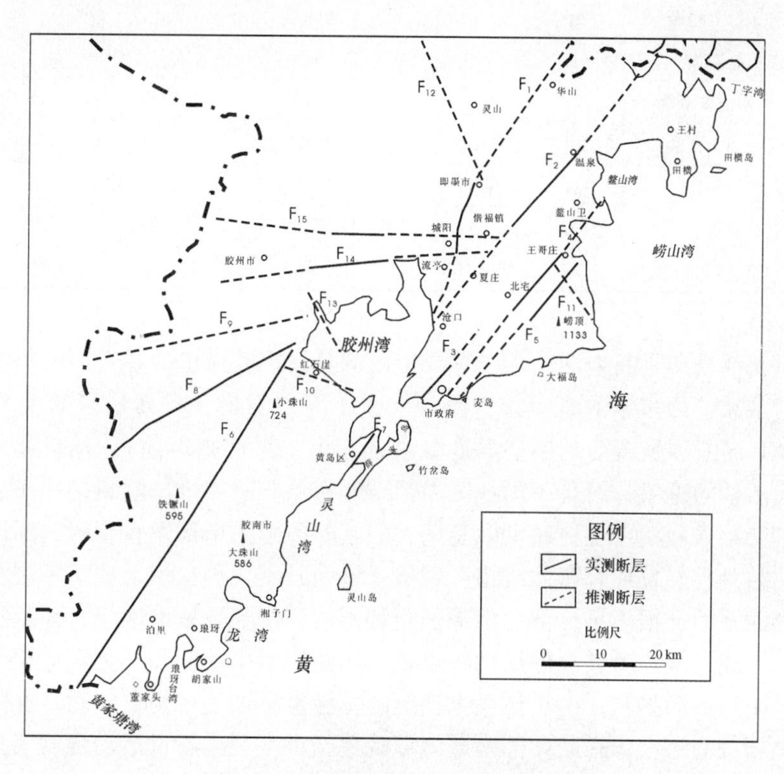

图 1.39　青岛地区主要地质构造分布

F_1即墨—流亭断裂；F_2沧口—温泉断裂；F_3青岛山断裂；F_4 劈石口断裂；F_5王哥庄—北九水断裂；F_6 胶南—日照断裂；F_7 辛岛断裂；F_8 山相家—郝官庄断裂；F_9 百尺河—廿五里夼断裂；F_{10}红石崖断裂；F_{11}芝坊—刁龙嘴断裂；F_{12}七级—马山断裂；F_{13}大沽河断裂；F_{14}上马镇断裂；F_{15}五里堆断裂

表 1.1　青岛地区主要断裂特征及活动性

编号	断裂名称	长度（km）	产状			断层性质	最新活动期
			走向（°）	倾向	倾角（°）		
F_1	即墨断裂—流亭断裂	50	30	NW、SE		左旋压扭→张性	Q_2 晚期
F_2	沧口—温泉断裂	57	45	SE	>70	左旋压扭→右旋平移	Q_2 中晚期
F_3	青岛山断裂	10	40	310	46	右旋平移	Q_2 中晚期
F_4	劈石口断裂	47	48	NW	>70	左旋走滑→右旋走滑	Q_2 中晚期
F_5	王哥庄—北九水断裂	37	40	SE	>70	右旋逆断	Q_2 晚期
F_6	胶南—日照断裂	96	35	SE	65 ~ 75	右旋走滑	Q_2 晚期
F_7	辛岛断裂	3	40	130	60	不详	前第四纪
F_8	山相家—郝官庄断裂	60	NEE	N	60 ~ 70	右旋平移兼张性	Q_2 中、晚

续表

编号	断裂名称	长度（km）	产状			断层性质	最新活动期
			走向（°）	倾向	倾角（°）		
F_9	百尺河—廿五里断裂	70	80 ~ 85	S	70 ~ 75	正断	Q_2 中期
F_{10}	红石崖断裂	14（陆地）	110	NWW	85	右旋张扭	Q_2 中晚期
F_{11}	芝坊—刁龙嘴断裂	20	NW	不详	不详	张扭性为主	Q_2
F_{12}	七级—马山断裂	>10	NNW	不详	不详	不详	不详
F_{13}	大沽河断裂	17	NNW	不详	不详	左行平移	活动
F_{14}	上马镇断裂	37	85	不详	不详	张性	活动
F_{15}	五里堆断裂	37	95 ~ 100	S	56 ~ 85	早期张性，晚期左行压扭	活动

断裂最新活动期是断裂活动性的重要组成部分。需要指出的是，表1.1中的断裂最新活动期，系采纳许多家的观点综合而成。从中可以看出，青岛地区的主要断裂系统NE向及NNE向断裂最新活动期基本是在中更新世（Q_2晚期以前）。据研究，有些断裂可能有现代活动的迹象，而且不同地区内活动性有差异。如沧口断裂是一条多期活动断裂，尽管其活动强烈期在晚更新世中晚期，但其断裂带内局部发育新鲜的断层泥，附近第四纪未固结黏土层发现有弯曲或错开现象，说明其现代仍在活动；该断裂在胶州湾北部区切割第四系的证据不足，但在南部区断裂不仅切割晚更新世地层，而且可能切割全新世地层。因此，沧口断裂总的活动特点是：第四纪早中期，即早更新世至中更新世早中期之间，断裂活动强烈；中更新世末期至晚更新世早期表现为弱活动；在陆地隐伏区表现为晚更新世弱活动；在胶州湾南部海域晚更新世甚至全新世活动强度明显大于陆地部分。

青岛地区内NNW、NW向断裂有红石崖、芝坊—刁龙嘴、七级—马山等断裂，根据区域构造地质分析，它们可能具有现代活动性。区内两条近东西向断裂为上马镇断裂和五里堆断裂，分布于胶州湾北部，由胶州向城阳方向展布。根据山东省第四地质矿产勘查院（2000）研究，这两条断裂为现代活动性断裂。

2）区域地震背景

在大地构造位置上，青岛地区位于鲁东隆起。鲁东隆起西侧以郯庐活动断裂带为界。该活断裂带历史上曾发生安丘7级地震（公元前70年6月1日）、郯城8.5级地震（1668年7月25日），渤海7级地震（1597年10月6日）。近期沿断裂发生过渤海7.4级和5.1级地震（1969年7月18日），因此，郯庐断裂带为一强地震带。鲁东地块北侧威海—蓬莱NW向断裂带，历史上沿断裂在蓬莱海域发生7级地震（1548年9月22日），在烟台海域发生5.5级地震（1597年12月）和5级地震（1736年12月25日），威海西北海域5级地震（1686年1月13日）（图1.40）。近期发生过威海西北海域6级地震（1948年5月23日）。因此，该断裂带成为中强地震带。鲁东隆起SE濒临响水—千里岩断裂，历史上沿该断裂曾发生过6.5级地震（1932年8月22日），该断裂也是一条中强地震带。青岛地区恰位于上述强、中强地震带围限的中心区域，该区域存在受上述地震带地震波及和引发地震的潜在威胁。青岛历史上曾受到上述地震带强烈地震的波及和影响，主要造成以下破坏。

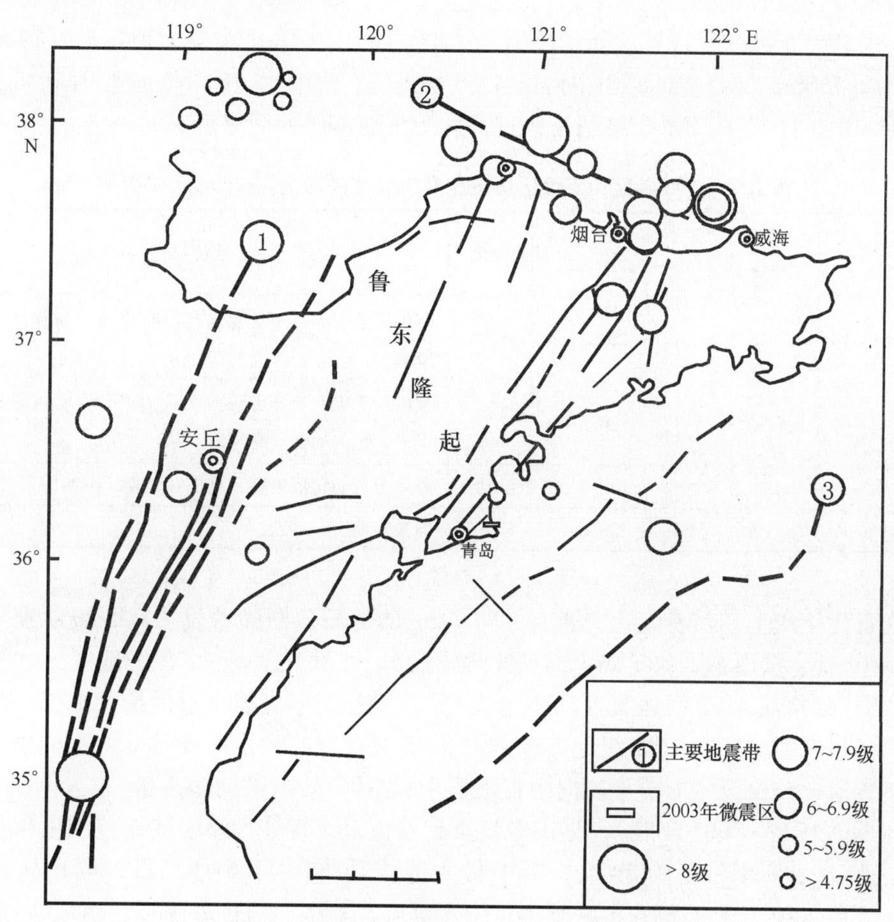

图1.40 青岛地区地震地质背景及地震分布图

①郯—庐强震带；②威海—蓬莱中强地震带；③响水—千里岩中强地震带

①1668年郯城8.5级地震：史料记载，在胶州“坏民居、城垛、庙阁、衙舍千余处，城无空垛，衙署倾倒殆尽，压死90余人”。在灵山卫“城墙垛口荡尽，四门城楼无存，兵丁多伤，兵民房屋十伤八九”。在即墨“城垣犹天劈地裂，城垛、衙宇、文庙、监仓俱倒，民房倒塌无数，压死数百”。上述地震对青岛—崂山凸起的影响烈度可达Ⅷ度。

②1932年南黄海6.25级地震，震中距青岛105 km，地震时，青岛房屋摇动，家具移动，多数人从梦中惊醒，感到强烈震动，门窗、器皿明显作响。家具晃动。上述地震对青岛—崂山凸起的影响烈度为Ⅴ度。

③1979年渤海7.4级地震时，青岛—崂山凸起范围内出现挂钟停摆，电站跳闸现象。上述地震对青岛—崂山凸起的影响烈度为Ⅴ度。

3）青岛地区地震活动

根据《山东省历史地震目录》，青岛地区史料记载的历史地震较少，整个青岛地区历史上未发生5级以上地震。历史上，青岛区内所发生的几次较大地震有：1506年8月28日、1506年9月2日鳌山卫两次4.75级地震，1506年10月5日鳌山卫4级地震和1506年10月12日即墨3级地震，这几次历史地震的特征见表1.2。

表1.2　1506年鳌山卫地区历史地震特征（潘元生等，2003，2005）

发震时间	震中位置		震级	地震描述
年-月-日	N（°）	E（°）		
1506-08-28	36.3	120.7	4.75	鳌山卫地震，有声如雷，越二日而止，城垛坏，以后屡震
1506-09-02	36.3	120.8	4.75	鳌山、大嵩二卫及即墨县各地有声，夜有火光落即墨民家，化为绿石，高尺余
1506-10-05	36.3	120.7	4.0	鳌山卫自初旬地累震，至是日又震，声如雷
1506-10-12	36.4	120.5	3.0	即墨县地震

在近代历史上，在崂山北宅西南方向4 km的劈石口断裂曾发生4.5级地震（1924年2月19日，据山东省地矿局青岛灾害地质图）、王哥庄海域4.75级地震（1906年8月）、田横岛海域4.75级地震（1906年9月）。上述是本区发生过的最大地震。根据青岛王哥庄以东海域两次4.75级地震和黄海6.25级在内的一系列NNW、NW向微震震中构成的黄海—鳌山卫—即墨平度向中强地震带和NW 、NNW向微震带。

近期（1970—2005年底），据山东地震台网记录，青岛行政区陆地范围发生2级以上地震72次，海岸带范围29次，其中最大地震是2003年6月5日在崂山区王哥庄（36.23 °N，120.7°E ）M_L4.1级地震，由于震中在陆地，而且震源浅，市区明显有感，潍坊、烟台、威海部分地区有震感，有震感面积达2.9×10^4 km^2，震中区建筑物有损害，山上有巨石滚落，虽然没有人员伤亡，但已引起人们的广泛关注和当地居民的恐慌。2004年11月1日14时40分，青岛市崂山区王哥庄境内（36.2°N，120.64°E）发生M_L3.6级地震，震中区强烈有感，并造成一定程度的破坏，崂山区、青岛市区大部分区域明显有感。此后，震中区发生了一系列地震，形成了震群序列。该震群序列在11月1日至12月15日期间，共发生M_L1.0级以上地震71次，其中1.0~1.9级63次，2.0~2.9级7次，3.0~3.9级1次。

青岛胶州湾地区也没有记录到历史强震。自1970年至2005年3月，仅记录到M_L2.0以上地震11次（表1.3），其中最大地震为1979年2月14日在胶州湾（36°10′N，110°7′30″E）发生的M_L3.2级地震（栾光忠等，2002），也是市区范围发生的最大地震。

表1.3　胶州湾地区现代小震目录（$M_L>2.0$）（据中国地震局地壳应力研究所，2005）

序号	发震时间			震中位置		震级
	年	月	日	N（°）	E（°）	
1	1975	7	17	36.1	120.58	2.4
2	1975	8	12	35.9	120.47	2.5
3	1976	6	9	36.17	120.32	2.4
4	1979	2	7	36.17	120.13	3.2
5	1979	2	14	35.83	120.22	2.5
6	1979	10	26	36.08	120.42	2.3
7	1984	5	27	35.95	120.47	2.7
8	1987	2	8	35.8	120.07	3.0
9	2003	7	2	36.28	120.48	2.0
10	2003	10	1	36.2	120.58	2.3
11	2003	11	8	36.27	120.58	2.2

综上所述，对青岛区内地震活动可以得出以下主要结论。

①青岛地区位于郯庐强震带，威海—蓬莱、响水—千里岩中强地震带围限的中间部位，存在受上述地震带地震波及及诱发地震的潜在威胁。历史上，在灵山卫、岙山卫曾经遭受过地震灾害的影响。

②青岛区内现代地震活动的空间分布显示出这些地震震中在分布空间上呈零乱的随机分布，没有出现地震震中以NE向丛集和条带分布的异常现象。根据区内地震震中的随机分布和NE向断裂的构造年代（表1.4），区内主要NE向断裂的现代活动性特征不明显。

表1.4　青岛主要断裂构造及其活动年代

方向	代表名称		归属	断裂类型		活动年代		距市区距离（km）
	名称	全称		早期	晚期	构造年代（万年）	地质时代	
NE—NNE	即墨—流亭	郭城—即墨	牟—即断裂	左旋—平移	张性	19.7±2.4	中更新世	18
NE—NNE	沧口	牟平—朱吴	牟—即断裂	左旋及右旋平移	张性	13±1.1	中晚更新世	4
NE	劈石口	海阳—青岛	牟—即断裂	左旋及右旋平移	张性	9.9±0.8	中晚更新世	20
NEE	胶南—日照	同左	新华夏系	左旋压扭	张性	19±1.5	中更新世	24
NEE	郝官庄	山相家—郝官庄	新华夏系	右旋压扭	张—压扭—张			10
NNW	曹家—下庄	同左	新华夏系	左旋张扭	张扭	>150万年	第四纪不活动	88
NW	七级—马山	七级—马山—王戈庄	与NE向断裂配套	右旋张扭	张性	39.5±4	中更新世	40

注：构造年代据国家地震局分析预报中心。

③由青岛区内地震 M－t 图来看，在 1987 年以前的地震活动频次稍高，1987 年发生一次 3 级地震，1993 年发生一次 3.1 级地震，1998 年发生 1 次 2 级地震，2003 年发生一次 4.1 级地震，显示青岛区内活动较弱。

④青岛地区存在 50 年内发生 5 级左右地震的地震构造条件。根据山东省地震局确定，青岛地区应按地震烈度 6 度区设防。

⑤在黄海—岙山卫—即墨—平度一线微震震中组成 NW—NNW 向微震带，胶州湾 3.2 级地震和 2003 年崂山震群在空间分布上是上述微震带的组成部分。根据微震震中的空间排列和 NNW 向断裂对海岸线、地貌的控制作用，反映了 NNW 向断裂具有的现代活动性特征，今后应加强对 NNW、NW 向断裂的现代活动性研究。

4）地震与断裂构造的关系

（1）胶州湾 3.2 级地震

1979 年 2 月 7 日，胶州湾西北部海域（36.17°N，117.13°E）发生 M_L3.2 级地震。地震震中位于 NEE 向山相家—郝官庄断裂（图 1.39，F_6）和 NNW（图 1.39，F_{10}）向大沽河断裂的交汇部位。一般认为，山相家—郝官庄断裂是青岛地区Ⅲ级构造单元胶莱坳陷（$Ⅲ_1$）和胶南隆起（$Ⅲ_2$）的分界断裂，其最新活动期是 Q_2 中、晚期。栾光忠等（2002）对这次地震形成的构造背景进行分析时认为，该断裂具有现代活动性，是本次地震的孕震断裂，而大沽河断裂是发震断裂。即该地震系由 NEE 向山相家—郝官庄断裂和 NNW 向大沽河断裂共同控制，强调 NWW、NW 向断裂在青岛地区的控震作用。此前，也有人认为 NNW 向断裂是具有现代活动性特征的一组断裂（王文正和栾光忠，2001；栾光忠等，2002）。

（2）崂山地震震群

2003 年和 2004 年，崂山王哥庄境内分别发生主震 M_L 4.1 级和主震 M_L 3.6 级地震的两次地震震群。尤其 2003 年震群是新中国成立以来青岛地区发生的最大一次地震事件。

2003 年崂山地震的震源浅（10 km 左右）。据潘元生等（2004）研究，发现该地震群有以下 3 个特点：①序列的时序分布不均匀，频次及能量均显示明显的起伏活动特征，经历了 4 次明显的起伏过程；②根据序列参数等判断该序列为震群型序列。认为该区微震活动在今后较长时期仍可能持续，活动水平在 2 级、3 级，但再次发生 4 级以上地震的可能性不大；③崂山震群发生于地质结构较为稳定的弱活动区域，可能属于该区的一次破裂活动。除 M_L4.1 级主震具有较明显的走滑分量外，初步推测其他多数较小地震的破裂机制可能会含有较多的张性或逆推挤压成分。推断崂山地震序列可能属于相对完整岩体条件下的一次新破裂，不属于已有断层的粘滑活动。

2004 年震群序列在空间上仍呈 NW 向条带展布，空间展布也一致自沿海向 NW 方向展布，与 2003 年震群的震中区域位置重叠，空间展布也一致，自沿海向 NW 方向扩展、延续约 6 km，终止于王哥庄断裂。该震群的空间分布与区域内的次级断裂芝坊—刁龙嘴断裂展布方向大体一致但并不重合，向南平移了一段距离（潘元生等，2005）。

因此，总结 2003 年、2004 年两次崂山震群的地震特点，地震的产生可能与 NW 向芝坊—刁龙嘴断裂不无关系。该断裂为 NW 向青岛地区次级断裂，长约 20 km，具多期活动性，最新一次活动推测为中更新世。但两次崂山震群的发生，表明可能是芝坊—刁龙嘴断裂带的继续活动（潘元生等，2004，2005）。无论是 1979 年的胶州湾 3.2 级地震，还是 2003 年崂山 4.1 级震群、2004 年 3.6 级震群，可能都与 NW 向断裂构造的活动有一定关系。

上述青岛地区发生地震活动总的特点是：频次低、震级小（震级最高 4.75 级），地震震中分布零碎，地震活动性较弱。除 1668 年郯城 8.5 级地震造成了较严重震灾外，青岛地区地震均未造成人员伤亡，财产损失也很轻微。山东省地震局将全省划分为Ⅵ、Ⅶ、Ⅷ三个地震烈度区，青岛地区属于地震烈度最小的Ⅵ度区，建筑工程应按地震烈度Ⅵ度区设防。黄岛地区及胶州湾还发育有 NW、NNW 向断裂。区内断层近期均没有明显活动迹象，区内无强地震的发震条件，根据国家抗震规范，青岛地区地震基本烈度为Ⅵ度，设计基本地震加速度为 0.05 g。据中国地质局地壳应力研究所研究（2005），青岛地区存在 50 年内发生 5 级左右地震的地震构造条件，加之崂山王哥庄地区近年来频繁的震群性活动，我们认为，有关部门应对青岛海岸带乃至全区的地震活动性引起足够重视。

1.5.2　海水入侵

通常所说的海水入侵，一般指现代发生的，对沿海人类活动造成危害的海水侵入活动。它既有风暴潮增水侵袭形成的直接危害，也有海水侵入陆区后，渗入地下岩层中污染淡水资源的灾害，属于广义的海水入侵（孟广兰和韩有松，1997）。但目前一般认为，海（咸）水入侵是沿海地区地下水的咸—淡水界面向内陆推进的现象（李相然，2000），即海水、古海水或高矿化地下咸水沿含水层向陆地方向侵入、侵染陆地淡水资源的现象。一般又把由现代海水直接引起的称为海水入侵；由封存或半封存在地下的古海水引起的入侵称咸水入侵。海（咸）水入侵常发生在海岸带地带，因此是一种严重的海洋地质灾害。严格说来，风暴潮增水向内陆侵入的现象是风暴潮灾害，不在海水入侵灾害研究范围之内。

1）灾情情况

海（咸）水入侵是青岛地区主要地质灾害之一。青岛地区海水入侵主要发生在主要河流的入海口周围，如大沽河下游、洋河下游、黄岛新安等地。这些河流为当地的主要水源地，由于超量抽取地下水，使得沿河两岸地下水位大幅度下降，海水反向补给地下水，引发海水入侵。到 2000 年，青岛市海水入侵面积达 95.64 km^2。

青岛海水入侵大多形成于 20 世纪 70 年代，80 年代中期最严重。90 年代末进入相对稳定发展阶段，主要原因是入侵区附近地下水开采量大幅度减少，而降水量较 80 年代增多，使地下水位有不同程度回升，部分漏斗得以修复，海（咸）水入侵势头得到遏制，入侵面积退缩。2002 年为特枯年，部分地区地下水位持续下降，入侵面积又有所扩大（青岛地质工程勘察院报告，2003）。由于海水入侵区多为经济发达区，人口密集，因此灾害性就更加明显。

（1）大沽河下游

大沽河水源地南端和东南边缘有大片咸水区分布，面积超过 50 km^2。自 1981 年开发大沽河水源地向青岛市应急供水开始，在李哥庄一带形成面积约 100 km^2 的地下水降落漏斗，中心最低水位 -8.18 m，因而引起南端及东南边缘的咸水逐渐内侵。同时，在大沽河下游近海的南庄东风闸因管理不善，造成大潮时海水顺河上溯至何营庄附近，距离入海口长达 12 km 以上，导致海水倒灌入侵，致使水源地南端和沿河两岸地下水水质明显恶化。1988 年与 1981 年相比，咸水入侵锋面向内推移约 750 m，影响水源面积约 3 km^2。1990 年后，随引黄济青工程输水，地下水开采减少，降水量也较 80 年代有所增多，1994 年丰水期漏斗平复后未再出现。1995 年咸水边界有所后退，1997 年在小麻湾施工地下防渗帷幕墙工程，使咸水范围未再扩大。总体看来，该区氯离子含量均有下降趋势（图 1.41）。本段海（咸）水入侵，迫使大沽河水源地李哥庄采区缩小开采范围，降低了供水能力，并造成当地居民生活用水发生困难。观测和研究发现，该区 2002 年以来海水入侵范围变化不大（青岛地质工程勘察院，2003）。

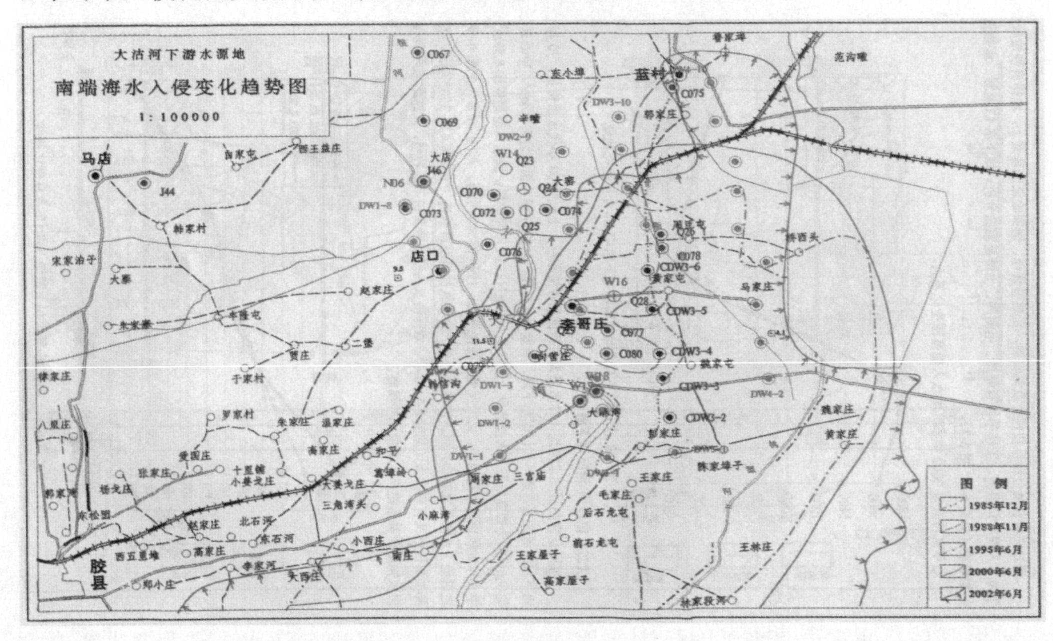

图 1.41 大沽河下游水源地南端海水入侵变化趋势

（青岛地质工程勘察院，2003）

（2）洋河下游

该区海水入侵亦发生在河流入海口附近，海水沿河道顶托上溯，倒灌引起海水入侵。入侵导致粮田减产，水井报废。

（3）黄岛辛安

海水入侵发生在黄岛辛安河下游入海口附近。该区原为黄岛区水源地，与海岸距离最近不足 500 m。20 世纪 80 年代因过量开采地下水，水位下降较快，最低水位标高 -3 m，导致海水入侵。自 1986 年开始，海水内侵 600 m 左右，1986—1995 年开采量逐年减少直至彻底停采。入侵导致土地盐渍化、农田受害、农村用水困难，现填海后改建工业用地，供水以客水为主。形成区域性地下水超采漏斗，改变了地下水径流条件，造成北部咸水向内陆侵染。

除上述主要海（咸）水入侵地区外，小规模的海水入侵还有多处，规模较小。

青岛各市（区）海（咸）水入侵面积见表 1.5。

表 1.5　2002 年青岛市海（咸）水入侵统计

市（区）	城阳区	黄岛区	胶州市	胶南市	平度市	合计
面积（km^2）	29.46	3.88	55.6	6.7	64	159.64

2）危害

海水入侵造成的危害是广泛、严重和持久的。农业是受害的重要方面，海水入侵使地下水质恶化，矿化度增加，土壤发生盐渍化，大批浅水井报废，耕地不能灌溉，农业产量急剧下降。

海水入侵还影响到沿海乡镇工业生产的发展。因海水入侵造成工业用水水源地水质恶化，由于淡水量减少，工业用水不得不转移至新井或采取远距离调水，迁移和停产使企业蒙受严重损失。另外，由于水质恶化，水中氯离子含量增加，其结果：一是影响产品质量和产量；二是锈蚀仪器设备，使之使用寿命缩短，大大降低了企业经济效益（夏东兴等，1999）。

海水入侵，使水质变咸，淡水不足，造成人畜用水困难。另外，由于长期饮用被海水侵染的劣质水，增加了地方病的发病率，会使甲状腺肿大病和氟斑牙的患者人数增加。

3）灾害成因机理

海水入侵是一种发生在滨岸平原地带的地质灾害，海岸带地区海、陆相互作用的复杂性，决定了其成因的复杂。与海水内侵最为直接相关的因子是地下水位的持续下降和陆地地下淡水动力的不断削弱，水资源不足则是海水入侵灾害的核心问题（夏东兴等，1999）。总的来说，海水入侵既与当地的水文地质环境特点有关，还与全球气候变暖、海平面升高的全球环境变化有关，特别与沿海地区不合理人类经济、社会活动即人为因素影响有关。

（1）气候变暖、海平面升高

大量研究表明，工业革命以来，全球气候变暖，并导致海平面持续升高。20 世纪 70 年代以来中国海平面的变化有三个升高阶段：1971—1975 年为第一个上升期，相对海平面从 -3.9 cm 上升到 7.5 cm、升幅达 11.4 cm；第二个上升期是 1978—1983 年，海平面从 -2.6 cm 上升到 7.5 cm，升幅在 10.1 cm；1986—1995 年为第三个上升期，海平面从 -2.5 cm 上升到 13.6 cm，升幅在 16.1 cm。因此，气候变暖、海面升高是海水入侵的全球环境背景。根据政府间气候变化专门委员会（IPCC）预测（IPPC，1996），随着温室气体排放和全球气候变暖，全球海平面在 21 世纪将继续保持上升的趋势，至 2030 年时上升量将达到 10 ~ 18 cm，到 2070 年将上升 44 cm，2100 年上升 66 cm。

(2) 风暴潮是导致海（咸）水入侵的潜在危险

随着气候变暖、海面升高，风暴潮亦将频繁发生。当风暴潮发生时，海水沿河道和潮沟上溯几十千米，加剧了海水入侵的强度和范围，对河道淡水资源区造成巨大影响。风暴潮发生时，海水也会大面积侵染陆地滨海平原，一方面通过入侵抬高整个区域的咸水水位；另一方面盐分得到补给，使低地平原地区保持较高矿化度。

(3) 人为因素的影响

地下淡水资源过量开采是最根本的原因。超采使水力坡度逆转，破坏了水力平衡，使得海（咸）水常形成对淡水层的“补给”，地下水持续超量开采，导致淡水层咸化，海水入侵速度逐年增加，入侵面积不断扩大。

沿海资源开发及经济布局结构的影响也是造成海水入侵的一个重要原因。青岛 20 世纪初便开始了海水晒盐，20 世纪 90 年代更是大量抽取地下卤水晒盐。此外，20 世纪八九十年代以来海水养殖业大规模开展。这些生产开发活动均将海水引入内陆 5 ~ 15 km，长距离明渠提水，或直接抽取地下海水，从而人为导致海水入侵。特别是在水源开发利用过程中，河流中、上游建了大量的水库、塘坝、拦河闸等蓄水截流工程，使河流下游河道长期处于干涸状态，大大减少了下游平原区的地下水补给量，导致海水侵入；区域内化工、矿山、造纸及酿酒等企业，对广泛分布的浅埋型潜水的污染，加剧了地下水的开采和污染。在工业布局上，工业、城镇、人口过度向海岸带地区发展、集中，也是形成海水入侵的一个主要社会因素（刘桂仪，2000）。

总之，青岛海岸带地区海（咸）水入侵灾害是自然环境变化与人类经济活动共同引发的自然灾害，人为过量采取地下水是其直接原因。

4) 防治措施

(1) 修筑拦蓄工程

采用拦蓄工程，增加地下水补给量，提高地下水位。“地下水库”工程是目前世界上控制海水入侵最有效的措施，充分利用某些受灾区某些地下含水层容水性较好和透水性较强的储水构造条件，建造地下水库，是一项提高地下水位的重要措施。采用高压定向喷灌浆法建造的混凝土地下坝，具有良好的隔水性，能有效地发挥双阻水的作用，既能阻止库区淡水排向库外，又能阻止库外海（咸）水进入库内。同时，在地下水库区通过建补源渗井或渗渠，改善地表水的渗透补给条件，促进地表水向地下水转化能收到可观的补给源效果（夏东兴等，1999）。

(2) 地下水人工回灌

利用本流域地表水、客水等水源，在开采区回灌地下、补给地下水，减少汛期地表径流泄入大海造成水资源的浪费，增加地下水补给量，修复漏斗。或者选择适宜地带开挖渗渠，引河水或二级处理污水回灌地下，在咸淡水界面附近形成淡水帷幕，阻挡海水内侵。

(3) 发展循环经济，优化产业布局

坚持资源开发与环境保护并举的方针，发展循环经济，走可持续发展之路。有效、合理利用淡水资源，减少对地下水的开采。调整工业结构与布局，大力加强发展生态工业的建设。

1.5.3　山坡不稳定地质灾害

1）岩崩

在陡峻的斜坡上，因重力作用岩石发生急剧崩落，在坡脚形成倒石堆，形成岩崩灾害。区内岩崩危险区多分布于崂山和小珠山，个别位于浮山和黄岛一带。

崂山地形陡峭，不少地带的坡度角大于 60°，且局部节理发育，岩石支离，较易发生岩崩，如太平宫一带，华楼宫以东地带、北九水一带、西九水附近、劈石口附近，以及市区至太清宫沿海公路的某些地段等。在八水河西南青蛙石附近公路旁，地面坡角 45°以上，局部近 80°，三组节理发育，将岩石分割成块状，使之极易发生岩崩或崩塌。崂山许多地区已开辟为旅游区，因此，对各游览路线的某些地段应预防岩崩的危险性。小珠山地形特点与崂山相似，但岩石支离程度更高，因构造变动所致岩块跌落而形成的“洞穴”多有分布，如白云洞等。鉴于小珠山地区目前已经开辟为旅游区，应加强对可能出现岩崩的地段进行清理，防止发生意外。

对于岩崩，地震是最强烈的诱发因素。在 2003 年 6 月 5 日的崂山群震中，在崂山青山一带有三处滚石松动。其次是大规模的人工爆破和暴雨等。在规模大且正在发展的崩塌区，一般应以避绕为主或以隧道通过。对巨块危岩，可修建顶撑建筑物。对小型崩塌，可修建挡石墙等措施。

陡峻的采石场的悬崖上和开挖的公路两侧，由于边坡失稳，危岩塌落，可造成局部的灾害，也应该引起高度重视。在黄岛及邻近海岸带地区，废弃采石场有数个，规模不等。每个采石场都有 5～15 m 高的悬崖，其本身就是潜在的安全隐患，很容易发生岩崩。而且这些危险地点没有任何危险警告的标志，更为危险的是，进城务工者有时在陡崖下建起了临时住房等设施，陡崖的崩塌有可能造成生命和财产的损失。有关部门应引起高度重视。

2）滑坡

斜坡上大量土、石堆积物沿一定的滑动面做整体下滑的现象称为滑坡。滑坡体多为附着基岩斜面之上的第四系松散堆积物（多为残积物和洪积物）。当基岩倾向和节理倾向与山体坡向一致且较平整时，遇暴雨等情况就有可能发生滑坡。在青岛浮山南坡有一组与山坡坡度相近的缓倾角断裂构造，而且部分断裂有煌斑岩岩脉填充，基性岩脉的风化、液化增大了岩体滑动的可能性。在八水河龙潭瀑之东南山坡，一巨形板状岩块一度缓慢下滑，岩块与山体界线清晰可见，此类现象在这一带见有多处。

对于滑坡，暴雨、地震与人工开挖形成高陡边坡是主要诱发因素。主要防治方法有：①要求排水流畅；②改变滑坡体力学平衡条件，如降低斜面坡度，坡顶减重回填于坡脚，必要时在坡趾修筑挡土墙和抗滑桩；③改变斜坡岩土性质，如灌浆、电渗排水、电化学加固、砂井和砂桩加固、增加斜坡植被等。在防治中，查明引起滑动的原因和滑坡类型是做好综合治理的关键。

1.5.4 其他灾害

1) 水灾

洪水灾害也是区内较严重的地质灾害之一。其原因皆由过度降雨所致，尤其是受台风影响时的暴雨则更为严重。根据成灾情况，可将水灾区范围划分为二类五处。第一类位于崂山主体山区和惜福镇一带。地貌特点是由花岗岩组成的基岩或其残积物，渗透性极差；并且地形起伏强烈，地形坡度较大。当强降雨时，凶猛的洪水以较快的流速冲刷、侵蚀下游低洼地区，可造成较大的危害。第二类位于胶州湾北部棘洪滩以西地区、胶州市境内大沽河下游地区和胶南市红石崖镇西北地区。上述地区地势低洼而平坦，地表径流不畅。积雨成灾的洪水以及来自区内主要河系上游(大泽山、铁镢山和小珠山区)的洪泄水可将低洼地带的农田和村庄淹没，造成严重损失。

据胶州市史志记载，在公元前209年至公元1985年的2000年间，胶州一带发生降暴雨等严重水灾约70次。1925年因山洪暴发致李村特大洪灾淹没村庄31个，淹死69人，并冲毁大量房屋、农田。1955年7月胶州市连下暴雨，城内水淹，淹没村庄87个，倒塌房屋11 760间，农田致涝25万亩。1960年6月和1974年7—8月两次暴雨时，洪水曾冲毁胶州一带中小型水库92座、塘坝52座。1985年8月台风期间，暴雨曾冲毁全市各类道路约千条。频频发生的洪灾，给青岛市经济的可持续发展带来很大影响。

2) 岩石风化

地表岩石风化形成的残积物一方面有利于植物的生长，另一方面风化层承载力减小，并增加了建筑地基的桩基工程量，堆积物经地表水搬运对水工建筑物易造成淤积，使工程地质条件恶化。

3) 海岸侵蚀

海岸侵蚀是指在海洋动力作用下，由于自然和人为作用而引起的海岸蚀退的破坏性海岸过程。海岸侵蚀灾害则是由海岸侵蚀造成的沿岸地区的生产和人民财产遭受损失的灾害。胶州湾沿岸以基岩和人工海岸为主，海岸侵蚀不是特别严重，仅部分岸段有蚀退现象。薛家岛基岩海岸海蚀崖蚀退的平均速率仅2～10 m/a，与世界其他基岩海蚀海岸地区比较，蚀退速率较低，为相对稳定海蚀岸（张军等，2002)。

1.6 海底沉积物类型

青岛近海表层沉积物类型主要有粉砂质黏土（TY)、黏土质粉砂（YT)、粉砂(T)、砂质粉砂（ST)、砂－粉砂－黏土混合沉积（STY)、粉砂质砂（TS)、细砂(FS)、中细砂（MFS)、中砂（MS)、中粗砂（MCS)、粗砂（CS)、砾质砂（GS）和砂质砾（SG）13种沉积物。另有部分区域出露基岩（R)。按以下三个区域分别论述(图1.42)。

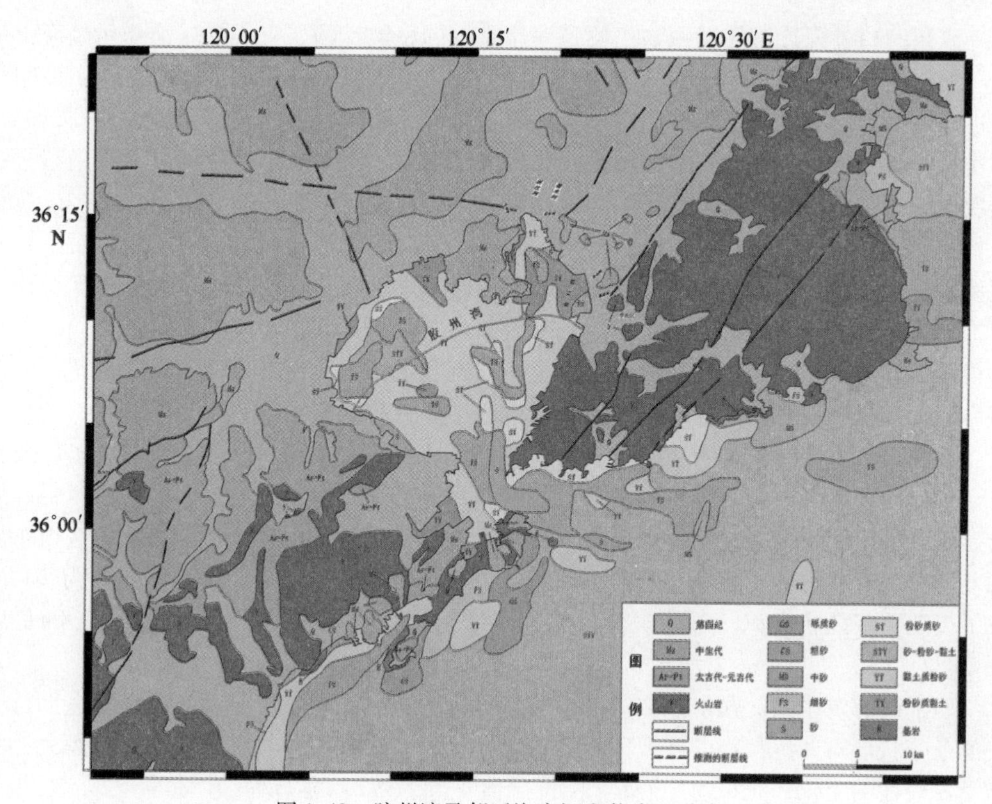

图 1.42　胶州湾及邻近海底沉积物类型分布

1.6.1　现代沉积区

现代沉积区主要分布于胶州湾及滨岸沉积区、青岛北部浅海沉积区和青岛南部浅海沉积区。

胶州湾口及滨岸沉积区：胶州湾口内外为一海底深槽，水深流急，冲刷强烈，海底基岩出露，岩块碎石很多，岩块大小 20 ~ 30 cm，其表面生长着大量苔藓虫等附着生物，沉积物分选程度很差。由于多年冲刷的结果，基岩范围可达到胶州湾口门外 20 m 等深线附近。口外深槽表层为薄层黏土质粉砂沉积，其下沉积物类型杂乱，有黏土质粉砂、砂—粉砂—黏土及砾石等。

湾口东北侧沿岸花岗岩侵蚀产物多在沿岸小湾内沉积，潮上带及潮间带海滩上沉积物以中砂和细砂为主，特别是沙子口一带有沿岸有少量砂砾沉积，崂山北湾、青山湾等小海湾内有少量泥质沉积，沉积物由近岸向浅海方向逐渐变细，过渡为黏土质粉砂或砂—粉砂—黏土沉积，它们大致呈条带状平行海岸分布，有些海岸沉积物外缘厚度减至很小，仅 0.55 m 厚，这层沉积物为黄褐色含粗砂、砾石及绿色粉砂黏土的陆相残积与坡积物。

湾口南侧象脖子以北近岸沉积物为砂—粉砂—黏土，以南为中砂，离岸逐渐变细，竹岔岛水道沉积物以粉砂质砂为主，含少量黏土，有些地方沉积物中的黏土含量增多，变为砂—粉砂—黏土沉积，分选差。

胶州湾口外附近海底沉积物主要是海岸基岸的侵蚀产物，它们受风浪作用呈现出平行于海岸的条带状分布。口外深槽在极薄层泥质下面垫伏着陆相粗砂砾石沉积，说明深槽在海侵前即已存在。在胶州湾口形成的深槽外部，形成较大型的涨落潮三角洲，沉积物类型为黏土质粉砂。其南北两侧为两个较大型的粗砂带，分别称之为北沙和南沙。在本次调查中采用了最新调查资料并与地貌学相结合，确定北沙和南沙的分布范围。调查资料表明这两块沙带是受潮汐改造形成的几个小潮流沙脊连接而成。南侧现代沉积物厚度为 3.3 m，其下为陆相褐黄色粗砂和砾层，土柱深度 4 m 处，古地磁测量出现哥德堡事件，表明此陆相沉积的形成时代属于晚更新世。沙脊走向平行于深槽延伸方向，主要为粗砂，混有少量黏土，北部沙脊表面呈不规则起伏，南侧沙脊表面则较为平整。外部浅海区则以受海侵改造而成的大片混合沉积，即砂 - 粉砂 - 黏土。

北部浅海沉积区：从崂山头至丁字湾口外至水深 28 ~ 30 m 的海底，为黄灰色及青灰色黏土质粉砂所占据，沉积物中含贝壳碎片，可见虫管、泥团。滨岸地区则以粗碎屑的砂质和砾质沉积为主，粒度由里向外逐渐变细，黏土组分含量增多，在崂山头以东海底甚至出现片状粉砂质黏土，垂向出现粉砂质黏土与黏土质砂的交替，厚度约为 10 m，其下出现更新陆相沉积。总的来看，北部浅海沉积类型单一，砂粒级含量低，为低能环境。

南部浅海沉积区：在水深 20 m 以内及大公岛周围海底，为滨岸沉积区，呈平行岸线的条带状展布，沉积物以砂及砂—粉砂—黏土为主要类型，粒度参数变化范围大，由于沿岸岩性的变化，沉积物中石英/长石比值不同，琅琊台以南该比值小于 1，以北为 1 ~ 3。多晶变质石英的含量南多北少，粗砂粒级石黄颗粒圆度为次菱角状（平均圆度为 0.29），滨岸沉积几乎全是陆源物质，灵山岛东北水深大于 20 m 的海底为陆架沉积区，这里的主要沉积类型为砂—粉砂—黏土与黏土质粉砂，分选很差，大于 0.032 mm 粒级中的石英/长石比值为 4 ~ 8。多晶变质石英的含量，20 m 等深线以浅海域低于 10%，以深增至 10% ~ 20%。

1.6.2 残留—残余沉积区

残留—残余沉积物在海侵以前形成陆相或滨海相沉积，经过风化，侵蚀和淋滤作用之后，又在沉积物中形成了钙质和铁锰质结核，在全新世海侵过程中，由于这里沉积作用缓慢，陆相或滨海相沉积有的经过改造，形成残留砂和残余沉积。沉积物类型以中粗砂和中细砂，基岩为主。

残留—残余沉积主要分布于灵山岛以南至岚山头一带，现代沉积物以东水深大于 5 ~ 15 m 的海底，自西向东粒度组分依次为中细砂和细砂，在斋堂岛以东及石臼所以南附近海底为中粗砂，含少量砾石残留的沉积物分选极差，正偏峰态多异常，沉积物中推移质占 20% ~ 40%，跃移质占 30% ~ 40%，悬移质占 20% ~ 50%，残留沉积物中富含结核其最高含量可达 70% ~ 80%。结核直径数毫米到数厘米，大者可达 10 ~ 20 cm，以钙质结核为主，杂有铁锰质结核，结核外形呈球状峰、窝状、块状、皮壳状等，它们的表面常覆有一层氧化铁膜。残留砂中杂有贝壳碎片，其表面有褐色铁锰质薄膜。

第2章　胶州湾地区自然资源

青岛地区矿藏以非金属矿为主。共发现各类矿产44种，已被开发利用的有27种。优势矿产资源有饰材花岗岩、饰材大理岩、石墨、矿泉水、透辉岩、金、滑石、沸石岩等。潜在优势矿产资源有麦饭石、地热、重晶石、白云岩、膨润土、钾长石、石英岩、珍珠岩、萤石等。石墨、金、透辉岩主要分布在平度市和莱西市。饰材花岗岩主要分布在崂山区、平度市、胶南市。饰材大理岩主要分布在平度市。矿泉水在青岛市辖区内均有分布，主要集中在城阳区、崂山区及市内四区和即墨市。滑石主要分布在平度市。沸石岩、珍珠岩、膨润土主要分布在莱西市、胶州市、即墨市和城阳区。重晶石、萤石主要分布在胶州市、即墨市、平度市和胶南市。地热资源主要分布在即墨市。

2002年底，全市共有耕地45.48×10^4 hm^2，林地19.92×10^4 hm^2，沿海滩涂3.8×10^4 hm^2，浅海水面5.8×10^4 hm^2。青岛海区海岛、暗礁、浅滩、港湾众多，岸线曲折，滩涂广阔，水质肥沃，是多种水生物繁衍生息的场所，具有较高的经济价值和开发利用潜力。胶州湾、崂山湾及丁字湾口水域营养盐含量高，补充源充足，异养菌量比大陆架区或大洋区高出数倍乃至数千倍，水中有机物含量较高。尤其是胶州湾一带泥沙底质岸段，是发展贝类、藻类养殖的优良海区。该海区的浮游生物、底栖生物、经济无脊椎动物、潮间带藻类等资源也很丰富。

2.1　金属矿产

青岛地区金属矿产远不如非金属矿产丰富，目前，除了平度、莱西金矿作为矿产进行开采外，其他近海金属矿产一般品位较低，基本上无工业价值。

1）铁矿（化）点

区内铁矿（化）点有多处，分布于胶南市薛家庄乡石灰山—山柴庄、黄岛区小夼、竹岔岛及崂山双石屋、金家岭等地，大多数无工业意义，其成因有热液型和沉积变质型。以下以石灰山矿点为例简述。

胶南市石灰山铁矿点位于薛家乡石灰山南400 m处。出露地层为元古界邱官庄组，岩性有大理岩、浅粒岩、黑云母变质岩及部分混合岩。侵入岩为燕山晚期艾山阶段石英闪长岩、斑状石英二长岩和斑状二长花岗岩。脉岩有闪长玢岩和拉辉煌斑岩、闪斜煌斑岩等，走向约20°，系沿断裂侵入，矿区构造主要为NE向张扭性断裂。矿体呈脉状产出，其顶、底板均为闪长玢岩，向两侧为斑状二长花岗岩，矿体两侧有硅化、透闪石化、绿泥石化、透辉石化蚀变带。矿体长500 m、宽0.5～2.5 m。产状为倾向120°，倾角60°～82°。矿石为细粒致密块状、条带状、浸染状、细脉状。矿石矿物有磁铁矿、黄铜矿、孔雀石等，脉石矿物有透闪石、透辉石、石英等。矿石品位：TFe 23.8%，属热液型矿床成因。该矿点规模小，品位低，无工业意义。

2）铜铁锌矿（化）

区内仅有1处，位于胶南市薛家乡小土石、桃林抱屋顶变质岩变质域的纵轴地段。出露的岩性有混合花岗岩、混合岩、混合质变粒岩及石英二长岩。

矿体呈脉体，宽0.3～1 m，长度大于30 m，产状为倾向280°、倾角34°。矿化见于变粒岩中，蚀变有硅化、绿帘石化等。矿石矿物有黄铜矿、孔雀石、蓝铜矿、磁铁矿。脉石矿物有石英、绿帘石。矿石品位：Cu 6.47%、Zn 6.71%、TFe 20.41%，属热液型矿床成因。矿化范围太小，无工业价值。

3）铜矿点

青岛近海区内铜矿点仅有1处，位于黄岛区老君塔山山顶。老君塔山背形轴部。出露岩性二云斜长片麻岩、浅粒岩、混合岩、混合花岗岩、二长花岗岩。矿化蚀变有黄铁矿化、硅化、绢云母化，含矿岩石为含黄铁矿蚀变浅粒岩，两侧为蚀变浅粒岩。

矿化体呈脉状、不规则状，长度大于65 m，宽5～8 m，走向约NE 30°。矿石矿物有黄铜矿、孔雀石、黄铁矿，矿石品位：Cu 0.5%～1%，Au 0.13 g/m^3。属热液型矿床成因，该矿点1958年探采过铜，采坑长15 m，宽7 m、深2～5 m。因规模小，品位低，无工业意义。

4）金红石矿化点

区内只有1处，位于黄岛花林村南。出露岩性有混合花岗岩、辉长岩、闪长岩、角闪岩和花岗岩，脉岩有花岗斑岩、辉绿岩、闪长玢岩、煌斑岩。

该矿化点包括原生和第四系砂矿两种类型。原生矿化体呈脉状产于角闪岩中，矿脉不规则，局部呈块状和巢状，规模较小。第四系冲积、洪积砂矿分布范围较大，长1 500 m,宽500 m。品位：原生 TiO_2 一般2%～3%；砂矿为13.15 kg/m^3，砂矿储量较大，开采成本低，可供地方开采。

5）锆英石砂矿点

锆英石砂矿点在青岛沿海地区有多处（表2.1），为滨海砂矿，主要有崂山沙子口、黄岛烟台前矿点。

沙子口矿点位于崂山区沙子口沿海地带。锆英石主要赋存于现代海滩砂层中，矿体延长方向与海岸线延长方向基本平行，矿体呈似层状和透镜状，共有两个矿体。一号矿体多富集于细砂层中，长150 m、宽120 m、厚1 m。品位变化较大，平均1 141 g/m^3。二号矿体为盲矿体，产于深3.5～4.5 m的细砂层中，长140 m，宽120 m、厚1 m。平均品位为1 313 g/m^3。伴生矿物有磁铁矿、磁黄铁矿、钛铁矿、角闪石、绿帘石等。

烟台前矿点位于黄岛区烟台前。矿体延长方向与海岸线方向平行，呈似层状，全长约1 200 m，宽约120 m。有用矿物为锆英石、独居石、钍石等。锆英石平均品位为1 260 g/m^3。地质储量为81.94 t。伴生矿物独居石、钍石可综合利用。

表 2.1　青岛沿海部分砂矿的产地

地理位置	含矿岩系	主要矿物与元素	规模
黄岛区烟台前	第四系海积层	锆英石、独居石、钍石	矿点
崂山区沙子口镇董家湾	第四系海积层	钛、锡、镓、铌、钼、钇、镱等	矿点
崂山区王哥庄镇北	第四系海积层	镓、镱、钛、铀	矿点
崂山区王哥庄镇东	第四系海积层	稀土元素	矿点

2.2　非金属矿产

1）花岗岩

青岛地区具有丰富的花岗岩资源，有着广阔的开发前景。大小矿产地共有 30 余处。主要分布于平度大泽山岩体、崂山岩体和小珠山岩体。所产花岗石结构均一，色泽美观，石质完整，黄铁矿等金属矿物少，因此色斑较少。其中有上等的花岗石材和石料。

（1）胶南市灵山卫镇周家夼花岗石矿

矿区位于小珠山岩体的东南端，距经济技术开发区 2 km，交通方便。矿区主要出露中中粒石英正长岩（ξo_5^{3-2b}）和少量花岗斑岩。断裂构造简单，岩石完整。岩体为南北向展布，可采面积约 3 km^2。花岗石为灰白色至浅肉红色，中粒—中粗粒结构，块状构造。主要矿物成分有：斜长石 15.97%，钾长石 76.5%，石英 5.64%，黑云母 2.56%，角闪石 3%。副矿物有磁铁矿、榍石、磷灰石等。花岗石色调协调，花纹美丽，可采较大规格石材，为中型矿床。胶南市花岗石矿分布如表 2.2 所示。

表 2.2　胶南市花岗石矿床分布

地理位置	岩石名称	矿体形态与规格	矿床或矿点
胶南市薛家庄乡西韩家台	中粗粒花岗岩	NE 向展布，长 1 000 m，宽 600 m	矿点
胶南市灵山卫镇扒山村南	细粒二长花岗岩	SN 向展布，长 1 000 m，宽 300 m	矿点
胶南市灵山卫镇将家庄北	中粗粒花岗岩	NE 向展布，长 1 800 m，宽 1 000 m	中型矿床
胶南市灵山卫镇朝阳山南	中粒花岗岩	矿体呈三角形，长 500 m，宽 100 m	矿点
胶南市灵山卫镇赵家山子	中粒石英正长岩	矿体呈椭圆形，长 600 m，宽 500 m	矿点
胶南市木厂口村东南	中粗粒花岗岩	NE 向展布，长 2 500 m，宽 1 500 m	大型矿床

（2）青岛市崂山区浮山花岗石矿

该矿位于崂山区王家麦岛村北 1 km 处，位于崂山花岗岩体的南端。矿区主要出露中粗粒黑云母花岗岩（γ_5^{3-2a}）。构造简单，岩石完整。矿体呈 NE 方向展布，长 1 200 m。宽 1 000 m，面积 1.2 km^2。岩石为中粗粒结构，均匀块状构造。主要矿物成分有：斜长石 15.76%，钾长石 50.82%，石英 25%，黑云母 6%。花岗石色泽协调、花纹美观。新鲜面为灰白至浅肉红色，光泽度可达 80°。岩石完整，可采较大规格的石料。北京人民英雄纪念碑石材就取材于浮山黑云母花岗岩（$\gamma_5^{3\sim2a}$）。青岛市从城市环保角度考虑，将青岛市浮山花岗石矿于2003年关闭。

青岛市区花岗石矿及矿点见表2.3。

表2.3 青岛市区花岗石矿床分布

地理位置	岩石名称	矿体形态、规格	矿床或矿点
崂山水库大坝北端	中粒黑云母花岗岩	NE向展布，长400 m，宽200	矿点
崂山区端云村	中粗粒含黑云母花岗岩	NE向展布，长1 600 m，宽800 m	矿点
崂山区北宅乡莲花北山	中粗粒含黑云母花岗岩	E—W向展布，长1 000 m，宽400 m	小型矿床
崂山区北宅乡驼背涧村东	中粗粒含黑云母花岗岩	NE向展布，长1 000 m，宽400 m	矿点
崂山区北宅乡佛塔庵村南	中粒含黑云母花岗岩	NE向展布，长1 000 m，宽600 m	矿点
崂山区北宅乡河西村南	中粗粒钾长白岗岩	NE向展布，长1 000 m，宽600 m	中型矿点
崂山区北宅乡瓦房村	中粗粒钾长白岗岩	S—N向展布，长1 000 m，宽600 m	中型矿点
崂山区沙子口镇黄山村	中细粒钾长白岗岩	NE向展布，长1 000 m，宽600 m	大型矿点
崂山区沙子口镇彭家台北	中粗—粗粒钾长白岗岩	NE向展布，长1 000 m，宽500 m	大型矿点
崂山区沙子口镇清凉涧村	中粗—粗粒钾长白岗岩	NE向展布，长1 000 m，宽500 m	小型矿床
崂山区王哥庄镇大桥村	中细粒含黑云母花岗岩	E—N向展布，长1 000 m，宽400 m	小型矿床
崂山区中韩镇山东头村西	中粗粒花岗岩	NE向展布，长600 m，宽300 m	矿点
崂山区中韩镇金家岭村北	中粗粒花岗岩	NE向展布，长500 m，宽600 m	矿点
崂山区枯桃村	中粗粒花岗岩	E—N向展布，长1 000 m，宽600 m	小型矿床
李沧区眼墩山南	中粗粒花岗岩	NE向展布，长1 000 m，宽300 m	小型矿床
黄岛区后叉湾村南	中粗粒花岗岩	NE向椭圆形长300 m，宽250 m	矿点
黄岛区龙豆山	中粗粒花岗岩	NE向展布，长1 000 m，宽200 m	矿点
黄岛区抓马山东南	中粒、粗粒正长岩花岗岩	E—N向展布，长1 200 m，宽500 m	矿点
黄岛区山陈家村北	中粗粒花岗岩	NE向展布，长1 000 m，宽200 m	矿点
黄岛区韩家村北	石英正常岩	NE向展布，规格不详	矿点
黄岛区土故山	中粒、粗粒正长岩花岗岩	NE向展布，长2 000 m，宽600 m	小型矿床
黄岛区插旗崖	中粗粒花岗岩	NE向展布，长1 000 m，宽500 m	矿点
黄岛区洞门山	中粒白岗岩	NE向椭圆形展布长500 m，宽300 m	矿点

2）麦饭石

麦饭石是一种珍贵的保健药石。国内20世纪80年代在内蒙古首次发现并命名为中华麦饭石。青岛麦饭石是山东海洋学院发现并命名。其产地主要分布于崂山区后韩家、石老人和即墨市东南一带。

（1）地质特征

矿床位于白垩系青山组火山岩系中。矿体受NNE和NW向两组断裂控制，为岩浆在近地表冷凝形成，属于次火山岩系。麦饭石的岩石类型有两种：午旗山、石硼一带为辉石二长斑岩，属钙碱性、铝过饱和类型；矿物成分为钾长石 37%，中长石 30%，角闪石 15%，透辉石 12%，磁铁矿 2%，磷灰石 1%。仲村、后韩一带为黑云母粗安斑岩，属钙碱性、正常类型；矿物成分为钾长石 40%，更长石 30%，普通角闪石 20%，黑云母 10%，磁铁矿 1%，磷灰石 2%。

（2）生物化学特点

青岛麦饭石含 10 多种对人体有益的微量元素，有害元素较少，汞、镉低于克拉克值，砷近似于克拉克值；铅虽高于克拉克值，但难以溶出。青岛麦饭石既具有明显的吸附作用，也可有机械阻止作用。麦饭石溶出液不仅具有显著地增强食欲、促进新陈代谢和生长发育的功效，而且能有效地提高肌体素质。许多研究表明，麦饭石不仅可用于医药、食品、轻工等领域，且在水质净化、食品卫生、环境保护等方面具有重要的研究意义。

3）建筑用砂

青岛地区砂砾质海岸发育，濒海及浅海区建筑石英砂及砾石分布广泛，资源潜力较大，至今尚未进行系统评价。

青岛地区花岗岩等侵入岩体的发育和广泛分布，以及河流和滨海的搬运、沉积作用使青岛地区建筑用砂资源十分丰富。滨岸地带建筑用砂已知矿产地多处，其中，特大型矿床 1 处、中型矿床 2 处，小型矿床、矿化点多处。主要分布在崂山东部和小珠山南侧沿海地带（表 2.4，图 2.1）。矿体一般呈条带状，并与海岸线平行呈堆积阶地分布。矿体层理明显，粒度粗细不等，呈棱角状—浑圆状，砂砾比较均匀，分选较好，杂质较少，磨圆度较高，是良好的建筑用砂。

表 2.4　青岛地区建筑砂产地分布

地理位置	矿体形态	规模
崂山区王哥庄镇港西村	沿海成阶地呈狭长带状	中型矿体
崂山区王哥庄镇	沿河床呈带状展布	矿点
崂山区王哥庄镇何家村	沿河床呈带状展布	矿点
崂山区王哥庄镇江家土寨村	沿河床呈带状展布	小型矿床
崂山区仰口	沿海成阶地呈带状展布	小型矿床
崂山区松树庄	沿河床呈带状展布	小型矿床
即墨市鳌山卫镇新民村	沿海成阶地呈带状展布	小型矿床
即墨市鳌山卫	沿海成阶地呈带状展布	中型矿床
胶南市灵山卫镇柏果树村	沿海成阶地呈 NE 向展布	小型矿床
胶南市红山崖镇	沿海成阶地呈带状展布	小型矿床
胶南市灵山卫镇集米崖	沿海成阶地呈带状展布	小型矿床
胶南市琅琊镇山东头	沿海成阶地呈带状展布	小型矿床
胶南市隐珠镇两河村	沿海成堆积阶地分布	中型砂矿
青岛市胶州湾口外南沙海域	沿海底呈层状分布	特大型砂矿

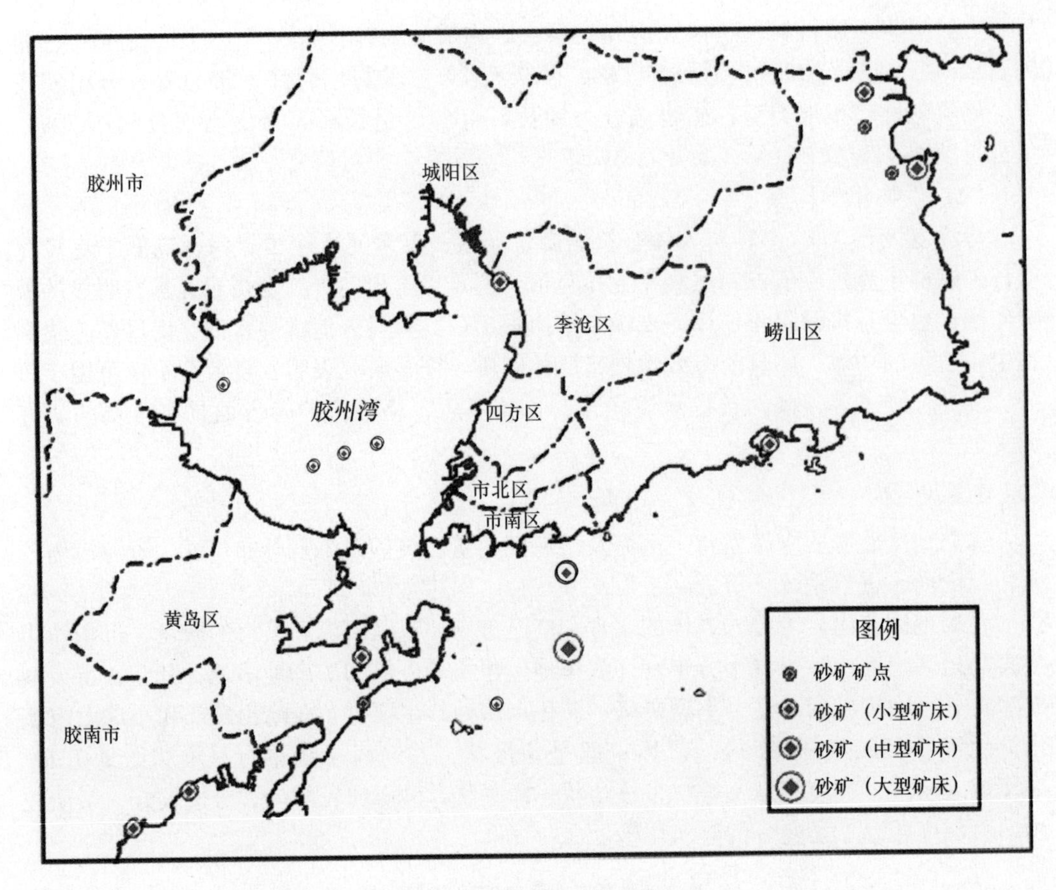

图 2.1 青岛地区建筑砂产地

现将区内主要砂矿简述如下。

（1）胶南市隐珠镇两河村砂矿。建筑砂矿位于两河村南 1 300 m 处，距主干公路 1 000 m，有公路相通，交通方便。地貌类型为河口地段的海成堆积阶地。

矿体呈 NE 向条带状沿海成堆积阶地分布。长 2 000 m，宽 50 ~ 150 m，砂层厚 2 ~ 4 m，可采厚度 2 m。砂粒度以 0.5 ~ 2 mm 为主。砂粒呈次棱角状—浑圆状，分选较好。矿物成分石英为 50%，长石 30%，岩砾 20%。砂层为河流冲积物和滨海沿岸沉积物，分布面积大，为该区较大的砂场。

（2）胶州湾口外海域砂矿。该矿砂位于青岛市胶州湾口外海域（图 2.2），矿区以北 5 km 远处为青岛市主要市区的沿岸，矿区距青岛港码头约 20 km，矿区北邻青岛港主航道，南邻青岛港 4 号航道，为该矿的开采利用创造了交通便利。

该砂矿总面积达 20.8 km^2，矿体呈平缓的层状，分为上下两层。上层为全新世海水入侵后形成的以粗砂为主的海陆过渡相沉积；下层为更新世时由大量的花岗岩等风化形成的以长石石英为主的沙、砾的陆相冲洪积沉积。探明工业储量 4.07×10^8 m^3，6.77×10^8 t，属特大型砂矿。

砂矿的主要矿物成分为石英和长石及少量花岗岩岩屑，个别样品含贝壳小碎片。除

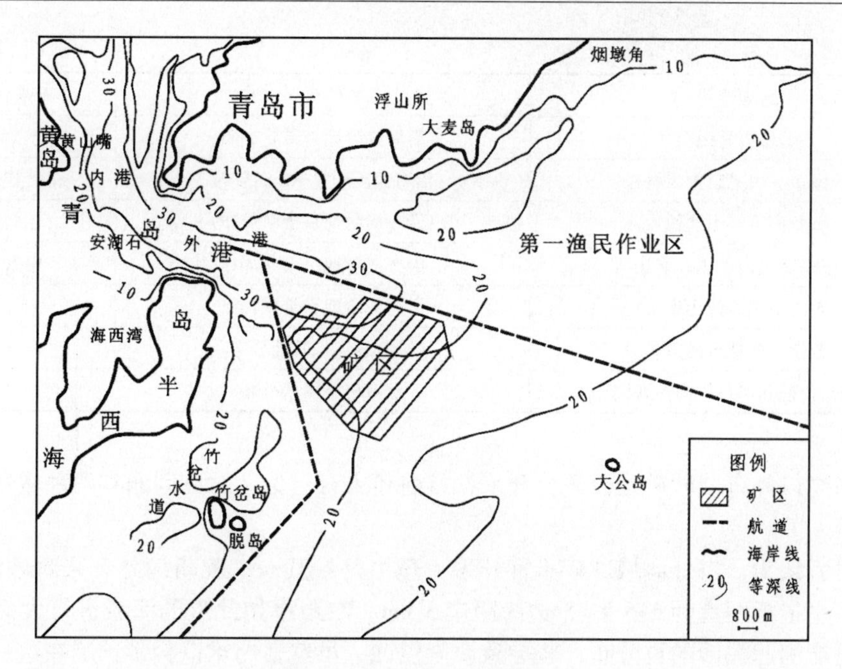

图 2.2　胶州湾口外海域砂矿

上述主要矿物之外，含微量的绿帘石、角闪石、透闪石、云母、赤铁矿、褐铁矿、锆石、金红石、钛铁矿等，但含量低于工业品位要求。海砂的化学成分以 SiO_2、Al_2O_3、FeO、Fe_2O_3、K_2O 等为主。

任何海砂开采都应进行严格的环境影响评价。青岛市滨岸地区近半数的海砂矿区，近年来由于开采过量，已对周边环境造成影响，政府已下令停止开采。虽然政府以相关法规来约束和限制海砂资源开采，但是不法分子受暴利驱使，仍然大肆盗挖海砂。据粗略计算，仅胶州湾每年因盗挖而流失的海砂就达上万吨，不仅使胶州湾的渔业生产环境受到严重破坏，而且使青岛黄金海岸线直接受严重侵蚀的威胁。除水下海砂盗采严重外，郊区各县市沿岸海滩砂的盗采现象也不容忽视，海滩砂的开采会直接破坏海滩平衡，造成海滩侵蚀，影响海滩景观。

青岛地区建筑砂产地开采状况见表 2.5。

表 2.5　青岛地区建筑砂产地开采状况

地理位置	矿体形态	开采状况
崂山区王哥庄镇港西村	沿海成阶地呈狭长带状	未开采
崂山区王哥庄镇	沿河床呈带状展布	未开采
崂山区王哥庄镇何家村	沿河床呈带状展布	未开采
崂山区王哥庄镇江家土寨村	沿河床呈带状展布	已禁采
崂山区仰口	沿海成阶地呈带状展布	未开采
崂山区松树庄	沿河床呈带状展布	已禁采
即墨市鳌山卫镇新民村	沿海成阶地呈带状展布	已禁采

续表

地理位置	矿体形态	开采状况
即墨市鳌山卫	沿海成阶地呈带状展布	已禁采
胶南市灵山卫镇柏果树村	沿海成阶地呈 NE 向展布	已禁采
胶南市红山崖镇	沿海成阶地呈带状展布	已禁采
胶南市灵山卫镇积米崖	沿海成阶地呈带状展布	已禁采
胶南市琅琊镇山东头	沿海成阶地呈带状展布	未开采
胶南市隐珠乡两河村	沿海成堆积阶地分布	未开采
青岛市胶州湾口外南沙海域	沿海底呈层状分布	能否开采，未定

胶州湾口外海域砂矿是否适合开采，目前还未有定论。对此问题有两种截然不同的看法。

反对者认为，口外海域砂矿不宜开采。理由是：其一，胶州湾外开采海砂的区域，其中心距岸最近距离为 5.5 km，边缘距岸 3 km。在距岸如此近的海域进行大面积海砂开采，可能引起泥沙的再分布，将导致海岸侵蚀。虽然目前难以科学预测在这一海域采砂对海岸侵蚀及海岸构筑物的影响程度，但对于这一问题必须持谨慎态度。其二，该海域是青岛近海重要的鱼类产卵场、栖息地，渔业资源丰富，尤其是国家二级水生野生动物文昌鱼资源量较大。如果大面积采砂，将使作业区底栖生物群落、渔业资源和文昌鱼的栖息环境遭到严重破坏。还有观点认为，在该海域采砂将会破坏该海域的锚地功能和胶州湾的港口功能，还可能造成严重的海洋环境污染，对青岛创建生态城市产生不利影响。

支持者认为，该海域可以开采。他们的理由针锋相对：首先，该海域的沙脊是一个独立系统，与海岸的沙没有联系，中间隔着很大的海沟和另一个沙脊，因此不会造成对海岸的侵蚀。其次，文昌鱼虽是国家二级水生野生动物，其主要价值体现在生物学研究上，它是介于无脊椎动物和脊椎动物之间的过渡物种，具有很高的研究价值，但这种鱼数量很多，不是珍稀鱼种，在附近的北沙、胶南海域，文昌鱼密度高得多。另外，从海洋功能区的划分来说，该海域不是渔业区，而是航运功能区，开采对保护航道有利，还扩大了锚地。

海砂作为一种资源是海洋产业的一部分，开采必须与保护相结合。海沙开发唯一的出路，是开发与保护协调发展，即开发之前充分科学论证，所有开发活动都应在法律框架内进行。

4）*大理岩矿点*

区内近处大理岩矿点有两处，均产于胶南群邱官庄组变质岩系中。矿点位于胶南市青珠山和石灰山。矿点属沉积变质型，产于桃林—抱屋顶变质岩变型构造单元中。大理岩为灰白色、白色，粒状结构，条带状构造，主要矿物成分为方解石、白云石和透辉石等。大理石呈透镜体状厚 5 ~ 10 m，长十至数百米。

石灰山大理石灰色条带较多，质量较差，目前主要用于烧石灰。青珠山大理石灰色条带较少，主要为白色，成分较纯，可做建筑饰材。两矿点均已开采多年。

5）地下卤水

地下卤水分布受海岸地貌与第四系沉积环境控制，在海湾的西岸和西北岸因海岸低地连续分布，形成一条小型环形地下卤水矿带，北起南万盐田，南至龙泉盐田，长 30 余千米，矿带宽度一般为 1～3 km，矿区面积约 100 km^2。在该矿带内，分布有若干个小面积富集区块，如南万盐田南部区块、东营盐田三工区区块等，呈不连续斑块状。在其他岸段海湾面积更小。海湾湾顶地区也有少量地下卤水聚集，呈块状分布。

本区地下卤水层只存在上部潜水卤水层组，局部块断下部含水层有较好的封存条件，具有微承压性质。从层位对比看，并非滨海平原海岸的承压卤水层组。地下卤水层埋藏深度一般为 0～20 m，最大为 25～30 m。矿体厚度一般为 10～20 m，卤水浓度一般为 5～8°Be′（表 2.6）。

表 2.6　青岛地区地下卤水的物理化学特征

化学成分		样品编号				
		ZK5	ZK1	ZK7	ZK2	ZK6
主要元素（mg/L）	K^+（$\times10^2$）	1.909	2.977	3.741	4.733	4.581
	Na^+（$\times10^3$）	18.93	23.02	27.64	31.18	36.11
	Mg^+（$\times10^2$）	19.97	47.60	34.59	45.32	44.78
	Ca^+（$\times10^2$）	7.29	7.51	11.71	8.18	12.82
	Cl^+（$\times10^3$）	34.647	46.196	51.082	58.189	66.628
	SO_4^{2-}（$\times10^2$）	24.86	64.79	54.83	67.83	65.12
	Br^-（$\times10$）	3.19	5.32	2.92	1.20	3.06
可溶性盐（g/L）	$CaSO_4$	2.476	2.551	3.978	2.778	4.355
	$MgSO_4$	0.926	5.863	3.353	6.044	4.309
	$MgCl_2$	7.090	14.008	10.898	12.970	14.130
	KCl	0.364	0.568	0.713	0.902	0.837
	NaCl	48.126	58.512	70.271	79.296	91.805
	NaBr	0.041	0.069	0.038	0.015	0.039
pH		7.25				
水温（℃）		14.5	14.0	14.5	14.0	13.5
浓度（°Be′）		5.0	6.7	7.4	8.3	9.4
含水层		全部为潜水或微承压卤水层				

注：据南万盐田地下卤水化学成分分析结果。

此外，青岛沿岸地下卤水调查发现，在胶州湾北岸的大沽河、沙河，西岸洋河口的南万盐田、东风盐田和东营盐田局部地段，仅存在低于 5°Be′的盐水层，或盐水层与卤水层叠置现象。据分析，由于第四系沉积层浅薄，地下卤水浓度低，受河流入海冲淡水影响，造成卤水淡化作用所致。

南万盐田位于山东半岛基岩港湾海岸区胶州湾北岸。这里是胶州湾的湾中湾，湾顶发育有狭窄的城阳沙河口小型滨海低地平原，第四系沉积层有上部海湾相沉积与下部冲洪积物组成，厚度仅有 20～30 m，含有一个潜水卤水层组及一个微承压卤水层组，赋存于全部第四系沉积层中。其基底即为花岗岩或火山岩系岩层，构成一套薄层海陆相叠置的含卤岩系，其地层结构十分简单。地下卤水浓度为 5°～9.4°Be′。

6）温泉地热水

青岛即墨温泉位于即墨市东北的温泉镇。在胶东 14 处温泉中，即墨温泉在水温、水量和地热面积方面可称为胶东三大主要温泉之一。温泉平均水温 66℃，最高水温 93℃，是一种含多种化学元素的特殊类型地下水资源。地热水为氯化钠型水质，总矿化度可达 12 g/L。水质特征见表 2.7。除此之外，地热水还含有 Br、K、Ca、Mg、I 等多种元素，并含有放射性元素镭，氡含量为 58.51 Bq/L，为中氡地热水。

表 2.7 即墨温泉水质分析

<table>
<tr><td rowspan="6">阳离子 mg/L
（毫克当量）
%</td><td>$K^{+}+Na^{+}$</td><td>2 123.25/66.23</td></tr>
<tr><td>Ca^{2+}</td><td>920.89/32.97</td></tr>
<tr><td>Mg^{2+}</td><td>13.72/0.81</td></tr>
<tr><td>Fe^{3+}</td><td>微</td></tr>
<tr><td>Fe^{2+}</td><td>微</td></tr>
<tr><td>总量</td><td>3 057.86/100.01</td></tr>
<tr><td rowspan="7">阴离子 mg/L
（毫克当量）
%</td><td>Cl^{-}</td><td>4 838.06/97.89</td></tr>
<tr><td>SO^{2-}</td><td>100.75/1.59</td></tr>
<tr><td>HCO^{-}</td><td>24.91/0.29</td></tr>
<tr><td>F^{-}</td><td>2.40/0.09</td></tr>
<tr><td>I^{-}</td><td>微</td></tr>
<tr><td>Br^{-}</td><td>15.00/0.13</td></tr>
<tr><td>总量</td><td>4 987.20/99.99</td></tr>
<tr><td rowspan="5">特殊项目
mg/L</td><td>可溶性 SiO_2</td><td>600</td></tr>
<tr><td>固形物</td><td>8092.60</td></tr>
<tr><td>灼热残渣</td><td>8083.41</td></tr>
<tr><td>灼热减量</td><td>9.19</td></tr>
<tr><td>游离 CO_2</td><td>2.61</td></tr>
<tr><td rowspan="3">硬度</td><td>全硬度</td><td>132.01</td></tr>
<tr><td>暂时硬度</td><td>1.14</td></tr>
<tr><td>永久硬度</td><td>130.87</td></tr>
<tr><td>pH 值</td><td colspan="2">7.8</td></tr>
</table>

注：据即墨工人疗养院温泉测试。

据表 2.8 可知，即墨温泉地热水是一种具有特殊医疗作用的地下水。温泉地下水资源储量比较丰富，单井最大涌水量为1 019 m^3/昼夜。整个温泉地热水允许开采量约为1 755 m^3/d 或 64×10^4 m^3/a（徐脉直，2002）。

即墨温泉出露地层系白垩系青山组（K_{1q}），岩性为凝灰质碎屑岩和火山岩，邻近崂山花岗岩与白垩系侵入接触的边界。温泉地热区内第四系较为发育，厚度为10～15 m。目前，即墨温泉地热水已在水疗、洗浴业、旅游业、花卉养殖业得到较好的开发利用，并取得明显的经济效益。温泉工人疗养院利用温泉地热水和温泉矿泥对外开展水疗和泥疗活动。

表2.8　医疗热矿水水质国家标准与即墨温泉（工疗井）成分对比（徐脉直，2002）

项目＼数据	有医疗价值的含量（mg/L）	命名矿水浓度（mg/L）	即墨温泉地热水浓度（mg/L）	评价
氟	1	2	3	已达标，可称为氟水
溴	5	25	15	有医疗价值
碘	1	5	0.08	未达标
锶	10	10	67.14	已达标，可称为锶水
铁	10	10	<0.04	未达标
锂	1	5	–	–
钡	5	5	–	–
锰	1	–	–	–
偏硅酸	1.2	50	121.92	已达标，可称为硅水
偏砷酸	1	1	<0.005	–
偏硼酸	1.2	50	–	–
镭（g/L）	10^{-11}	$>10^{-11}$	–	–
氡（Bq/L）	37	129.5	58.51（属中氡水）	未达标，但有医疗价值

注：表中“–”表示无数据。

2.3　岸线资源

2.3.1　滨海沙滩

海滩是由激浪或激浪流形成的松散堆积体。由于青岛地区特殊的地质地貌状况，塑造出了许多风景美丽的景观海滩。合理地开发利用这些景观资源对青岛的经济和自然的可持续发展具有重要意义。

现根据海滩的长度，将青岛的景观海滩分为三类：大型海滩，长度大于1 500 m；中型海滩，长度介于1 000～1 500 m；小型海滩，长度小于1 000 m（表2.9，表2.10，表2.11）。

表 2.9 青岛市大型景观海滩

海滩名称	海滩长度（m）	海滩宽度（m）	海滩简要介绍
金沙滩	约2 690	200	位于黄岛区，从南壶至象脖子北角，低潮线外有一小的坡折，形成一锥形沙脊。海滩坡降为19‰，细砂底
港东	430	40	位于崂山区王哥庄镇，文武港东侧的海岸。有基岩出露。细砂底
流清河滩	2 500	约160	位于崂山区流清河口，从鲍鱼岛至六顶山，底质为粗砂，后有沿岸沙堤，是天然的海水浴场
沙子口滩	1 800	约150	位于崂山区沙子口镇南，有沙子口河流入，后有沙堤在沙子口后湾口顶河口堆积
大江口滩	2 500	山东头以北滩面一般为200 m，山东头以南滩面一般宽度100 ~ 150 m	位于崂山区石老人之西，从石老人西之39.2 m高地角至浮山角，海滩走向西南。底质为粗砂、砾石。面积约为0.55 km^2。现已开辟为海水浴场
东松口滩	约1 800	约800	位于崂山区沙子口东，为登瀛北涧河口，面积约2 km^2，南北都有人工围堤，底质为沙泥
柏果滩	约3 000	约100	位于胶南市柏果村南，从连里水礁至山前河口。后有沿岸堤，栽有松树防护林。底质为粗砂
大港口滩	约9 800	175 ~ 250	位于胶南市灵山湾西岸，从老龙外嘴至海崖。有两河、大荒河和胶南王戈庄河注入，在冯家港和大港口段，河口分布有离岸沙堤，海滩宽度两端较小，河口处较宽
崔家滩	约7 200	200	位于胶南市古镇口湾西岸，从鹁鸽母至书家溜南。滩面物质以中、粗砂为主，为半圆弧形。有古镇营西河和下村河流入
利根滩	约4 800	30	位于胶南市琅琊镇东海岸，从东轮山前到王家台后村，有库山沟和五龙沟两条河流入，在河口形成沙坝潟湖式海岸，海滩中段有礁滩相隔，海滩宽度仅30 m左右。坡度陡，为粗砾砂石底

表 2.10 青岛市中型景观海滩

海滩名称	海滩长度（m）	海滩宽度（m）	海滩简要介绍
浮山湾滩	约1 065	宽度约150 m	位于青岛市区，从燕儿岛至太平角，内有三处礁石分隔，形成四处沙滩
汇泉湾滩	约1 100	约250 m	位于青岛市区，从东海饭店至鲁迅公园，南部为碎石沙滩；北部为砂砾滩，砂质条件好，有汇泉河流入
栈桥滩	约1 500	约300	位于青岛市区，从青岛河口至火车站岸边
银沙滩	约1 250	约250	位于薛家岛刘家岛村南至石岭子东没，细砂底
小岔滩	约1 500	约450 ~ 500	位于黄岛区，从倒观嘴至北庄西头为一弧形湾滩，高潮滩有碎石分布，中下潮滩为细砂
仰口滩	1 500	约250	位于崂山区仰口东北部，从东家岭嘴至仰口，为一湾顶沙滩，底质为粗砂、砾石，磨圆度好

表 2.11　青岛市小型景观海滩

海滩名称	海滩长度（m）	海滩宽度（m）	海滩简要介绍
八大关滩	400	200	位于八大关南，长约 400 m，宽 200 m

2.3.2　海湾与潮滩湿地

1）海湾

青岛地处黄海之滨，环抱胶州湾，所辖海域位于 35°25′—36°35′N、119°40′—121°15′E。海岸线长且多曲折，大陆自然岸线长约为 667.2 km，67 个海岛（黄岛、团岛已成为陆连岛，不计算在内）的岸线长 105.1 km，初步确认 3 个面积超过 500 m² 的海岛，岸线长 0.98 km，总计海岸长 762 km，大陆岸线占山东省全省岸线的 1/4 强。其中，淤泥质、粉砂质海岸部分约占 88%；基岩质部分占 12%，可划分为基岩岬角岸、稳定岸、淤积增长岸 3 种基本类型。山岭岬角之间构成形态多异、特点不同的多处海湾，一级海湾总面积 1 369.53 km²。多为泥沙、岩礁底质，滩岸居多。沿岸海湾 34 个（表 2.12），总面积 397 km²，其中面积大于 0.5 km² 的海湾，自北而南分布着丁字湾、栲栳湾、横门湾、巉山湾、鳌山湾、小岛湾、仰口湾、青山湾、列坡圈湾、下宫湾、流清河湾、登瀛湾、沙子口湾、大江口湾、浮山湾、太平湾、汇泉湾、青岛湾、团岛湾、胶州湾、唐岛湾、灵山湾、古镇口湾、利根湾、杨家洼湾、陈家贡湾、棋子湾，胶州湾内包括沧口湾、红岛湾、红岛西湾、黄岛前湾、薛家岛湾、小岔湾等内湾。自然资源丰富，停泊避风条件好。浅海海底则有水下浅滩、现代水下三角洲及海冲蚀平原等海底地貌，是青岛海产品和水产养殖的基地。

表 2.12　青岛市海湾

序号	名称	湾口连线中间位置		规模	
		纬度（°N）	经度（°E）	湾口长（km）	面积（km²）
1	丁字湾	36.540 203 61	120.972 552 8	5.8	95.99
2	栲栳湾	36.507 223 64	120.964 738 1	6.9	8.43
3	横门湾	36.435 726 49	120.926 742 6	4.68	7.8
4	巉山湾	36.398 810 48	120.899 350 4	4.52	6.6
5	鳌山湾	36.357 752 75	120.792 028 2	11.93	63.52
6	小岛湾	36.302 587 60	120.702 158 4	7.09	32.08
7	仰口湾	36.239 705 73	120.678 022 3	2.27	1.71
8	青山湾	36.157 417 36	120.698 340 3	1.31	1.10
9	列坡圈湾	36.141 422 56	120.706 855 8	1.27	0.82
10	下宫湾	36.127 898 71	120.664 878 1	3.04	1.68
11	流清河湾	36.115 412 92	120.618 009 5	2.81	2.85
12	登瀛湾	36.106 124 52	120.571 789 9	1.4	1.94
13	沙子口湾	36.103 155 80	120.553 781 9	1.81	2.81
14	大江口湾	36.086 095 81	120.473 466 6	3.19	2.33

续表

序号	名称	湾口连线中间位置		规模	
		纬度（°N）	经度（°E）	湾口长（km）	面积（km^2）
15	浮山湾	36.049 274 25	120.375 691 1	2.25	2.28
16	太平湾	36.043 348 53	120.348 399 9	1.77	1.18
17	汇泉湾	36.048 603 45	120.329 237 6	1.33	1.19
18	青岛湾	36.053 048 90	120.313 500 1	1.46	1.34
19	团岛湾	36.047 651 35	120.296 915 0	1.4	0.77
20	沧口湾	36.197 535 91	120.332 559 0	5.06	23.44
21	红岛湾	36.187 720 59	120.241 664 7	2.71	3.91
22	红岛西湾	36.188 377 54	120.187 694 1	6.63	14.68
23	黄岛前湾	36.007 813 51	120.249 353 8	5.08	17.78
24	薛家岛湾	36.003 098 18	120.254 339 4	1.18	6.07
25	小岔湾（海西湾）	36.001 983 96	120.266 085 1	1.51	2.76
26	唐岛湾	35.900 479 87	120.156 671 2	2.41	12.06
27	灵山湾	35.835 522 11	120.060 220 2	12.24	23.01
28	胡岛湾	35.753 281 85	120.025 078 9	1.04	0.35
29	鱼池湾	35.729 182 57	120.014 843 0	1.07	0.45
30	古镇口湾	35.731 485 13	119.955 106 4	2.38	19.62
31	利根湾	35.679 111 32	119.929 440 0	6.53	11.69
32	杨家洼湾	35.621 297 40	119.840 383	1.99	1.89
33	陈家贡湾	35.627 168 25	119.810 814 4	3.01	5.36
34	棋子湾	35.595 767 64	119.717 926 7	6.11	17.49

2）潮滩湿地

沿海各种类型滩涂比较发育，其中，沙滩21处（表2.9、表2.10、表2.11），砾石滩4处（表2.13），泥质潮滩湿地23处（表2.14），总面积约375 km^2。

表2.13 青岛市砾石滩

序号	名称	位置	规模	性质	利用情况
1	泊子滩	位于横门湾西北部。从大嘴至驴岛	东西长约2 700 m，南部宽约1 600 m	西北部为砂质泥滩。东北部和西南部多为岩滩	未开发利用
2	八水河滩	位于八水河河口	长约100 m，宽约40 m	砂砾滩	未开发利用
3	小岔滩	位于黄岛区南庄西北0.5 km	岸滩线长约1 500 m，海滩宽度为450～500 m	高潮滩有碎石分布，中下潮滩为细砂	西侧已被北海船厂新厂址填海造陆
4	利根滩	位于琅琊镇东海岸，从东轮山前到王家台后村	岸滩线长约4 800 m，海滩宽度仅30 m左右	粗砂－细砾	未开发利用

表 2.14　青岛市泥质潮滩湿地

序号	名称	位置	规模	性质	利用情况
1	金口滩	即墨丁字湾西部	东西最长约 5 000 m，最窄约 1 000 m，面积约 6.5 km^2	岸边底质较粗向湾内变细，为砂质泥滩	有多种贝类生殖
2	白马滩	白马岛周围	东西长约 2 500 m，南北宽约 1 000 m，面积约 2.7 km^2	泥质为主	未开发利用
3	芝坊滩	丁字湾南岸，小白马到盐场头一线之内	南北最长约 5 000 m，最宽约 2 500 m，面积约 6.5 km^2	泥质海滩	未开发利用
4	栲栳滩	丁字湾东南部，盐场头至栲栳头一线之内	东西最长约 3 000 m，南北最宽约 2 200 m，面积约 5.5 km^2	泥质滩。有韩家河注入	全部辟为池塘养殖区
5	泊子滩	横门湾西北部。从大嘴至驴岛	东西长约 2 700 m，南部宽约 1 600 m	西北部为砂质泥滩。东北部和西南部多为岩滩	未开发利用
6	大桥滩	鳌山湾北部，北沿王村镇，东接洼里乡	东西最长约 10 km，南北宽约 2 000 m，面积约 16.5 km^2	为泥岸或堤坝岸，泥滩	未开发利用
7	黄埠滩	温泉镇东南部，自风山南麓至钓鱼台	长约 2 500 m，宽约 1 800 m	泥质海滩	大部分为池塘养殖区
8	大任河口滩	位于鳌山卫镇东北大任河口	南北长约 7 km，北部较窄宽约 200 m，南部宽约 700 m	河口及北侧为砂质海滩，南侧泥质海滩	利用情况不详
9	烟台滩	小岛湾西北部，从鳌山卫镇的盘龙庄西南海岸至崂山区的望海楼北岸一线以西	凹进陆地约 1 800 m，南北最长约 2 500 m	泥质海滩	盛产贝类，其中有名贵的西施舌
10	王哥庄滩	崂山区王哥庄东北部，从小蓬莱角至野鸡山角一线以西	从海图 0 m 线至岸边距离为 2 000 m，口门宽约 2 000 ~ 2 500 m	砂质泥滩	未开发利用
11	东松口滩滩	沙子口东，登瀛湾顶部	长约 1 600 m，宽约 500 m 北侧有人工围堤	泥质海滩	特殊用地
12	沧口水道北部海滩	沧口以北，从烟墩山至红岛的鲅嘴	岸滩线长约 5 000 m，滩宽一般为 1 000 m 左右	泥质海滩	东南部是电厂的灰场，其他部分未开发利用

续表

序号	名称	位置	规模	性质	利用情况
13	东洋滩	东大洋村南，从船厂角至东大山南角	岸滩线长约 1 200 m，海滩宽度一般为 220 m	上部潮滩为砂质，下潮滩为泥质	未开发利用
14	西洋滩	西大洋村南，从船厂角至西南山角	岸滩线长约 1 000 m，海滩宽度约 250 m	上部潮滩为砂质，中下潮滩为泥质	未开发利用
15	西子滩	晓阳村东南	岸滩线长为 2 800 m，滩面一般宽度 500 m	泥质海滩	未开发利用
16	观涛滩	观涛村南，从宿流至观涛	岸滩线长约 1 500 m，宽约 500 m	泥质海滩	未开发利用
17	红岛西湾滩	红岛西湾，从红岛宿流北 29.9 m 高地西北角向西至潮海角	全长为 7 800 m，滩面平均宽 4 500 m	泥质海滩，潮沟发育	未开发利用
18	大沽河口滩	胶州市，从潮海角至东营嘴	潮间带特宽，7 000～8 000 m	泥质海滩	贝类养殖
19	洋河口滩	位于胶州市，从东营嘴至红石崖西	岸滩线长约 16 800 m，滩的宽度平均为 4 500 m	泥质海滩	部分开辟为池塘养殖区
20	薛家岛滩	从安子码头至北屯。薛家岛湾的顶部	长约 1 200 m，宽度约 350 m	砂质泥滩	薛家岛湾的顶部已被填海造陆
21	唐岛湾滩	薛家岛街道办事处西南，从小古墩至牛岛至积米崖港	长约 4 000 m，宽度约 1 500 m	砂质泥滩	部分区域有海水养殖
22	琅琊湾滩	位于琅琊镇南	长约 3 000 m，宽约 2 100 m	砂质泥滩	全部辟为虾池或盐田
23	棋子湾滩	胶南小场东，从董家口西至石匣岭山嘴	南北长约 6 000 m，东西宽约 2 800 m	湾顶为粉砂质淤泥，向外逐渐变粗为砂	大部分辟为盐田和虾池

2.4 岛礁

2.4.1 海岛

平均大潮高潮线以上出露面积超过 500 m^2 的岛屿称为海岛。青岛市原有海岛 70 个。1987 年，人工连接把斋堂前岛和斋堂后岛合并为斋堂岛；近期，将千里岩划归烟台；目前，黄岛、团岛、吉岛和汇泉角尖已失去海岛属性；小青岛、麦岛、团岛鼻、水岛和驴岛 5 个海岛成为人工陆连岛。山东省海岛调查项目（黄海军等，2010）在青岛识别出 10 个新的小型海岛。所以，青岛市目前拥有海岛 74 个，总面积约 13.84 km^2，海岛岸线总长度约 100.78 km，其中 69 个海岛四面环海（表 2.15）。这些海岛绝大多数距离大陆不超过 20 km，最远的朝连岛，距陆地约 55 km。在这 74 个海岛中，只有 9 个海岛有固定居民。

表 2.15　青岛市海岛分布

编号	名称	地理坐标 N/E	面积（km^2）	岸线长度（km）	海拔高度（m）	固定居民	物质组成	植被状况
1	三岛（三平岛）	36°29′16.7″ 120°59′46.5″	0.003 3	0.29	8.2		中生界侏罗系地层，基岩，表层棕壤	草及少量松、槐，覆被面积 50%
2	二岛（三平岛）	36°29′19.3″ 120°59′33.3″	0.02	0.59	16		中生界侏罗系地层，基岩，表层棕壤	草及少量松、槐，覆被面积 90%
3	大岛（三平岛）	36°29′17.4″ 120°59′09.5″	0.154	2.13	25.9		中生界侏罗系地层，基岩，表层棕壤	西部农田，东部牧草，覆被面积 90%
4	水岛	36°26′59.5″ 120°56′55.2″	0.031 4	0.91	9.7		中生界侏罗系地层，基岩，表层棕壤	杂草及部分农田，覆被面积 80%。人工陆连岛
5	赭岛	36°26′08.2″ 121°00′33.4″	0.157	1.72	40.2	有	中生界休罗系地层，砂岩，页岩，表层棕壤	杂草、少量松、槐及农田，覆被面积 90%
6	车岛	36°25′22.7″ 121°00′29.4″	0.003 2	0.37	8.2		中生界侏罗系地层，厚层状砂岩，无土层	无
7	涨岛	36°24′56.4″ 120°59′04.6″	0.097	1.91	24.0		中生界侏罗系地层，厚层状砂岩，表层棕壤	杂草丛生，覆被面积 90%
8	田横岛	36°25′08.4″ 120°57′31.8″	1.26	9.54	54.5	有	中生界侏罗系地层，砂岩，页岩，表层棕壤	除农田、村庄外全部绿化，有松、柏、桐等及草地
9	驴岛	36°24′50.6″ 120°55′25.6″	0.39	3.35	25.5		中生界侏罗系地层，石英质砂岩，表层棕壤	农田占 12%，林区占 50%，松树为主，茅草丛生，大桥陆连岛
10	猪岛	36°24′33.7″ 120°55′02.8″	0.008 2	0.60	22.5		中生界侏罗系地层，基岩，表层棕壤	杂草及少量黑松
11	牛岛（北）	36°24′28″ 120°56′05.7″	0.034 5	1.28	41.3		中生界侏罗系地层，砂岩，粉砂岩，表层棕壤	小松树、草类等
12	马龙岛	36°24′14.8″ 120°55′41.8″	0.084 2	1.63	34.8		中生界侏罗系地层，砂岩，粉砂岩，表层株壤	榆树、草类等

续表

编号	名称	地理坐标 N/E	面积（km^2）	岸线长度（km）	海拔高度（m）	固定居民	物质组成	植被状况
13	龙口岛	36°23′26″ 120°53′42″	0.024 8	0.76	25.0		中生代侵入花岗岩体，表层棕壤	杂草覆被
14	鸡嘴石	36°22′22.3″ 120°52′19.6″	0.004 7	0.54	12.2		裸露岩石	无
15	女岛	36°22′13.9″ 120°51′18.4″	0.238	2.73	67.4	有	中生代侏罗纪地层，表层棕壤	草地、少量松、刺槐、荚蓉等及农田
16	赶嘴	36°22′40″ 120°49′51.7″	0.009 9	0.66	7.7		裸露岩石	无
17	小管岛	36°17′00.9″ 120°43′06.5″	0.285	2.00	69.8	有	五莲群变质岩，基岩，表层棕壤	草木繁茂，管竹丛生，有耐冬及草类
18	兔子岛	36°16′27.3″ 120°42′49.6″	0.050 5	0.93	29.7		五莲群变质岩，基岩，表层棕壤	山草等
19	马儿岛	36°13′55.8″ 120°48′54.7″	0.197	1.84	59.4		五莲群变质岩，基岩，表层棕壤	刺槐及草地等
20	大管岛	36°13′43.8″ 120°45′59.5″	0.458	3.21	100.0	有	五莲群变质岩，基岩，表层棕壤	耐冬、管竹、草类等及农田
21	狮子岛	36°13′43.7″ 120°43′57″	0.036	0.70	37.7		五莲群变质岩，基岩，表层棕壤	绵条和山草
22	西屿	36°13′41.9″ 120°43′43.7″	0.008 7	0.53	25.1		五莲群变质岩，基岩，少量土层	少量山草
23	女儿岛	36°12′46.8″ 120°44′24.8″	0.017 7	0.68	33.3		中生代侵入花岗岩，土层较薄	草类
24	南屿	36°12′39.9″ 120°44′28″	0.006 2	0.5	16.0		中生代侵入花岗岩，基岩，无土层	无
25	长门岩北岛	36°10′46.4″ 120°56′48.7″	0.111	1.47	84.7		五莲群变质岩，沙壤土层	耐冬著称，大叶胡秃子、松、刺槐、冬青等
26	七星岩	36°10′39.1″ 120°56′56.7″	0.001 8	0.16	36.1		五莲群变质岩，部分沙壤土层	少量杂草，覆被面积20%
27	长门岩南岛	36°10′23.9″ 120°56′42.5″	0.031 2	0.95	53.1		五莲群变质岩，沙壤土层	黄花菜、山茅草等，覆被面积60%
28	西砣子	36°10′23.5″ 120°56′33.3″	0.014 8	0.45	28.2		五莲群变质岩，沙壤土层	黄花菜、山茅草等，覆被面积50%

续表

编号	名称	地理坐标 N/E	面积（km^2）	岸线长度（km）	海拔高度（m）	固定居民	物质组成	植被状况
29	老公岛	36°05′56.2″ 120°37′00.1″	0.030 1	1.14	49.5		白垩系青山组火山岩，表层棕壤	山草、黄花菜等，覆被面积60%
30	小福岛	36°05′46.4″ 120°34′29.7″	0.013 6	0.58	10.6		白垩系青山组火山岩，表层棕壤	山草、黄花菜等，覆被面积60%
31	大福岛	36°05′41.3″ 120°34′51.3″	0.584	5.83	87.5		白垩系青山组火山岩，表层黄沙土壤	松、柞、刺槐、石竹子等，覆被面积80%
32	驼篓岛	36°04′43.9″ 120°35′02.6″	0.009 4	0.52	17.0		白垩系青山组火山岩，裸露岩石	无
33	赤岛	36°03′55.2″ 120°27′41.1″	0.016 5	1.29	8.1		花岗岩基质，裸露赤色岩石	无
34	麦岛	36°03′13.3″ 120°25′31.5″	0.16	2.32	30.7		花岗岩基质，表层覆土	树木、草地部分农田，人工陆连岛
35	小青岛	36°03′10.9″ 120°19′03.7″	0.024 7	1.41	17.2		中细粒花岗岩，细晶岩，安山岩，表层灰色亚黏土	松、刺槐、桐、樱、杨及草类等20余种，人工陆连岛
36	团岛鼻	36°02′39.8″ 120°17′23.2″	0.011 5	0.44	10		中粗粒花岗岩，正长白岗岩，安山岩，表层薄土	黑松、山草等，人工陆连岛
37	冒岛	36°11′08.4″ 120°18′47.2″	0.019 7	0.76	11		南部岩礁，北部砂质	以杂草为主
38	小公岛	36°59′45.1″ 120°35′03.6″	0.012 1	0.54	34.0		胶南群变质岩，石质多片麻岩，含云母，土层较厚	山枣、黄花菜等，覆被面积80%
39	小公南岛	35°59′41.5″ 120°35′05.2″	0.010 7	0.51	23.1		胶南群变质岩，石质多片麻岩，含云母，土层较薄	野山参、山茅草等，覆被面积40%
40	小屿	35°57′46.5″ 120°28′46.4″	0.011 3	0.61	41.9		侏罗系莱阳组砂、页岩及砾岩，基本无土层	基本无植被
41	大公岛	35°57′36.5″ 120°29′31.8″	0.156	1.93	120.0		诛罗系莱阳组砂、页岩及砾岩，风化沙土层较厚	草木丛生，主要有松、刺槐、山草等

续表

编号	名称	地理坐标	面积（km^2）	岸线长度（km）	海拔高度（m）	固定居民	物质组成	植被状况
		N/E						
42	象里	35°56′48.2″ 120°14′23″	0.004 1	0.39	9.7		花岗岩基质，无土层	无
43	象外	35°56′50.4″ 120°14′21.4″	0.001 3	0.14	8.6		花岗岩基质，无土层	无
44	象垠子	35°56′46.1″ 120°14′22.2″	0.001 1	0.20	8.7		花岗岩基质，无土层	无
45	竹岔岛	35°56′33.2″ 120°18′32.8″	0.352	3.16	34.4	有	胶南群变质岩，表层覆土	以松树为主及农田
46	脱岛	35°56′26.1″ 120°19′08.5″	0.094 9	1.52	53		胶南群变质岩，表层覆土	以松树为主及草地
47	大石岛	35°56′32.9″ 120°19′29.7″	0.017	0.60	19		胶南群变质岩，基本无土层	少量草类
48	小石岛	35°56′32.3″ 120°19′37.2″	0.007 1	0.42	17.8		胶南群变质岩，无土层	无
49	太平角	35°53′42.6″ 120°52′54.2″	0.010 2	0.71	26.1		基岩裸露，无土层	无
50	潮连岛	35°53′33.7″ 120°52′32.3″	0.246	4.15	68.8		基岩裸露，局部土层很薄	少量松树及草类
51	西山头	35°53′20.7″ 120°52′08.3″	0.002 27	0.22	13.5		基岩裸露，无土层	无
52	外连岛	35°53′46″ 120°11′35.6″	0.004 2	0.50	5.8		强风化片麻岩，无土层	无
53	中连岛	35°53′41.6″ 120°11′35.2″	0.017 5	1.09	10.6		强风化片麻岩，表土层	黑松、刺槐、山草等，覆被面积60%
54	连子岛	35°53′42.6″ 120°11′28.4″	0.002 10	0.31	7.1		强风化片麻岩，无土层	无
55	里连岛	35°53′33.8″ 120°11′36.8″	0.019 8	0.96	10.8		强风化片麻岩，表土层	黑松、山草等，覆被面积60%
56	牛岛（南）	35°55′55.8″ 120°10′33.3″	0.111	1.28	17.1		白垩系火山岩，土层较厚	黑松、刺槐、草地等，覆被面积大于90%，人工陆连岛

续表

编号	名称	地理坐标	面积 (km^2)	岸线长度 (km)	海拔高度 (m)	固定居民	物质组成	植被状况
		N/E						
57	唐岛	35°54′31.4″ 120°09′19.7″	0.089 8	2.72	19.5		中生代白垩系火山岩，沙土多	杂草及少量松、槐等
58	牙岛子	35°47′25″ 120°10′35.9″	0.016 7	0.74	20.3		中生代白垩系火山岩，裸露岩石	无
59	灵山岛	35°46′09.1″ 120°09′42.7″	7.22	14.35	513.6	有	中生代白垩系火山岩及火山碎屑岩，表土层	树木茂盛，林地、草地、耕地遍布全岛
60	洋礁岛	35°45′21.2″ 120°11′15.3″	0.005 8	0.28	10.9		中生代白垩系火山岩，裸露岩石	无
61	小冲里岛子	35°43′19.7″ 120°00′36.7″	0.006 7	0.34	5.3		中生代白垩系火山岩，裸露岩石	无
62	斋堂岛	35°37′52.8″ 119°55′28.7″	0.455	5.00	69.0	有	太古代胶南群，白云钾长片麻岩，表土层	树木茂盛，前岛多于中后岛
63	鸭岛	35°36′51.8″ 119°50′03″	0.015 7	1.23	4.6		太古代胶南群，白云钾长片麻岩，局部表土层	少量草类，大桥陆连岛
64	沐官岛	35°35′29.8″ 119°43′57.7″	0.326	3.18	12.1	有	中生代花岗岩，表面覆土	林地、耕地、覆盖全岛
65	菠萝岛（1）	36°25′43″ 120°58′07″	0.000 8	0.11			中生代花岗岩	无
66	菠萝岛（2）	36°25′43″ 120°57′51″	0.002	0.35			中生代花岗岩	无
67	羊山后贝壳岛	36°28′51″ 120°58′03″	0.006	0.51			贝壳	无
68	牛岛西北礁石（1）	36°24′38″ 120°55′50″	0.000 6	0.1			礁石	无
69	沙盖	36°25′10″ 120°55′10″	0.000 6	0.12			砂岛	无
70	张公岛	36°22′05″ 120°43′15″	0.002	0.16			礁石	无
71	竹岔岛附近礁石（1）	35°56′20″ 120°19′12″	0.000 6	0.12			礁石	无

续表

编号	名称	地理坐标 N/E	面积（km^2）	岸线长度（km）	海拔高度（m）	固定居民	物质组成	植被状况
72	南庄周围礁石（1）	35°58′11″ 120°17′13″	0.000 6	0.11			礁石	无
73	沐官岛附近礁石（1）	35°35′04″ 119°44′12″	0.001	0.16			礁石	无
74	沐官岛附近礁石（2）	35°35′12″ 119°44′10″	0.006	0.36			礁石	无

青岛海岛的面积大部分较小，只有田横岛和灵山岛的面积大于 1 km^2。灵山岛为我国第三高岛，海拔 513 m，除灵山岛、大公岛、大管岛外，其余诸岛海拔均不超过 100 m,属于低丘陵地貌。从黄岛、红岛归陆后，胶州湾湾内仅留冒岛一个海岛。

2.4.2 浅滩暗礁

青岛市所辖海域内，浅滩、暗礁和礁石共有 43 处（表 2.16），它们能对船只航行造成危害，利用得当可以造福社会，可作为人工鱼礁、科学实验等开发利用。

表 2.16 青岛海域浅滩、暗礁和礁石一览表

编号	名称	地理位置		面积（m^2）	周长（m）	水深（m）
		N（°）	E（°）			
1	青石栏	120.027	35.638 3	97 878	1 128	3.8
2	大孤石	119.698	35.567 9	47 455	1 027	
3	岩礁（1）	119.69	35.582 5	74 907	1 291	
4	岩礁（2）	120.24	35.944 6	6 180	305	1.8
5	浅滩（1）	120.241	36.021 3	171 644	2 021	4.5
6	岩礁（3）	120.247	36.024 3	18 151	552	2.7
7	湔礁	120.227	36.070 7	13 726	441	4.7
8	岩礁（4）	120.248	36.068 2	7 316	322	5.8
9	磨石礁	120.293	36.174	30 408	637	
10	浅滩（2）	120.255	36.145 6	22 795	565	1.2
11	马蹄礁	120.289	36.075 5	73 815	2 162	<2.0
12	中沙礁	120.257	36.067 9	6 140	301	
13	岩礁（5）	120.252	36.066 6	6 643	304	
14	安湖石	120.253	36.023 5	9 397	472	1.6
15	岩礁（6）	120.288	35.956 6	15 840	581	8.5

续表

编号	名称	地理位置		面积（m²）	周长（m）	水深（m）
		N（°）	E（°）			
16	白石	120.278	35.949 4	18 823	511	
17	岩礁（7）	120.317	35.988 6	11 257	399	0.9
18	岩礁（8）	120.327	36.042	8 155	339	6.4
19	母猪礁	120.311	36.181 9	18 535	533	
20	老鼠礁	120.355	36.040 7	9 299	358	
21	南沙（浅滩）	120.367	35.991 2	186 525	2 191	6.8
22	大栏石	120.114	35.869 1	89 623	1 130	4.3
23	石岭子礁	120.227	35.905 6	36 377	724	1.7
24	五丁礁	120.462	35.960 1	163 732	2 227	~1.8
25	岩礁（9）	120.647	36.287 3	34 881	904	3.1
26	狮子眼	120.737	36.236 4	23 254	581	2
27	岩礁（10）	120.695	36.251 8	27 430	660	3.4
28	基准岩	120.707	36.252 3	9 206	359	3.5
29	岩礁（11）	120.705	36.262 4	82 123	1 153	3
30	莹子	120.704	36.298 7	16 208	496	~1.5
31	东奤石	120.735	36.362 5	17 060	497	0
32	东北岛	120.727	36.368 6	19 761	548	0.8
33	西奤石	120.707	36.383	13 067	447	
34	北礁	120.758	36.418 1	89 250	1913	2.6
35	暗石	120.817	36.380 9	33 268	690	2.7
36	东礁	120.812	36.364 4	23 944	581	2
37	大岛岩	120.77	36.217 9	8 910	366	2.9
38	鸦鹊石	120.884	36.365 4	28 827	823	2.3
39	蛤蟆石	120.84	36.383	39 884	737	0.3
40	薄乱岛	120.97	36.43	5 477	340	部分露出水面
41	牛石栏	120.76	36.41	27 400	820	部分露出水面
42	鹿　岛	120.31	35.99	717	100	部分露出水面
43	处处乱	120.55	36.09	1 217	150	部分露出水面

注：表中空白处为无数据。

第3章　胶州湾地区地形地貌

青岛是中国北部重要的经济中心城市和沿海开放城市，是国家级历史文化名城和风景旅游、度假胜地，地处山东半岛南部，位于35°35′—37°09′N、119°30′—121°00′E，东、南濒临黄海，东北与烟台市毗邻，西与潍坊市相连，西南与日照市接壤。全市总面积为10 654 km^2，其中市区（市南、市北、四方、李沧、崂山、城阳、黄岛7区）为1 102 km^2,所辖胶州、即墨、平度、胶南、莱西5市为9 552 km^2。

山脉：全市有3个山系。东南是崂山山脉，山势陡峻，主峰海拔1 132.7 m，从崂顶向西、北绵延至青岛市区。北部为大泽山，海拔736.7 m，平度境内诸山及莱西部分山峰均属之。南部为大珠山（海拔486.4 m）、小珠山（海拔724.9 m）、铁橛山（海拔595.1 m）等组成的胶南山群。青岛市区的山岭有浮山（海拔384 m）、太平山（海拔150 m）、青岛山（海拔128.5 m）、信号山（海拔99 m）、伏龙山（海拔86 m）、贮水山（海拔80.6 m）等。

青岛为海滨丘陵城市，地势东高西低，南北两侧隆起，中间低凹，其中山地约占全市总面积的15.5%，丘陵占25.1%，平原占37.7%，洼地占21.7%。全市海岸分为岬湾相间的基岩岸、港湾粉砂、泥质岸及基岩砂砾质海岸3种基本类型。浅海海底则有水下浅滩、现代水下三角洲及海冲蚀平原等。

河流：青岛市共有大小河流224条，均为季风区雨源型，多为独立入海的山溪性小河。流域面积在100 km^2以上的较大河流33条，按照水系分为大沽河、胶莱河以及沿海诸河流三大水系。

地貌：胶州湾海岸是典型的山地基岩港湾海岸。其地貌格局受构造、岩性控制。而外应力是改造现今胶州湾海岸地貌形态的主要动力。胶州湾及其附近地区各种地貌类型的形成和发展，关系到胶州湾的综合利用，不同的地貌类型则决定着该区域不同的发展方向。

胶州湾沿岸陆域部分以红石崖—板桥坊附近为界，其西、北侧，主要为平原区，包括了海积平原、冲海积平原、冲积平原和侵蚀剥蚀准平原等，并有白沙河、墨水河、大沽河、洋河等河流流经其上，在河口附近发育了规模不等的冲海积平原及湾顶宽坦的粉砂淤泥质潮滩，仅红岛附近有基岩海岸、砾石滩海岸分布。胶州湾东南、西南侧，则以崂山、小珠山为主体的侵蚀剥蚀低山丘陵为特色，构成了典型的岬湾海岸。胶州湾低潮线以下海底，地势自湾顶向湾口倾斜，水深加大，湾口为一冲刷深潭，其最深处达64 m。槽道向湾外分成两支与黄海水下岸坡及浅海陆架相连；在湾内则分布有4条水道：由东向西分别为沧口水道、中央水道、大沽河水道和岛耳河水道，伸向湾顶。沧口水道与中央水道之间有一近南北向延伸的大型的垄脊，将胶州湾分为东西两部分；而黄岛附近海域，则有小型潮流沙脊和水下岩礁。

气温：青岛地区既无酷暑，也无严冬，青岛市年平均气温12.3℃，尚称适宜。年内以1月为最冷，平均气温-0.9℃；8月最热，平均气温25.3℃，是著名旅游避暑胜地；百年来极端最低气温以1931年1月10日之-16.9℃为最低，而极端最高气温出现在1997年7月27日，最高气温达37.4℃。青岛气温的日差较小，具有海洋气候特征。

青岛地处北温带季风区，属温带季风气候。市区由于海洋环境的直接调节，受来自洋面上的东南季风及海流、水团的影响，故又具有显著的海洋性气候特点。空气湿润，雨量充沛，温度适中，四季分明。

降水：青岛市降雨量年平均值680.5 mm，全年雨量集中在7月、8月两个月，两个月的平均降雨量303.1 mm，占全年总降雨的45%。整个冬季平均降雨34 mm，12月雨量最少，仅为9.8 mm。近百年来，以1911年和1926年两年的雨量特多，前者1 272.7 mm,后者1 246.7 mm，相当于常年的两倍。1899年及1920年雨量最少，都在400 mm以下，仅相当于常年雨量的一半。

气压和风：青岛属于海洋性季风气候，冬季受西伯利亚地区移来的冷高压影响，夏季受西太平洋副热带高压控制。两者为不同属性的半永久性高压。

3月中旬开始，由于冷高压在海上停留，青岛市维持稳定的东南流场，东南风显占优势。仲秋开始，极地冷空气活跃，北向风占优势。受地形影响，青岛市终年多东南和西北两个风向。年平均风速4.9 m/s，各月平均风速以3月最强为5.6 m/s，9月最弱为4.1 m/s。

日照：青岛的年平均日照时数为2 541.1 h。百年来，以1968年日照时数为最多，达2 831.5 h，以1954年日照时数为最少，仅为1 945.6 h。青岛各月的日照时数以5月最多，计257.2 h；10月次多，为244.8 h；12月最少，为178.5 h，2月次少，为189.5 h。但日照百分率则以10月最大，计为70%，11月次大，计为65%；7月最小计为44%；6月、8月次小，分别为52%和53%。故青岛之“秋高气爽”是当之无愧的；而6月、7月正为海雾盛行之时，常因海雾抬升而形成低云，故6月、7月的日照百分率因云雾增加而减少。

3.1　河流

胶州湾地区河流分布见图3.1。

3.1.1　大沽河水系

大沽河流域位于胶东半岛西部，约在36°10′—37°12′N，120°03′—120°25′E之间。干流全长179.9 km，流域面积4 631.3 km^2。大沽河水系包括主流及其支流，主要支流有潴河、小沽河、城子河、五沽河、落药河、流浩河、桃源河、南胶莱河。大沽河是全市最大的河流，发源于招远市阜山，由北向南流入青岛，经莱西、平度、即墨、胶州和城阳，至胶州南码头村入海。大沽河多年平均径流量为6.61×10^8 m^3。该河20世纪70年代前，径流季节性较强，夏季洪水暴涨，长年有水。70年代后期除汛期外，中、下游已断流。

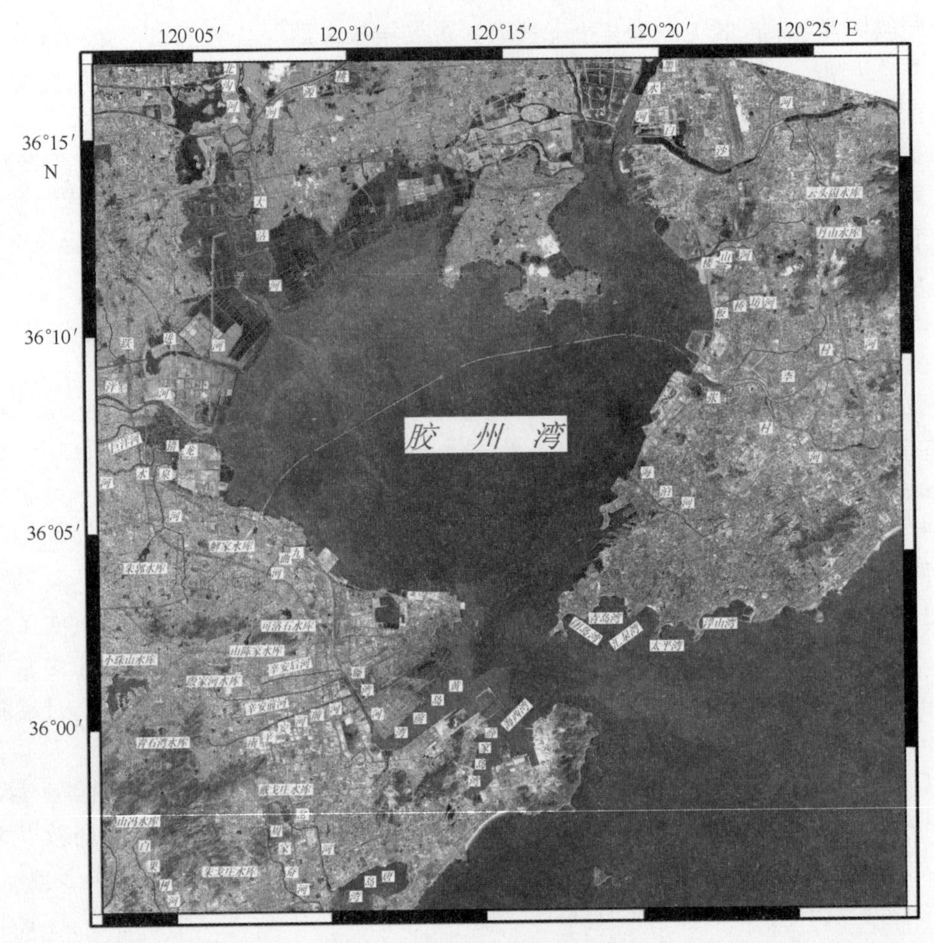

图 3.1 青岛胶州湾地区河流

大沽河干流

大沽河古称姑水，发源于烟台招远市阜山西麓偏西 500 m 处，流经 179.9 km（由莱西市产芝水库至山角底村河段长 131.1 km），总落差约 200 m。自招远市由北曲折南流，于马连庄北埠村后入莱西市境，于韩家汇入即墨、平度市境，于北王珠镇的沙梁村前入胶州境，经营房镇马头村南入胶州湾。自招远市老马思家至莱西市巨家为上游，河道弯曲较多且冲刷严重，河道变迁范围小；自巨家至该市望壁口为中游，河道局部有弯曲，但曲率半径较大；望壁口以下为下游。山角底以下为河口段，河床变迁频繁，曲度较大。河道两侧有盐场、虾池，行洪阻水甚重。

主要支流

潴河：发源于莱阳市窑山东麓，于河头店镇李家沟子村北入莱西市境，经王家泊子、河头店、高格庄水库、枣庄、果佳园、街东、水集、谭彪庄在辇至头村北入大沽河。河道全长 50.68 km，流域面积 420.5 km^2。

小沽河：古称尤河。发源于莱州市马鞍山（马山），于河里吴家乡进入莱西市。流经北墅、院里、武备、葛家埠等，在平度市石家曲堤村东北汇入大沽河。全长 84 km，流域面积1 028.2 km^2。该河流域面积大，河道较窄，暴雨后出现高水位，极易出槽。清同治四年（1865年），洪峰流量3 990 m^3/s，1912年3 360 m^3/s，1914年3 060 m^3/s。1953年8月5日实测洪峰流量2 720 m^3/s。自新中国成立后在上游及其支流建成尹府、黄同、北墅3座大中型水库后，除汛期外河道基本无水。流域面积在100 km^2以上的支流有黄同河和猪洞河。

城子河： 又名古岘河，古称墨水。主流发源于平度市洪山乡东南部金沟，流经南城子、潮淖泥沟、东仁兆，在下游斜庄附近与北来之钱儿沟合流后南入大沽河。全长21.5 km，流域面积69.74 km^2。

五沽河： 是莱西、即墨两市的界河。五沽河有两个源头：主源在即墨市段村乡的俞家屯北，流经大荒村、西桥头、三都河村至前张家庄，此段称龙化河；另一源在莱阳市新庄一带，流经莱西市西南众水村、郝家寄马埠至前张家庄，此段称干沟子河，亦称张家河。上述两源在康家庄东北会合后称五沽河。全长44 km，流域面积648 km^2。其突出特点是支流多（主要支流15条），比降大，断面小，源高流急，汇水集中。蓝烟铁路以下到河口段多弯且急，易阻水。尤其在与大沽河洪水相遇时，阻水更严重，洪水宣泄不及，沿河两岸极易漫溢成灾。

落药河： 发源于平度市小古迹山北麓，向东南流经公家、铁岭庄至河北大泊村东纳南王戈庄支水，再折向西南至王家河岔纳三里河（响水河），由芦家荒东折向西南至鲁家丘村南纳新挖小方湾河，至胡家庄村北，左岸纳堤沟河，右岸纳东新河，至崖头村后入大沽河。全长35 km，流域面积285.7 km^2。落药河在傅家丘以下历史上曾分为两支：一支向东南流经鲁家丘、钟楼埠至崖头村东人大沽河，称东落药河，即今落药河；另一支曾流经瓦子丘、郭庄、朱家庄、李家庄至北村南入助水河（助水河未开之前入胶河），称西落药河，现已无河形。

流浩河： 发源于即墨市灵山东南金家湾，流经营上、灵山、长直、段泊岚、太祉庄、普东、七级、移风等乡镇，自东向西沿肖家疃、谭家疃、林戈庄、后王宿庄、北龙埠、方戈庄、周家疃、隋家疃、小店、长直、大范戈庄、东七级等村至岔河村北入大沽河。沿途有周戈庄河、月河、三泉庄河、石旺河、泉庄河、麦七河、小东河、鸿雁沟等10条支流汇入。全长36 km，流域面积400.8 km^2。

桃源河： 系大沽河下游左岸支流，发源于即墨市普东乡桃杭村，自东向西流至蓝烟铁路附近折向南流，穿过铁路在崂山区下疃村西北入大沽河。全长34.7 km，流域面积308 km^2。1914年前该河无河形，仅在官庄、辛庄一带有条5 km许的小壕沟。在林家段河、大涧、小涧等村有人工开挖的狭窄河道。上游坡地来水无河宣泄，雨季胶济铁路以下一片汪洋，东西横亘5 000余米。若与大沽河水相遇，下游洼地洪灾极重。

3.1.2 胶莱河水系

胶莱河位于胶东半岛泰沂山脉与昆俞山脉之间，约在36°12′—37°6′N，119°30′—120°6′E。干流全长130 km，总流域面积5 478.6 km^2。其中，北胶莱河长100 km，流域面积3 978.6 km^2；南胶莱河长30 km，流域面积1 500 km^2。流经昌邑、莱州、高密、诸城以及青岛市的平度、胶州、胶南市。流域形状呈长方形，南北方向长，而河流是东南西北向，犹如长方形对角线。流域中线长约1 10 km，最大宽度64 km，最小宽度8 km。各支流均正交于干流，成羽状河系。流域内平原居多，东北接大泽山是流域中最高地区，西南接铁橛山。水流一般由两旁分水岭向干流集中。流域内以堆积地貌为主。侵蚀和冲积台地约占流域面积的75%，火山形成之地貌约占流域面积的7%，丘陵占流域面积的18%。丘陵区及侵蚀台地分布在各支流的上中游地带，冲积台地全在干流两岸，如胶州盆地，第四纪成土作用很好，且愈近干流愈发育。流域内温度在34.9℃与-14℃之间，平均12.9℃，属季风大陆性气候，全年无霜期约200天。年降雨多集中在6—9月，汛期与枯水期变幅很大。新中国成立后汛期实测最大流量：北胶莱河王家庄子水文站719 m^3/s（1974年8月14日）；南胶莱河闸子站455 m^3/s（1975年8月16日）。年平均降水量542.1 mm，而蒸发量平均达1 187 mm。

胶莱河干流

胶莱河干流是一条南北两端通海、人工沟通的河道，与其他河道不同的是没有源头，只是当枯水季节在平度市姚家分水。北流入渤海莱州湾称北胶莱河，南流入黄海胶州湾称南胶莱河。

北胶莱河：古称胶水、胶河。今北胶莱河位于平度、高密、昌邑3市的边界上。自平度市宅科乡姚家村东南（南姚家），流经平度市宅科、万家、亭口、崔家集、前楼、明村、马戈庄、官庄、新河9处乡镇，至莱州市海仓以北入莱州湾，全长100 km，流域面积3 978.6 km^2，其中平度市境内77 km，流域面积1 914 km^2。姚家至窝铺段是南北胶莱河的分水岭，河道顺直，堤防整齐。洪水期，南胶莱河水较大时流向北胶莱河；当北胶莱河水位较高时则流向南胶莱河；当南北胶莱河同时涨水时则水流缓慢。

北胶莱河流经一片低平的冲积平原，多为洼地。河床质地上部为淤泥，下部为姜石和砂姜黑土，河身狭窄，比降平缓，上下游河道较顺直，中游多弯。亭口至新河段弯多曲大，以杨家圈村附近弯曲最大，有“七十二弯七十二曲”之称。上游刘家至亭口段河道两岸对称，断面呈梯形，是曲形的平原河道，汛期洪水宣泄不畅，两岸常有涝灾，是平度市历史上危害最大的河流。

南胶莱河：在姚家村东与北胶莱河分水，向东南流经平度、高密、胶州3市的万家庄、孙家口、吴家口、孟家、闸子集、双会闸、大堤子、前店口，在吴家口村南入胶州市境内，穿过胶济铁路在前店口东南与大沽河汇流后入胶州湾。沿途拦截7条主要河流，全长30 km，流域面积1 500 km^2。该河流向大致西北东南，流经洼地，河道顺直，断面自上而下由20 m逐渐增宽到80 m，呈“凹”字形。一些支流断面超过干流断面2倍以上。所以，从开挖至今的700多年间，每当“盛夏山洪暴发，为祸至烈”。明洪武七年（1374年）至天启五年（1625年）的251年间，共发生20余起重大水灾。清代灾情更重。民国时期灾情则有增无减。新中国成立后，虽经多次治理，但受灾次数仍较为频繁。

主要支流

入北胶莱河的支流主要有泽河、淄阳河、双山河、龙王河、现河、昌平河、白沙河、三苗家沟。

泽河：是平度市为解决涝灾开挖的人工河道，由昌潍地区水利局设计，平度市泽河工程指挥部负责于1965年组织施工，1966年竣工。河道在香店镇曲坊西北，流经香店、王家店、李园、门村、唐田、张舍、三堤、灰埠、新河9镇，在新河镇北大苗家村西入北胶莱河。全长56 km，流域面积848.78 km^2。

淄阳河：是北胶莱河下游的一条较大支流，南北两源，又称之阳河、城子河。经考：北源出于平度大泽山主峰东南扯麻线口七林顶西麓，长5.6 km；南源出于大姑顶西葫芦岩北麓，长5.4 km。原淄阳河流经大泽山、长乐、昌里、三堤、灰埠、新河6处乡镇，在新河镇阎家村西注入北胶莱河。1965年开挖泽河后，在灰埠镇下刘家村南将该河截断分成2条河流。泽河以上长37 km，流域面积186.1 km^2；泽河以下长7 km，流域面积22.6 km^2。此为淄阳河故道，不再承受泽河以上来水。

双山河：源于平度磨锥山西北麓，流经青杨、昌里、张舍、三堤、官庄、新河6处乡镇，在新河镇高家村西注入北胶莱河，全长38 km，流域面积178.9 km^2。因流经苏村，过去叫苏村河；又因其源南有磨锥、北有双山，故名双山河。泽河开挖后，在姜家村将双山河截为2段。泽河以上河段长25 km，入泽河；泽河以下河段长13 km，仍入北胶莱河。

龙王河：源于平度市唐田乡东北风山北麓，流经唐田、门村、田庄、白埠、前楼、明村6处乡镇，在明村镇大小河子村南入北胶莱河。全长37 km，流域面积306.42 km^2。是北胶莱河的较大支流，也是平度市西南洼涝地区的一条主要防洪排涝河道。泽河开挖时在西石河村西将龙王河及其支流大营河截断。流域面积30 km^2；泽河以下河段长24 km，流域面积276.42 km^2。

现河：源于平度市蟠桃乡乔家北山郭落崮（裕风顶）西麓，汇多处山涧来水，流经蟠桃、城关、香店、王家站、何家店、蓼兰、中庄、崔家集、前楼9处乡镇，于小召村西入北胶莱河。原河长50 km，流域面积204 km^2。泽河开挖时在大洪沟村将现河截断。1983年，经水利区划核定，泽河以上河段长20 km，流域面积116.95 km^2，泽河以下河段长40 km，流域面积318.72 km^2。

昌平河：源于平度市蓼兰镇东南部丘西村，向西流经范家、高家庄，至五里屯东折向西南，于崔家集镇东南部陶家堡村南汇入北胶莱河。河长17.8 km，流域面积100 km^2。上游丘西至五里屯的东西河段，因流经范家村，名曰范家沟；五里屯至北胶莱河段，因流经三泊洼（古属昌邑），取两地名首字为昌平河。

白沙河（平度市境）：源于平度市崔召镇西北部上马戈庄村后大姑顶（明堂山）南麓的西涧山泉，其下为桃花涧。河南流至沙岭村折向西南，至丘西村又南下，于刘家口子村东入北胶莱河。流经崔召、香店、麻兰、张戈庄、何家店、蓼兰、宅科、万家8处乡镇。开挖泽河时在曲坊村南将白沙河截断，以上河段成为泽河支流；以下河段仍是北胶莱河支流。1983年，水利区划核定白沙河总长49.8 km，流域面积228.8 km^2。泽河以上段河长18 km，流域面积60.23 km^2（1972年将河长6.8 km、流域面积37.4 km^{2}的径流调到猪洞河，归大沽河水系）；泽河以下段河长25 km，流域面积131.17 km^2。

三苗家沟：源于平度市长乐乡王家庄村，于翟哥庄村西南入莱州市境。流经杨家庄村、丘家村之西又入平度境。流经灰埠镇韩家村北又入莱州境，于太平庄村西南再入平度市境，流经灰埠镇小苗家村于新河镇大苗家村西入泽河。河长21.3 km，流域面积123 km^2，其中平度境内河段总长15 km，流域面积51.98 km^2。该河在泽河开挖前直接入北胶莱河，是北胶莱河的一级支流；泽河开挖后，将其在新河镇大苗家村西截入泽河，成为泽河的支流。

入南胶莱河的主要支流有清水河、小清河、助水河、胶河、墨水河、利民河、碧沟河。

清水河：发源于平度市张戈庄乡杜家村东，以水清而得名。东北西南流向，流经白河庙、辛庄、陈家顶，在道王丘村东折向西南，在姚家东入南胶莱河。1957 年，在道王丘打坝堵死原河道，改道向东南至刘家庄新挖 1 800 m，东入南胶莱河。河长 23. 5 km，流域面积 61. 3 km^2。

小清河：因水清得名。原发源于平度市麻兰镇西南部的邓家荒西北，今发源于张戈庄乡张家庄村东北部，向西南流经张戈庄、西梁家、小万家、大万家、薛家营、孙家营、兰底，至刘家西埠折向南行，至亭兰乡的万家庄村东汇入南胶莱河。河长 26. 5 km，流域面积 52 km^2。河道过去常年有水，1981 年后由于连年干旱河道干枯。

助水河：发源于平度市南村镇后斜子村东北，向西南至亭兰乡吴家口至南胶莱河。河长 10. 5 km，流域面积 87. 48 km^2。

胶河：发源于胶南市六汪镇鲁山一带，北流经胶州里岔、张家屯乡的皇姑庵、铺集镇入王吴水库，再向东北于胶州、高密、平度 3 市交界处的刁家丘入南胶莱河。河长 100 km，流域面积 608 km^2。在胶南市境内河长 16 km，流域面积 124. 63 km^2；在胶州市境内河长 24. 2 km。胶河的突出特点是上游河床断面宽，下游河床断面窄。

墨水河（胶州市境内）：简称墨河，发源于胶州市西南部夼集乡的高家艾泊及匡家茔一带丘陵地区，于南杜村乡雷家孝源村南相汇，流经南杜村、西祝村乡及苑戈庄镇沿后屯乡西界北流，至刁家屯西入高密市境，在高密市河崖乡郭家屋子村前再入胶州市境，经后屯乡、马店、北王珠镇于官路滞洪区下游汇入梁沟河、小套河入南胶莱河。河长 50 km，流域面积 339. 9 km^2。沿岸土质肥沃，村庄密布，是胶州市主要产粮区。

利民河：以兴利于人民而得名。发源于平度市南村镇大洪兰以东，自苍古屯村北流入胶州。干流长 10 km，流域面积 62 km^2。在沟里庄北分成东西两条：东利民河于 1977 年改道入大沽河，西利民河至刘家闸子东南 1. 5 km 处入南胶莱河。

碧沟河：源于胶州后屯乡至皇庙、陈家河头一带，东流经马店镇周家河头村西韩家村前入前店口乡，至后店口村东南汇入南胶莱河。干流全长 13 km，流域面积 83. 4 km^2，是后屯乡、马店镇、店口乡雨季重要的排涝河道。

3. 1. 3 沿海诸河

青岛市滨海河道的特点是自成体系，独立入海，源短流急，夏秋水量较丰，冬春基本断流，属季节性河流。滨海河流流域面积在 300 km^2 以上的有墨水河、白马河、风河、洋河；在 200 km^2 以上的有吉利河、白沙河；在 100 km^2 以上的有莲阴河、甜水河、巨洋河、横河、张村河等。这些河流主要流入胶州湾和黄海。

1）注入胶州湾河流

墨水河：河长 41. 52 km，流域面积 317. 2 km^2。河道坡度较大，弯道较多且宽窄不一，大水季节水势湍急，河床变迁不定。团彪庄至官庄 4.5 km 长的一段，坡降 1/150，河槽变迁幅度超过 200 m；西障村至即墨城段，坡降 1/500，河槽宽 150 m，复绕南关长 1.5 km。主要支流有横河，发源于即墨市牛齐埠乡梁家疃以北，于庄头村东向南入墨水河，长 23 km，流域面积 110.8 km^2。

洋河：主源（南源）出于胶南市的吕家和金草沟一带，经苗家、仲家庄进入山洲水库，出库后在张应镇洋河崖与次源（西源）汇流。次源出自胶州市里岔乡陡岭前，经林家庄、大孟慈、前小河崖后与主源汇流。两源汇流后经临洋村、匡家庄、昭文村，在土埠台村注入胶州湾。河长 49 km，流域面积 303 km^2。其主要支流在胶南市境内有小张八河，在胶州市境内有小干河、八一河、十八道河、月牙河。

张村河：源于崂山区北宅乡峪夼东北，分水岭海拔 200 m，出西南汇莲花山、雾露顶、围子、茶花顶 7 支水，经枯桃在董家下庄折西，于大韩南转西北，过河东村于阎家山汇李村河，到胜利桥纳王埠河后注入胶州湾。河长 22.5 km，流域面积 131.13 km^2。自郑张村以下有 10 余条支流汇入。该河下游水资源较丰，1957 年在西韩村西建自来水四水厂，流域内还建有 7 座小型水库。

李村河：源于崂山区石门山之阳的卧龙沟，南下经毕家上流、李家上流，于姜家下河处弯转西南，经毛公地村西纳上藏河，在郑庄、东李纳枣儿山北流之水，经李村在阎家山处汇张村河入胶州湾。河长 16.7 km，流域面积 40 km^2。该河中下游地下水资源较丰富且水质好。

白沙河：源于崂山最高峰“巨峰”北麓的“天乙泉”，分水岭高程 1 133 m。源下汇数百条涧沟之水至崂山名景“潮音瀑”，出靛缸湾西行经 18 处弯道，形成名景“九水明漪”，于外九水的三水处过三水水库，经孙家村、乌衣巷入崂山水库，出库后西行夏庄、黄埠、洼里、流亭，在港东、西后楼处入胶州湾。河长 33 km，流域面积 215 km^2。主要支流有晖流河、五龙河、石门河、峪河、曹村河、南寨河、黄埠河、小水河。白沙河下游段地下水丰富，水质优良，是青岛市市区供水的主要水源地之一。自 1919 年建白沙河水源地后，建有黄埠水厂、流亭水厂和崂山水库水厂，多年平均向市区供水 $6\,028\times10^4\ m^3$。

巨洋河：原称漕汶河、朱阳河。源于胶南市薛家庄乡南部小珠山西麓，流经薛家庄、王台两处乡镇的殷家台、莱疃、薛家庄、西灰河、河南邢、雒家董城、小朱阳、东漕汶、张家岛儿河，于五河头入胶州湾。河长 25.35 km，流域面积 128.75 km^2。主要支流有沙沟河、大横河。

入胶州湾的滨海河道还有崂山、胶州、胶南等市（区）的若干山区小河流，以及市区的海泊河等诸多小河沟。这些市区小河沟已主要用于排洪、排污。

2）*注入灵山湾河道*

流入灵山湾的主要河道是胶南市东南部的滨海河道，最大河是风河。

风河：曾称风水河，又称王戈庄河。1982 年，农业水利区划时定名为风河。其东源发源于七宝山者为尚庄河（即张苍东河），西源发源于铁橛山西北大沟村、劝里村一带（张苍西河），经郑家庙村入铁山水库。出库后在张苍村东西两源汇为一流，至埠头村北有溧水汇入。又东流经肖家庄、王戈庄南、大哨头、大河东至烟台前村入灵山湾。

河长 35 km，河宽平均 60 m，流域面积 303 km^2。河道特点：一是弯多，干流自上而下有大小弯道 19 处，平均 1.4 km 就有 1 弯；二是支流较多，共有大小支流 24 条。这些支流均源短流急，汛期难以安全行洪；遇有潮水顶托，更易出现灾情。该河属常流河，是胶南市城工业及民用主要水源。

3）注入丁字湾河道

莲阴河： 发源于即墨市石门乡莲花山北麓和四舍山西北，流经宋马、重疃、青山后、南渠、周疃东入丁字湾。河长 35 km，流域面积 123 km^2。

店集河： 源于即墨市大官庄乡西河头村及蓝家荒一带，东流经垒里、洪兴、院西、店集镇、南阡，在古阡村东入丁字湾。河长 17 km，流域面积 60 km^2。

4）注入黄家塘湾河道

白马河： 发源于诸城市鲁山东麓和胶南市铁橛山西北侧，流经胶南市的六汪、市美、大村、塔山、大场、小场等乡镇，于河崖村以南与吉利河汇流后在马家疃村东入黄家塘湾。河长 44.2 km，流域面积 585.9 km^2。主要支流有砚瓦河、小泊河、藏马河、大村后河、东寺河、肖家洼河、旺山河。该河系常流河，河水流量随季节而变，汛期水流湍急，结冰期 60 d 左右。

吉利河： 原名纪里河。源于诸城市鲁山西南麓千秋岭，流经诸城市石河头村进入胶南市吉利河水库。出库后经曲家皂户、代家尧、后河岔，在大场镇河崖村南与白马河交汇后入黄家塘湾。河长 39.85 km，流域面积 285.1 km^2。属常流河，结冰期 60 d 左右。主要支流有皂户前河、潘家庄河、高家庄河、理务关河、大亮马河、柳沟河、胜水河。

横河： 源于胶南市张家楼乡西北部铁橛山南麓，流经横河、泊里、寨里 3 处乡镇的山张村、崖下村进入陡崖子水库，出库后经韩家溜、泊里、西小滩以东注入黄家塘湾。河长 23.97 km，流域面积 158.37 km^2。主要支流有辛庄河、草桥河、周家村河、小滩子河、大庄河、范家草泊西河、草泊河、茉旺河、泊里东河。

甜水河： 源于胶南市海青乡大缀骨山，经前坡楼、海青于宋家岭东南入黄家塘湾。河长 20 km，流域面积 109.9 km^2。主要支流有狄家河、显沟河、柳子河。

3.2 陆地地貌

胶州湾地区陆域面积不大，但地貌类型却相当复杂，从平原到山地，均有发育。

3.2.1 剥蚀地貌

侵蚀剥蚀低山丘陵： 海拔 200～1 000 m 的山地都称为低山（实际上含有高丘）。这种地貌类型主要分布于胶州湾东部的崂山山地及西南部的小珠山山地。崂山山地由中生代燕山期巨大的花岗岩侵入岩体，经长期的侵蚀剥蚀而成。主峰崂顶海拔 1 133 m，为本区的最高峰，大于 1 000 m 的峰顶均集中分布于崂顶附近，其余大部分均小于 1 000 m。整个崂山岩体被后期的四条北东—南西向华夏式平行断裂分割成三条块状山地。分别受海阳—青岛大断裂、劈石口—张村断裂及王哥庄—午山断裂以及以崂顶为中心的小直角三角形断块控制。由于岩石强烈的差异侵蚀和球形风化作用，山体表现为危峰突兀、山峰嶙峋、形势险要、植被稀疏、岩石裸露，是当地河流冲沟的主要物质来源区，山脉总的走向为北东向，个别山体走向为北西向。

胶州湾西南侧的小珠山山地，是崂山花岗岩体沿胶州湾向西北方向的自然延伸部分，主峰海拔 724.9 m，山体受后期流水切割侵蚀，山脊线大致呈北北西—南南东向展布，花岗岩垂直节理发育，山峰多呈锯齿状。

胶州湾畔的构造剥蚀丘陵，是崂山山地和小珠山山地的外围余脉，高程已明显降低，海拔只有 50 ~ 200 m，主要由花岗岩、火山岩及少量变质岩组成，山形均较完整。山势除海西半岛的丘陵较陡外，其他均较浑圆，坡度不大，普遍有较厚的风化残积层。丘陵基本走向为东北向，个别为西北向。

剥蚀准平原与台地：剥蚀准平原分布在河套、马戈庄以北地区，地面低平，起伏微小，其最南部高程仅 5 m 左右，向北逐渐增高，反映了地壳上升运动的不均匀性。物质组成为中生代白垩纪砂页岩及长期遭受剥蚀作用的安山岩。地层层面和地面有一定的交角，地表多为残积物，有的地方含有大量的钙质结核，土层很薄且贫瘠。

红石崖—红岛一线以南的剥蚀低山丘陵外围的剥蚀平台，海拔高度为 10 ~ 50 m，地面比较平缓，起伏不大，宽度不一，有的几千米宽，多表现为波状起伏的宽谷缓丘，并有残丘散布其上。主要组成物质是燕山期早期的花岗闪长岩、火山杂岩等，表现出台地的特色，如浮山南麓、红岛周围等。而红岛的东大山（48.3 m）、女姑山（59.2 m）等则具有火山锥性质。

3.2.2　堆积地貌

冲积平原：冲积平原是由河流带来的物质堆积而成的。在胶州湾及其邻区内，真正的冲积平原面积不大，仅在白沙河出山口至城阳以东地区有冲积平原分布。这个平原非常平坦，主要组成物质为亚黏土，土质肥沃。另外，由大殷家至红石崖，也有一片非常狭窄的老冲积平原，其宽度非常有限。

河流地貌：注入胶州湾内的大小河流共计有 11 条，分别是漕文河、岛耳河、洋河、大沽河、南胶莱河、桃源河、洪江河、石桥河、墨水河、白沙河、李村河。此外还有许多无名冲沟，故胶州湾沿岸水系较发育，尤其是胶州湾北部陆区，河流较多，它们呈放射状辐聚汇流于海湾。但大河流较少，多为山溪性季节河流，河水暴涨暴落，枯水期很长，河床常干涸外裸，其上游河床多为砂砾质，且较窄陡；中、下游河道略展宽趋缓，沿河两侧有小型河谷平原发育，向海低倾，至河口附近过渡为海积平原，河床内常有许多心滩分布。如白沙河、洋河、岛耳河等就发育了较多的心滩，而大沽河则与它们有些不同，就本区而言，它算是源远流长的河流，又加之流经平原地区较长，河流又经常有水（个别年份，如 1981 年断流），所以河道下游异常弯曲，并有遗弃的旧河道。河道两侧，发育有草滩和芦苇滩。这也说明大沽河下游非常低平，河口湿地发育。

除上述较大的地貌类型外，还有许多小的地貌形态，如冲沟、陡坎、心滩、河漫滩等。它们发育在上述不同的地貌类型之中。

3.3 海岸地貌

1）海蚀地貌

海蚀崖：胶州湾畔海蚀崖极发育，因岩性不同，其形态各异。法家园至大殷家的砂砾岩岸段，崖壁陡峭，崖高6~7 m，由于不断坍塌，崖脚分布有大量堆积物。胶州湾地区由花岗岩构成的海蚀崖比较普遍，崖壁不甚陡直，崖面保留有各种海蚀痕迹，如海蚀蜂巢、海蚀裂隙、海蚀龛等发育。崖下往往有岩滩展布（海蚀平台）。黄岛后湾村和红岛等局部海蚀崖，由松散沉积物组成，尤以黄岛后湾村附近发育较好，其崖顶高程4.8 m，地层层次清楚，完全是晚更新世以来的堆积物。红岛东北的东洋咀至邵哥庄一带，则为受断层控制的断层海崖，为北东—南西走向，岸线平直，断层面向南东倾，倾角60°左右，断面上除浪蚀痕迹外，还有断层镜面和擦痕。

海蚀平台：主要分布于海西半岛、黄岛、红岛及青岛市区海岸，多与海蚀崖伴生。因岩性、动力的差异，海蚀平台的形态和宽度也具有差异。一般而言，迎浪面的海蚀平台比背浪面的海蚀平台宽，火山岩构成的海蚀平台较花岗岩平台宽且平，如红岛东大山的海蚀平台宽约600 m，台面较平坦；而花岗岩构成的海蚀平台则窄得多，一般只有150~200 m，最宽也仅有300~400 m，且表面凸凹不平，海蚀崖呈次第过渡接触。

2）海积地貌

胶州湾虽然是山地基岩港湾海岸，但堆积地貌也比较发育，其中主要是海积平原、各种混合成因的平原、海滩和潮滩以及沙嘴、沙堤等堆积形态。

海积平原：含海积平原、海冲积平原和海积湖积平原，多分布于湾顶和河口附近，主要包括大沽河河口平原、白沙河河口平原、辛安河河口平原、洋河河口平原及各小湾的湾顶平原，其中以大沽河河口平原规模最大，沿河口两侧伸入内陆至河西屯附近，其地势低平、单调，高程多在4~5 m以下，其内常有芦苇及其他喜湿植物生长，成为发育良好的滨海湿地。这些平原虽然地表单调，但其地层结构比较复杂，它们系全新世海侵发生后，海水沿河流谷地入侵，由于河流物质充填，再经海洋动力改造，岸滩淤涨退化，发育形成冲海积平原，近湾宽度变小，逐渐过渡为海积平原或滨海湿地。胶州湾内岬间小海湾的湾顶，由于岬角侵蚀物质向湾顶运移和充填，在湾顶发育形成了小型湾顶海积平原，如海西湾湾顶平原和黄岛前湾的湾顶平原等，其前缘多以滨海湿地与岸滩过渡。

沿岸堤：胶州湾沿岸堤并不十分发育，主要分布于红岛南岸的几个小海湾湾顶、大石头至法家园一线，黄岛前湾则基本上不存在沿岸堤。红岛南岸的东大洋村、西大洋村前湾岸，均有沿岸堤分布，堤宽50~100 m，组成物质多为中粗砂、细砾等，成分均为附近海岸物质。大石头—法家园的沿岸堤也有50~100 m宽，主要由中粗砂组成，含少量细砾，其前缘已受海水侵蚀破坏，故岸边普遍筑有土质防浪堤。黄岛前湾的辛岛村北沿岸，曾有沿岸堤分布，但因人工挖砂，已把沿岸堤挖光，现已不存在，使海岸受到了侵蚀，不得不修筑防潮堤。

沙嘴：是泥沙沿岸运动形成的一种堆积体，仅分布于大石头南侧和黄岛的西南角有两个很小的沙嘴。它们的存在，说明胶州湾有局部的泥沙沿岸运动，但非常微弱。大石头南侧的沙嘴由东北向西南延伸，长约500 m，宽25～50 m，高出滩面0.5 m左右，由中细砂组成，其根部开始生有植物，说明该地泥沙在东北强风浪作用下，向东南绕过大石头后向西南运动，现由于泥沙供应不足，已停止发育。黄岛西南角沙嘴呈箭状向西南伸出，长亦在500 m左右，组成物质为粗砂细砾，地面生长小树，黄岛至小赶岛大坝的东北端就位于该沙嘴的头部。

潮滩：由于胶州湾属于封闭性海湾，年强风向是东北和西北向，而且大部分河流从海湾北部入海，这样就造成了海湾的北部，特别是西北部和东北部波浪作用很弱，而入海物质相对又较多，于是就形成了以潮汐作用为主的海岸地貌单元。主要分布于胶州湾的北部，尤其是西北部和东北部湾顶。大沽河河口附近，最大宽度可达7～8 km，滩坡在1‰以下。组成物质自岸向海由细变粗：分别为粉砂质泥、淤泥质粉砂、粉砂等。

一般近岸高潮滩为细粒的粉砂淤泥带，宽度在200～300 m，滩面平坦，泥泞下陷，有许多蟹穴、生物土堆分布，局部有大米草丛生长。其后多为人工堤坝或逐渐过渡为潮上带滨海湿地，其下部滩面开始出现冲蚀凹坑，并过渡为潮间中带的侵蚀凹带；中潮带宽800～1 000 m，侵蚀坑深10～20 cm，退潮后凹坑内有积水，并有浮泥分布。自中潮滩以下，凹坑消失，滩面物质粗化（以粉砂、砂质粉砂为主），沙波纹发育。沙波横剖面不对称，其向海坡陡，向陆地缓，波峰线不直，近低潮水边线附近沙波的规模和不对称性都加大。黄岛前湾湾顶的潮滩，主要由细砂组成，有别于胶州湾北部的潮滩。娄山北岸滩，由于化肥厂排出大量废渣，覆盖了近岸潮滩（其厚10～20 cm），构成所谓的“白滩”。

受入海河流、虾池排水的影响及落潮海水凹槽作用，坦荡的潮滩上发育形成了许多潮水沟系。一级沟槽源头多与河槽或大型排水口相连，从潮上带向下贯穿整个潮间带入海，曲流发育，故其应属陆源继承型潮水沟；沿主槽两侧，滩面发育3～4级类冲沟型分叉支沟系。

海滩：是由激浪和激浪流形成的松散堆积体，主要有砾石海滩和砂质海滩。潮滩则主要是由潮汐作用形成的细颗粒物质堆积体。由于形成的动力不同，它们的地貌形态和沉积物特征也不同。即使都是海滩，也因动力强度不同，而有各自的特征。

胶州湾内砾石海滩分布在黄岛的波浪观测站附近、大窑至法家园一带海滩。湾外分布在竹岔岛。由于所处的位置、动力条件不同，地貌形态相差甚大。黄岛和竹岔岛的砾石滩处于波浪作用的高能区，因此，海滩坡度很陡，而且有许多小陡坎。砾石大小一般在5～10 cm。黄岛砾石滩的砾石，磨圆不好，多呈棱角状。竹岔岛海滩砾石磨圆较好。两处海滩宽度仅有几十米。

大窑至法家园的砾石滩和上述的海滩形态不同。海滩坡度不大，砾石磨圆较好，砾石分布在平均海平面以上，而且高潮线与低潮线有分选现象。之所以如此，原因主要是该区波浪作用微弱，海滩坡度平缓；此外，海滩的组成物质，来源于早白垩纪莱阳组的砂砾岩，原来的砾石磨圆就非常好，加之现代海水作用，所以海滩物质磨圆相对较高。

砂质海滩在过去主要分布在胶州湾内的黄岛前湾、黄岛向西至红石崖一线，现在基本上不复存在。在胶州湾外，主要分布在各个小湾中，其中以浮山所湾和南屯一带海滩发育最好。

以黄岛前湾海滩和南屯海滩为例来说明不同动力条件下海滩形态之差别。两处海滩组成物质基本相同，中值粒径均在2ϕ左右，即两个海滩都是由细砂组成。由于黄岛前湾比较隐蔽，波浪作用较弱，如前所述，极个别大波波高仅有1.5 m左右，而南屯海滩则面向大海，最大波高可达4 m以上。所以，两者的形态很不相同。

南屯海滩剖面呈一个卧着的“S”形，而且滩面很窄，1981年8月31日测得的宽度为187 m左右，除高潮线附近有一明显坡折外，低潮线外，亦有一小的坡折，形成一雏形沙脊。海滩的坡降为19‰。

辛安一带海滩则很宽阔，从海图上看，其宽度可达3 km，1981年6月30日实测海滩宽度为2 km。滩面平直，基本没有沙脊，滩面比降为1.9‰，恰为南屯海滩的1/10，而宽度则是南屯的10倍，辛安海滩基本上可代表黄岛前湾的海滩。辛安海滩上到处都可见到波痕。由此可见，这是典型的低能海滩。

胶州湾内还有一种海滩，即大石头至法家园一带海滩。这一带海滩和辛安一带海滩又有不同。这里海滩平均坡降为1.5‰，实测滩面宽度大于300 m，按海图计算为500~700 m。它的特点是，在平均海平面之上有陡坡，坡降为10‰~13‰，陡坡滩宽25 m左右，组成物质为细砾粗砂。中值粒径为$-2\phi \sim 2\phi$。其余段落坡降很小，为4‰，组成物质有从岸向海由粗变细的趋势。

3）人工海岸地貌

胶州湾是我国少有的深水海湾，人们早就对其进行开发，外国列强为掠夺中国的资源，也进行过工程建设。新中国成立以后，由于经济建设的蓬勃发展，胶州湾沿岸的开发日新月异。在北部和西北部平原海岸区，开辟了大规模的盐场，在东部沿岸，建设了许多工厂、海港。几年来，黄岛也先后建了几座码头，在市区内建了各种防潮墙和防浪堤。胶州湾的许多岸段，早已不再是自然海岸，而是人工海岸（见后详述）。因此，胶州湾的人工地貌是非常引人注目的，由于其成因和形态上的独特性和明显性，比较易于判断。胶州湾东部的团岛至娄山后的青岛市区岸段，除港口码头外，还筑有各种挡潮墙、防浪堤、垃圾场、污水处理场等，基本上已是人工海岸，黄岛、薛家岛等亦建有码头，自然海岸已很难见到。

3.4 海底地貌

1）海底水深地形

青岛近海位于黄海的西北部，构造上位于北黄海—胶辽隆起带的南翼。受地质构造影响，海底总体上向南东倾斜，平均坡度1‰~2‰，其基本特征是：靠近滨海平原的岸段，海底地形平缓单调，靠近基岩海岸的岸段，海底较为陡峻、复杂，在丁字湾及崂山湾外，水深20 m等深线距岸可达30 km，其间海底平均坡度为0.5‰，在水深5~20 m处，坡度增至2‰，出现较陡的海底，海底很少出现沟谷、沙丘等。在崂山头至沙子口之间的基岩海岸地段，20 m等深线靠近海岸，特别是崂山头附近，海底陡峻，20 m等深线靠近海岸，沙子口至麦岛之间，20 m等深浅向南扩展，在大公岛附近形成一个鸟嘴状的水下高地在胶州湾口外指向西南，与西南部竹岔岛附近海域北东—南西向的水下高地相对峙，两者之间，20 m等深线蜿蜒深入胶州湾，在竹岔岛附近海底形成一个水深大于20 m的开阔的水下谷地，其中最大水深达27 m，薛家岛以西的海底，20 m等深线绕过灵山岛向西南方向延伸，在海湾口外侧等深线向海突出，海底平坦，平均坡度1‰~1.5‰。湾两侧岬角附近，海底地势较陡，等深线靠近海岸，平均坡度可达5‰~10‰。

青岛近海水深大于20 m海区进入南海北部堆积平原区，海底平缓开阔。

青岛近海的海底地形特征，可用以下两条剖面代表：①崂山头海岸的海底剖面，海蚀岸之下即为断层侵蚀沟谷，海底地势险峻，沟宽约3 km，底部堆积石块、砾石等，局部基岩裸露，沟谷以南水深大于25 m，进入南黄海北部海底堆积平原，地形趋于平缓。②崂山湾海岸段剖面，穿过崂山湾，海底地势平缓向海倾斜，平均坡度0.5‰。海底没有明显的沟谷、沙丘等，地形单调。

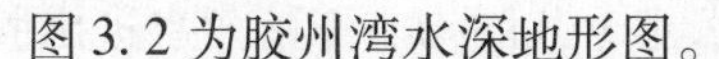

图3.2为胶州湾水深地形图。

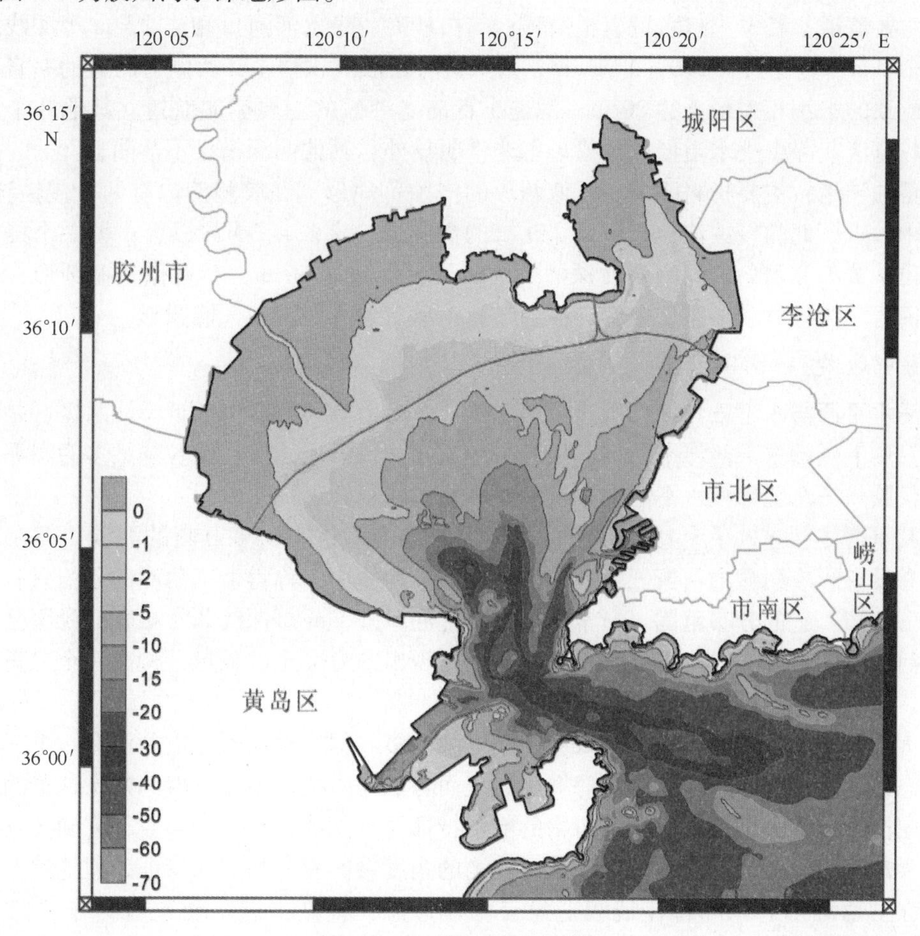

图3.2　胶州湾水深地形图

2）海蚀地貌

水下侵蚀平台和岩礁：胶州湾内有许多大小不等的岩礁或水下侵蚀平台，主要有马蹄礁、安湖石、浪荡子石、大孤石、中沙礁等。这些礁石，基本都是山体下沉遗留下来的山体孤山头。从其分布上看，它们明显地受构造控制，例如大孤石、安湖石和马蹄礁，恰在北东向的大断层的断层线上。海侵以后，它们不断受海水侵蚀而成目前形态。

胶州湾内最大侵蚀平台是中砂礁，它位于黄岛的东北部，和黄岛的延伸方向一致，是北东—南西向，明显受构造控制，其两侧水深超过 40 m，而平台顶部水深只有 6 ~ 10 m。顶部比较平坦，除有少量砂砾外，均为基岩。它是构造运动的产物，受到了海水动力的修饰。

水下侵蚀槽：胶州湾口附近即为水下深槽，最深处达 64 m，两边坡很陡，底床基岩外裸，系强劲的潮流长期冲刷原始谷地而成。深槽出湾口后，分成两支：一支向东延伸；另一支向南分叉环绕竹岔岛向南延伸，槽床基岩渐被沉积物覆盖，槽道趋浅，形态亦变得不明显。湾口侵蚀深槽过团岛—黄岛后，呈指状辐散为 4 条水道指向湾顶，即自东而西的沧口水道、中央水道、大沽河水道和岛耳河水道，共同构成涨落潮水进出胶州湾的主要流道。其中沧口水道直抵湾顶，与白沙河、墨水河河口相连，5 m 等深线槽长度达 15 km，宽度只有 500 ~ 2 000 m，槽床覆有松散沉积物，其西侧为凸起的垄脊，槽底与脊顶的水深相差最大达 20 m，是进出青岛老港区的主要船舶航道。其他几个深槽则比较宽浅，除中央水道侵蚀深槽形态非常明显外，其他两深槽已不甚明显。

侵蚀洼地：主要指封闭的、近似圆形的侵蚀负地形。在胶州湾内有两个侵蚀洼地：一是中砂礁西北的侵蚀洼地，呈南宽北窄的椭圆形，水深在 30 m 以上；另一个侵蚀洼地，位于黄岛和团岛之间的侵蚀深槽之中，最大水深达 60 m，亦近似呈椭圆形，基底为花岗岩。湾外竹岔岛东，也有一侵蚀洼地，呈东北—西南向，椭圆形。

3）海积地貌

浅水平原与水下三角洲：胶州湾的北部、黄岛前湾和海西湾的近岸浅水区，是潮间岸滩自然下延的水下浅滩平原，其地势平坦，向湾口微倾，底质颗粒细，多为淤泥质粉砂，仅胶州湾东北部浅水平原的地形和组成物质较复杂。

胶州湾尽管注入了十几条河流，每年也向湾内输进 160 多万吨的泥沙，但在各河口，并没有形成明显的河流三角洲，这些河口堆积体中，称得上三角洲的恐怕只有李村河口三角洲。它的分布范围也非常有限，李村河口外 5 m 等深线非常顺直，说明已不受李村河物质的影响。只有 2 m 线比较明显地呈现出向海突出的弧形，构成一个三角洲的形态，这就是李村河三角洲。

大沽河和南胶莱河，尽管输入胶州湾泥沙较多，但在地貌形态上并没有一个三角洲的形态，其等深线，不但没有向海突出，反而与陆地岸线形态相近似。好像这里的泥沙对胶州湾没有多大影响，但从沉积物的粒度特征及沉积物类型的分布看，它确实存在着围绕大沽河口呈弧形分带的现象。从沉积物的角度看，有三角洲的特征，但地貌形态上不存在三角洲形态。尽管在地貌上没有明显形态，我们把这一现象暂称作“隐三角洲”。这可能与河流来沙少、物质的再分配进行得较充分有关。

水下潮流沙脊：是一种长条状、隆起的正地形，在胶州湾内，主要分布于各水道中间。其中，沧口水道与中央水道之间的沙脊，规模最大，南北长约 15 km，东西宽 1.5 ~ 2.0 km，地形高差可达 20 m 以上，组成物质主要为粗砂，且有自南而北变细之势。另外，湾外的燕儿岛南侧，亦有一水下沙脊存在。

胶州湾内的这些水下沙脊，主要是由于潮流在运动中产生分流或水流扩散，造成水流减缓而形成的堆积物。其中滄礁浅滩是典型的涨潮流三角洲，它主要是涨潮流通过中沙礁与黄岛之间的水道后，水面突然展宽，流速骤减，沉积物下卸堆积而成，故沉积物分选不佳，主要为贝壳砂和砂砾，厚度 5 ~ 8 m。沧口水道与中央水道之间的沙脊，可能是在原始正地形基础上发育形成的潮流沙脊。

水下浅滩：这种堆积地貌，分布在胶州湾的北部以及黄岛前湾和海西湾。这一地貌特点是地势平坦，坡度很小，组成物质很细，多为淤泥质粉砂，黄岛前湾比降为 1.6‰，海西湾为 1.25‰。组成物质为泥质粉砂。胶州湾东北的浅滩，物质比较复杂，地形构造也较复杂。但所有这些海区，松散沉积层的厚度都在 20 m 左右，其中海相层最厚处有 10 m，如海西湾口，其余为陆相地层。

图 3.3 为胶州湾地貌图。

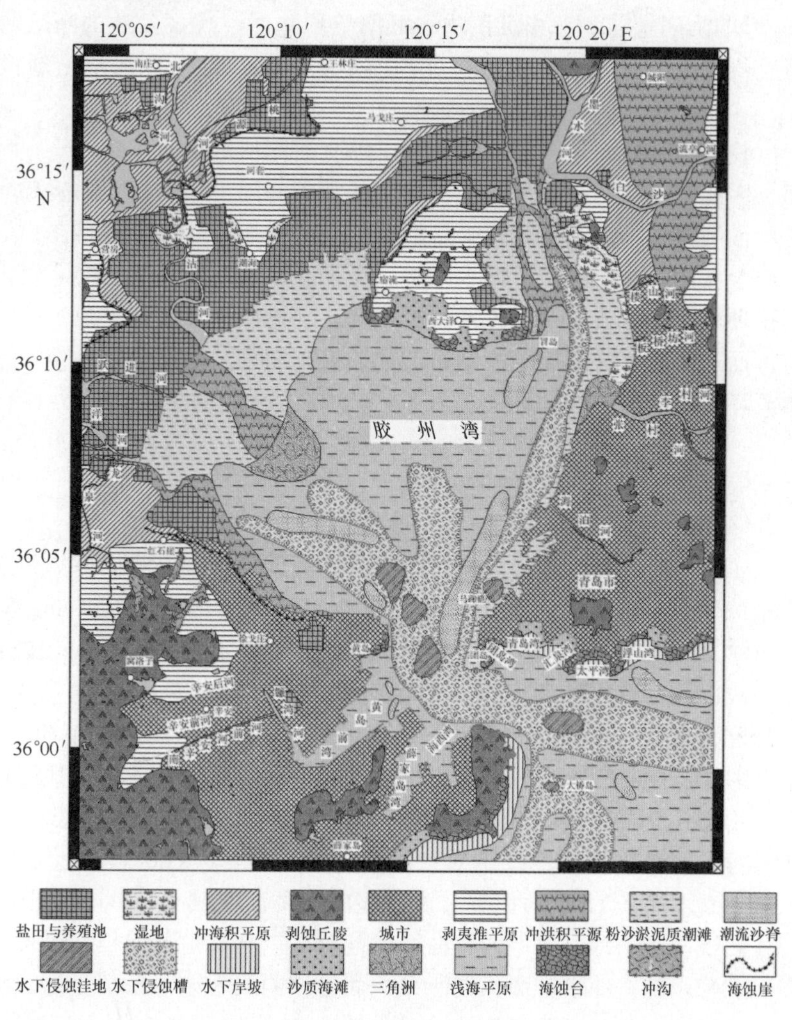

图 3.3　胶州湾地貌图

第4章　胶州湾冰后期沉积体系

第四纪以来，由于喜山运动的影响，青岛地区地壳运动主要以差异升降为主，青岛崂山、小珠山地区以抬升为特征。青岛崂山凸起年上升率约为3 mm。小珠山凸起年上升率约为2 mm。以上述两地为中心，地壳向西北做一掀斜运动。位于这两个上升地块之间的胶州湾由于受沧口断裂和新华夏系几组断裂的控制，没有随上述地区整体抬升，作为相对独立的构造单元而陷落，成为一断陷盆地。作为胶州湾的组成部分，沧口—即墨、洋河、大沽河断裂带向胶州湾延伸、交汇，构成了胶州湾断陷盆地的主体，并接受了约为15 m厚的第四纪陆、海相沉积物。根据沉积物的时代，盆地的断陷时代是晚中更新世，而胶州湾成为海湾，接受海相沉积物是在玉木冰期后期的早全新世，距今约10 ka左右。

晚更新世晚期的胶州湾是一个内陆盆地，除有河流从这里向东注入外，晚期还发育了湖泊沼泽。因此，沉积物表现出洪坡积相、冲积相和湖沼相的相变和演替。胶州湾全新世和晚更新世的典型标志是沉积物中是否有有孔虫和海相介形虫的存在，全新世均为海相地层。至全新世时期，经历了海水入侵、海平面波动等多期次的沧桑变化，海水进入湾内使沉积环境发生了改变，形成系列沉积物、生物群落和地理景观，目前仍处于不断的演变中，而这些变化是湾内沉积体系形成的控制因素。因此，冰后期的海平面变化是分析胶州湾环境演变的关键问题之一。

4.1　海平面变化阶段划分

为了进一步明确胶州湾地区晚更新世以来海平面变化历程，我们搜集和统计了有代表性的一些全球性海平面变化曲线（图4.1），包括Park（1992）、Fleming等（1998）、Bard等（1990）、Fairbanks（1989）全球性曲线，以及杨怀仁和谢志仁（1984）中国东部海面变化曲线以及韩有松和孟广兰（1984）青岛地区海面变化曲线，进行对比（图4.1）。韩有松和孟广兰（1984）根据胶州湾地区第四纪地层、海岸地貌和沉积物^{14}C测年资料，结合取样点的高程综合分析，得出了胶州湾海平面变化曲线，其最高海平面为5 m等高线，反映了中国东部陆架海海平面变化的大趋势；杨怀仁和谢志仁（1984）计算的中国东部海平面绝对变化曲线是对我国东部的钻孔、考古资料进行分析计算绘制的，曲线上新仙女木期（YD）海面有一次明显的下降，在其他曲线上表现不明显，但变化时间与各曲线基本一致。以上两条曲线的起点高差与其他曲线相差较大，这应该是构造运动影响和采用的大地水准面不同所致，而且该曲线为绝对海面变化，如果考虑青岛地区构造运动稳定上升，其高程会更合理一些。杨怀仁和谢志仁（1984）中国东部气候波动曲线是综合了华北、华东10余个孢粉分析剖面的资料，运用“孢粉分析成果多孔多点研究”的概念和方法推算得来，表明近两万年来我国东部气温至少经历了 10 次波动，平均气温波动总幅度约为 10～12℃，而各次波动中的温度变化幅度为 2～3℃至 6～7℃，每次波动中还伴有次数甚多的次级波动。王永吉和李善为（1983）青岛胶州湾地区气候波动曲线是分析了胶州湾内 4 个钻孔的孢粉后提出来的，指出该区 20 ka B. P.，古气候可以分为 6 个发展阶段：20～13 ka B. P. 为气候干冷期；13～11 ka B. P. 为气候温和湿润期；11～8.5 ka B. P. 为气候温和略干期；8.5～5 ka B. P. 为气候温暖潮湿期；5～2.5 ka B. P. 为气候温和略干期；2.5 ka B. P. 至今为气候温和湿润期。

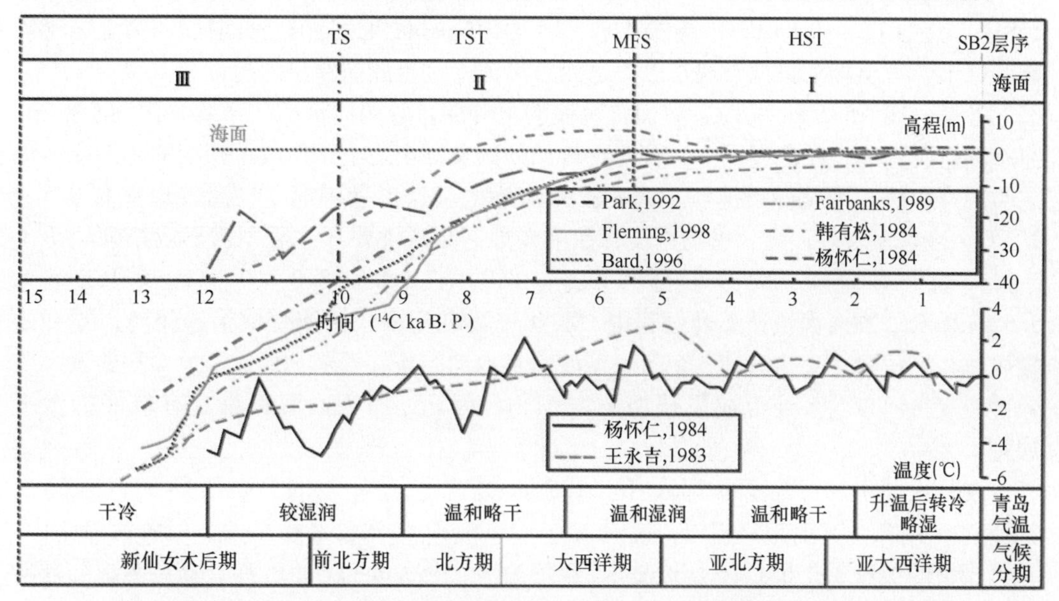

图 4.1　末次冰消期以来海平面变化曲线气候波动及胶州湾海平面变化期次的划分方案

Ⅰ、Ⅱ、Ⅲ是胶州湾地区海面变化期次划分阶段；TS 是初次海泛面；TST 是海进体系域时间段；MFS 是最大海泛面；HST 是高位体系域时间段；SB2 是层序顶界面

根据刘健等（1999）的研究，黄海地区末次冰消期海侵自略早于 14 ka B. P. 之前开始，至 6 ka B. P. 海平面达到最高位置。从 6 ka B. P.，海平面经历了几次波动，即在 6～4 ka B. P. 和 3～1.9 ka B. P. 海平面超过现今海平面位置，在 4～3 ka B. P. 和 1.9 ka B. P.，海平面有所降低，可能与现今海平面高度相当。

综合分析以上资料，提出了胶州湾地区 15 ka B. P. 以来海平面变化期次的划分方案，共划分为如下 3 期。

末次冰期最盛期（LGM）发生在 23～19 ka B. P.，全球性冰期气候导致海平面大幅度下降，中国东部陆架海发生大规模海退，东海海岸线移至今长江口以东约 600 km 处，渤海、黄海、东海全部陆架区演变为陆架平原，当时全球海平面在 -130 m。中国北方年平均气温较今低 10～11℃。胶州湾地区以草本植物为主，木本植物较少（韩有松和孟广兰，1984）。

Ⅲ期：15～10 ka B. P.，海面缓慢至快速上升期。随着末次冰期最盛期结束，胶州湾地区气候温和湿润，气温较以前有明显回升，降水量增加，此时胶州湾为内陆盆地，接受大沽河等河流的注入，形成了小的湖泊，湖泊周围为森林草原。起初，植物并不茂盛，仅水生、湿生植被较为繁盛，并沉积了一套灰色到灰绿色的亚黏土，厚度5~7 m。后期，由于沉积物不断堆积，湖沼水深变浅，开始发育茂盛的植物群落，因其腐烂和埋藏，形成了含有机质相当高的泥炭层（国家海洋局第一海洋研究所，1984）。

在胶2钻孔（图4.3）3.1~3.3 m处的^{14}C测年为（11.8±0.2）ka B.P.，该层的岩性为粉砂质砂，中值粒径4.4ϕ，不含海相微体化石（国家海洋局第一海洋研究所，1984）。12 ka B.P. 的黄海海岸线位于朝连岛南部水深50~60 m海区（徐家声，1981）。其中11~10 ka B.P. 受融冰水-IB的影响海面快速上升，此时胶州湾地区气候温和略干，气温降水量低于现在。海水沿古河道上溯至胶州湾口门附近。

Ⅱ期：10~5.5 ka B.P.，海面缓慢波动上升期，胶州湾形成。随着海面逐渐抬升，海水到达胶州湾，在此过程中，首先在进口处的亚黏土之上，形成了初期的海滩或沙堤之类的堆积体，形成砂透镜体。此时胶州湾地区气候温和湿润，气温较现在高0.5~2.5℃，降水量较现在多，植物繁茂，在沼泽地区形成泥炭层。胶州湾形成期间经历了3次快速上升阶段，大致可分为8.6~8.3 ka B.P.，8.0~7.0 ka B.P.，6~5.5 ka B.P.，在海面快速上升过程中，胶州湾古湖沼很快便演变成了胶州湾，并开始接受海相沉积物。胶州湾是一个封闭型海湾，水动力条件微弱，形成了大面积的淤泥质粉砂，仅在河口入海处形成了较粗的堆积物。因此，海湾内沉积物具有较好的水平层理。

现行大沽河口岸边的J 01孔11.5 m处黑色黏土层的^{14}C年龄为（9.64±0.15）ka B.P.，其上为海相层，说明在9.6 ka B.P. 海水已经抵至大沽河古河口湾内。在湾中央的黄胶3孔6.1~6.3 m处^{14}C年龄为（8.46±0.3）ka B.P.，该层为海陆环境明显变化层位，说明湾内至少在8.5 ka B.P. 已经接受了海水的改造。大量的钻孔测年资料及古牡蛎礁测年资料表明（如在J01孔7.4~7.65 m处贝壳年龄为（5.93±0.18）ka B.P.，李家庄孔2.3 m处测年为（6.01±0.08）ka B.P.），海水经过波动上升后，在大约5.5 ka B.P. 达到了最大海侵范围，最大海侵古岸线可以推至蓝村胶济铁路一线。

由上可以推断海水首先沿古河道上溯，至9.6 ka B.P. 时抵至大沽河古河口湾（刘志杰等，2004），此时胶州湾内的高地为沼泽环境。海水对胶州湾的淹没是一个快速的过程，在海水逐步上侵的过程中，在滨岸形成贝壳富集的粗粒沉积物。由于此时大沽河携带泥沙大量沉积在古河口湾内，所以胶州湾内的沉积物供应量较少，海面上升速度超过了沉积物的供给速度，处于一种沉积饥饿状态，所以在海侵过程中形成了薄层的海侵沉积物。此时一些古河道在海面快速上升的过程中接受海水的侵蚀改造演变成潮流通道，它们被海相沉积物充填，形成了潮沟沉积。以上各沉积相是在该时期海进体系域中发育的沉积相类型。

Ⅰ期：5.5 ka B.P.，现代高海面时期。随着亚北方期的到来，世界性低温气候开始，海平面降低，侵蚀基准面下降，胶州湾在原先的水道上出现侵蚀现象，但胶州湾内的海水并未完全退出，海湾沉积物中仍有数量不多的有孔虫。约3 ka B.P.，大西洋期到来，造成海面重新上升，胶州湾恢复了真正的海湾面貌，开始了一次新的海湾沉积。

此阶段内海面略有波动，从高海面回降到现代海平面位置，总体与现在相近。大沽河在古河口湾充填完毕后，随着海面的下降于4 ka B. P. 延伸至营海镇码头村一带入海（刘志杰等，2004），而后随着人类活动的影响及大沽河的进一步充填，河口延至现代的位置，逐步形成现代的地形地貌。本段时间发育了高水位体系域各沉积相。

4.2　层序地层及体系域的确定

根据层序地层学中关于层序的定义，层序边界是以不整合面与相应的整合面为特征。在层序地层研究中最关键的是层序的划分，而层序划分的关键是不整合面的识别。根据海相硅质碎屑层序序列横剖图及Vail（1987）概括的沉积层序的基本概念图解（刘招君等，2002），可将青岛及胶州湾周边地区的沉积层序按时间序列描述如下（图4.2）。

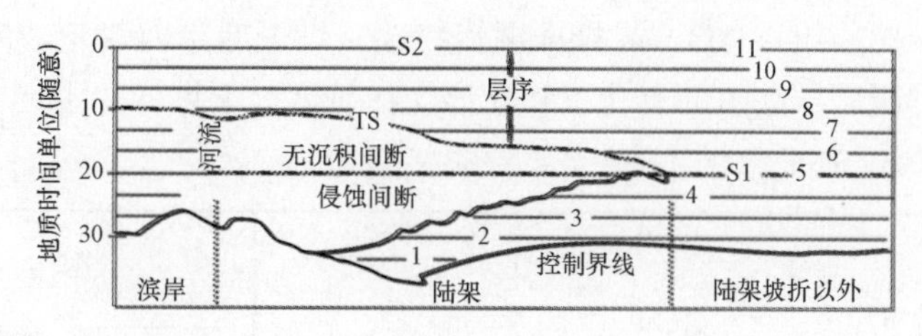

图4.2　沉积层序的地质时间概念

自末次盛冰期（LGM）以来至10 ka B. P.，在东黄海陆架坡折线以外发育低水位域至胶州湾接受海侵的地质时间内，青岛地区处于无沉积间断过程，在此期间，仅在胶州湾内外逐渐发育了河流相沉积物。根据层序定义中关于“在成因上有联系”的要求，将胶州湾地区的层序底界面确定为海相与陆相间的不整合面，该不整合面既是层序的底界面又是海侵面。这种确定方式也对应了体系域为“有联系的沉积体系”的定义。

根据现有的测年资料，胶州湾中发育的河流相，应属于无沉积间断期间近岸或凹陷盆地内的河流沉积，也可能处于下一层序的高水位体系域中，由于缺乏确凿的证据，我们暂时将其归类于无沉积间断期间的近岸沉积；对于河流相下伏的洪冲积和残坡积，形成经历时间较长，自构造盆地形成以来即开始发育，所以难以划分其体系域的位置，且沉积相单一，不再讨论。

由此，胶州湾的层序地层仅包括一个三级层序，包含海进体系域、高水位体系域两个体系域，体系域间的界面包括海泛面和最大海泛面。各界面的识别标志如下。

海泛面（TS）：该面是层序的底边界，为一不整合面。根据不整合面底识别标志，该面为一侵蚀面、岩相突变面、化石群间断面，也可能是陆上暴露面。在胶州湾地区由于海水对原有陆相地层的侵蚀改造作用明显，所以该面在钻孔中常表现为一不整合面，在地震剖面上对应为地层上超面的起始位置，表现为平行、亚平行反射，连续性一般，有些地方出现间断。同时该面也是岩相突变面，下部为河流相，上部为海相地层，所以从钻孔的岩相古地理分析也可加以判别。海泛面的识别是依靠岩性、化石群和矿物特征手段和分析方法。

最大海泛面（MFS）的识别：最大海泛面是在海平面快速上升，岸线不断向陆迁移至最大限度时海面所处的位置。此时由于可容空间与沉积物补给通量（A/S）比值大于1，所以在湾中心位置处于沉积饥饿状态，其最主要的表现形式为凝缩段（密集段）沉积。凝缩段是很薄的海相地层单位，以极低的沉积速率为特征。凝缩段的顶层界面为最大海泛面，发育了沉积小间断和丰富的生物潜穴。岩性为细粒沉积物，粉砂质黏土或黏土质粉砂。最大海泛面在浅地层剖面上表现为强振幅、高连续反射同相轴。

下面以QDD03孔为例，从岩性、微体化石群的组合以及矿物组合特征等方面研究确定体系域界面的方法。QDD03钻孔位于胶州湾中部（图4.3），坐标为36°8.327′N，120°12.944′E，水深7.86 m，钻孔深度为29.76 m。其中0～9.7 m采取岩心样品53个，取样间隔约10 cm，9.7～26.68 m采样13个，间隔约0.5～1.0 m。岩心样品进行了微体古生物的鉴定，由中国地质调查局海洋地质试验检测中心完成。每个样品以干样25 g为定量统计单位，样品用0.063 mm标准铜筛冲洗，烘干后用四氯化碳浮选，分离出有孔虫和介形虫，对所剩样品中的有孔虫和介形类在显微镜下挑样并鉴定，采用标准微古鉴定方法，不再赘述。

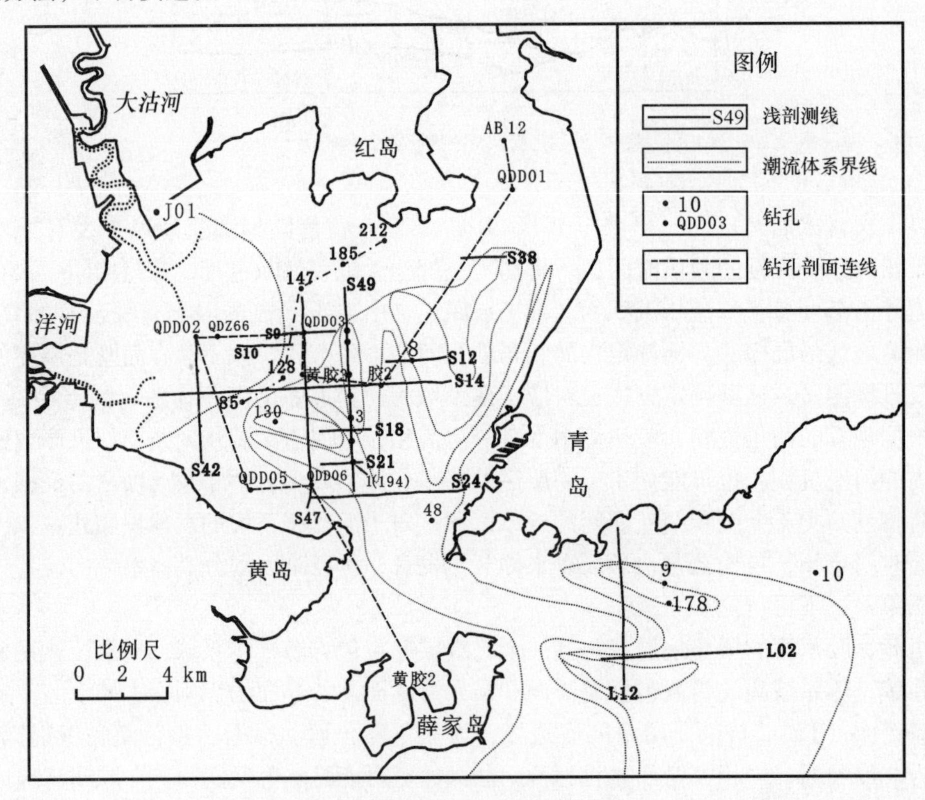

图4.3 研究区钻孔及地震测线位置

4.2.1 体系域界面沉积物

根据粒度各组分百分含量及参数特征，将本孔分为以下几段（图4.4）。

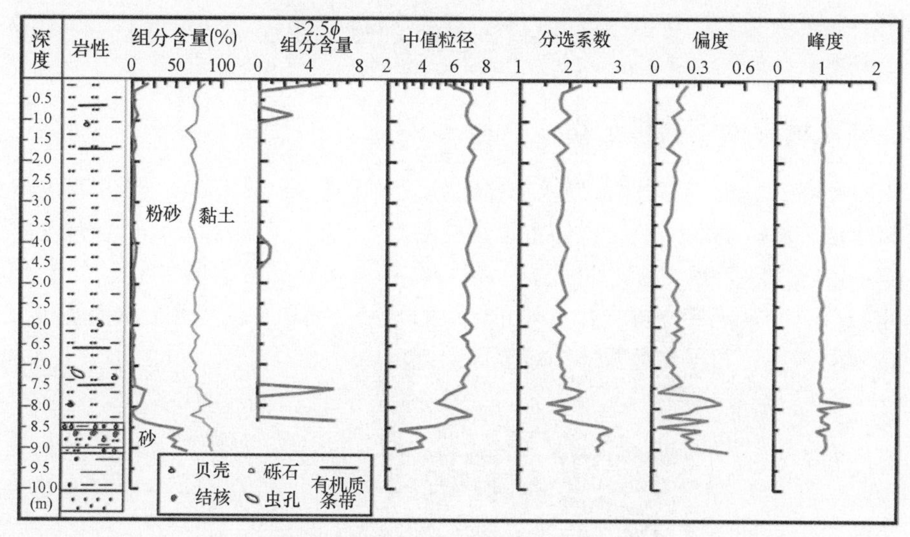

图4.4 QDD03钻孔岩性及粒度参数

0.0～8.41 m：灰—深灰色黏土质粉砂。7.44 m以上为灰色，7.44 m以下为深灰色，有机质含量较上端为高。软塑—可塑，饱和，岩性均匀。含水量向下减小，局部见有机质富集条带。7.2 m和8.3 m见虫孔，内充填粉细砂。7.75 m以下见泥沙互层。在该层中见有4个大于2.5ϕ粒径的砂质组分含量较高的区段，分别为0.0～0.2 m、0.7～1.0 m、4.1～4.3 m和7.5～7.8 m。主要的粒度组分及参数见表4.1。

表4.1 QDD03孔0.0～8.41 m主要粒度参数

	黏土（%）	粉砂（%）	砂（%）	中值粒径	分选系数	偏态	峰态
最小	17.15	60.05	0.13	5.42	1.58	0.04	0.90
最大	39.82	75.82	17.83	7.58	2.28	0.39	1.12
平均	27.82	68.20	3.99	6.73	1.88	0.16	0.97

8.41～8.49 m：灰黑色砂质粉砂，8.49～8.59 m为灰黑色粉砂质砂，可塑，含大量贝壳碎片，沉积物岩性略有不同，沉积环境相似。该层底界面为一不整合面，为TST的底界，其上发育海进体系域。

8.59～9.01 m：褐黄色粉砂质砂，含砾。顶部有发育钙质结核，大小约1 cm×1.5 cm～3 cm×4 cm。8.69～8.81 m见贝壳碎片，灰色泥质团块及条带。

9.01～9.13 m：灰绿色粉砂质砂，呈灰绿—灰—黄灰色条带式变化，含砾。

根据海泛面的沉积物岩性确定方法以及钻孔中上、下岩性的变化，初步判断初次海泛面在含贝壳碎片丰富的8.41～8.59 m，沉积物为灰黑色粉砂质砂。8.59～8.8 m也见有贝壳碎片，但其顶部发育大量钙质结核，应属陆相的成分为多。

从粒度成分的变化特征来看，中值粒径在7.5 m开始基本达到了平均粒径值，且变化较小，基本缺少粗粒组分。另外，在7.44 m沉积物颜色发生变化，在7.5 m附近有机质较发育，并有虫孔，所以由以上判断，最大海泛面应该在7.5 m左右，沉积物为灰色黏土质粉砂。

4.2.2 体系域界面有孔虫分布

对QDD03钻孔进行了微体古生物的鉴定分析（图4.5、图4.6）。在0.0~9.5 m范围内，以10~20 cm为间隔获得微体古生物样品63个，在9.5~23.5 m范围内按10~110 cm为间隔获得17个。对这80个样品进行有孔虫和介形虫的属种鉴定、组合分析。根据鉴定结果，分别统计分析有孔虫与介形虫的丰度、简单分异度和复杂分异度及主要优势种的相对丰度，并据此进行体系域界面的判定。

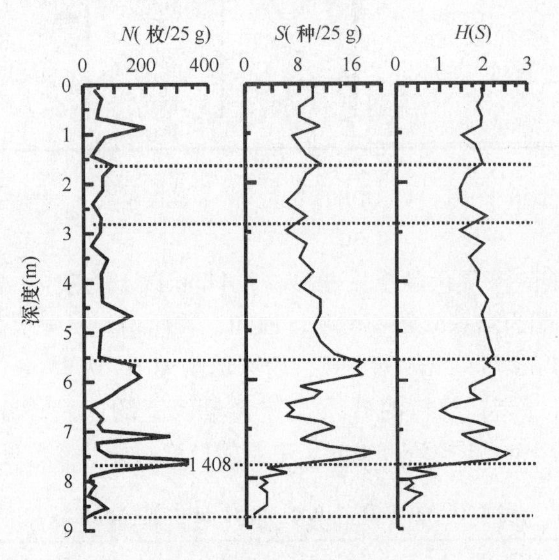

图4.5 QDD03孔沉积物有孔虫丰度 N、简单分异度 S、复合分异度 H（S）

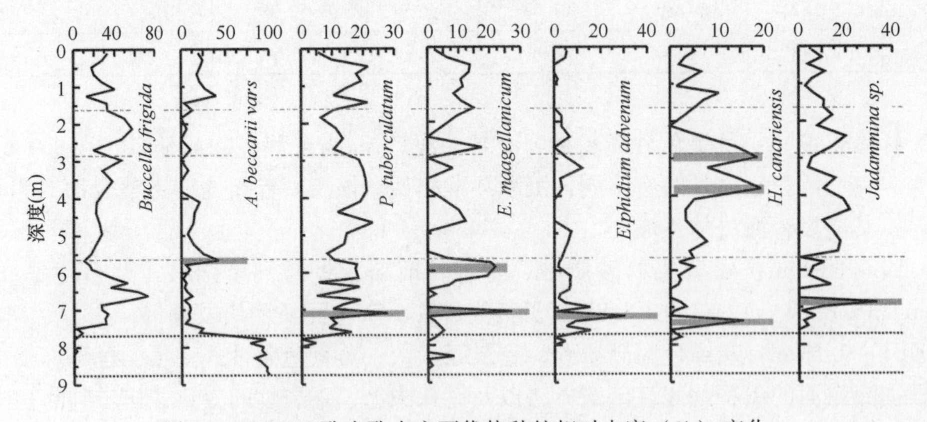

图4.6 QDD03孔有孔虫主要优势种的相对丰度（%）变化

由以上有孔虫各项指标及主要优势种相对丰度的垂向变化可知，以8.79 m为界沉积环境发生明显变化，可明显区分为两大段，8.79 m以上均可找到有孔虫，而8.79 m以下则未见有孔虫，推测为陆相环境。

在8.79~7.70 m，有孔虫丰度*N*为12~87枚，平均37枚。简单分异度*S*在1~6之间，平均为3。复合分异度*H*（*S*）在0.14~0.9之间，平均0.35。本段有孔虫属种单一，以*Ammonia beccarii* vars.（毕克卷转虫）占绝对优势（77%~97%），其他零星见有*Ammonia* sp. /*Elphidium advenum*（异地希望虫）、*E. magellanicum*（缝裂希望虫）等种。此段有孔虫复合分异度*H*（*S*）的反常说明了在此时段，胶州湾受海水影响微弱，水体盐度接近淡水的过渡相环境。*Ammonia beccarii* vars.（毕克卷转虫）是广盐性近岸浅水种，分布于现在黄海水深小于20 m的滨岸区。据以上分析可推断沉积环境为潮上带或潮间带。

在7.70~7.54 m，有孔虫丰度*N*出现最高值，为1 408枚。简单分异度*S*为15，复合分异度*H*（*S*）为2.33。毕克卷转虫、异地希望虫、具瘤先希望虫为优势种，分别在288枚、216枚、224枚，其他*A. annectens*（同现卷转虫）120枚，*C. inccrtum*（易变筛九字虫）112枚，*C. asiaticum* 120枚，冷水面颊虫112枚。

在7.54 m以上有孔虫丰度变化不大，平均约75枚。在7.04~7.16 m、5.6~6.2m、4.5~4.8 m、0.77~0.96 m出现三次相对高值，丰度在115~279枚之间。简单分异度*S*在6~19之间，平均为10。复合分异度*H*（*S*）在1.25~2.55之间，平均1.84。大多数的样品以*Buccella frigida*（冷水面颊虫）为优势种，最大含量73%，平均含量31%。另外，含量较高的包括*protelphidium tubeculatum*（具瘤先希望虫，20~50 m水深属种）、*Ammonia beccarii* vars.（毕克卷转虫小于20 m水深属种）、*E. magellanicum*（缝裂希望虫）、*Cribrononion inccrtum*（易变筛九字虫小于20 m水深属种）等。此外，胶结壳*Haplophragmoides canariensis*、*Jadammina* sp. 在本段中虽然含量不高，但分布却非常连续。

在7.70~0.0 m，大多数样品中*Buccella frigida*（冷水面颊虫）为优势种，含量居第二的为*protelphidium tubeculatum*（具瘤先希望虫）。*Buccella frigida*是典型冷水种，现今分布范围为黄海20~50 m水深的区域。由于受到黄海冷水团和沿岸流的影响，*protelphidium tubeculatum*分布范围自黄海深水区扩散到胶州湾地区。该段有孔虫的优势种与胶州湾水深大于5 m的表层组合存在较大的差异，*Buccella frigida*的含量压倒*Ammonia beccarii* vars. 成为优势种。黄海研究资料表明，*Buccella frigida*和*protelphidium tubeculatum*为喜凉水种，这种组合可能指示了胶州湾水深加大及水体变冷。另外，胶结壳*Jadammina* sp. 的壳壁由假几丁质膜胶结少量砂粒组成，主要分布在pH值较低，可出露地面的过渡相环境（低能潮间带）下（汪品先等，1980a），在我国南黄海西北部的砂质沉积区较为富集，在胶州湾中出现胶结壳*Jadammina* sp. 属于搬运沉积所致。推断本段为低盐环境下的河口沉积，表明现胶州湾中部一直有潮上带的沉积物堆积。

胶州湾在黄海表层有孔虫组合分区中（汪品先等，1980b）属于毕克卷转虫组合分区，胶结壳稀少，玻璃质壳以广盐、浅水型的毕克卷转虫变种*Ammonia beccarii* vars.、缝裂希望虫*E. magellanicum*为主。对体系域界面在有孔虫丰度上的表现特征将和以下介形虫丰度上的分布特征结合讨论。

4.2.3 体系域界面介形虫分布

根据QDD03孔主要介形虫属种的相对丰度等在垂向上的变化特征（图4.7）分析，与有孔虫分布特征相似，以8.79 m为界QDD03孔的介形虫分布区分为上下两大段，8.79m以下未见介形虫，推测为陆相环境。

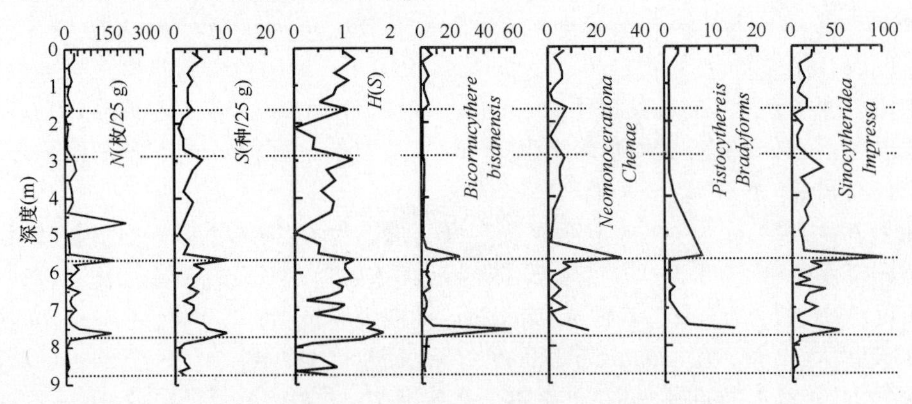

图4.7 QDD03孔介形虫丰度（N）、简单分异度（N）、复合分异度（N）及4种主要优势种的丰度（瓣）分布

8.79～7.70 m，数量及种数极少，表现为低分异度和低丰度。仅4种35个瓣。其中*Sinocytheridea impressa*共计29瓣，平均每个样品3.3瓣，占绝对优势。其次为*Bicornucythere bisanensis*（5瓣）、*Cytheromorpha acupuctata*（3瓣）以及*Stigmatocythere roesmani*（1瓣）。

7.70～5.6 m共见介形虫16种747瓣，平均44瓣。简单分异度和丰度虽不高，但为本孔相对高值区。仍以*S. impressa*为优势种，共410瓣，平均每个样品25.5瓣，大多数样品含量达到50%。其次为*Neomonoceratina chenze*（102瓣，占14%）、*B. bisanensis*（129瓣，占17%）以及*Pistocythereis*两种（62瓣，占8%）。其余有13种介形虫在少数样品中零星出现。

5.6～2.83 m介形虫共计8种223瓣，平均22.3瓣。表现为低分异度和低丰富度，仍以*S. impressa*为绝对优势种，共169瓣，平均每个样品16.9瓣，约占75%。其次为*N. chenze*（32瓣，占14%）、*Pistocythereis*两种（10瓣）和*B. bisanensis*（6瓣）。

2.83～1.70 m介形虫种数及数量进一步减少，为本孔最低值，共计3种30瓣。其中*S. impressa*为绝对优势种，为27瓣，另外为*B. bisanensis*（2瓣）、*N. chenze*（1瓣）。

1.70～0.0 m共见介形虫6种210瓣，平均20瓣。仍以*S. impressa*为绝对优势种，为131瓣，平均每个样品13.1瓣，占62%。其次为*N. chenze*（41瓣，占20%）、*B. bisanensis*（25瓣，占12%）、*Pistocythereis*两种（11瓣，占5%）及*Bicornucythere* sp.（2瓣）。

在该孔8.79~0.0 m，*Sinocytheridea impressa*为绝对优势种，仅在部分深度范围内其他特殊种的丰度略有变化。中华丽花介组合是现代南黄海水深20 m以内浅水的介形虫组合。*Bicornucythere bisanensis*（美山双角介）为水深小于30 m滨岸特征种。在各个不同的深度内有*Neomonoceratina chenae*、*Pistocythereis Bradyforms*、*Sinocytheridea impressa*等不同的介形虫常见属种的组合。

介形虫个体的数量与分布受到温度、沉积速率、水深三方面的控制。在沉积速率缓慢、近岸浅水且非冷水分布区介形虫数量最高，相反在沉积速率较快水深较大的区域介形虫含量较低。在近岸河口区，介形虫的数量受河水化学性质的影响，不同的河水性质会导致不同的生态环境，从而影响着介形虫的繁殖能力。

在南黄海西北部表层底质介形虫的丰度分区中，胶州湾属于高值区，但由于近岸且靠近河口，当物源供给比较充分时，沉积速率较大，造成丰度降低。含量较低的介形虫分布区与有孔虫指示的较冷水体区域基本一致。在胶州湾外海的黄海沿岸流经过的海区，喜冷种如冷水面颊虫、具瘤先希望虫等频繁出现（汪品先等，1980b），可能说明胶州湾在一定程度上受到黄海沿岸流的影响。

根据有孔虫与介形虫的分布及组合特征可以推断古沉积环境，恢复沉积历史。汪品先等（1980b）根据胶州湾东北部AB12孔中化石群（有孔虫）的纵向变化，黄海及沿岸地区海进旋回的规律性，将胶州湾东北部的全新世沉积环境划分为5个阶段，自下而上分别为陆相（无有孔虫）——弱海相海陆过渡相（个别*Ammonia beccarii* vars.，*Cribrononion subincertum*等）——海湾相（*Elphidium hispidulum—E. advenum*组合）——弱海相海陆过渡相（个别*Trochammina inflata*）——海湾相（*Ammonia beccarii* vars.—*Brizalina striatula*组合），反映了全新世以来的胶州湾海面变化史，即全新世初期海平面开始上升，全新世中期时达到最高，随后处于下降阶段，造成AB12孔附近出露地表，之后海平面再次上升并形成现在的胶州湾。在岩心中出现两个泥炭层和两次海进旋回的现象，在黄海地区比较普遍，在北黄海和渤海也有记录。

以上AB12孔中有孔虫的变化在QDD03孔中的有孔虫表现得并不明显，而与介形虫表现得较为一致，分别是8.79 m以下为陆相，8.79~7.7 m为潮上带—潮间带，7.7~5.6 m水深增大，为潮下带沉积，5.6~1.7 m水深逐渐减小至潮上带，1.7 m以上表现为水深增大至潮下带沉积环境。

由于QDD03孔位置距离大沽河和洋河的河口区较近，因此发育部分广盐性有孔虫，由于沉积速率较高使得沉积物中有孔虫与介形虫含量偏低。但在7.7~7.54 m、5.72~5.6 m、4.81~4.52 m有孔虫和介形虫的丰度都有相对的高值，这也说明了沉积环境出现了不同程度的演变。结合微体古生物组合统计分析指示的沉积环境，在以上三个深度沉积时间段内处于海平面较高且相对稳定时期。特别是7.7~7.54 m这一段内，有孔虫丰度达到1 408枚，介形虫也是较高的172枚，在这个特定的时间内出现特征值，可以判断7.54 m为海进体系域的顶界面、高水位体系域的底界面，即最大海泛面。

4.2.4　体系域界面重矿物分布

胶州湾表层的重矿物有35种，总体含量不高，平均含量为2.15%。主要重矿物为绿帘石占39%，角闪石占33%，金属矿物（磁铁矿、钛铁矿、赤铁矿、褐铁矿）占19%，次要重矿物为石榴石占3.3%，榍石占1.5%，锆石占1.4%等。《胶州湾自然环境》一书（1984年）的分析结果表明，QDD03孔所在位置属于表层重矿物分区中的石榴石—角闪石—绿帘石组合区，其特点是重矿物的百分含量高，尤其是角闪石（42%），其次是石榴石（3.9%），分别呈现相对的高值，黄铁矿含量不高，但分布较为普遍。

QDD03孔鉴定出的重矿物为50种，平均含量为4.727%，轻矿物为12种。这些矿物属于中酸性岩浆岩和浅变质岩中的造岩矿物，也包括角闪石等基性岩和超基性岩矿物。主要重矿物种类包括：角闪石（普通角闪石、阳起石和透闪石，主要是普通角闪石）、绿帘石、片状矿物（绿泥石、金云母、黑云母、白云母和风化云母）、岩屑和金属矿物（磁铁矿、钛铁矿、赤铁矿和褐铁矿）。少量为石榴石、自生矿物（自生磁黄铁矿和自生黄铁矿）、石英、长石等。重矿物平均含量在8.79 m以上较为稳定，仅在6.38 m处出现急剧增加。

碎屑组分在沉积剖面上的组合分布规律，一定程度上反映了地质历史时期中古环境、古气候的系列变化。根据各层位的碎屑矿物的含量变化特点和矿物组合，可以对沉积环境做出大致的推测（韩喜球等，1999）。

根据钻孔中主要重矿物的分布特征以及各种矿物的变化组合（图4.8），可将QDD03孔8.79 m以浅划分出6个不同的重矿物组合，分别如下。

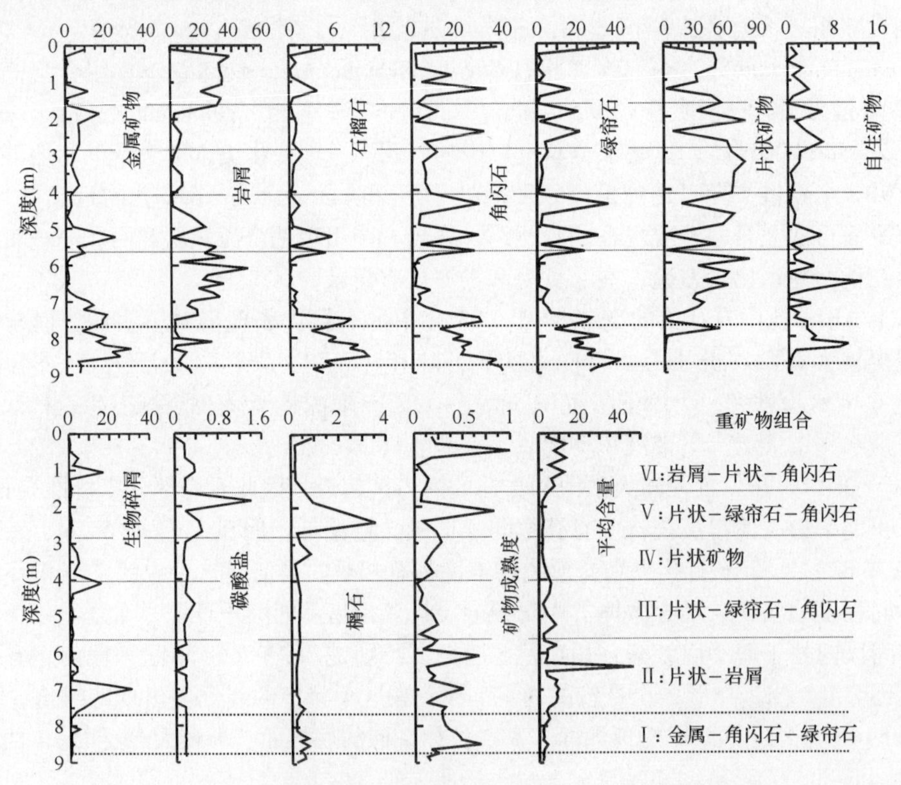

图4.8 QDD03孔重矿物含量变化曲线及组合分段

矿物成熟度 =（金红石 + 石榴石 + 锆石 + 电气石）/（普通角闪石 + 辉石）

Ⅰ段：8.79~7.70 m。8.79~8.5 m为粉砂质砂，8.50~7.70 m为黏土质粉砂。本段的优势重矿物组合为金属矿物—角闪石—绿帘石，平均含量分别为16.3%、25%、25.5%，石榴石含量也相对较高。在该段内片状矿物含量很低，仅在7.8 m附近出现了一个突然的高值，自生矿物在中部出现一高值。

Ⅱ段：7.70~5.60 m，沉积物类型以黏土质粉砂为主。本段的优势重矿物组合为片状矿物—岩屑，平均含量分别为38%、20%。生物碎屑在7.0 m处出现一陡峭的高值。自生矿物在6.5 m处出现一高值。总体来看，本段片状矿物、岩屑、自生黄铁矿和生物碎屑含量均较高，矿物平均含量也出现高值，而其他矿物（石榴石、角闪石、帘石类）含量很低。特别注意在本段的7.70~7.5 m深度内石榴石、角闪石、绿帘石先出现相对低值，然后含量急剧增加；片状矿物则相反，出现本段最高值后急剧减小。即7.70~7.5 m段内的矿物组合与该段总体呈相反的趋势。

Ⅲ段：5.6~4.0 m，沉积物类型为黏土质粉砂。本段的优势重矿物组合为片状矿物—绿帘石—角闪石，平均含量分别为37.4%、13.7%、14.9%。主要优势矿物含量有两次明显的波动。本段的特点为矿物成熟度在4.0 m处出现最高值，同时生物碎屑含量较高。金属矿物在5.2 m附近含量较高。

Ⅳ段：4.0~2.83 m，沉积物类型为黏土质粉砂。本段的优势重矿物组合为片状矿物，平均含量达到了70.2%，其他矿物含量都很低。

Ⅴ段：2.83~1.7，沉积物类型为黏土质粉砂。本段的优势重矿物组合为片状矿物—绿帘石—角闪石，平均含量分别为45.6%、11.8%、12.5%。本段的重矿物组合虽然和Ⅲ段相同，但在本段内榍石、碳酸盐和自生矿物的含量都较高。特别是榍石和碳酸盐矿物都在2.0~2.5 m处出现该孔的最高值，而在其他深度上含量非常均匀。

Ⅵ段：1.7~0.0 m，沉积物类型为黏土质粉砂。本段的优势重矿物组合为片状矿物—岩屑—角闪石，平均含量分别为35.6%、28.1%、12%。生物碎屑在1.0 m处出现高值。另外需要注意的是，表层沉积物的矿物组合与本段内整体的矿物含量组合有很大的差异。

通过以上碎屑矿物的分布特征的分析，可以初步判定胶州湾中部沉积物的来源具有相对稳定性，且表现出近源沉积的特征，这主要是因为：①榍石（花岗岩的标志矿物）在重矿物中的含量不高，但分布普遍，含量变化不大，反映了物质来源的稳定性。仅在2.0~2.5 m区段内沉积物源有所变化。②稳定矿物（石榴石、榍石、锆石、电气石、金属矿物等）的含量远远小于不稳定矿物（角闪石、绿帘石、云母黄铁矿等），矿物成熟度较低，岩屑的含量在一定的区段内较高（金秉福等，2002）。

由矿物组合可以看出，片状矿物在岩芯重矿物中占有相当大的比例，这与沉积物来源和水动力状态是相关的。胶州湾地区的基底主要是片麻岩和千枚岩等古老的变质岩，这些岩石的风化产物在河流的作用下经过机械分异作用后通过河流直接进入胶州湾，因此在海湾中心的沉积物中含有较大比例的片状矿物。

在高能动力环境下，沉积环境动荡，致使悬浮物中的片状矿物无法沉积下来，已经发生沉积的沉积物中的片状矿物也可能产生再悬浮、再搬运，因此在高能的沉积动荡环境中，缺少片状矿物。同时由于水动力条件活跃，沉积物经过了水流的反复淘洗与分选，使得比重大、硬度大的重矿物（如石榴石、重金属矿物）大量富集（黄海地质，1989）。当水动力作用使矿物达到相对的稳定时，相对密度近、形态相似的矿物应有明显的正相关性，性质相差大的矿物应有明显的负相关（金秉福等，2002）。本次研究中，片状矿物含量与普通角闪石、石榴石及绿帘石含量呈负相关就反映了这一特征。

由于重矿物是在63～125 μm的粒度组分中进行鉴定统计，QDD03中砂含量总体较低，因此重矿物的相对含量变化未必能全面反映沉积物中的物源组分，但重矿物中自生黄铁矿的含量变化则可以反映其形成时化学条件（如活性有机质含量和Fe的来源）的改变（初凤友等，1995）。根据对黄海自生黄铁矿富集区沉积环境的研究结果，证明自生黄铁矿的沉积与富集与陆源沉积速率、沉积物类型、氧化—还原环境、底层海水性质、有机质等皆有关系（黄海地质，1989）。河口泥质区有利于自生黄铁矿的生长（金秉福等，2002）。陈庆（1981）认为自生黄铁矿大量形成于泥质沉积环境，这一环境的特点是有机质含量高，pH值为8～9，Eh为负值，$Fe^{3+}/Fe^{2+}<1$，SO_4^{2-}含量高的强还原环境。自生黄铁矿的主要成分为铁和硫，只有在这两种元素相对富集，同时具备上述沉积环境的情况下，才能生成富集大量自生黄铁矿。

根据重矿物组合类型分析及特征矿物的生成、赋存条件的讨论，可大致将QDD03孔各段的沉积环境划分如下。

Ⅰ段：8.79～7.70 m，沉积物颗粒较粗，为粉砂质砂和砂质粉砂，其中在8.6～8.4 m含有大量的贝壳碎片，表明在该段水动力条件较强，细粒物质被搬走，粗粒物质残留，其结果造成沉积物中的片状矿物被搬运，保留下比重和硬度较大的矿物。与现代海岸带沉积物中的碎屑矿物组合特征进行对比（王先兰，1984）表明，该岩心中的角闪石—绿帘石—金属矿物的组合与现代滨岸带浅水区的重矿物分布组合特征基本相似，应属于潮间带沉积环境。

Ⅱ段：7.70～5.60 m，沉积物类型为泥质粉砂，片状矿物的含量较高指示了低能沉积环境，自生黄铁矿和生物碎屑含量均较高指示了强还原沉积环境。在该段中部，重矿物平均含量以及生物碎屑、自生矿物的平均含量都达到了最高值，也表明这是一个高水位期的稳定缓慢沉积过程。该沉积特征的出现始于7.5 m附近。

Ⅲ段：5.6～4.0 m，矿物组合表现为不同类型的矿物混杂出现，反应沉积环境的波动性。根据金属矿物和石榴石在5.6～5.3 m含量相对较高，判断该段为一相对低海面，水动力条件不稳定。

Ⅳ段：4.0～2.83 m，片状矿物为绝对主要矿物，表明了高海面期低能稳定的沉积环境 。

Ⅴ段：2.83～1.7 m，与Ⅲ段相似，表现为一波动的沉积环境，金属矿物含量略高，指示了该段为波动的相对低海面时期。另外，根据榍石含量较高的特征，判断沉积物来源可能发生了变化，碳酸盐矿物和自生矿物含量相对较高可能就是沉积物源发生变化的结果。

Ⅵ段：1.7～0.0 m，岩屑和片状矿物含量较高的组合与Ⅱ段相似，也表明了一种相对高海面的稳定沉积环境，矿物成熟度和生物碎屑含量均较高。但表层的矿物组合与10 cm以下的组合特征有明显的变化，表明表层矿物处于受现在沉积环境改造。

由上述沉积环境在矿物组合及特征矿物表征的讨论可知，7.70～5.60 m 为一高水位期的低能稳定沉积环境，起始位置在 7.5 m 附近，初步判断可能是海进体系域与高水位体系域的界面——最大海泛面。

综合以上对 QDD03 钻孔中体系域界面在岩性、微体古生物及其矿物组合等方面表现出来的特征进行分析讨论，我们可以将全新世以来胶州湾的沉积环境划分为以下几个阶段，同时界定出胶州湾海进体系域与高水位体系域之间的界面（图 4.9）。由图 4.9 可知，胶州湾中部 QDD03 孔 0.0～7.5 m 为高水位体系域；7.5 m 为最大海泛面，7.5 m 以下的滨岸潮间带沉积、河流相沉积为海进体系域，海泛面界定在 8.41～8.59 m。

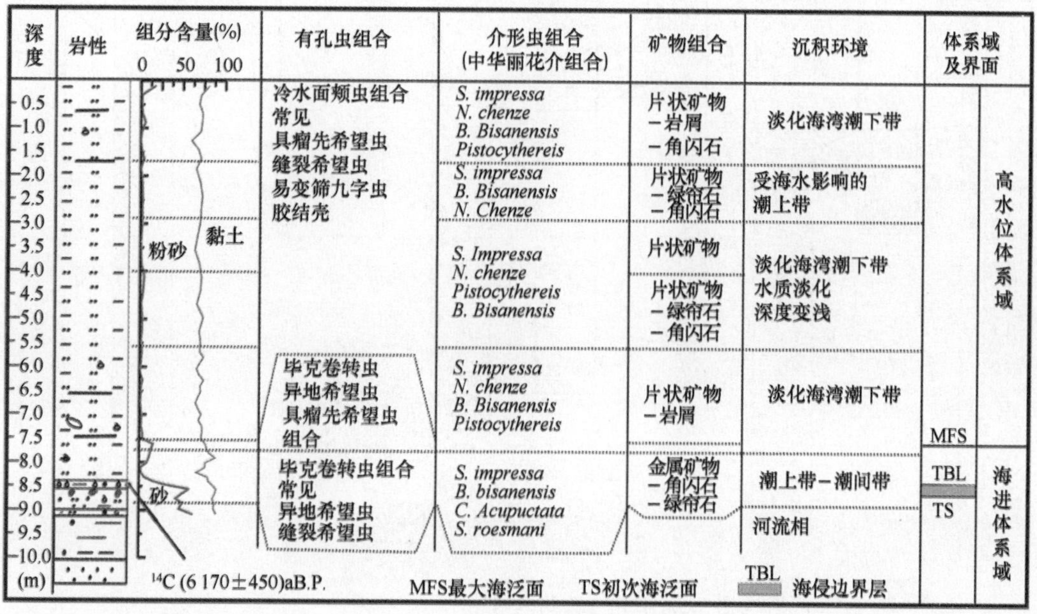

深度 (m)	有孔虫组合	介形虫组合（中华丽花介组合）	矿物组合	沉积环境	体系域及界面
0.5–1.5	冷水面颊虫组合 常见 具瘤先希望虫 缝裂希望虫 易变筛九字虫 胶结壳	S. impressa N. chenze B. Bisanensis Pistocythereis	片状矿物－岩屑－角闪石	淡化海湾潮下带	高水位体系域
2.0–3.0		S. impressa B. Bisanensis N. Chenze	片状矿物－绿帘石－角闪石	受海水影响的潮上带	
3.0–5.5		S. Impressa N. chenze Pistocythereis B. Bisanensis	片状矿物；片状矿物－绿帘石－角闪石	淡化海湾潮下带 水质淡化 深度变浅	
5.5–7.5	毕克卷转虫 异地希望虫 具瘤先希望虫 组合	S. impressa N. chenze B. Bisanensis Pistocythereis	片状矿物－岩屑	淡化海湾潮下带	MFS
8.0–10.0	毕克卷转虫组合 常见 异地希望虫 缝裂希望虫	S. impressa B. bisanensis C. Acupuctata S. roesmani	金属矿物－角闪石－绿帘石	潮上带－潮间带；河流相	TBL；TS；海进体系域

岩性；组分含量(%) 0 50 100：粉砂 黏土 砂

^{14}C (6 170±450)aB.P.　MFS最大海泛面　TS初次海泛面　TBL 海侵边界层

图 4.9 QDD03 孔岩性、微体古生物及矿物组合在纵向上的变化特征及其体系域的划分

通过体系域界面在 QDD03 孔中沉积物、微体古生物化石组合及矿物组合所表现出来的特征进行综合研究，可以初步确定体系域界面的划分标志：海泛面上、下沉积物类型一般有明显的变化，海泛面的沉积物以粗粒的砂质沉积为主，含丰富的贝壳碎片；有孔虫组合为毕克卷转虫组合，丰度及简单分异度都很低；介形虫表现为低分异度和低丰度；优势重矿物组合为金属矿物—角闪石—绿帘石，片状矿物含量很低。最大海泛面处的沉积物以细粒组分为主，一般为粉砂或黏土，且有机质、虫孔构造较发育；有孔虫丰度出现最高值，简单分异度、复合分异度也较高；介形虫简单分异度和丰度为相对高值区；片状矿物、岩屑、自生黄铁矿和生物碎屑含量均较高，矿物平均含量也出现高值。

4.3 层序地层格架及模式

4.3.1 层序地层格架

根据层序界面的识别标志，对胶州湾内的钻孔地层进行划分和对比，并结合浅地层剖面进行综合解释，建立胶州湾内层序地层格架（图4.10）。

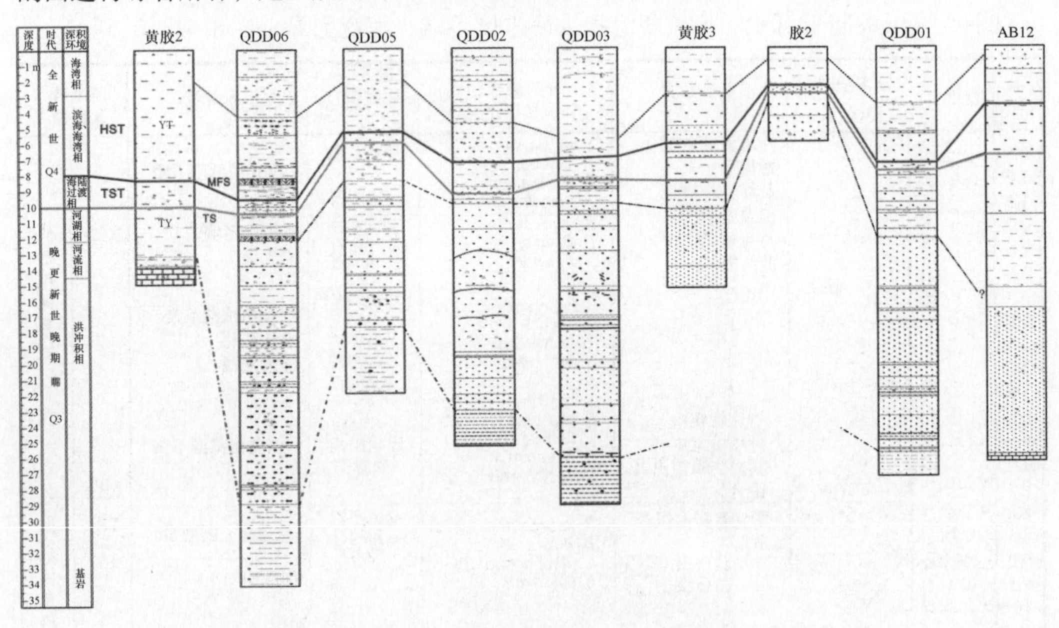

图4.10 胶州湾内层序地层格架

黄胶2、黄胶3、胶2及AB12孔引自国家海洋局第一海洋研究所（1984）

由以上三级层序地层格架及各钻孔的沉积物特征可以看出，海相沉积以灰色、灰黑色、灰黄色黏土质粉砂及粉砂质黏土和细砂为主。国家海洋局第一海洋研究所（1984）研究结果表明，沉积物中含有较为丰富的海相生物化石和孢粉化石。孢粉类型主要有藜科、栎属、松属、凤尾蕨属、槲栎、槭属、黑三棱科、栗属、桦属、木兰属等。

胶州湾地区的海进体系域的厚度普遍较薄，一般1～2.5 m，海进初期，海湾中心发育了一层厚度更薄的海泛面。在近岸及河口区沉积物供应丰富的地区略厚，但在靠近基岩海岸的地区，沉积物供应较少，沉积物厚度较薄。海泛面一般为灰黑色或深灰色的粉砂质砂或砂质泥，含有大量的贝壳碎片，通过微体古生物组合及矿物组合分析可以对海泛面的特征加以识别。靠近胶州湾岸边的钻孔中，该海泛面表现得并不明显，如该层在QDD01孔为灰色、灰褐色泥质粉砂，含有大量虫孔，内充填粉细砂；QDD02孔的海泛面为深灰色泥质粉砂沉积，与下伏细砂的不整合面之上50 cm处见有虫孔及贝壳。另外QDD05孔该海泛面为灰色—黄色细砂，中密，分选好，局部含有砾石，为古滨岸粗粒沉积，海泛面以下为粉砂质黏土，含有大量的灰白色钙质结核。根据胶2孔的资料，

2.5~3.0 m沉积物为砾质砂，中值粒径在1.6ϕ左右，重矿物含量高（1.2%~3.1%），黄铁矿含量相对减少，有孔虫丰度较高（2 500~5 500枚/50 g），说明在胶州湾海进初期，涨潮流三角洲的顶部也发育了粗粒沉积物。

高水位体系域为胶州湾最上部的沉积体系，沉积厚度也相对较大，以灰—深灰色粉砂质泥和泥质粉砂为主，软塑饱和，大部分含有贝壳碎片，偶见虫孔，部分层位见暗色有机质条带。高水位体系域期间经历了几次海平面的波动，从微体古生物组合和矿物组合中可以看出海面逐渐降低后再次上升到现在海平面位置的变化趋势。在此期间，气候温和湿润，降雨量较现在多，物源供应充足，沉积物最为发育。沉积体系包括大沽河、洋河三角洲、障蔽海岸潮流沉积体系。

4.3.2　层序地层模式

综合分析层序地层界面及体系域界面的确定方案，结合层序地层格架，从层序地层学的基本原理出发，建立了全新世以来胶州湾地区的层序地层模式（图4.11）。该区层序地层为一个三级层序，在此层序内仅包括海进体系域和高水位体系域两个体系域。另外，在该层序以下，主要是无沉积间断期在近岸盆地内发育的一套河流相地层，其在东黄海陆架层序地层中是不连续的，只在小范围内发育。

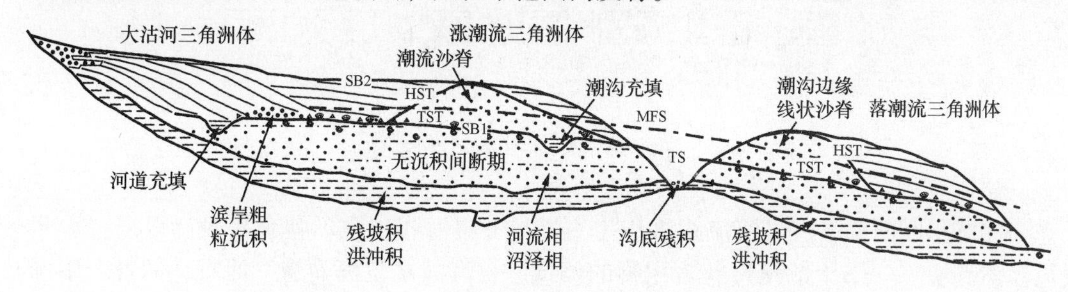

图4.11　胶州湾及其青岛前海层序地层模式

从层序地层模式可以看出，该层序是以SB1界面（TS界面）为底界面，以沉积物为顶界面的一个三级层序。由下至上依次发育海进体系域（TST）和高位体系域（HST），海进体系域与下伏的河流相沉积以海泛面（TS）为界，TS界面为海陆岩相转换界面，海进体系域与高位体系域之间以最大海泛面（MFS）为界。从湾顶向湾外，依次发育大沽河三角洲、落潮流三角洲和涨潮流三角洲。其中涨、落潮流三角洲属于障蔽海岸相，潮道较为发育，在潮道边缘发育线状沙脊，在潮道末端发育涨、落潮流三角洲。

胶州湾外的主潮汐通道从120°22′E向东开始变浅，水深从40 m渐变为不足20 m，浅地层剖面的分析结果表明，松散沉积物的堆积厚度则相应从近于0 m增厚到50 m，推测为全新世的落潮三角洲沉积。落潮流三角洲的最东端到达120°33′E（图4.12），其东部是晚更新世中晚期的改造残留沉积，为陆相洪冲积和残坡积含砾黏土沉积经现代水动力改造后形成。残留沉积表层沉积物的厚度很薄，含有大量的砾石、贝壳碎片、结核等，呈流塑状态，该层以上缺失全新世地层。

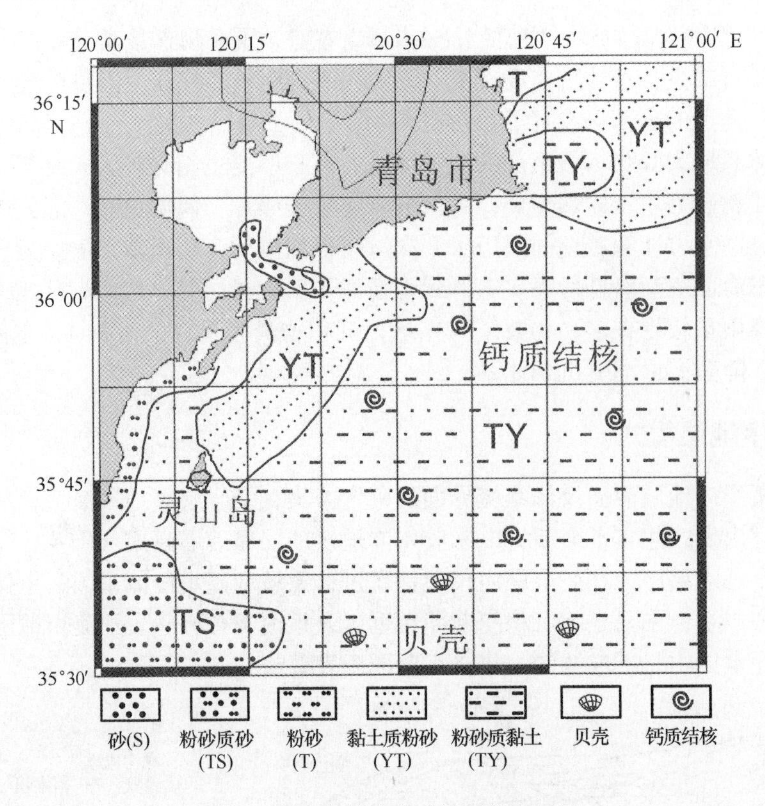

图4.12　青岛前海底质类型分布概图

无沉积间断期以近岸河流相沉积为主，与上覆海相层呈不整合接触。根据《胶州湾自然环境》一书中的孢粉及古生物的测试，含有淡水生扁卷螺、河蚬、河蚌、中国圆田螺等遗壳，含有较多的藜科、蒿属、菊科、水龙骨科、栎属、柳属和松属等孢粉化石，一般含有钙质结核。以QDD03自9.0～26.3 m陆相地层为例，可将河流相沉积划分出三个间断性的正韵律（图4.13）。在每个韵律结构中，最下层一般为河床滞留沉积相，为黄褐色砾砂或粗砂，分选差，石英颗粒为主，含砾石，磨圆较好，在底部一般有灰黑色泥炭，夹粉砂质泥的泥砾。由于水流的冲刷作用，使其与伏地层呈不整合接触，表现为侵蚀间断面。在韵律中部为边滩沉积，沉积物以黄—黄褐色细砂为主，分选较好，石英、长石、云母含量较高。在韵律的顶部，为天然堤或河漫相。天然堤的物质组成主要是细砂、粉砂和泥，局部有结核发育。由于天然堤向边滩的变化是一个交互的过程，所以天然堤和边滩较难划分，例如在韵律②边滩沉积的上部（图4.13），物质成分没有大的变化，只是在界面处有一条黄褐色的铁氧化物条带，云母富集。天然堤沉积相之上发育了河漫滩或河漫沼泽相，为灰黄—黄褐色粉砂或泥，沼泽相夹灰黑色泥炭沉积，另有红色铁质富集斑点。在河流迅速侧向迁移的过程中，天然堤发育较少，洪水泛滥形成的河漫相沉积却很广泛，所以在这样的地方，将堤岸相和河漫相沉积统称为泛滥平原沉积。由上述河流相沉积体系可知，在每个沉积韵律中，都发育有底部的粗粒沉积和顶部的细粒沉积，二者有规律的垂向叠置构成了河流沉积的“二元结构”，二元结构是河流沉积的重要特征。另外，每个沉积韵律的发育并不是都很完整，例如在图 4.13 第①个韵律中，缺少了顶部的细粒部分，只是残留了一些碳屑，说明上层的河床沉积的河流动力较强或作用时间较长，将下层的顶部细粒沉积物侵蚀掉了，这样构成了一个不完整的“二元结构”。

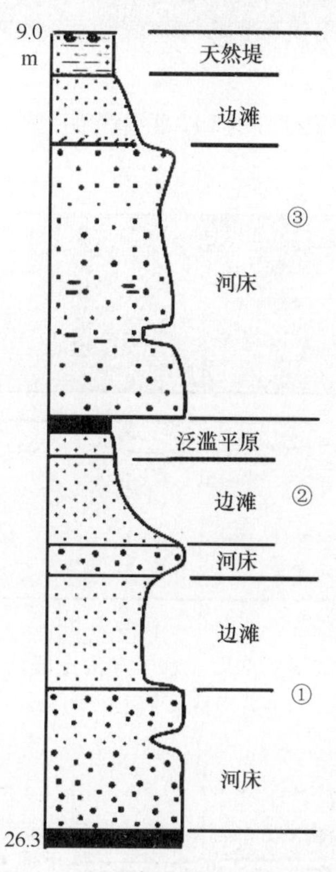

图 4.13　QDD03 孔河流相沉积体系

由于砂体厚度较大，含泥量较小，均匀性也较好，所以在浅地层剖面中表现为连续弱反射或无反射等特征，而在砂体之间以及天然堤和泛滥平原沉积的层位之间的界面则为断续至较连续的反射，界面反射能量较高。例如由穿过 QDD03 孔的浅地层剖面显示（图 4.14），在海相层以下为一断续至较连续的较强反射，反映了天然堤和边滩的沉积相；其下即为弱反射、断续或杂乱的反射特征，为河流相的沉积反射特征。

1）海进体系域（TST）

胶州湾海进体系域的沉积相包括：海侵边界层（李广雪等，1997；2005）、潮沟充填、古滨岸粗粒沉积、最大海泛面等（图 4.15）。在浅地层剖面上表现为海进体系域的准层序上超在海泛面之上（图 4.16），在胶州湾地区上超特征不很明显且多表现为平行的反射特征。海进体系域的顶面是下超面，也是最大海泛面。

胶州湾内早期的注入河流较多，所以后期的潮沟充填和河道充填较为发育，且位置上与现在的潮流水道位置相近，说明潮道具有继承性。胶州湾早期的海水入侵是一个溯

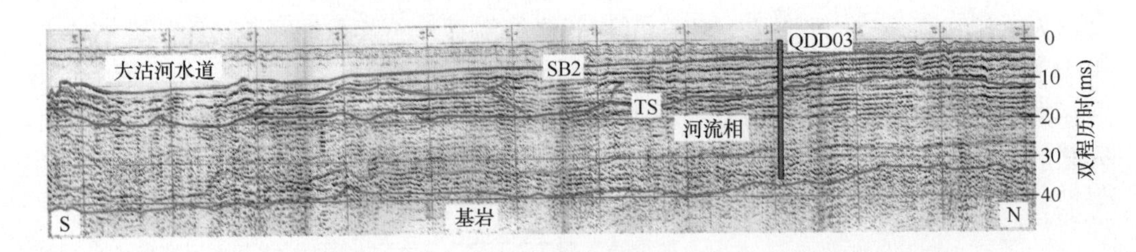

图 4.14　QDD03 钻孔所在的 L47 北线浅剖反映了河流相的反射特征

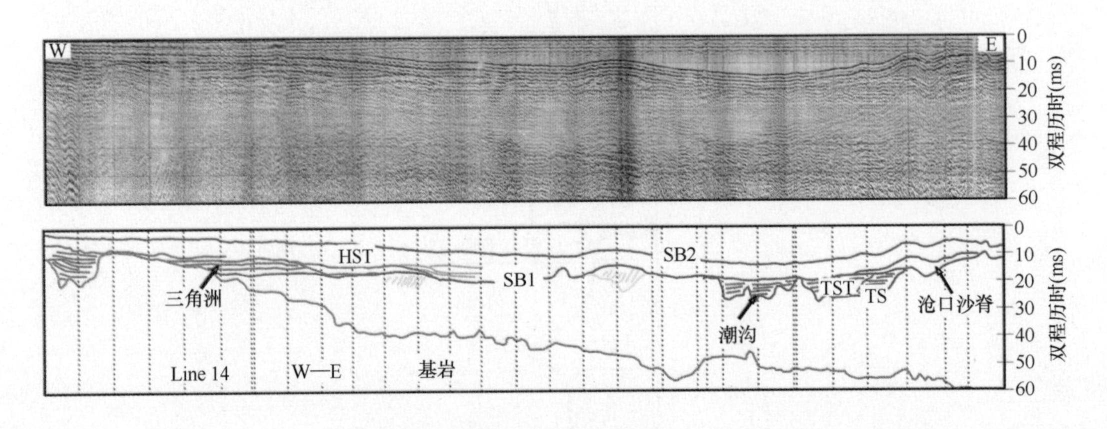

图 4.15　湾中部 S14 线浅地层剖面显示了潮沟充填、三角洲和潮流沙脊的特征
（正常网格水平间距 500 m）

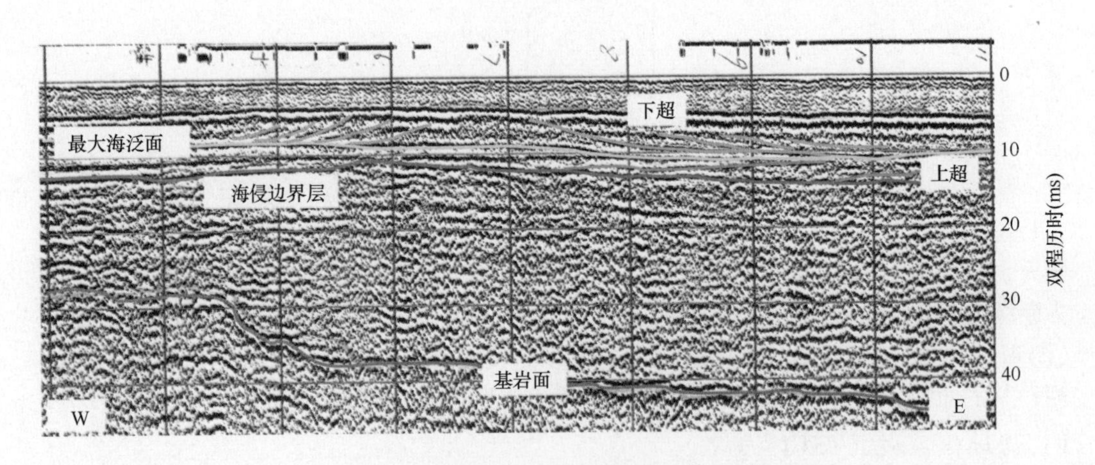

图 4.16　S38 线浅层剖面反映的内部层序
（正常网格水平间距 500 m）

源而上的过程，在后期的潮汐改造过程中，一些水道即变成了潮道。由于入海河流多是源近流短，所以河流的下切作用并不是非常明显，在胶州湾中部的浅地层剖面中未见大的河道充填，而仅在靠近洋河、大沽河口的地方发育有河道（剖面左侧）；在胶州湾湾口及湾东侧发育较多的应为潮沟，同时这些河道或潮道被海相沉积物充填。从 S14 线剖

面的平行连续较强的反射特征来看，其物质组成应以细粒物质为主。在湾口附近的潮道相与离湾口较远的潮道充填有些差异，湾口潮道相由于侧向迁移具有正粒序结构。

古滨岸粗粒沉积：在靠近海岸的QDD05及QDD01钻孔的海相层底部有0.7～1.9 m的中砂至细砂，颜色以灰黄色—黄色为主，分选好，底部有泥炭。该层下伏陆相粉砂质泥，上部为浅海相沉积，故该层是海侵期海平面相对比较稳定的一段时间内在滨岸潮间带形成的潮流沙脊粗粒沉积。

最大海泛面（凝缩层）：浅地层剖面中一般表现为连续的高能强反射，但是在胶州湾中，由于该层厚度不大，在剖面中表现并不明显，只是从高水位体系域内部的反射类型（下超）的作用面来判断。例如在S38线浅地层剖面中，上部的反射结构为S形斜交反射，它表示了沉积物在该面上的侧向加积作用，而两侧同时发育侧向加积，则表示中间为沉积物堆积区，向两侧生长。下超面对应的界面即为最大海泛面，在地震反射上表现为连续强振幅。该面以下地层层序为上超终止类型，上超面对应海泛面。最大海泛面在大沽河—洋河三角洲浅层剖面内表现得也很明显且可追踪。

2）高水位体系域（HST）

高水位体系域形成于海平面相对上升到最高时，并开始保持相对静止或海退状态，这时入海物质产生进积，在体系域内部表现为准层序向陆地的方向上超于层序的上边界，在向海方向下超于海侵体系域的顶部（图4.16）。进积三角洲沉积相的产生标志着高水位体系域的开始。

在胶州湾地区，高水位域沉积环境以潮汐作用为主。在有河流物质入海的大沽河、洋河潮滩上发育了潮汐河流复合水下进积三角洲，在胶州湾口门两侧则形成障蔽海岸沉积体系，发育的沉积相主要为潮汐水道系统，包括潮汐三角洲和潮道相。在大沽河三角洲与障蔽海岸相之间还发育潮下带沉积相。

4.4 潮流沉积体系

通过综合研究胶州湾表层沉积物的分布特征、沉积物垂向变化特征以及浅地层剖面反映的沉积物内部反射结构，建立了胶州湾的潮流沉积体系，并探讨了海进体系域和高位体系域中各类沉积相的内部沉积特征，使得对胶州湾沉积环境的系统性完整性有了更深入的认识。

4.4.1 表层沉积物类型

表层沉积物的分布是受到物源供应、水动力的改造、海平面的波动等各种因素控制的，在一定的程度上，表层沉积物类型反映了该区的现代沉积环境，通过对现代沉积环境的认识反过来研究古沉积环境，是建立沉积体系的基础与途径。

按照谢帕德沉积物分类命名原则，将胶州湾和青岛近海的沉积物划分为六大类型：第一类为砾质砂、含砾质砂和砂；第二类为砾质粉砂质砂、含砾粉砂质砂和粉砂质砂；第三类为砾质砂质粉砂、含砾砂质粉砂、砂质粉砂；第四类为含砾黏土质粉砂和黏土质粉砂。第五类为含砾粉砂质黏土、粉砂质黏土。第六类为砂—粉砂—黏土。在此基础上绘制胶州湾海域海底底质类型图和中值粒径等值线图以进一步分析和探讨（图4.17）。

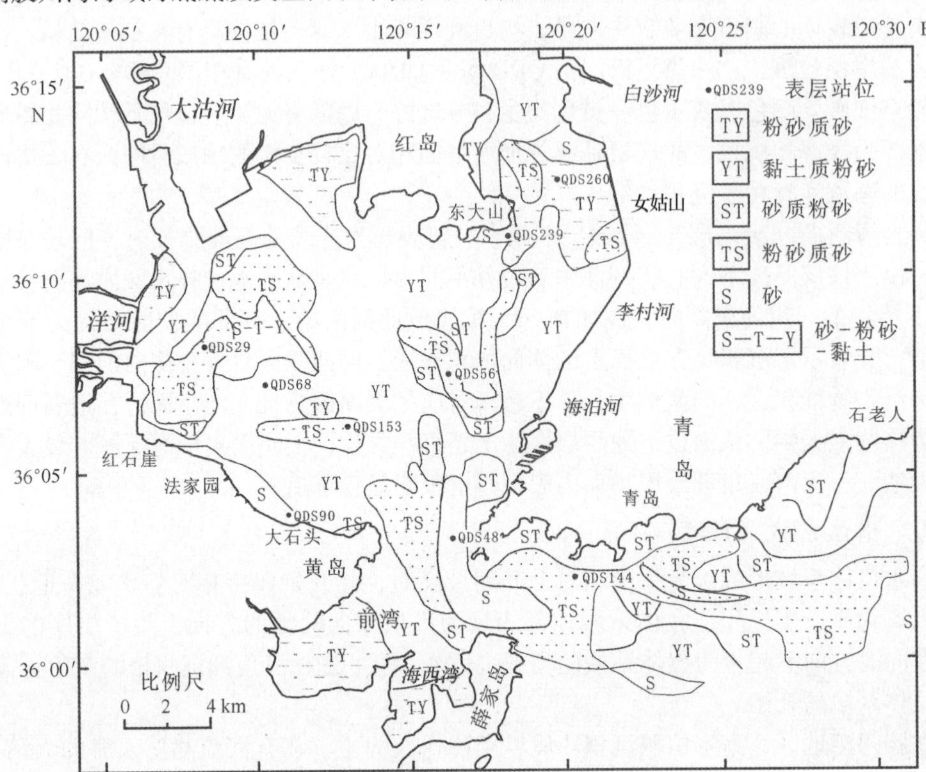

图4.17　研究区表层沉积物类型的划分

1）*砾质砂、含砾砂和砂*

主要分布在以下几个区域：胶州湾北部的东大山、女姑山南侧海域；内湾南岸的红石崖至大石头滨岸，与海岸基本平行；胶州湾口中心部位，呈“L”形沿主潮汐通道分布；浮山湾外北沙，带状分布在石老人以南，水深小于15 m的沿海一带，与海岸大致平行；在图4.17的东南角，主潮汐通道的末端区域，呈片状分布；大福岛以东15 m以浅的滨岸区；大福岛东南水深大于22 m的海域；团岛至石老人沿岸砂质海岸。

胶州湾北部的东大山、女姑山以南为火山基岩质海岸，附近狭窄海域的底质。东大山南部粒度组成以QDS239为代表，砾含量为15.73%，砂占55.7%，粉砂14.2%，分选极差（分选系数=4.54）。粒度分布以单众值正偏态为主。

内湾南岸红石崖至大石头滨岸为王氏组砂砾岩地层，受风化作用影响比较松散，受东北风形成的波浪作用比较明显，春季时海岸经常受侵蚀后退。粒度组成以QDS90为代表，砾砂占82.33%，粉砂7.49%，分选很差（分选系数=2.27）。

胶州湾口门（图4.18）附近的砾石，砾质砂、含砾砂呈条带状分布在水深20 m以下。其中心部位为岩石碎块和砾质粗砂，砾石的含量高达15.2%～100%。向两侧砾石的含量减少。粒度的分布以单众值正偏态为主（图4.19）。分选差别较大，分选系数从0.33（分选极好）到3.08（分选很差）。胶州湾口为强潮流区，最大实测流速通常超过

3 m/s，台风条件下黄岛附近的 $H_{1/10}$ 大波波高可达 3.9 m，海底的泥沙可被强烈扰动。从浅地层剖面（图4.18）上可以看出基岩直接出露于海底，属侵蚀区。海底表面的薄层松散沉积物应属“滞留”沉积。

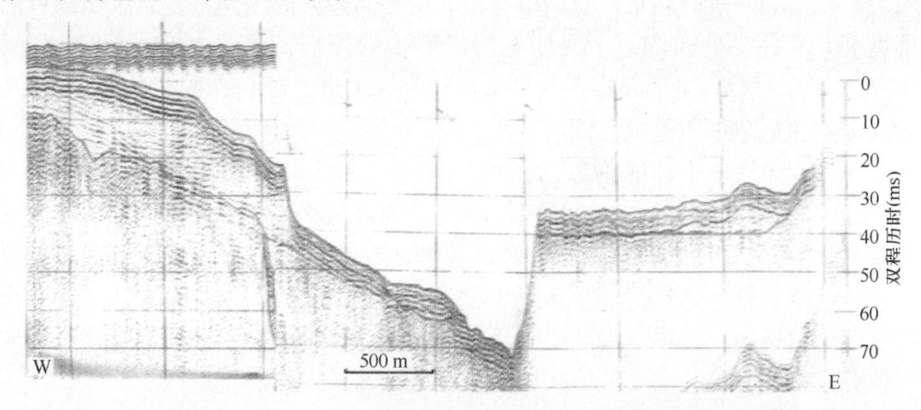

图4.18　浅地层剖面显示的湾口不规则基岩面（基岩埋深很浅且起伏很大）

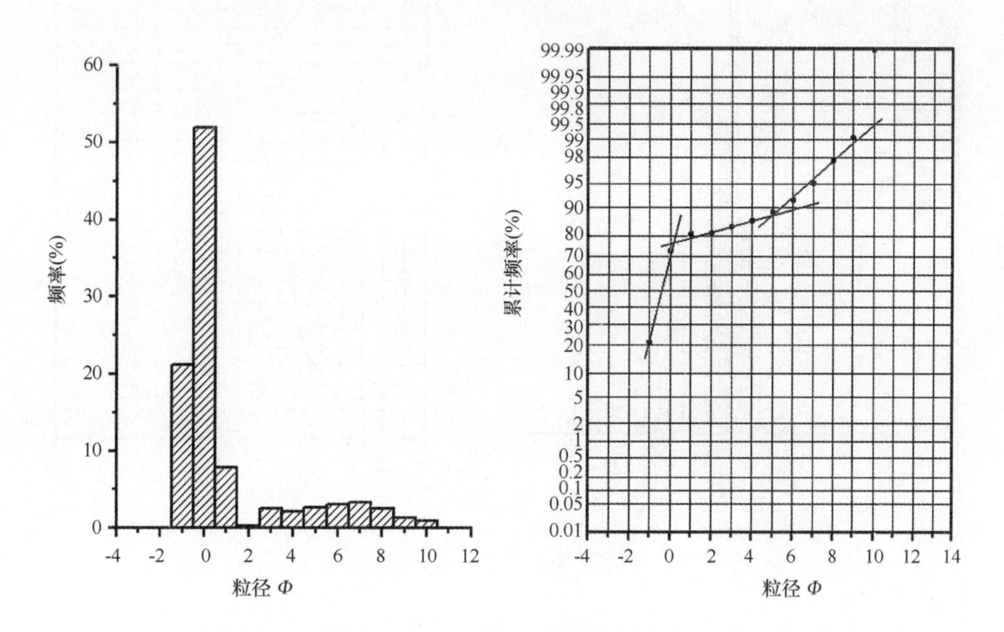

图4.19　胶州湾口 QDS048 样粒度分布直方图和累计频率

在主潮汐通道的末端，图4.17的东南角为呈片状分布的砾质砂和砂。砾石的含量0.08%～5.80%，砂级的含量76.3%～98.7%，粉砂和黏土粒级的含量都小于20%。粒度的分布以单众值正偏态为主。分选系数从0.61（分选较好）到2.77（分选很差）。

沙子口一带受春夏季东南风的影响，易形成大涌，潮流方向为东西向往复流，流速60～80 cm/s。该区为在全新世海侵发生后形成的面积较大的低海拔淤积平原，海水对陆源沉积物进行了长期的改造，形成残留沉积与现代沉积的混合堆积。各类沉积物中（除粉砂质黏土）有大量的贝壳碎片、碎石，局部有灰绿色黏土结核团块，手掰易碎。

2）*砾质粉砂质砂、含砾粉砂质砂和粉砂质砂*

分布在大沽河口两侧、洋河口中潮滩附近呈 NE 向分布；中央水道与岛耳河水道之间，水深 3 ~ 15 m 处横向展布；女姑山与东大山之间潮滩的中间部位；胶州湾口沧口水道和中央水道的分叉处西侧，中央沙脊的砾质砂的外围；在图 4.17 西北部水深小于 10 m 的海区，呈“U”字形分布在沧口水道和中央水道之间；在胶州湾外分布在砾砂/砾质砂的两侧和主潮汐通道的北侧。

大沽河口、洋河口中潮滩附近的粒度分布特点为 2 ~ 5ϕ 的跳跃组分占绝大多数，以 QDS29 为例（图 4.20），粉砂含量 19.88%，砂含量 69.41%，无砾，黏土含量增大（10.72%），中值粒径 3.33ϕ，砂分选好，基本为双峰态正偏态。该区域潮滩平缓，坡度 0.1% ~ 0.2%。属于潮汐—河流复合作用带，河流携带的物质在河口附近堆积，同时受往复潮流的作用，在中低潮滩受到强烈的扰动，将细颗粒物质悬浮带走，形成粗粒沉积，含有较多贝壳碎片。

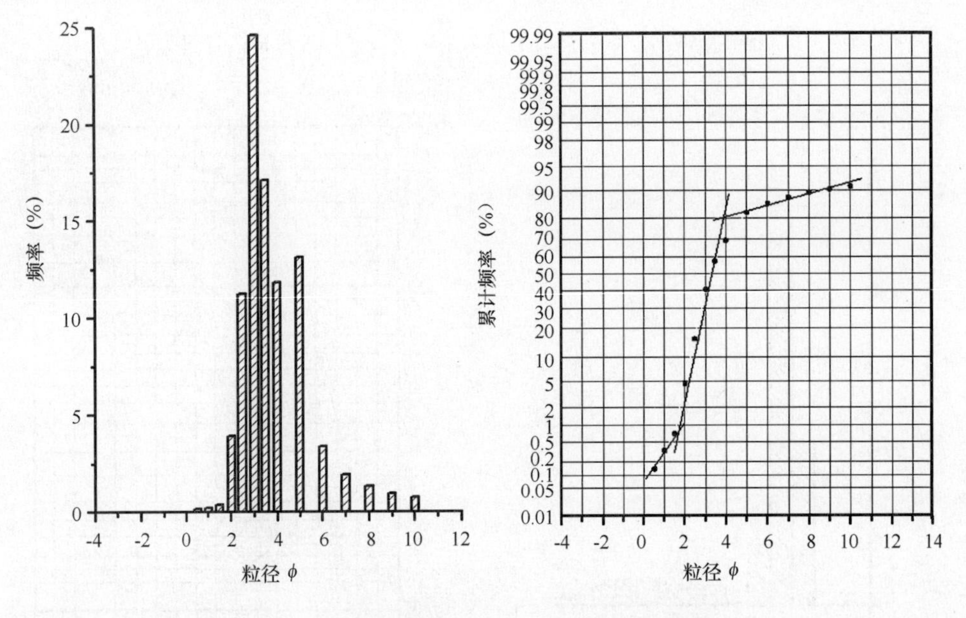

图 4.20　QDS29 站粒度分布直方图及累计频率

分布在胶州湾内潮流通道末端及两侧的粉砂质砂受到相似的动力作用，在粒度组成上具有一定的相似性。主潮流通道的西侧区域，水深小于 20 m 各站位的黏土含量比大于 20 m 的含量要高，总体为正偏（QDS153，图 4.21）。中央水道和沧口水道之间的“U”形区域，大部分分布于水深小于 5 m 的各站为正偏（QDS56，图 4.21），少数小于 5 m 水深各站（“U”形底部）为正偏或负偏。粒度组分含量中黏土含量 10% ~ 16%，粉砂含量 17% ~ 40%，砂含量 45% ~ 65%。女姑山与东大山之间潮滩的中间部位，粒度集中在 1 ~ 4ϕ，基本为双峰态正偏态。以上区域累计频率曲线多呈两段式特点，其特征是跳跃组分含量少，分选总体较好。

分布在胶州湾外潮流通道末端及两侧的粉砂质砂，概率分布曲线多以单峰正偏态为

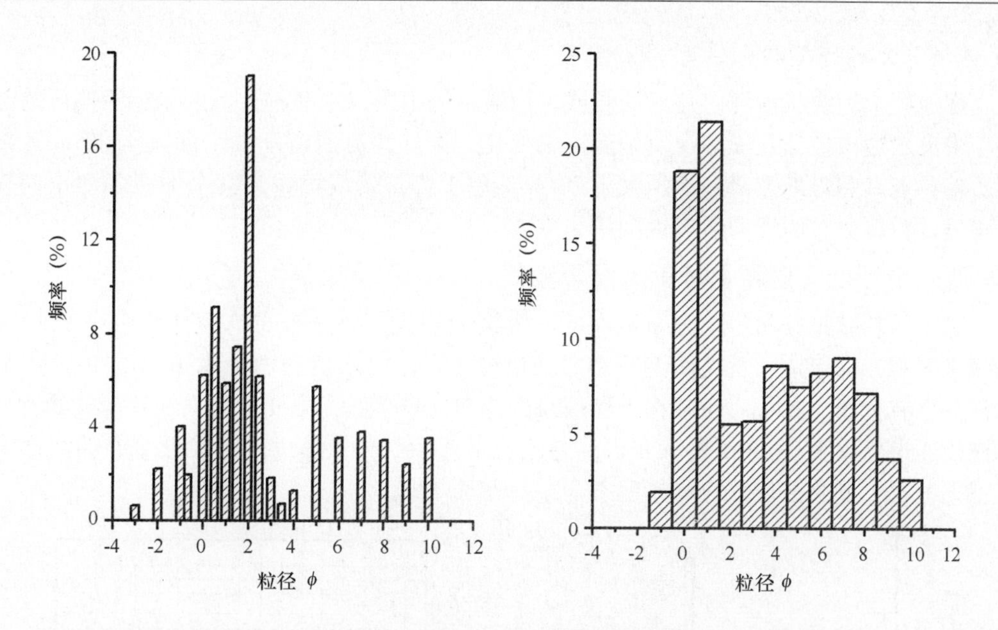

图 4.21　QDS153（左）、QDS56（右）站粒度分布直方图

主，形态尖峭。在潮流通道的砾质砂区域外围一线和北部靠近岸边一线粒度分布多为负偏，在北沙南侧和东侧几个站位粒度分布呈正态分布，双峰态，粉砂含量较高（27% ~ 52%），跳跃组分含量少，悬浮组分含量高，砂分选较好（图 4.22）。

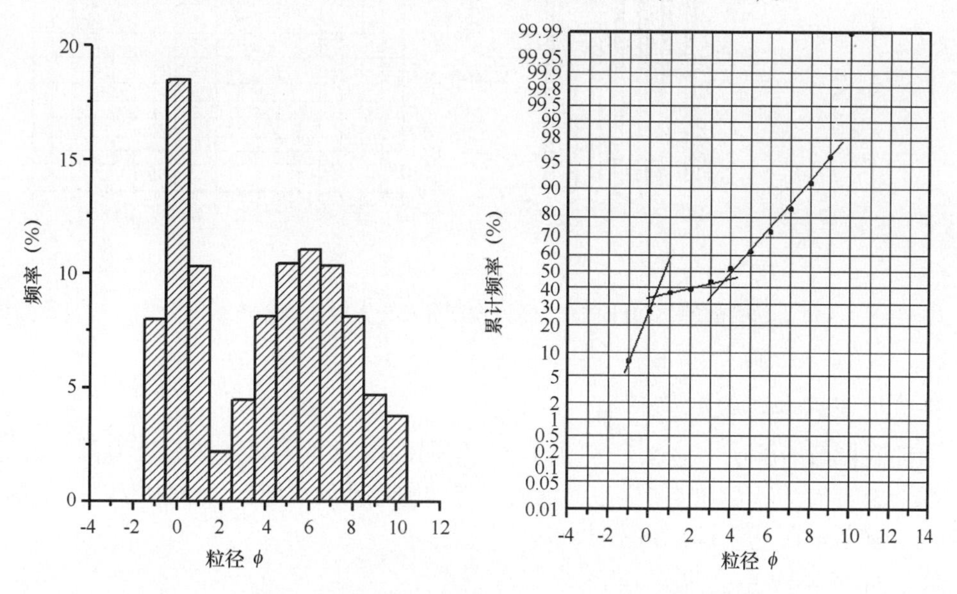

图 4.22　QDS144 粒度分布直方图和累计频率

研究区水深大于 5 m 的砾质粉砂质砂、含砾粉砂质砂和粉砂质砂的分布主要受潮汐作用控制，其延伸方向与潮沟平行，构成了潮沟边缘线状沙脊的主体。

3）砾质/含砾砂质粉砂，砂质粉砂

在地貌上为线状沙脊向陆的一侧或潮汐通道的中段，水深较大，能量相对偏低的部位。中央水道内各站向末端由负偏至正偏变化；湾外潮流通道末端水深大于20 m各站为负偏；麦岛和赤岛及南侧水深大于20 m站位多为正偏或负偏，其余地区多为正偏或极正偏，粒度分布曲线的形态以尖峭为主。

4）黏土质粉砂（包括含砾黏土质粉砂）

黏土质粉砂是胶州湾内分布最广的一类沉积物，主要分布在湾中部水深小于10 m的浅水区和东部岸边，黄岛前湾口和海西湾口，在沧口水道和中央水道内的10～15 m水深处也有分布。黏土质粉砂在青岛前海的分布比较零散，主要分布在线状沙脊的背后和潮汐通道水深大于20 m的深水区。在沧口水道和中央水道内各站粒度分布曲线多为正偏态分布，其余区域以双峰正偏态为主（图4.23）。

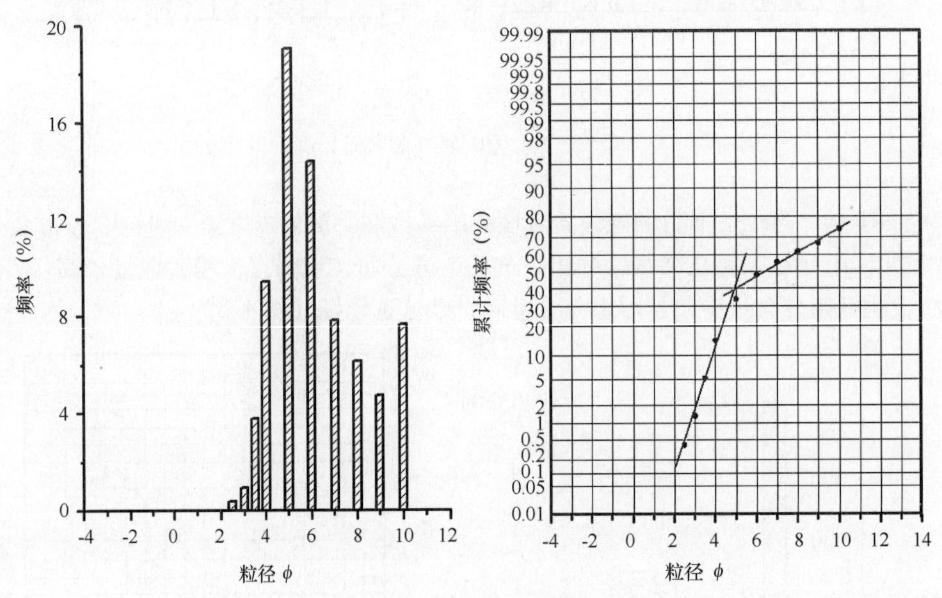

图4.23 QDS68（正偏）粒度分布直方图和累计频率

5）砾粉砂质黏土、粉砂质黏土

分布在隐蔽的湾顶、岸边等水动力条件较弱的区域，例如大沽河口南侧，黄岛前湾、海西湾湾内，东大山北侧岸边，东大山与烟墩之间的潮滩。大多为双峰态正偏态，细粒组分多集中在10～11ϕ（图4.24）。

6）砂—粉砂—黏土

分布在大沽河口三角洲上两块粉砂质砂之间，老公岛附近。由于不同的成因，因此在粒度成分和粒度参数上有较大的差别，在定名时不考虑三组分相对含量的高低，统称为砂—粉砂—黏土。共同特征为分选极差，粒度各组分含量均较高。

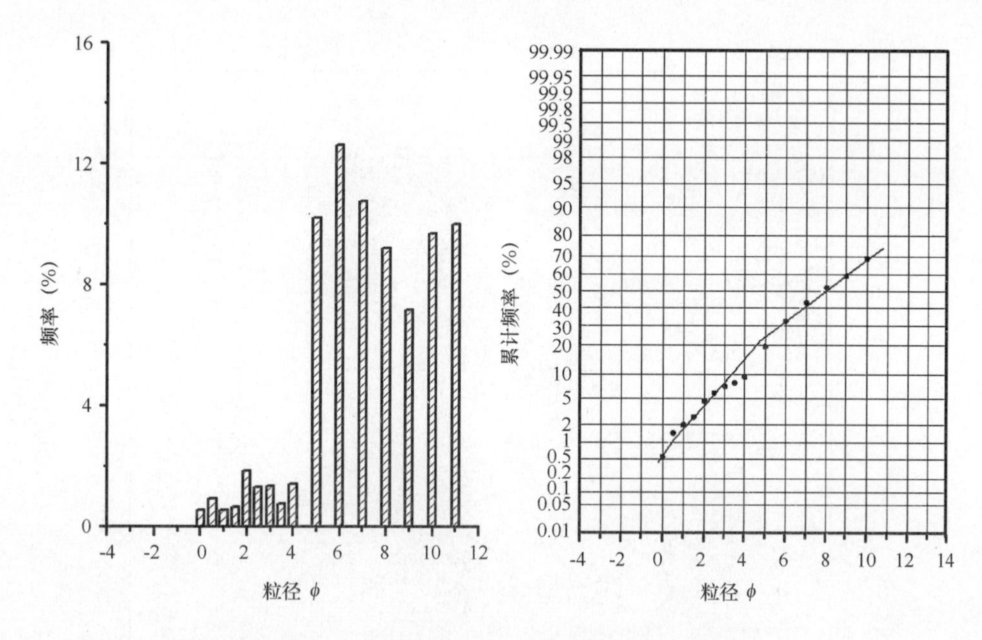

图4.24　QDS260粒度分布直方图和累计频率

4.4.2　表层沉积物空间分布

黏土组分的含量的高值区分布在调查区内的中部宿流至黄岛一线，近南北向展布，另外在东大山与烟墩之间的浅滩上分布，在黄岛前湾内和青岛东部沙子口岸外。其值大于40%。有文章指出胶州湾黏土组分的空间分布形式与余流环流系统有着较好的对应关系，逆时针余环流中心基本对应于黏土组分的高值区，顺时针余环流中心基本对应于黏土组分的低值区。

胶州湾内粉砂含量大于60%的高值区主要分布在湾东部近岸3 km的区域内以及“U”形沙脊南北两侧的区域，湾口处分布在海西湾和黄岛前湾的口门处，湾外分布在湾口深槽末端以及麦岛至石老人之间的外海。粉砂组分的含量相对来讲是最大的，这与粉砂颗粒易启动易沉降的性质有关，主要分布在5 m等深线以浅的范围，粒度特征主要呈单峰态正偏态。

砂组分含量大于40%的高值区主要分布在大沽河至洋河三角洲上，东大山东侧潮滩中部，沧口水道末端“U”形沙脊，岛耳河水道末端沙脊，湾口潮流通道，青岛前海一线及主潮流通道的末端沙脊，分布形态与黏土组分含量刚好相反。砾含量的高值区主要分布于涨落潮流三角洲和潮流通道区域。沉积物中贝壳含量的高低与砂砾含量的高低明显相关，这与较强的水动力环境相对应。

中值粒径（Md_{ϕ}）是沉积物粒度分布的重心所在，能够反映粒度在二维空间上的粗细水平，在一定程度上能给出沉积物运移趋势的信息。采用Fork（1970）提出的公式计算了调查区表层样的粒度平均值，编绘了中值粒径分布图（图4.25）。

中值粒径小于1ϕ的粗碎屑沉积全都分布在胶州湾口两侧。在口门外侧呈近东西向

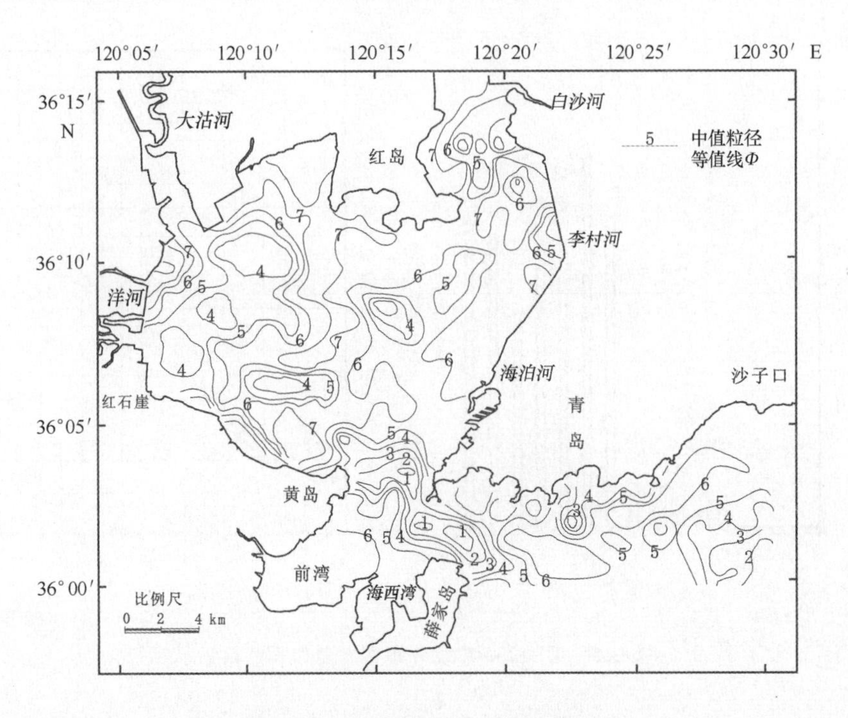

图 4.25 表层沉积物中值粒径等值线

延伸，是在潮流强烈侵蚀作用下所形成的“滞留”沉积物；口门内侧近南北向延伸的中值粒径小于1ϕ的粗碎屑沉积，是沧口水道（水下潮沟）与中央水道（水下潮沟）之间的沙脊，在大沽河水道末端的西侧近东西向展布的是涨潮三角洲发育的沙脊。胶州湾口门处 1 ~ 2ϕ 的等值线可大致圈定出其强烈侵蚀的位置。

胶州湾内中值粒径 3 ~ 5ϕ 的等值线所圈定的面积大都位于水深大于 5 m 的深水区，地貌上表现为水道和垄脊相间分布。在大沽河口和洋河口潮间带上形成的隐三角洲上也有分布，这些都是动力作用较为活跃的区域。图 4.25 东南角主潮汐通道的末端，中值粒径 3 ~ 5ϕ 的等值线所圈定的区域水深变浅，沉积物的粒度变粗，沉积厚度变大，推测为退潮三角洲。青岛前海主潮汐通道的两侧中值粒径 2 ~ 3ϕ 的等值线与地貌上的线状沙脊基本重合。

在胶州湾内，中值粒径大于 6ϕ 的细颗粒沉积主要分布在东部沿岸及中部水深小于 5 m 的浅水区，潮流流速远低于胶州湾口门处，海底地形十分平坦，水道和垄脊相间的地貌特征已不明显。胶州湾周围的河流带来的泥沙大都堆积在该海区，形成了平坦的潮下带沉积。青岛前海中值粒径大于 6ϕ 的细颗粒沉积物主要分布在线状沙脊的背后。在主潮汐通道的北侧有一条呈 115°方向延伸的线状沙脊，长约 4 km，宽 1 000 ~ 2 500 m，高出两侧海底 10 m 左右，对南向和西南向的浪起到了天然屏障的作用，外海来的波浪在沙脊处破碎，波浪的能量消耗在沙脊附近，使得沙脊背后成为一个低能的深水环境，为细颗粒沉积提供了有利的场所。

从粒度参数分布特征来看，沉积物总体分布特征是湾内沉积物较湾外细。胶州湾近

75%的区域为正偏态。呈负偏态的各站主要分布在潮流主通道深槽及其末端，正态分布的各站主要在中央水道以东及沧口水道内。湾外呈负偏态的站位比例较大，且主要分布在潮流主通道深槽末端及青岛前海海区，这些负偏的沉积物基本与粗粒沉积相对应。

分选较好（小于2）的沉积物主要分布在大沽河口、洋河口粉砂质砂中部，沧口水道，湾口潮流通道，青岛前海沿岸一线及北沙和南沙。分选差的区域主要在内湾中央南北分布，黄岛前湾湾口中部。

综合以上分析：砂质粗粒沉积主要分布在主潮道及分支潮道、涨落潮流三角洲潮流沙脊以及大沽河、洋河河口三角洲附近，研究区东侧的砂受黄海沿岸流的影响，多为残留沉积。粉砂及泥质细粒沉积主要分布在潮下带及潮间带水动力条件较弱的区域。

4.4.3 大沽河—洋河水下三角洲

根据胶州湾及其近海表层沉积物的空间分布规律及粒度参数分布特征，结合胶州湾现代水动力条件，可将胶州湾沉积环境划分为大沽河—洋河潮汐河流复合三角洲和障蔽海岸潮成三角洲沉积环境两大类型，又可细分为9个亚环境（图4.26）。

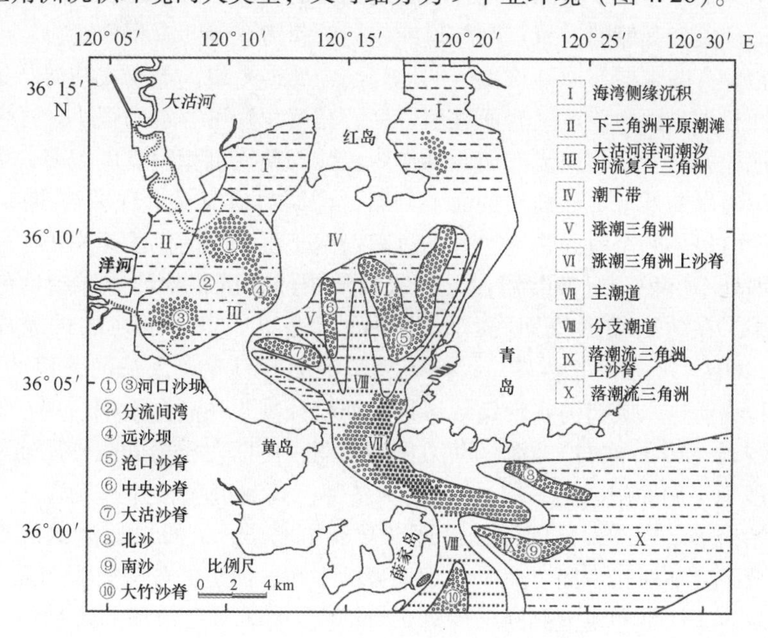

图4.26 胶州湾及其近海潮流沉积体系

三角洲形成与发育的主要影响因素包括河流供给的沉积物数量、水体作用力的类型（波浪、潮汐、海流）和作用强度以及沉积盆地的沉陷程度（姜在兴，2003）。三角洲主要是由河流搬运来的泥沙在河口附近堆积而成，但海水的波浪和潮汐等作用可以使沉积下来的泥沙遭受冲刷和改造。潮汐、波浪及河流对三角洲的破坏或发育作用的强弱，可以形成不同的三角洲形态。

胶州湾属于半封闭性海湾，强风向为NE、NW向，而且大部分河流从海湾北部入海，这造成了海湾的北部，特别是西北部和东北部波浪作用很弱，而入海物质较多的地方形成了以潮汐作用为主的潮滩。其中最为发育的是西北部的潮间带浅滩。最宽处可达7～8 km。沧口海岸也发育有较宽的潮滩，一般为1.5～2 km。大沽河口附近在潮流的顶托作用下，实际上成为一条潮道，高海面时期在潮汐与河流的共同作用下形成了复合三角洲沉积。

对于大沽河三角洲的发育演化，可以从三角洲地区沉积物等厚图（图4.27）及其上的S42线浅地层剖面（图4.28）大致做出以下判断：该区附近的基底地形为南高北低，靠近胶州湾南岸地势平缓，仅在岸边有一条较深的基岩面突然下陷带；胶州湾中部有一条走向近NE向的陡坎，在1 km的长度范围内沉积物厚度有近14 m的高差，再往北基岩面又变得比较平坦。该陡坎在胶州湾的磁力异常图上表现得非常明显（梁瑞才等，2004）。从大沽河水道附近的钻孔来看，上部9.0 m为全新世海相三角洲沉积，以下至23.5 m为河流相沉积，最底部为残坡积砂质黏土。而在洋河一侧，海相层下发育了很薄或没有发育河流相沉积。从而推断，在晚更新世河流相沉积发育的时期，大沽河携带的泥沙几乎全部在基岩陡坎东北侧沉积并使河流相广泛发育，在晚更新世晚期沉积物的顶面基本达到了基岩顶面的高程或略超过基岩面。大沽河河道从浅地层剖面上未发现明显的摆动迹象，其流向大致正对湾口或偏向胶州湾东侧的沉积中心。

在河流相发育的末期，原陡坎地区的地势已经变得平坦。至于大沽河绕道南部深沟入海的可能性很小，因为该区基岩面逐渐升高，且沉积物可容空间很小。洋河河道地势明显高于其他地方，所以其河流下切侵蚀作用较强，使得沉积物厚度很薄，大部分沉积物汇入胶州湾南岸的低地。从地层剖面上判断，洋河河道应靠近现在法家园沿岸一带。全新世早期的海侵是一个海面快速上升的过程，由于沉积物的供给速率小于可容空间的增加速率，即处于沉积“饥饿”阶段，原来河流沼泽相沉积物经海洋动力的改造形成了海侵边界层。在达到高水位期间，大沽河的入海口后退至现在的谈家庄—李哥庄（刘志杰等，2004）一带（图4.29），河流携带的泥沙首先在大沽河河口湾发生沉积，而悬浮的细粒物质进入胶州湾在河口地区形成河口沙坝。在高海面期，现在的大沽河口位置的水深较大（10 m左右），海洋动力作用较弱，所以泥质粉砂或砂质粉砂层在该区非常发育（浅地层剖面中的第二层），此时大沽河三角洲沉积相并不发育。在达到最大海平面且开始回落之后，大沽河河口湾逐渐被充填完毕，入海口逐渐退回到现在的位置，开始发育了大沽河三角洲。此时由于地势的平坦，河道的分流较为明显，分流河道的摆动范围从S43浅剖测线上判断最少有3 km宽。大沽河三角洲的进积使得沉积物下超在原有的海相层之上，其下超面应该与最大海泛面相对应。洋河所经历的过程与大沽河基本一致，它和大沽河一起形成了大沽河洋河潮汐河流复合三角洲沉积相。高水位期海平面的波动形成了三角洲相的叠置。

注入胶州湾的河流多为源近流短的小河。大沽河为该区最大的河流，全长179 km，流域面积4 161.9 km^2，南村站以上的集水面积为3 730 km^2，其次为南胶莱河和白沙河。洋河河流长度49 km，流域面积252 km^2，从表层沉积物的分布特征来看，它和大沽河共同形成了潮汐河流复合体。从河流悬移质输沙量来看，洋河的含砂量最高，为4.45 kg/m^3，大沽河年平均为1.658 kg/m^3。降水量和流量年内分布非常不均，河流的含沙量各月相差也较大，例如大沽河7月、8月含量最高为1.55～1.59 kg/m^3，而在冬

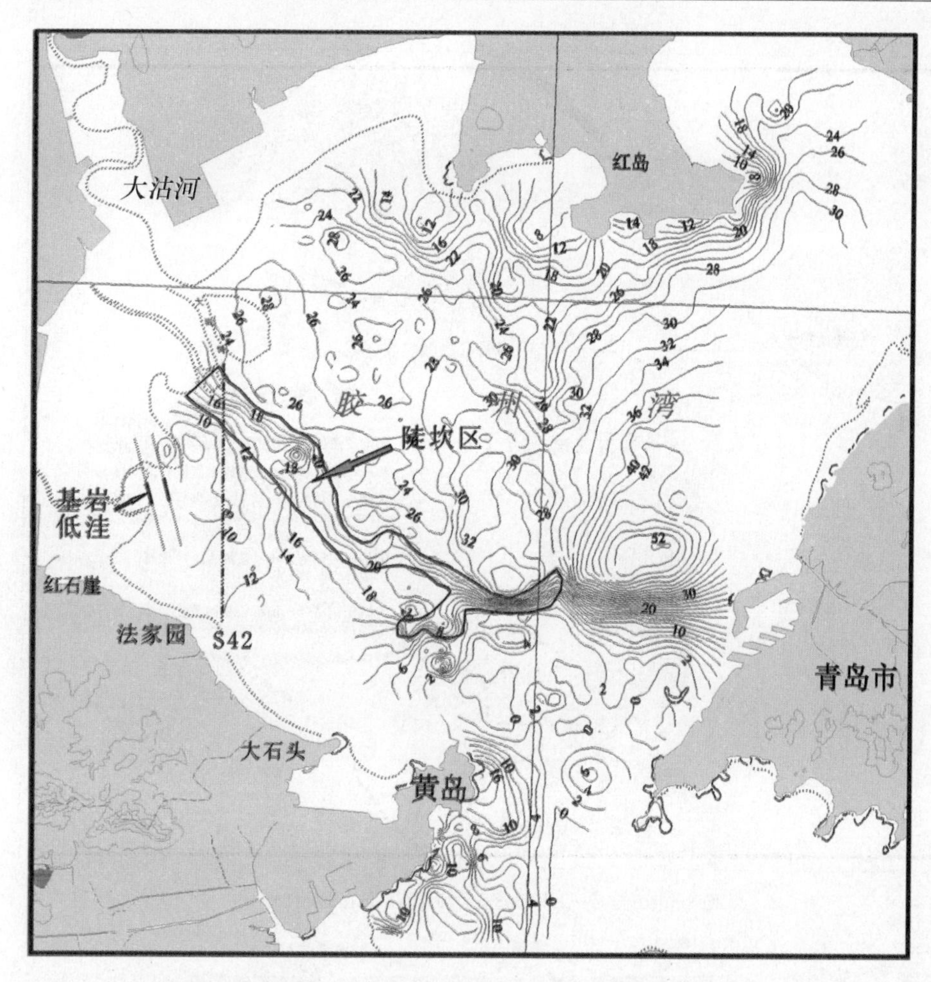

图 4.27　沉积物等厚图显示的基岩陡坎区

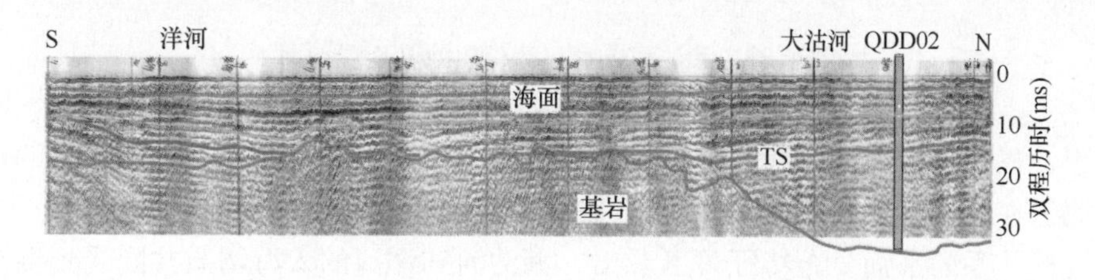

图 4.28　S42 线显示的大沽河洋河三角洲的地层发育

季基本为零。其他河流的性质基本一致（国家海洋局第一海洋研究所，1984）。根据已有的研究成果，胶州湾西北部水深大于 2 m 的区域泥沙常年不动，潮汐、波浪的作用主要是改造河流入海物质。该区的主要动力为潮汐和河流（在近代河流的作用越来越小），根据主要动力类型以及三角洲上的砂体形态，大沽河三角洲属于潮汐河流共同作用，但以潮汐为主的潮控型三角洲类型（Galloway，1975）。

大沽河—洋河潮汐河流复合三角洲沉积体系可以分为 5 个沉积亚相：下三角洲平原

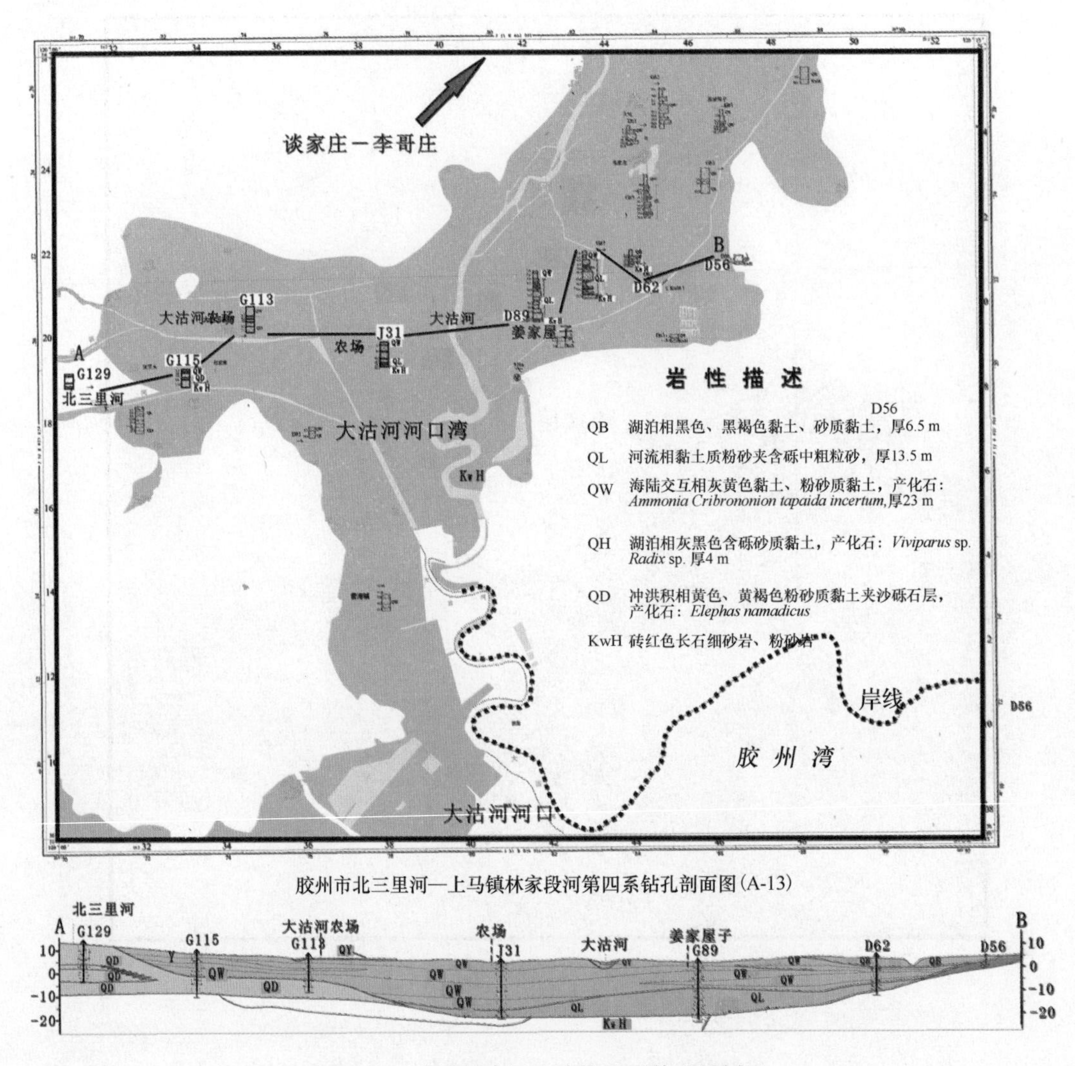

图 4.29 大沽河古河口湾位置及其地层剖面

潮滩沉积、三角洲前缘河口沙坝、分流间湾、远沙坝及前三角洲相沉积（图 4.30）。由于分流河道在早期有一定的摆动，所以河道相在本研究区表现得并不明显。

从沉积体系的平面分布特征可以看出，大沽河和洋河的入海物质共同受到潮汐改造作用从而形成该三角洲。在下三角洲平原潮滩沉积环境中，由于河流作用较弱，主要受潮汐影响，且位置上处于边角隐蔽的区域，所以发育了细粒的粉砂质泥、泥质粉砂，与黄河三角洲侧缘的烂泥湾比较相近。在入海的分流河道之间发育了河口沙坝相，厚度约 1 ~2.5 m，沉积物类型多为细砂和粉砂质砂；在洋河和大沽河河道的中间发育了分流间湾；在河口的远侧发育远沙坝；再往前为前三角洲的潮坪沉积。

三角洲的垂向沉积序列较为复杂，在任何一个剖面中所观察到的垂向层序，并不能代表三角洲在横向上所发育的所有沉积相，其原因在于三角洲在平面上相邻的亚沉积环境，由于堆积速率高，特别在胶州湾内河道的摆动范围有限，造成相邻亚相在垂向上不

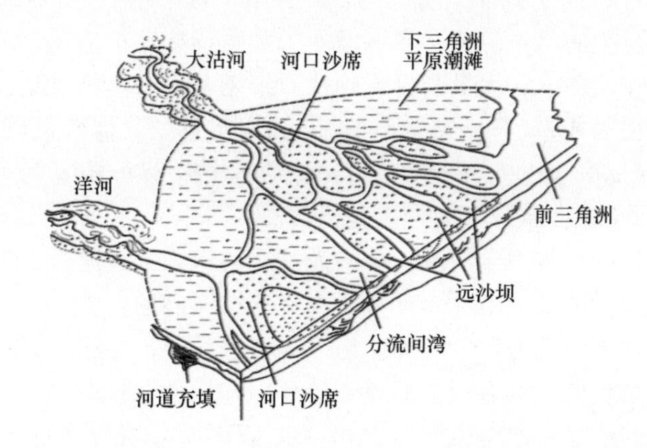

图 4. 30　大沽河—洋河水下三角洲沉积体系

一定相互叠置。现以 QDZ66 柱状样（图 4. 31）为例简要介绍大沽河三角洲的沉积相特征。

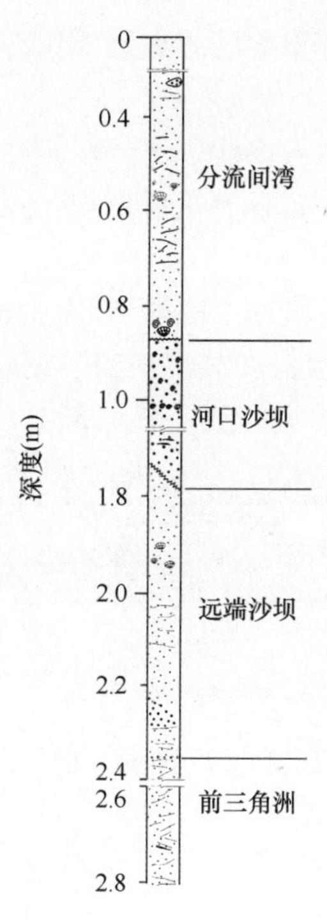

图 4. 31　QDZ66 柱状样中的大沽河三角洲沉积相

分流间湾：为水下分流河道之间相对低洼的地区，位于大沽河与洋河水道的中间。从地貌形态上来看与传统的分流间湾不太相似，该处只是一个在两个河口沙坝之间相对较低但并未形成海湾的形态。从物质组成上，表层的沉积物多为砂—粉砂—黏土，分选极差，应是在洪水季节河流物质漫溢沉积的结果，后期又接受了海洋动力作用的改造。在 QDZ66 孔中沉积物组成为泥质粉砂等细粒物质，局部可见虫孔、包卷层理、有机质丰富的暗色条带以及大的贝壳碎片，在该段的中部生物扰动构造发育。在该层的底部为一冲刷侵蚀界面，在该面上有大量的贝壳碎片。根据与QDZ66孔相近的QDD02孔的资料，该面上的有孔虫以*Ammonina beccarii* vars. 为优势种，其他含量较高的有*Elphidium advenum*、*Buccella frigida*等；介形虫在0.0~0.4 m以*B. bisanensis*为绝对优势种，其次为*N. chenae*等，属于潮下带—潮间带沉积环境。

河口沙坝：河口沙坝是由于河流带来的泥沙在河口处因流速降低堆积而成。其厚度约1 m，与之相邻的QDD02孔在4.5 m以下有2.5 m厚砂质粉砂，估计为河口沉积，但总体上河口沙坝厚度不大。河口沙坝物质组成为黄色细砂，分选较好，质地纯净，生物含量低，有孔虫含量也低，含有较多的贝壳碎片。在局部沉积段内可见深灰与黄色细砂互层，可能为分流河道摆动的结果。与之相近的QDD02钻孔0.4 m以下有孔虫丰度和简单分异度都较小，以*Ammonina beccarii* vars. 为优势种，壳体多破碎；介形虫以*S. impressa*为最多，其次为*B. bisanensis*和*N. chenae*，由此推测出水质的变化极其明显，即该处受到淡水的影响较大，与河口沙坝相的沉积环境基本一致。

远沙坝：位于河口沙坝的前部，物质组成比河口沙坝细，主要为粉砂或泥质粉砂，局部生物扰动强烈，在有贝壳碎片富集的界面物质组成较粗。与上覆地层层为不整合接触，底部有机质相对富集。

前三角洲：形态上分布于2 m等深线以下。沉积物组成为灰绿色泥质粉砂，发育有强烈的生物扰动构造和潜穴，局部富含有机质斑块。在该沉积相中的微化石特征可参看QDD03钻孔的高水位体系域的部分。

大沽河洋河三角洲体系在地震剖面上表现为中强振幅的前积反射相和波状反射相，或者为中振幅平行—亚平行反射相，该前积斜交反射向陆方向终止于沿岸平原复合体内，向海下超于海底，形成其准层序边界（图4.32）。

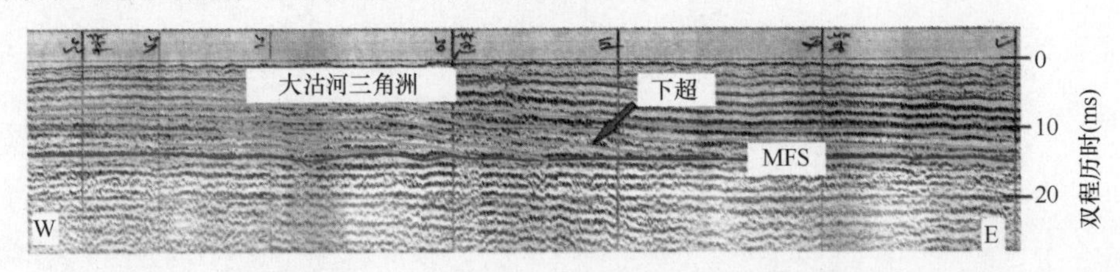

图4.32 S10线浅地层剖面显示的三角洲前积反射

4.4.4 障蔽海岸沉积相

传统的障蔽海岸相是受障蔽岛的遮挡作用，在海岸带发育起来的。按照AGI地质术语，将障蔽岛定义为“一个狭长的波浪建造的低矮沙坝，它是高出高潮线的平行于海岸的宽阔的障蔽海滩”。根据定义，障蔽岛系统包含近于海岸平行的障蔽岛链、其后环抱的水体（潟湖或河口）以及切断障蔽岛使潟湖与外海相通的潮道三部分。这三部分地貌格架清晰地表明了三个主要的沉积环境（图4.33）：潮下带至陆上的障蔽岛海滩复合体，障蔽岛后的潮坪和潟湖，潮下至潮间带的潮汐三角洲和潮道。胶州湾的地貌形态与传统的障蔽海岸系统的形态非常相似，也发育了障蔽海岸、其后的潮坪与潟湖（潮下带）以及潮道系统。不同之处主要是胶州湾的障蔽海岸相中的障蔽岛由两个基岩半岛组成，一个是薛家岛与团岛嘴口门，另一个是黄岛与团岛口门。所以从地形地貌上可以将胶州湾沉积相归入障蔽海岸相，另外从该相中各组成部分的岩相组合上，也符合典型的障蔽海岸相的沉积模式。

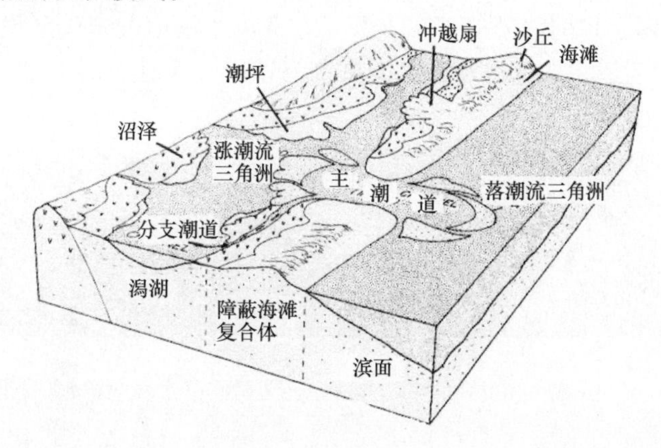

图 4.33　障蔽海岸系统的沉积环境（据 Walker，1979，修改）

在障蔽海岸系统中的沉积环境所形成的沉积物类型各不相同，障蔽岛海滩和潮道、潮汐三角洲一般为砂或砾，而障蔽后潟湖由砂和泥组成。潮道、潮汐三角洲砂质沉积体通常与障蔽海岸垂直或斜交，向内可扩展至潟湖，向外深入近滨。这三种沉积环境转变造成了不同沉积物组合的叠覆作用。由于水动力（潮流或波浪）条件的不同也会产生不同的沉积相，大潮差和强潮流使得潮道和潮汐三角洲沉积相更为发育。

胶州湾是一个半封闭的港湾，由于潮差大，湾内波浪作用较弱，往复潮流成为控制湾内沉积作用的主要动力。湾口受基岩岬角地形的限制，口门狭窄，涨、落潮流在通过口门时，由于狭管效应，潮流加强了对底部的冲刷，使得湾口被侵蚀成沟槽。底部侵蚀的物质，在涨、落潮流的带动下，涨潮在湾内沉积，落潮在湾外堆积，形成涨、落潮流三角洲。

胶州湾障蔽海岸沉积环境包括：潮道；涨潮流三角洲及沙脊；落潮流三角洲及沙脊；潮下带沉积。下面对各沉积环境中的沉积相特征进行讨论。

1）潮道相

潮道环境分为两种：一种是主潮道，联系着潟湖与外海；另外一种是分支潮道，紧邻潮汐三角洲和障蔽后的潟湖沼泽。由于分支潮道与潮汐三角洲复合体息息相关，所以分支潮道相与潮汐三角洲相有时很难区分。潮汐三角洲相的发育依赖于潮道相的发育，而潮道相可独立于潮汐三角洲单独发育。

胶州湾障蔽海岸系统中的障蔽岛由于是由基岩海岸组成，所以缺少障蔽岛相，而且由于基岩海岸不会发生侧向迁移，所以主潮道相也是极为单一的，几乎全部为基岩裸露，其上残留了碎石和砾石。而分支潮道则相对比较发育，从湾口的基岩至潮道中段冲刷侵蚀出露的晚更新世河流相，再到潮道末端的全新世海相沉积物，逐渐与涨、落潮流三角洲形成一体。

胶州湾包括内外两个湾口，团岛与薛家岛之间的湾口宽3.1 km，朝向SEE；团岛与黄岛之间的湾口宽4 km，开口朝南。两个口门的存在延长了潮道的长度，且在转向的过程中加深了潮流对潮道的冲蚀作用，使得主潮道更为发育。主潮道北部可一直延伸到36°06′N，向东南至口门以外的120°24′E。在湾内主潮道的末端又发育了不同的分支潮道，分别为洋河水道、大沽河水道、中央水道和沧口水道（图4.34）；湾外发育竹岔水道。

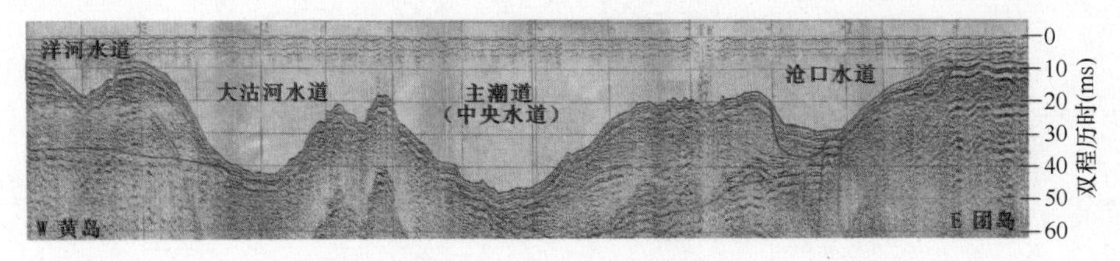

图4.34 S24线反映的湾内各水道（正常网格水平间距500 m）

主潮道在口门附近的底部基本为基岩和滞留砾砂，边缘或为基岩裸露或为被主潮道侵蚀的第四系沉积物，尚未发育潮道边缘的全新世海相层。

主潮道出现分支，造成水动力条件逐渐减弱，对沟底的侵蚀作用也减弱，潮道相迅速由主潮道基岩渐变为分支潮道的海相沉积。在图4.34沧口水道底部及边缘发育有松散沉积物，根据附近48孔0.75 m深度沉积物判断（图4.35），沉积物为灰绿色—浅黄色砾砂，含大量贝壳碎片，粉砂和黏土含量很少，其下即为基岩。大沽河水道为侵蚀陆相河流砂体而成，在其底部仍残留着一定厚度的河流相沉积。大沽河水道发育有分支潮道相沉积，反映了潮道的侧向迁移。由图4.36底部的弱反射特征判断，底部应为粗粒砂质沉积，而顶部的194孔岩性（图4.35）为深灰色—黑灰色粉砂质泥，样长2.1 m，岩性均匀连续，软塑饱和。所以潮道内的沉积层序符合潮道相在垂向上自下而上粒度由粗变细的正旋回层序。湾内潮道上部为泥质沉积的特征反映了现代水动力条件较以前要弱。

湾外分支潮道相沉积与湾内相似。例如位于主潮道末端的QDS178钻孔（图4.35），表层25 cm为浅灰色—灰黄色含砾黏土质粉砂，富含贝壳碎片，与下伏地层呈侵蚀接触，侵蚀面上有砾石，该层为潮道沉积。25～146 cm为黄褐色—灰白色黏土质粉砂，质地坚硬，顶部有残留的植物根系，铁锰质和钙质成分局部富集，土壤化现象非常明显，该层为河漫滩相沉积。146～186 cm为暗灰色—灰黄色中粗砂和砾砂，该层为河床相沉积。

总体来看，研究区主潮道相不发育，分支潮道相对比较发育，但由于潮道的侧向迁移空间有限，潮道比较稳定，所以分支潮道的侧向加积不很明显。分支潮道相向外与涨、落潮流三角洲相逐渐融合。

2）涨潮流三角洲

涨潮流三角洲是发育在口门以内，由于涨潮水体进入湾内流速减弱，挟沙能力降

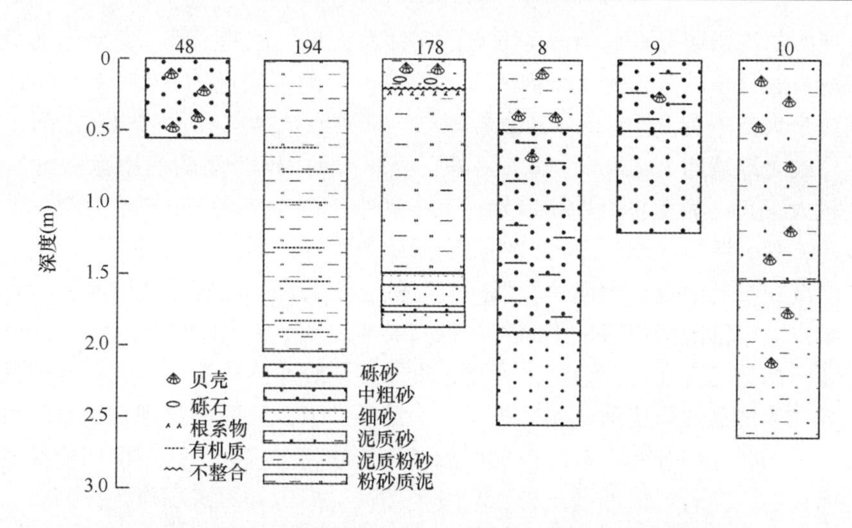

图 4.35　48 孔、194 孔、178 孔、8 孔、9 孔及 10 孔柱状样岩性

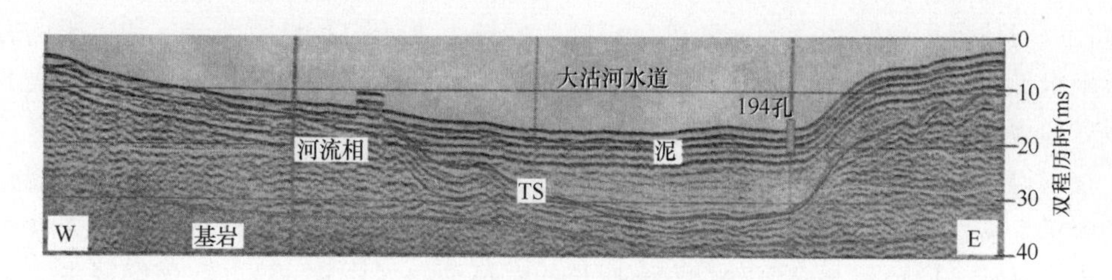

图 4.36　S21 线显示的大沽河分支潮道沉积相

低，泥沙发生沉降形成。该沉积相中最突出的特点为发育有潮道边缘沙脊。潮流沙脊相以外的沉积相与分支潮道末端、潮下带沉积相较难划分，所以统一在潮下带沉积相中讨论。

潮流沙脊是在潮流主导作用下，发育在海峡出口处的一种大致平行于最大潮流方向的线状砂体。根据刘振夏和夏东兴（2004）对陆架沙脊发育程度和物质组成的分类，胶州湾潮流沙脊属于侵蚀—堆积型沙脊。胶州湾口具有狭管效应，内外射流流速均较大，湾口最大流速可达 120 cm/s。潮流形成的强水动力造成沟槽下蚀，掘蚀下来的物质经过短距离搬运后，因水流扩散动力减弱就近堆积形成沙脊，沟槽中出露经改造的老地层或基岩。所以沙脊下部老地层为陆相沉积或海陆过渡相，上覆的沙脊如同在原始地层上戴的沙帽。

控制潮流沙脊沉积的主要因素为潮流动力、物质供应和海平面变化。通过对中国近海潮流沙脊发育的条件的研究，认为表层最大流速在 1 ~ 3.5 kn 均可形成沙脊形态，其中尤以 2 ~ 3 kn 流速最佳（Xia & Liu，1986）。流速大时（ >3 kn）主要以侵蚀作用为主，形成不同规模的冲刷沟槽等负地形；当潮流速介于 1 ~ 3 kn 时，潮流以沉积作用为主，潮流携带物质发生堆积，形成不同地貌形态的潮流沉积，流速太小时多形成垂直于潮流方向的沙丘。沙脊生长方向与主潮流方向一致或呈小角度相交。

根据现有的胶州湾及青岛前海各测点的实测海流最大流速，涨、落潮流的最大流速都出现在湾口，且外湾口流速大于内湾口。外湾口南侧潮流速为4.1～4.5 kn，内湾口西侧涨潮流最大流速为3.16 kn，其余各测点的涨落潮流速都在1～3 kn之间，胶州湾表层的平均最大潮流速为2～3.5 kn。另外，胶州湾的 M_2 分潮的椭率除在沧口水道以西一片区域大于0.4为旋转流性质以外，其余都小于0.4，即胶州湾绝大部分地区为往复流，因此，胶州湾地区潮流动力条件有利于潮流沙脊的形成。

丰富的沉积物供给也是潮流沙脊形成发育的必要条件。中国近海的潮流沙脊一般发育在沉积物供应丰富的河口区、平原海岸近海特别是有古三角洲的地区。胶州湾的涨、落潮流三角洲即是发育在古河口区。晚更新世末期，胶州湾附近河流汇入湾内盆地，携带的沉积物在湾内盆地形成河流相堆积，在一定条件下，河流经过现在的口门水道注入黄海陆架区，同时在湾外一定范围内也形成了河流陆相沉积物。这些沉积物在海侵后形成的水动力场中，随着流速的变化，容易发生侵蚀、搬运和再沉积作用，湾口的潮流将附近的沉积物侵蚀后搬运至现在的潮汐三角洲位置堆积形成涨落潮流三角洲。

海面变化与沙脊的形成也有密切的关系。当胶州湾地区海面上升发生海侵时，潮流能量在口门位置汇聚对裸露的海底进行侵蚀，侵蚀下来的物质经历了分选和再搬运后在附近堆积形成潮流沙脊地形，当达到最大海面时，最大海泛面基本对应潮流沙脊底上包络线。如果海面下降发生海退时，陆相沉积物将进积在潮流沙脊之上形成掩埋沙脊。

在取得了潮流沙脊形成条件的共同认识后，对潮流是如何塑造沙脊地形的问题有不同的解释。Xia 和 Liu（1986）对 Houbolt（1968）提出的次生螺旋流假说进行完善和补充，提出纵轴横向环流是潮流沙脊发育成长的直接动力（图4.37）。在该解释中，潮道相当于顺直的河床，水下沙脊相当于河流的边滩，潮流在沟槽中的运动类似于水流在河道中的运动。由于水位和底摩擦的影响，在脊槽间形成流速梯度和水位梯度，形成两个大致对称的横向环流，向海底辐聚下降，然后沿海底向两岸辐散，再沿水面流到主流线。向海底辐聚的海流侵蚀沟底，侵蚀下来的泥沙随两岸辐散的水流向沙脊的顶部搬运并沉积下来。通常在科氏力的作用下，沙脊的两侧分别以涨、落潮流为主，造成脊坡两侧水质点向脊顶运动，从而使得泥沙也向脊顶运动，这也可从沙脊上的沙丘向顶倾斜的情况加以证实。在胶州湾潮道边缘的沙脊，其形成原因基本与上述理论相符。在湾内，中央水道、大沽河水道区域为优势涨潮流水道，而两侧的沧口水道和岛耳河水道形成落潮优势水道；在湾外，东北侧分支涨潮流和西南向涨潮流有优势，与中央的落潮优势水道一起，形成沙脊两侧的涨落潮流，有利于携带物质向脊顶运动（图4.38）。

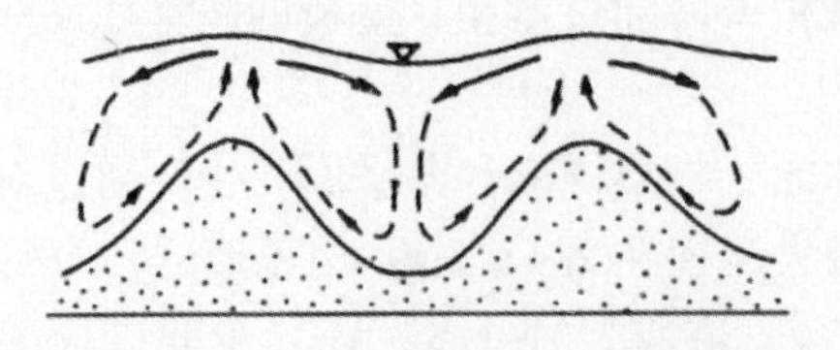
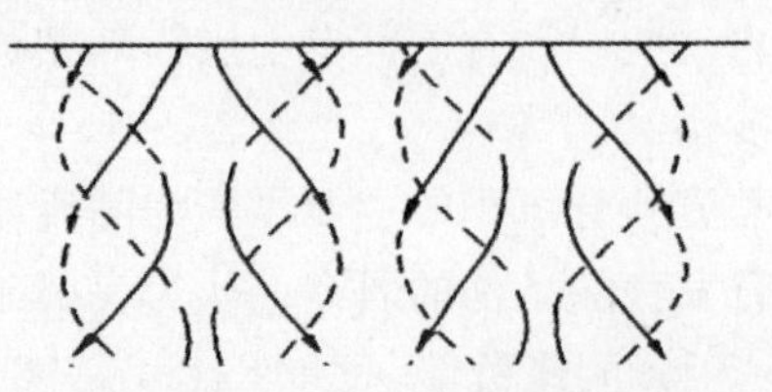

图4.37　纵轴（右）横向（左）环流示意图（实线为表层流，虚线为底层流）

通过以上的分析，潮流沙脊的成因为次生的横向环流作用，而涨、落潮流三角洲的成因则是水流挟沙能力的降低使得沉积物落淤，二者的成因是不同的。因此，胶州湾内的潮流三角洲相，实际上是包含潮流三角洲和其上的潮流沙脊两个沉积亚相。

胶州湾涨潮流三角洲上发育的潮流沙脊自西向东主要有三条（图4.38）：一条是在洋河水道和大沽河水道之间发育的线状沙脊，简称“大沽沙脊”；第二条为大沽河水道与中央水道之间的线状沙脊，简称“中央沙脊”；第三条为中央水道与沧口水道之间发育的沙脊，简称“沧口沙脊”。这些沙脊都是发育在两个水道之间，一般自水道的分支处开始，一直相伴到水道的末端。从形态及沉积物的分选情况综合分析，大沽沙脊发育得最为成熟，沉积物分选较好，沧口沙脊次之，中央沙脊最差。

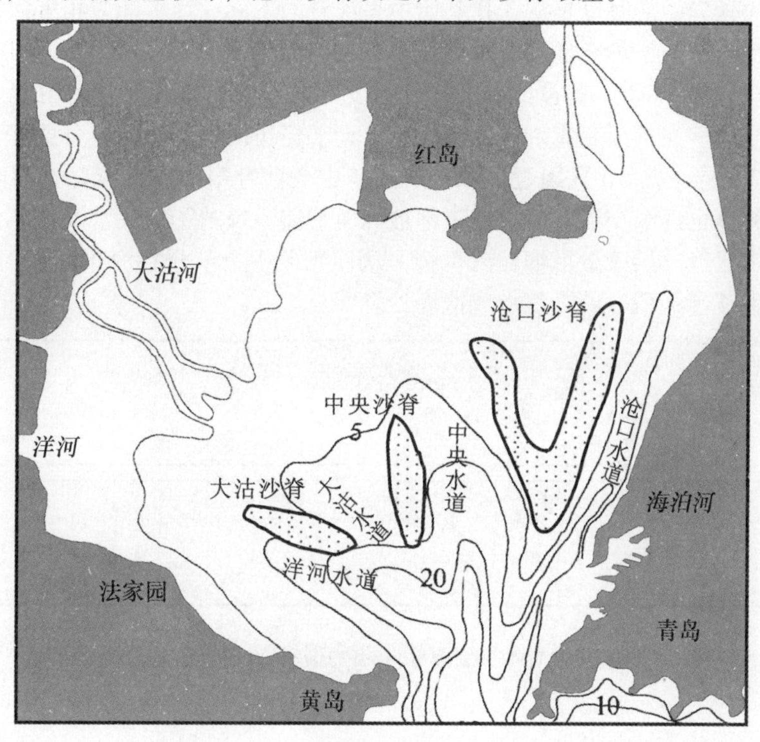

图4.38　胶州湾潮流沙脊和水道分布

大沽沙脊在形态上表现为明显正地形（图4.39），长约6 km，宽约1 km，沙脊的厚度约5～8 m（包括了河流相砂层）。在沙脊上获取的130孔（图4.40，图4.41），岩芯长1.3 m，以中粗砂为主，0.88 m以上有大量的贝壳碎片，0.88～1.3 m贝壳含量减少。矿物成分以石英颗粒为主，少有长石。中央水道在地形上表现为很小的起伏（图4.42），其上没有明显的沙丘，但有衰亡沙脊的迹象。该沙脊长约3 km，宽约1 km，为了深入了解沙脊内部结构，在沙脊的顶部布设了一系列的2 m左右深度的钻孔（1～7号孔）。

从沙脊上的浅地层剖面（图4.40）可以看出，刚从主潮道分离出来的大沽河水道非常发育。在靠近沙脊的北侧有明显的侧向迁移，且从反射特征来看底部为砂质粗粒沉

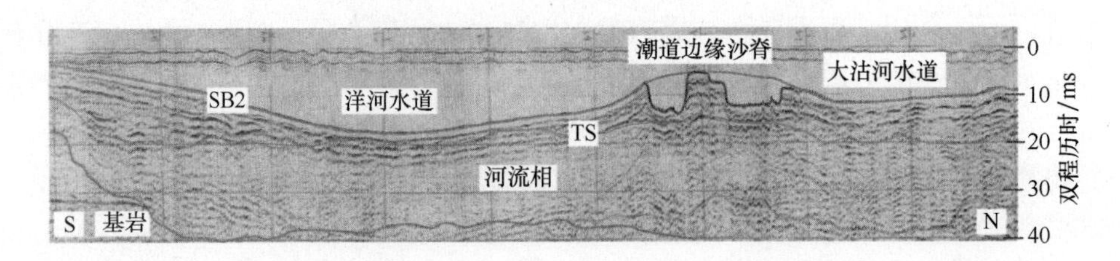

图 4.39 L47 南线剖面显示大沽沙脊内部特征

积，顶部为细粒沉积，这也可从沙脊上获得的浅钻资料加以证实。自 3 号孔开始发育了潮道边缘中央沙脊，同时也是从 3 孔开始中央沙脊的下部发育了潮道相沉积物，在剖面中呈叠瓦状反射结构，可能是潮流水道在早期的迁移改道所致。从 1（即 194 孔）~7 孔的岩性变化（图 4.41）来看，中央沙脊的发育在平面上自头部开始由泥—泥质砂—中粗砂—泥质砂—泥逐渐变化，在垂向上自下而上经历同样的变化。分选好至较好的砂主要分布在 3 孔、4 孔、5 孔附近。综上所述，中央沙脊中间发育较好，向两侧逐渐尖灭，沉积物粒度也逐渐变细。沙脊的顶部被泥所覆盖，反映了现代水动力条件较以前要弱，在沙脊上已经开始落淤了细粒沉积物，从而判断中央沙脊在海平面相对下降之后，沉积物在其上逐渐加积，最终将形成掩埋沙脊。

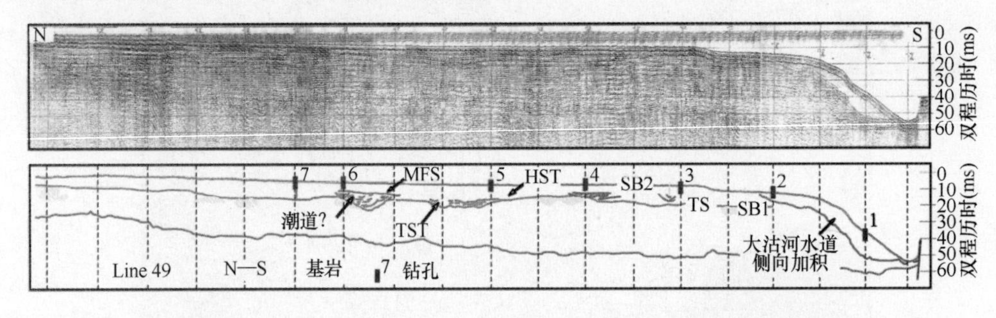

图 4.40 中央沙脊地层剖面显示的内部特征及沙脊上钻孔的位置

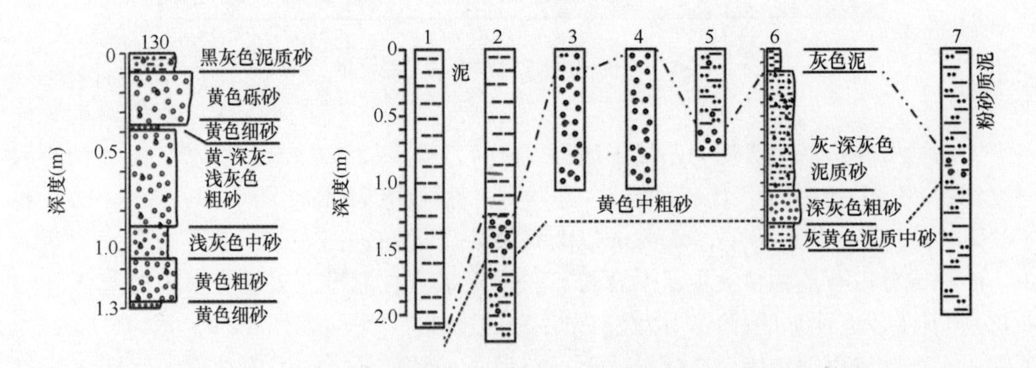

图 4.41 大沽河沙脊上的 130 孔（左）及中央沙脊上钻孔（右）

沧口沙脊是胶州湾内最大的沙脊（图 4.42），表现为正地形，高差可达 20 m，南北长约 16 km，东西宽 1.5 ~ 2 km。主要组成物质为粗砂，从南向北粒径逐渐变细（边淑华，2004）。在沧口沙脊的左侧的 8 号钻孔（图 4.35），样长 2.45 m，顶部 0.5 m 为含贝壳碎片的浅黄色黏土质粉砂；0.5 ~ 1.9 m 为灰黄色含黏土砾砂，偶见贝壳碎片，向下颜色变黄。1.9 ~ 2.45 m 为黄色含砾中粗砂，质地纯净，分选良好。

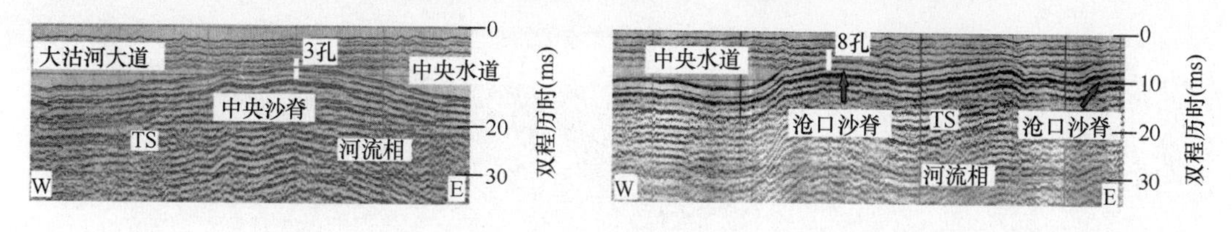

图 4.42　中央沙脊（S18—左）和沧口沙脊（S12—右）的内部反射特征及其上钻孔

该沙脊的分布形态是从表层沉积物粉砂质砂的分布及 8 号钻孔的资料来判断的，对于该沙脊的东侧靠近沧口水道处的岩相根据以往的资料也应该是以粗砂为主。在该沙脊的中间有表层站位为泥质粉砂，表层以下沉积物的类型由于缺少钻孔资料难以判断。从浅地层剖面上来看，两个沙脊之间弱反射特征较连续，推测下部砂体也较连续。沧口沙脊的西侧靠近中央水道，从剖面上看，中央水道延伸至该沙脊的中部时在地形上已经不是非常明显，且该处的最大潮流速一般要小于 1 kn，所以在成因上沧口沙脊的西侧更相似于张潮流三角洲上落淤形成的砂体。

3）落潮流三角洲

落潮流三角洲与涨潮流三角洲的沉积相相近，也是以潮道边缘的线状沙脊为特征。湾外分布了三条线状潮流沙脊（图 4.43），沿潮流通道的方向延伸，其成因也是与潮流作用相伴生的。分别为：湾口潮流通道北侧线状沙脊，自太平角至浮山湾外海至大麦岛南侧，长度 6 km，最大宽度 500 m，简称“北沙”；湾口潮流通道南侧线状沙脊，呈桔瓣状，长 5 km，最大宽度 600 m，简称“南沙”；沿竹岔水道东西两侧断续分布的沙脊，西部延伸至薛家岛南部的鱼鸣嘴，东部主要在竹岔水道分支处至竹岔岛，简称“大竹沙”。

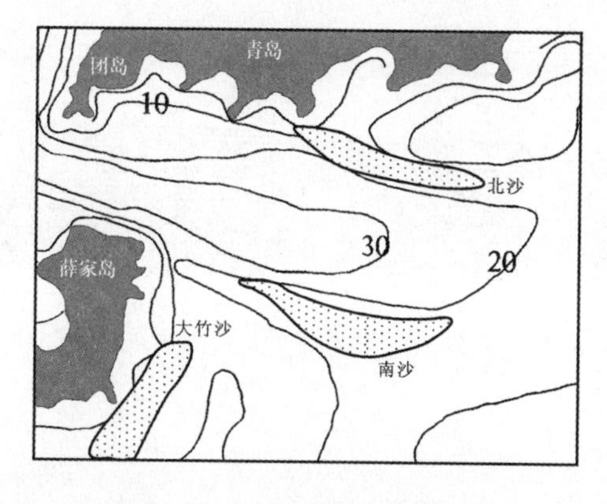

图 4.43　湾外落潮流沙脊分布

北沙砂质（图4.44）分选较好，基本不含泥，在其上的钻孔9（图4.35）表明，0～0.5 m为浅灰黄色含黏土砾砂，0.5～1.21 m为浅棕黄色—灰黄色砾砂，含有较多的贝壳碎片。从北沙所处的水深及其发育形态来看，其运动方向是向岸的，波浪作用对北沙的影响比较大，即北沙的形成与发育可能是潮流和波浪两方面共同作用的结果。

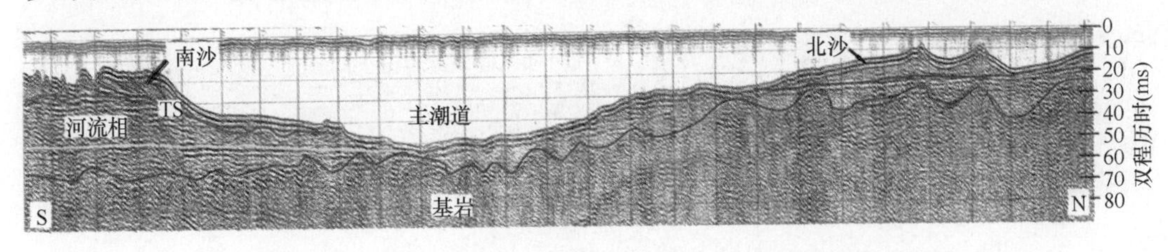

图4.44　湾外L12线地层剖面显示了南沙、北沙的内部结构

南沙是青岛市宝贵的砂矿资源，同时也是文昌鱼生态保护区，对南沙的调查研究进行了大量的工作。在南沙的下部还有一层陆相河流成因的砂体，上下之间从浅地层剖面上来看有一条连续的强反射界面。南沙内部剖面形态表现为一个与沙脊的陡坡倾向基本一致的斜层理，它反映了沙脊生长、发育和物质迁移的过程，说明南沙是逐渐向着潮道方向运动的。由于砂质非常好，南沙一直有盗采现象。

湾外落潮流三角洲除发育潮流沙脊外，还在潮道的末端发育了落潮流三角洲相。在三角洲尾部的10号钻孔（图4.35）显示了上部沉积层序：0～1.55 m为灰黄色含砾黏土质砂，含有丰富的贝壳碎片，1.55～2.66 m为浅灰色含砾黏土质粉砂，偶见贝壳碎片及虫孔。从浅地层剖面（图4.45）上来看，三角洲厚度7～8 m，底部的弱反射可能反映了砂质粗粒堆积，该层至三角洲末端逐渐变薄。在三角洲的末端以外，浅层剖面为杂乱反射特征，结合该区表层沉积物为砂质粗粒沉积，推断这可能是强潮流对沉积物冲刷改造的结果。在落潮流三角洲以外，表层沉积物为砾砂，属于受黄海沿岸流改造的残留沉积，落潮流携带的沉积物受南下的沿岸流的影响转而向西南堆积。三角洲的下伏地层表现为杂乱弱反射，可能也是砂质粗粒沉积物，且上下层之间的界面是一连续的强反射界面。

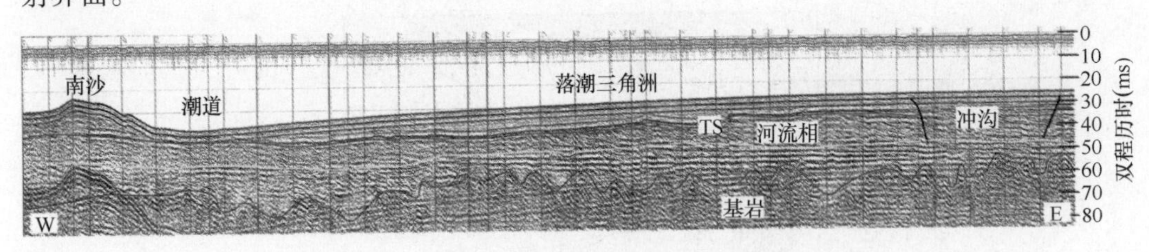

图4.45　湾外L02线落潮流三角洲内部反射特征

4）潮下带沉积相

在胶州湾潮流沉积体系中，潮下带位于大沽河—洋河三角洲的前三角洲部位，同时也相当于障蔽海岸相中的潮坪、潟湖相沉积，由于胶州湾的海水与外海的连通性较好，

所以潮下带潟湖相的发育特征不明显，仅在海湾的边角地方小范围发育。根据该区内的柱状样剖面图（图4.46）可以看出，潮下带沉积相的沉积物类型主要为灰—深灰色泥质粉砂或粉砂质泥，岩性均匀；上部少见贝壳，下部较上部多，近岸贝壳含量增加；见有较多虫孔，未见其他明显的沉积构造，局部有机质斑块或条带比较丰富，表明潮下带的低能稳定的沉积环境，沉积物以悬移质沉积为主。靠近湾北红岛岸边的212号等孔在上部的中间层位一般有一贝壳富集层，该层上下岩性都为泥质粉砂，但底部为灰绿色，顶部为黑灰色。该贝壳层可能代表了高海面期以来海平面的波动。

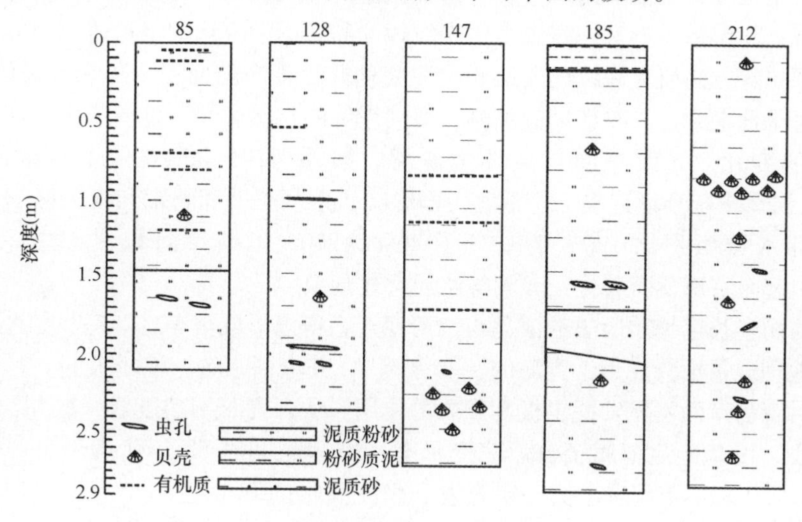

图4.46 潮下带钻孔剖面

综合以上对各体系域内沉积相的讨论，海进体系域沉积相主要为海侵边界层、潮沟充填，古滨岸粗粒沉积和最大海泛面等，从规模上看比较小，潮沟边缘的沙脊在此期间已经开始发育。高位体系域发育了包括潮道相、涨落潮流三角洲和潮下带的障蔽海岸沉积相以及大沽河—洋河水下三角洲两个大的潮流沉积体系。大沽河—洋河三角洲应该是在海平面逐渐下降及河口逐渐退移至现在河口位置时期形成的，要晚于障蔽海岸相的发育时间。由于胶州湾地区构造升降基本为零，且近代入湾河流携带的物质锐减，所以潮流沉积体系的演变趋势主要取决于海平面的变化。虽然对高海面期是否结束及何时出现海面下降，都还处于预测与争论之中，但以现在来看，胶州湾的演化趋势较为稳定，湾内略有沉积，障蔽海岸相的演化接近尾声，现代的水动力条件对湾内的潮流沉积体系主要是起维持作用。

第5章　胶州湾岸线变迁

海岸带是人类频繁活动的地带，一些优良港湾的开发利用更是得到了世界各个国家的一致重视。海岸带科学家一直致力于岸线运动和海岸带变化的定量研究，应用历史海图和遥感图像等方法研究岸线的属性和位置变化并计算海陆面积变化。大量研究表明，随着全球海平面上升、人类活动的加剧，海湾岸线的自然属性、港湾的面积和纳潮量发生了快速的变化，导致海湾自然环境恶化。如深圳湾，到2000年围垦面积已达26.8 km^2，对海岸带环境造成了严重的负面影响；东京湾因潮间带和浅水区的大规模围垦，2000年水域面积比1900年减小了26%，2006年潮坪面积比1900年减少了92.6%，引起东京湾富营养化、赤潮等水质恶化现象。

胶州湾历经长期地质历史的演化与沧海变迁，得以形成至今之形态。如今胶州湾以其独特的地理位置优势成为了青岛的"母亲湾"，其港深水阔，浪小波轻，是难得的天然良港，对青岛市的发展发挥了极其重要的作用。从开发利用角度看，胶州湾经历了5个发展阶段，19世纪之前属于自然演变状态；20世纪初到50年代属于小规模用海阶段；20世纪50—70年代属于第一次开发利用高潮期；20世纪80年代到世纪末进入第二次开发利用高潮期；21世纪初到现在属于第三次开发利用高潮期。对胶州湾环境的研究也由来已久，孙英兰等（1994）对青岛海湾大桥对胶州湾潮汐、潮流及余流的影响进行了预测。边淑华等（2001）以胶州湾不同时代的海图为依据，采用人机交互方式，总结了近130年胶州湾总水域面积、总岸线长度变化。杨世伦等（2003）考虑到围堤的影响，对堤基上下部分分别讨论，计算出半个世纪以来胶州湾纳潮量减少了15%左右，而非传统方法算出的25%。王伟等（2006）通过调查环胶州湾地区海岸线的历史变化情况，探讨了环胶州湾海岸线演化与控制因素。

当今胶州湾自然环境是形成于全新世初期的海侵之后。从钻孔资料综合来看，胶州湾北部的毛家庄（南）、李家庄和桥西头等地均发现了距今8 500年前后的海相层，此海相层起始位置为现海图零点以上2.6 m，相当于现今潮滩的位置（韩有松和孟广兰，1984）。

全新世初期，海平面呈缓慢波动上升，海水沿古河道上溯至胶州湾，开始海侵进程。在距今约7 000 ~6 000年，胶州湾海侵达到最大，海侵活动波及范围一般向低地陆区伸入5 ~20 km，抵达剥蚀丘陵和冲洪积平原前缘，在胶州湾西部达胶州市东关和洋河崖一带；在胶州湾北部沿原大沽河谷地入侵20 km以上，可上溯至蓝村以南胶济铁路一带。沿岸5 m等高线大致构成了海侵最大时的古海岸线，此时的海相层在毛家村（北）的钻孔中有所体现（韩有松和孟广兰，1984）。最大海侵时胶州湾的总水域面积达707.7 km^2，比现代大将近1倍。

从距今4 ~5 ka年开始，受新构造运动控制，再加上河流入海泥沙淤积，使得胶州湾，特别是其北部地区海水缓缓后退，陆相沉积物覆盖于海相沉积物之上，岸线向海推移。在李家庄、桥西头、李小庄沉积剖面中，均发现海相沉积层上又覆盖着厚1 m左右的现代冲积物和湖沼沉积物。陆地地壳在最大海侵之后曾有1～2 m的净抬升，可能是受到气候转冷造成的海面下降，海岸线持续后退，一直退至现代海岸线附近。胶州湾南部岸线为基岩属性，变化很小。上述变化几乎全部由自然因素所致（图5.1）。

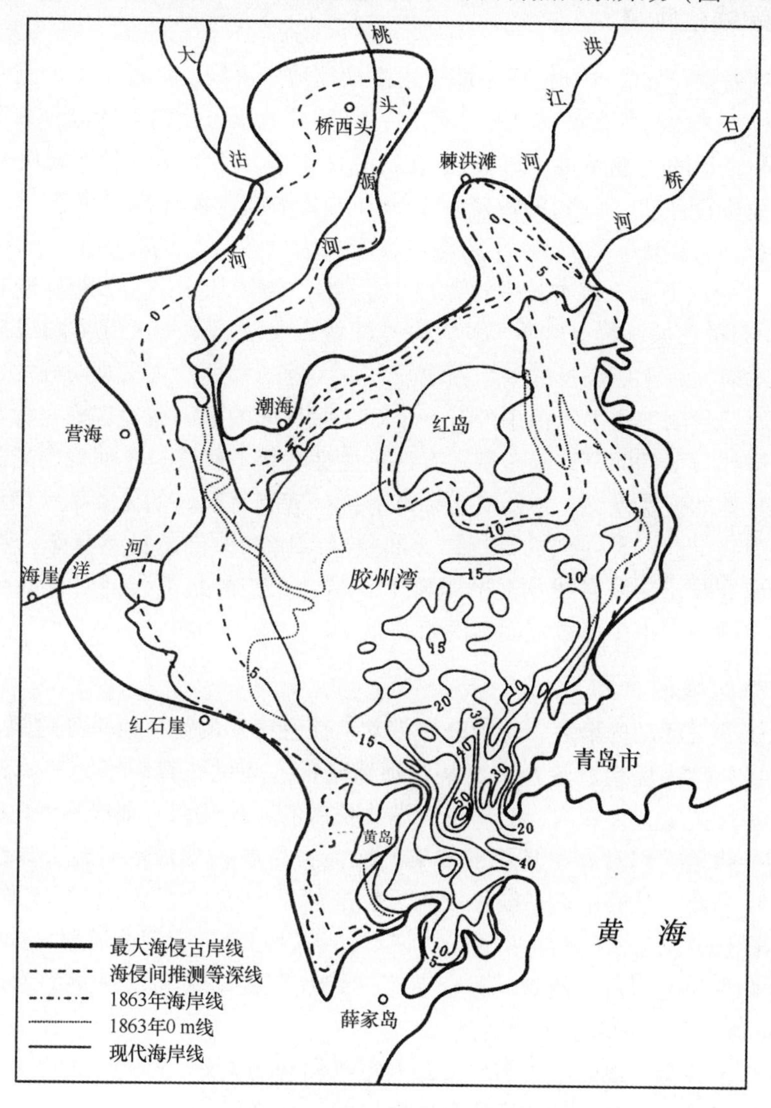

图5.1　胶州湾海岸线历史变迁（李乃胜等，2006）

全新世中期以来，青岛沿海地区地壳上升速率为1～2 mm/a，近代地壳上升与现代海面上升的速率基本持平，近些年来海面上升速率要明显高于地壳上升速率（周艳琼，2005），因此，青岛地区海面正发生相对下降——持平——上升的转化过程（杨鸣等，2005）。胶州湾自然形态一直延续到20世纪初期，几乎没有受到人类作用的影响。20世纪中期以来，人类在胶州湾及其周边地区开发活动加剧，胶州湾进入人类活动改造演变阶段，然而对人类活动带来的环境影响缺乏全面系统的研究。

5.1 岸线划定方法

5.1.1 海岸线的定义

海岸线是海洋与陆地的交汇线，即海水淹没陆地的界线。然而，由于潮水的涨落和特殊天气系统如风暴潮、海啸等增减水作用，以及波浪所形成的上冲流等多重作用，这条界线是不断变动的（夏东兴，2006）。在实际应用中，不同学科和不同机构从各自的角度对海岸线位置做出了不同的规定。中华人民共和国国家标准《海洋学术语——海洋地质学》（GB/T18190—2000）中将海岸线定义为“多年大潮高潮位时的海陆界线”。“908”专项《全国海岸带调查技术规程》中规定：“海岸线为平均大潮高潮时水陆分界的痕迹线。”目前普遍被接受的是平均大潮高潮线定义法，平均大潮高潮线指海洋潮波达到大潮高潮时，海水所淹没的平均界线。平均大潮高潮线的含义是明确的，但是在胶州湾实际的岸线量测工作中，由于没有一个统一而具体的海岸线地貌确定标准，各文献中对胶州湾岸线长度的测量结果差别很大，可比性较差。确立一个明确合理的海岸线划定标准具有重要的现实意义，岸线确定标准的统一应当从统一的分类标准中体现。

现代海岸线受到人类强烈的干扰，大部分岸线已经不再是自然状态，形态各式各样，在调查研究胶州湾海岸线状况的基础上，结合相关规定，我们对岸线分类进行梳理，提出在岸线划定中应当重点明确两组关系。

1）主体岸线与辅助岸线

随着人工开发活动的增多，现代海岸带常常伴有密集的港口码头等建筑，建有大量的线状坝。胶州湾内堤坝数量众多，某些坝体延伸入海的距离较长，长宽比远远大于20，若将其长度完全统计在内，会干扰对岸线长度的正确认识，如果不考虑这些长条形线状坝，则会掩盖它们对海岸环境的影响。然而，目前各类规范对此类岸线的处理问题，尚未有一个统一的规定。岸线长度测量标准的不明确，不仅给实际工作带来困扰，还会影响不同研究结果之间的可比性，尤其是对政府的科学管理造成很大的麻烦。有些学者曾做过此方面的探讨，例如，郑全安等（1991）提出在利用遥感影像确定岸线时将小于50 m宽度的堤坝单独列出的建议。

在综合考虑各类岸线的地貌与环境影响特点和现场调查工作经验的基础上，我们在研究胶州湾海岸线时区分出主体岸线和辅助岸线，定义如下。

主体岸线：能基本反映陆地或岛屿主体海岸原始走向的平均大潮高潮界线。

辅助岸线：人工造成的明显偏离主体岸线走向的平均大潮高潮界线。

需要特别说明的是，辅助岸线存在两种情况：一种是河口，河口两侧明显转折点的连线为主体岸线，内部河道平均大潮高潮界线为辅助岸线，这种情况也包括人工开挖的宽度小于50 m或长宽比小于20的内湾；另一种情况是线状坝，宽度小于50 m或长宽比小于20、向海突出的线状坝体，作为辅助岸线量测统计。上述识别方法的优点是能够真实地反映出人类活动过程中海岸线的变化。

2）自然岸线与人工岸线

"908"专项《全国海岸带调查技术规程》依据海岸线的自然属性将其分为自然岸线和人工岸线，参照此方法，将胶州湾主体岸线分为自然岸线和人工岸线两类。其中自然岸线又分为基岩岸线、砂砾质岸线和河口岸线，人工岸线又分为港口码头岸线、人工湿地岸线（包括盐田虾池岸线）和人工其他类岸线（图5.2）。

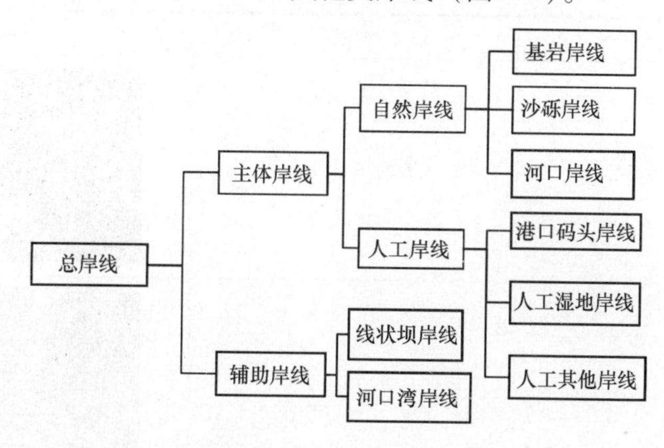

图5.2　胶州湾岸线分类

目前对于基岩岸线和砂砾质岸线的定义分歧较少。基岩岸线常有海蚀陡坎等地貌特征；砂砾质岸线形成于沙滩或者砾石滩上的平均大潮高潮位上的痕迹线，一般是由小砾石、粗砂、贝壳碎片、流木、水草残体等构成。河口岸线的定义则存在较多争议，在管理上也比较混乱。有的学者主张根据河口特点以盐度或者地貌作为划分标志（夏东兴，2006）。根据"908"专项《岸线调查规程》相关原则，我们认为将河口两侧明显转折点的连线作为主体岸线中的河口岸线类型比较合适。

人工岸线类别中的港口码头岸线定义为港口码头向海一侧的外缘，人工其他类包含路基和填海岸线两种类型，其海岸线位置定义为工程体的向海侧外缘。

需要特别说明的是盐田、养殖池类岸线的位置。盐田和养殖池是胶州湾海岸带地区人工湿地的两种主要存在形式，目前，地图上或管理上把盐田划为陆地（土地部门管）和划为海域（海洋部门管）的都有所见，此类岸线的位置存在较大争议（杨玉娣和边淑华，2008），也是造成岸线量测结果与政府管理差别很大的一个重要原因。基于以下两点基本事实：一是盐田养殖池的围坝高于高潮面，高潮时海水不能越过坝体；二是闭闸时海水与盐田养殖池内水体隔绝，开闸时水体流速较慢和滞后，总体来看水体有交换，但是交换不畅。因而，不能将人工湿地区域归于海洋环境，我们将盐田养殖池类岸线位置确定在人工湿地的围坝向海的外缘。

胶州湾口界线是以团岛头与薛家岛脚子石连线为胶州湾与外海的分界线。

5.1.2　海岸线的遥感识别

由于受潮汐、沿岸地形和人工建筑物等因素的影响，利用遥感影像监测海岸线的动态变化是当今最有效的方法，但存在着一个海岸线提取标准的问题，即如何确定海岸线。为了提高海岸线研究的精度，真实地反映海岸线的变化趋势，需要有一个统一的解译标准。合成的 SPOT 卫星自然色底图分辨率较高，色彩丰富逼真，可识别程度比较高，极大地满足了人工目视解译岸线和提取海岸带信息的要求（表 5.1）。

表 5.1 主体岸线解译示例

<table>
<tr><th colspan="2">岸线类型</th><th>实例</th><th>图像</th></tr>
<tr><td rowspan="2">河口海岸</td><td>桥梁界线</td><td>海泊河入海处</td><td>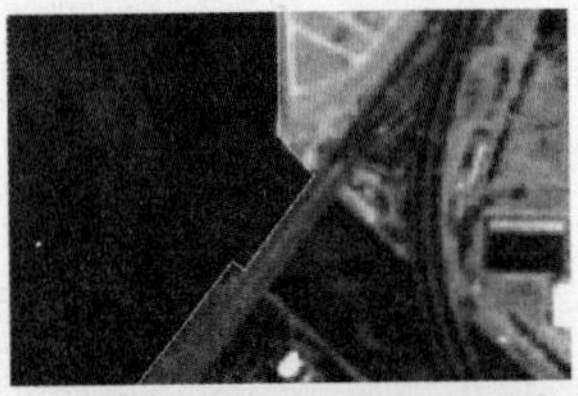</td></tr>
<tr><td>人工湿地界线</td><td>大沽河口</td><td>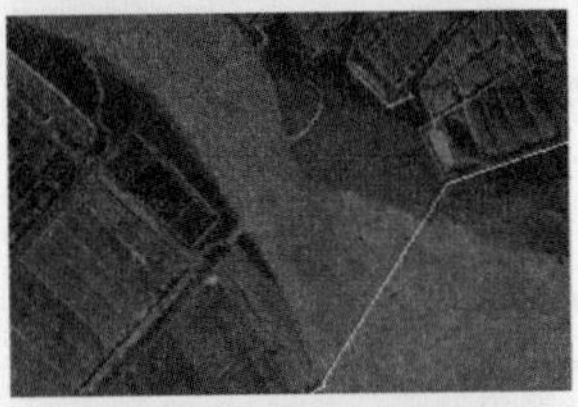</td></tr>
<tr><td colspan="2">基岩岸线</td><td>团岛</td><td>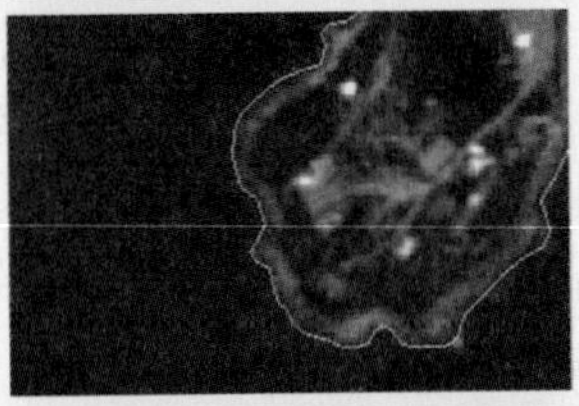</td></tr>
<tr><td colspan="2">砂砾岸线</td><td>大石头西侧</td><td>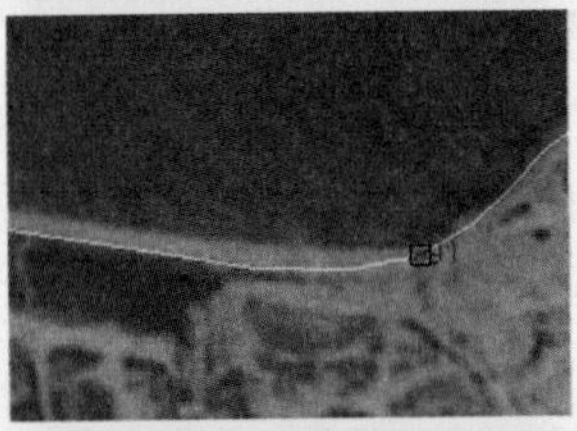</td></tr>
<tr><td colspan="2">港口码头岸线</td><td>3 号码头</td><td>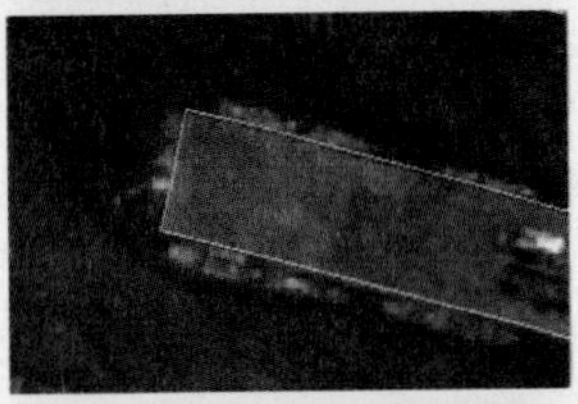</td></tr>
<tr><td colspan="2">路基岸线</td><td>环胶州湾高速</td><td></td></tr>
</table>

续表

岸线类型	实例	图像
填海岸线	四方填海区	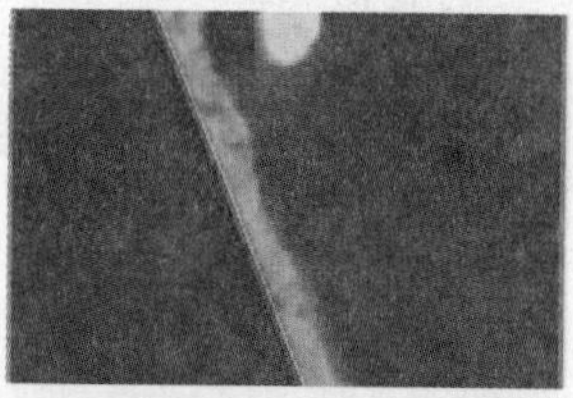
人工湿地岸线	胶州湾北部	

基岩岸线：SPOT卫星的各个波段对基岩的光谱范围反映均不能满足需要，往往会与砂质或砾石海岸相混淆，且距离基岩海岸不远即有陆生植物生长，所以基岩海岸的宽度一般很小，由几米至十几米不等。这一类型的潮间带具有一定的解译难度，但在区域内分布范围小，仅在团岛、红岛南部与薛家岛区域出现，而通过GOOGLE EARTH高分辨率遥感影像刚好能够解决这一难题。通过影像图的实际解译结果表明，GOOGLE EARTH遥感影像的高分辨率能够清晰反映基岩海岸带与养殖池及陆生植物带的边界，且使基岩海岸与砾石、砂质海岸带的类型划分也相对容易很多。在GOOGLE EARTH遥感影像分析的基础上，配合2005年海图与现场定位点，清晰地划分出基岩海岸在环胶州湾区域分布的范围。

河口岸线：胶州湾河口区域基本上不存在自然滩面，主要为桥梁边界和养殖池边界两类。河口边界以桥梁靠海一侧外缘作为基准的海岸线，在遥感影像上桥梁呈浅灰白色，与水体所呈现的深蓝色色彩对比非常明显，易于识别。属于桥梁边界的主要有海泊河、李村河、板桥河、楼山河，黄岛前湾的镰湾河和辛安河。养殖池在自然色遥感影像图上形状规则，易于识别和区分，在解译这些河口岸线时，直接以河口两侧靠海的养殖区转折点的连线作为海岸线，此类河口主要分布于胶州湾东北部、北部以及西部地区，包括白沙河、墨水河、洪江河、大沽河、洋河、龙泉河等。

砂砾质岸线：由于高潮时波浪将大量的物质较集中地携带到海滩上堆积，形成砂砾堤。在一般情况下，大潮时波浪达不到海岸堤的顶部，仅能冲击到海岸堤向海一侧的坡脚，使向海一侧的砂砾堤有明显的陡坡。因为经常受不到海水的淹没和冲击（特大潮、风暴潮除外），海堤顶部及内侧的洼地生长着一些植物，因而海岸堤顶部有一明显的植物边界线，遥感图片上易于识别。在植物靠海外侧的坡脚下，海滩上最高的一条由小砾石、粗砂、贝壳碎片等构成的边线就是砂砾海岸的岸线。

人工湿地岸线：胶州湾海岸地区有很大一部分受到盐田或养殖池等人工围海的影响，这些统称为人工湿地。通常情况下在养殖区内都会有一条或多条人工控制的潮汐水道通往陆域，这些水道宽度几米到十几米不等，比较狭窄，也参与潮汐过程，供养殖池换水。如果岸线沿水道向陆地延伸，同样会造成岸线统计过程中的误差，因此在解译过程中，为保证精度，由靠海一侧的两个养殖池顶点相连作为岸线，潮沟向陆地的延伸部分不予考虑。另外，部分地区受潮汐影响，且河流向海洋输运的泥沙量减少，已经处于侵蚀状态，为缓解海水入侵与侵蚀压力，在高潮线附近构筑土堤防止海水的进一步侵蚀，这一部分岸线也归入人工湿地类别中。

人工其他岸线：主要包含填海和路基两种类型，在遥感上极易识别。在野外调查过程中，发现胶州湾地区的填海工作正在不间断地进行中，场面非常宏大，岸线每天都在发生变化。

5.2 胶州湾岸线变迁

5.2.1 胶州湾开发历史

胶州湾拥有优越的地理位置和丰富的自然资源，历来受到国内外重视。早在春秋战国时期就有渔和盐的开发利用活动。秦汉时有了海运，唐之后日趋发达。到了清代胶州湾地区成为南北贸易重镇，也是与朝鲜、日本交通的重要通道。但是，到19世纪末，胶州湾受人类活动的影响不大，属于自然演变状态。到了近代，1897年德国侵占胶州湾，重点投资建设港口和铁路，并开发盐业资源。1904年修建胶济铁路，1905年建成大港、小港和船坞码头，随后进行了扩建。1908年，在胶州湾海岸开始围造盐田。20世纪30—40年代，日占时期青岛港，扩建了中港。胶州湾港口的发展，带动了周边经济的繁荣，青岛城区逐渐出现，周边村落扩展。到了1935年，周边的村落密度增大，青岛城区的规模也有所扩展，四方和沧口出现。但湾内水域除了行船、辟为锚地以及红岛变成陆连岛之外，尚未有其他大规模围填海开发活动。

新中国成立后，胶州湾各方面都得到了快速发展。20世纪50—60年代是胶州湾开发的第一个高潮，以大规模围填海为标志，主要为盐田和养殖用海。沿岸较大的盐场有女姑、南万、东风、东营盐场。20世纪50年代初开始在湾口及沧口水道附近开辟了大型海带养殖场，胶州湾大规模养殖业出现。同时，青岛港也进行了扩建，从20世纪60年代起，对原有码头进行了技术改造，并在1966—1968年新建了机械化煤码头（即七号码头）。至1976年，建成黄岛一期油码头（王加林，1993）。

20世纪80年代以来，胶州湾开发进入第二个高潮期，环湾地带逐渐建成现代化的开放型经济区。70年代以前，黄岛与陆地并不相连，1972年在黄岛与陆地之间修建了两条拦海大坝，黄岛成为陆连岛，随后逐渐失去海岛属性。随着海岸带地区经济的高速发展，在胶州湾的北部和西北部开辟了大规模的盐田和虾池，东部沿岸填海修建了胶州湾高速公路，南部相继建起了集装箱码头、黄岛输油码头等海岸工程。就青岛港而言，1985年底，建成当时中国最大的杂货码头——八号码头；1988年底，建成当时国内最大的现代化原油输出码头——黄岛二期油码头；1990年底，完成前湾新港区一期工程。进入90年代，各类海岸设施逐年增多，据不完全统计，胶州湾沿岸已经完成或正在进行大型填海项目几十项。其中大型开发活动有：胶州湾跨海大桥、海底隧道、环胶州湾高速公路、青岛港集装箱码头、薛家岛海西湾北海船厂、中海油和中石化修造基地、大炼油、大沽河口外所谓防洪填海等。

围填海给青岛市的社会经济发展带来了巨大的效益。自从 1995 年环湾高速建成后，青岛环湾发展的趋势开始显现，胶州湾逐步进入到第三个开发利用的高潮期。随着 2008 年胶州湾北部四个重要生长节点的形成（河套国家进出口加工区、国际空港工业园、棘洪滩新材料基地和红岛高新区），城市空间呈现出环湾西移、东拓、北推的组团式发展趋势。随着胶州湾跨海大桥和海底隧道的建成，三大增长极（青岛主城、黄岛和红岛）和数个增长节点在环胶州湾串联分布，环湾发展的空间格局进一步完善。可见，胶州湾对青岛市发展的重要性不断增强，但是大规模的用海也对胶州湾的寿命和海洋生态环境产生一系列不良影响。

为了胶州湾的可持续发展，2007 年青岛市提出“环湾保护、拥湾发展”战略，将“海湾保护”与“城市发展”统一起来。围绕山东半岛蓝色经济区建设规划，青岛市又提出了“加快组团式、生态化的海湾型大都市”的战略构想，认识到胶州湾保护的重要性，着手制定《青岛市胶州湾保护条例》。在上述发展战略的指引下，胶州湾又将进入一个全新的发展阶段。但是，如何保护？如何发展？保护什么？发展什么？都需要在详细掌握胶州湾演变过程和人类活动对胶州湾的影响之后才能回答。

5.2.2　岸线变迁

根据校准好的数据，获取胶州湾历年岸线长度、类型、面积和体积，研究胶州湾近 150 年来几何形态的变化情况。通过图 5.3 对比分析可知，1863—1935 年岸线变化不大，仅胶州湾西北侧因盐田修建有稍许变化。1935—1966 年，由于盐田养殖区扩建，胶州湾西北侧和东北侧岸线有很大变化，红岛陆连变成陆地。1966—1986 年胶州湾西北侧和东北侧盐田养殖区进一步向海扩建，此期间独立的黄岛并入大陆。1986—1996 年在胶州湾的东侧、北侧和西南侧岸线均有较大变化，岸线普遍向海推进，总体上趋于平直。1996—2000 年岸线变化主要在湾的东北和西南侧，2000—2005 年黄岛开发区沿岸变化较大。2005—2009 年岸线变化主要体现在黄岛前湾和海西湾填海造陆。

胶州湾岸线总长度变化历史也是比较复杂的。1863—1935 年期间修建大港使部分岸线变曲折导致岸线长度略有增加（图 5.4），而 1935—1986 年由于大规模的围垦，黄岛和红岛由独立的岛屿演变为并入陆地，使岸线长度急剧缩短。随后，1986—2008 年间，岸线长度呈小幅度锯齿状升降，主要是由于截直岸线填海导致岸线长度减小和局部填海工程导致的向湾内突出使岸线长度增加。下面分区介绍胶州湾岸线演化历史。

1）胶州湾东侧岸线（四方和市南区）

1966 年以前，该段岸线总体保持稳定。由于 20 世纪初的港口建设，变化主要发生在青岛港附近，出现了少量人工岸线；1966—1986 年期间，由于较大规模填海造陆工程的进行，胶州湾东岸很大部分自然海岸已经逐步变为人工海岸，岸线大幅度向湾内推进。1986—1996 年间，随着海湾东岸填海造陆的进一步加剧，如环胶州湾高速公路以

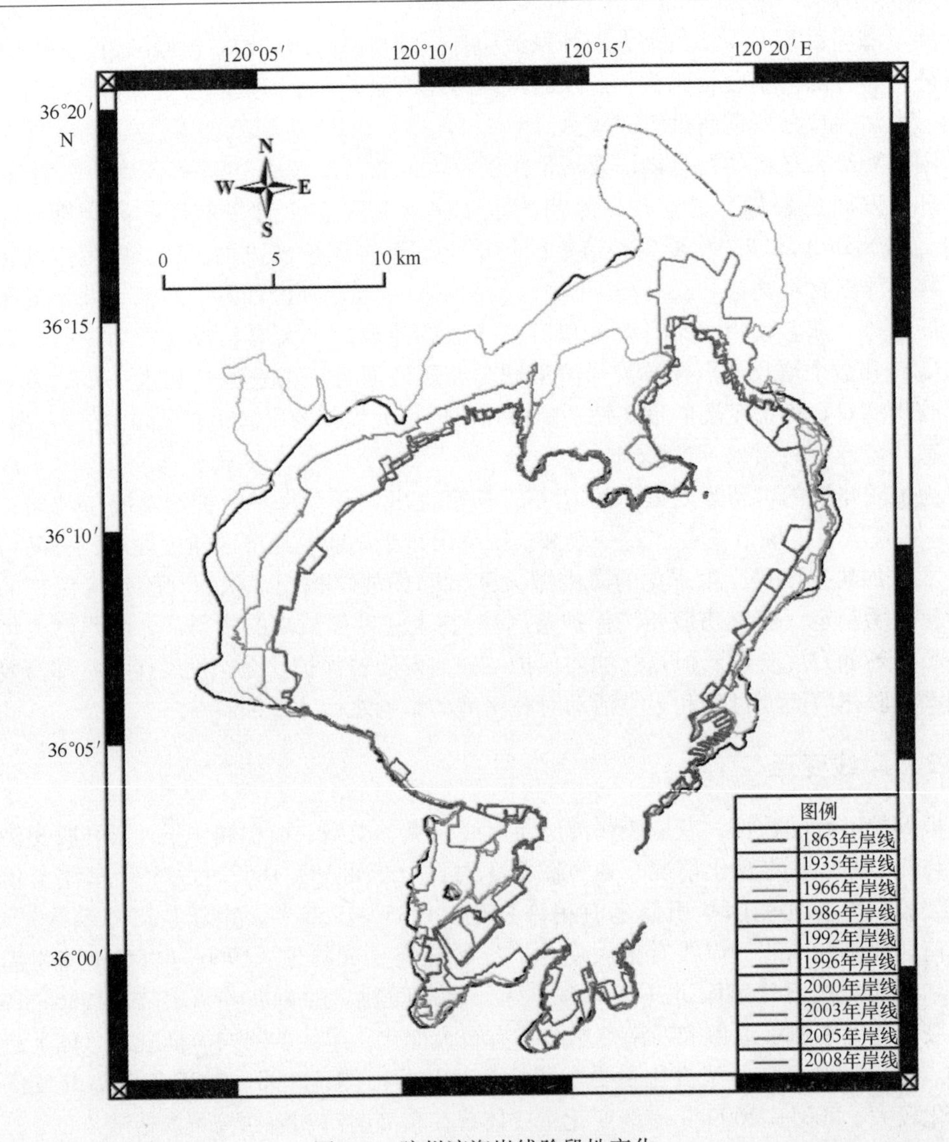

图 5.3 胶州湾海岸线阶段性变化

a：1863—1935—1966 年；b：1966—1986—1992 年；c：1992—1996—2000 年；d：2000—2003—2005 年；e：2005—2008—2009 年

及其他工程的修建，海湾自然岸线逐渐被人工建筑物替代，形态变得较为平直。1996—2009 年，随着局部填海工程的建设，又导致该区岸线蜿蜒曲折，海岸形态呈锯齿状，岸线长度也来回波动。目前，该区岸段基本上都变成了人工岸线，一定程度上阻隔了陆地与海湾的生态联系。

2）胶州湾北侧岸线（城阳和大沽河口）

胶州湾北侧存在大面积的较为平缓的岸滩区域，岸线类型主要为潮滩。该区岸线的变化主要由沿岸盐田和养殖池的扩建引起。其中变化最为显著的是红岛，1935 年以前

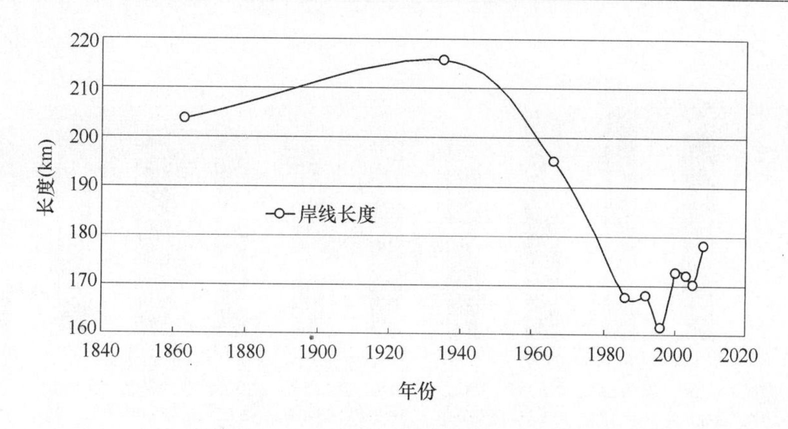

图5.4　胶州湾岸线长度变化

红岛还是独立的岛屿，20世纪30年代后期，人工建坝使之成为陆连岛。随着盐田虾池的扩建，至1966年已完全与陆地相连。总体来看，1935—1986年是胶州湾制盐业和养殖业用海的高潮，大量盐田和养殖池的修建，导致北侧岸线不断向海推进；1986年以后，随着用海的减少，该区域岸线逐渐保持稳定。但是盐田和养殖池的修建，导致原先比较均一的自然湿地景观被分割成几块相对独立的小的湿地景观。比如，原先相连的大沽河和洋河河口湿地，被分为独立的两块，对湿地生态系统的发育极为不利。

3）胶州湾西南侧岸线（黄岛区）

1986年以前，该段岸线变化较为缓慢；1986年以后，变化十分剧烈，这主要是由于不同时段黄岛前湾和海西湾不同用途的围海造地引起的。20世纪70年代以前，黄岛仍保持为一个孤立的岛屿，后来通过人工建坝，与大陆相连成为陆连岛。至1986年，随着盐田和养殖池的大量修建，黄岛已经完全与周边大陆相连，成为陆地的一部分。

20世纪90年代以前，养殖业用海是该区岸线变化的主要原因，自然的基岩岸线逐渐变成人工的盐田虾池类型。随后，盐田和养殖池逐渐废弃，变成工业用地。随着经济的发展，人们大量围海造陆，大规模修建港口和码头等工程。目前，该区岸线基本上都变成港口类型，黄岛前湾和海西湾也失去了自然属性，演变为人工港池。

5.2.3　岸线类型变化

根据海图标识的岸线属性和遥感图像识别的岸线地物特征信息，统计各年份胶州湾主体岸线类型长度（图5.5和图5.6）。1935年以来胶州湾自然岸线急剧减少，尤其是1935—1986年仅50年中自然岸线就减少了137.4 km，1986年之后自然岸线减少速率明显变慢。在1863年大范围存在的潮滩岸线已基本消失，绝大部分被盐田虾池和港口码头代替，基岩岸线也减少了83%。到2008年，人工岸线已经占主体岸线长度的90%。人工岸线的快速增长，阻断了滨海湿地间物质和能量的正常流动，同时人工廊道的增加，也加剧了人类对滨海湿地的干扰。

1935年以来，胶州湾岸线类型变化主要受人类活动影响（图5.6）。胶州湾经历了

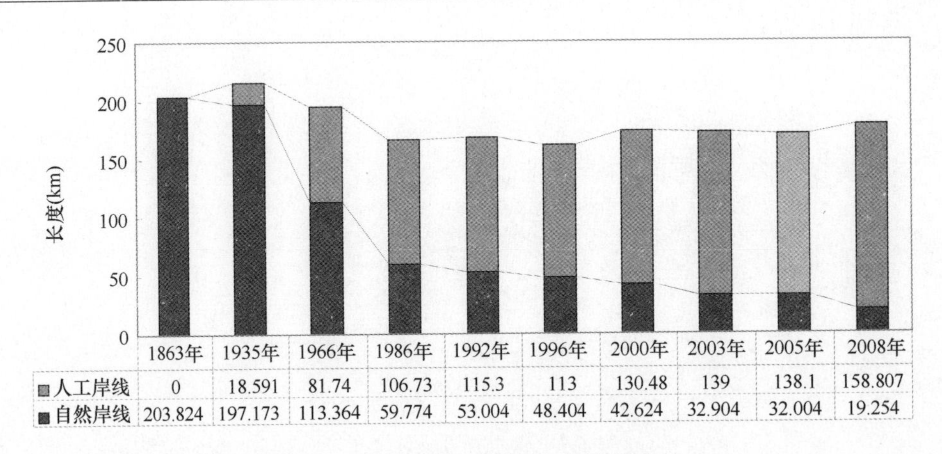

	1863年	1935年	1966年	1986年	1992年	1996年	2000年	2003年	2005年	2008年
人工岸线	0	18.591	81.74	106.73	115.3	113	130.48	139	138.1	158.807
自然岸线	203.824	197.173	113.364	59.774	53.004	48.404	42.624	32.904	32.004	19.254

图 5.5 胶州湾自然和人工岸线变化

20 世纪 50 年代的盐田建设，60 年代中期至 70 年代的围垦海涂扩张农业用地，以及 80 年代以来的滩涂围垦养殖、开发港口、建设公路和临港工程等几拨填海高潮，自然岸线越来越少，盐田虾池、港口码头、人工建筑物占用岸线长度越来越多。

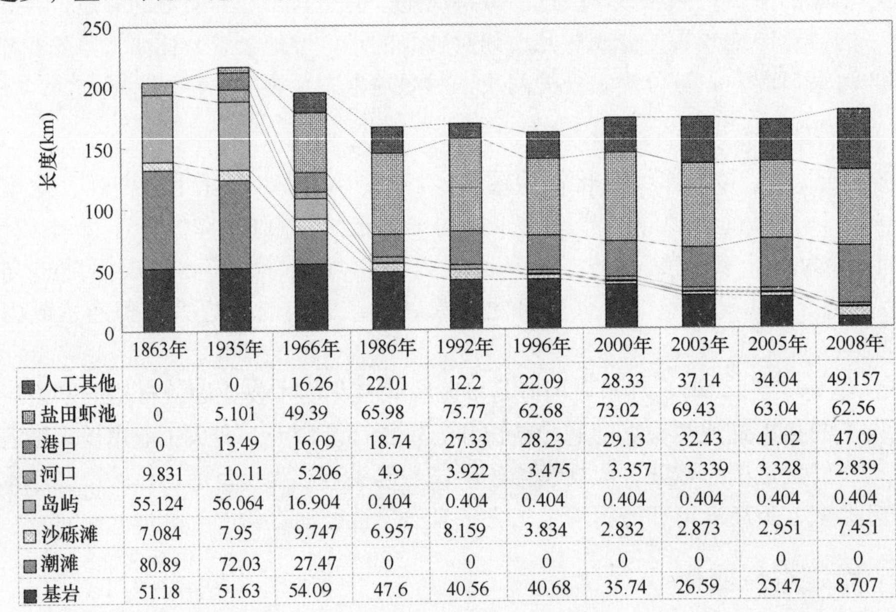

	1863年	1935年	1966年	1986年	1992年	1996年	2000年	2003年	2005年	2008年
人工其他	0	0	16.26	22.01	12.2	22.09	28.33	37.14	34.04	49.157
盐田虾池	0	5.101	49.39	65.98	75.77	62.68	73.02	69.43	63.04	62.56
港口	0	13.49	16.09	18.74	27.33	28.23	29.13	32.43	41.02	47.09
河口	9.831	10.11	5.206	4.9	3.922	3.475	3.357	3.339	3.328	2.839
岛屿	55.124	56.064	16.904	0.404	0.404	0.404	0.404	0.404	0.404	0.404
沙砾滩	7.084	7.95	9.747	6.957	8.159	3.834	2.832	2.873	2.951	7.451
潮滩	80.89	72.03	27.47	0	0	0	0	0	0	0
基岩	51.18	51.63	54.09	47.6	40.56	40.68	35.74	26.59	25.47	8.707

图 5.6 胶州湾岸线类型变化

5.3 胶州湾水域变化

青岛属正规半日潮港，每个太阴日（24 时 48 分）有两次高潮和两次低潮。潮差在 1.9 ~ 3.5 m 变化，大潮差发生于朔或望（上弦或下弦）日后 2 ~ 3 天。8 月潮位比 1 月潮位一般高出 0.5 m。青岛验潮站 1950—1956 年观测的平均潮位被命名为“黄海平均海水面”，其高度在青岛观象山国家水准原点下72.289 m。中国自1957年起，大陆国土的地物高程即以此为零点起算。1985年使用1952—1979年（28年）间青岛验潮站的潮汐资料推求平均海水面，作为新的中国高程基准面，称为1985国家高程基准，水准原点高程为72.260 m。1985国家高程基准于1988年1月1日正式启用。我们将历年水深、岸线资料进行数据校准，统一到1985国家高程基准。

5.3.1 面积变化

图5.7和表5.2所示，20世纪30年代以前，胶州湾总水域面积变化不大，1935年以来，尤其20世纪五六十年代以后，由于人类活动，特别是围填海工程，使得胶州湾总水域面积迅速缩小。1863—2005年，胶州湾大潮平均高潮位面积由原来的567.95 km^2 减少到356.6 km^2，总水域面积减少了37.2%，1935年以后胶州湾面积的缩小速率大约是1935年以前的13倍。其中1935—2005年间，共减少195.7 km^2，年均减少2.8 km^2。

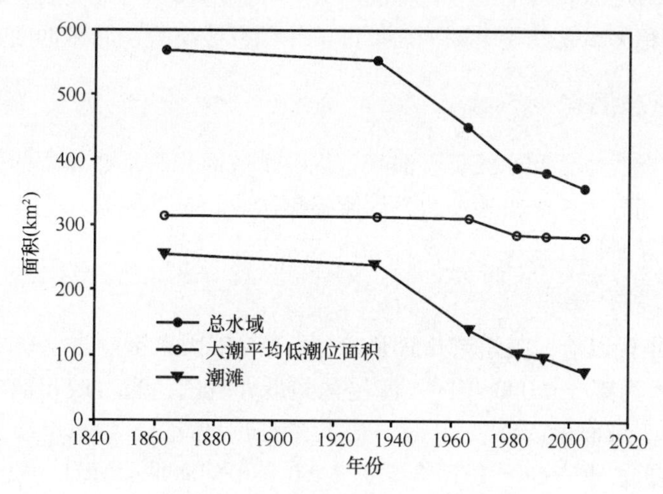

图5.7　近代胶州湾水域面积变化

表5.2　胶州湾面积和水体体积变化

面积单位 km^2，体积单位 km^3

年份	大潮平均低潮位		平均海平面		大潮平均高潮位		潮间带
	面积	体积	面积	体积	面积	体积	面积
1863	313.04	2.181	379.25	2.769	567.95	3.539	254.91
1935	313.06	2.028	391.72	2.612	552.30	3.384	239.24
1966	310.58	2.054	372.10	2.636	450.03	3.321	139.44
1986	286.14	2.068	341.56	2.603	388.60	3.223	102.46
1992	283.98	2.064	339.65	2.596	380.30	3.210	96.32
2005	282.09	2.090	326.55	2.612	356.60	3.196	74.51

潮滩带面积变化最大（表5.2），趋势与总水域面积变化基本相同。1863—1935年潮间带面积变化较小，仅胶州湾西北侧因盐田修建占据了潮滩，使潮间带面积稍有减小，72年间减少了15.68 km^2；1935年以后受人类活动影响，大面积的自然潮滩被盐田养殖区和人工填海代替，潮间带面积急剧减小。1863—2005年，潮滩由原来的254.91 km^2减小到74.51 km^2，140年间减小了70.8%，其中1935—2005年时间段，共缩小了164.7 km^2，年均缩小2.4 km^2，可见潮滩是遭受人类活动最为强烈的区域。

大潮平均低潮位的海域面积也呈减少趋势，到2005年总共减少了近10%，主要变化发生在20世纪60年代以后，1966—2005年时间段，共缩小28.5 km^2，年均0.7 km^2。

5.3.2 体积变化

由表5.2可知，大潮平均高潮位体积逐渐减少，2005年胶州湾的大潮平均高潮位体积比1863年少了0.343 km^3，体积缩小了9.7 %。1863—1935年，大潮平均低潮位体积有所减少，随后略有增加，变化幅度不大。体积的减少与人类填海造田、河流输沙和垃圾排放密切相关，尤其是大潮平均低潮位体积直接反映了底床冲淤变化。

5.3.3 几何形态演化

综合胶州湾岸线位置和岸线类型演变，以及水域面积和水体体积的变化，可把胶州湾几何形态演变划分为三个阶段：自然因素控制阶段、自然因素和人为因素共同作用阶段和人为因素主导阶段。

1）自然因素控制阶段

20世纪30年代以前，胶州湾几何形态主要受自然因素影响。据研究（韩有松和孟广兰，1984），大约距今6 000年前，海侵达到最大范围，当时胶州湾岸线在目前5 m等高线附近，总水域面积达707.7 km^2，比现在大近1倍。此后海岸线持续后退，一直退到现代岸线附近。据青岛港1920年以来的60年平均海平面资料，胶州湾海平面大约以1 mm/a的速率上升（乔建荣，1985）。同时胶州湾周边的区域自新构造运动以来，处于缓慢抬升阶段，但是由于海平面上升因素抵消了地壳上升的因素，从海面和地壳变化综合角度来看，胶州湾的海平面是相对稳定的（陈则实，2007）。但是胶州湾的面积和体积却有缩小的总趋势，这是因为注入胶州湾的河流向湾内输送大量的泥沙，使海岸淤涨，导致海湾面积体积不断缩小。此外，由于河流输沙有90%以上的泥沙是由海湾西北部入海，只有少部分于胶州湾东北部和黄岛前湾入海，加之这些湾顶，浪轻流弱，故胶州湾西北部发育了宽坦的潮滩和水下浅滩。

黄岛、海西半岛、团岛基本上属于基岩港湾海岸，其岸线曲折，岬湾相间，而水动力较活跃，特别是波浪作用显著，岬角遭受侵蚀，海岸后退，岬间湾岸接受两侧物质的充填，岸线淤进。但由于岬角基岩较坚硬及汇集于湾顶的物质较贫乏，海岸进退速度均非常缓慢，保持相对稳定状态。

2）自然因素和人为因素共同作用阶段

20世纪30—80年代，为自然因素和人为因素共同作用阶段。在人类活动的参与下，大量潮滩变成工农业用地，人工控制的岸线长度逐渐超过自然岸线。20 世纪 70 年代以前，河流输沙仍是胶州湾泥沙的主要来源。此后，由于人类在河流上游拦水拦沙，使注入湾内的泥沙逐渐减少，但向胶州湾倾倒的工业和生活垃圾日益增多，每年可达百万吨以上。大量围垦和垃圾排放使胶州湾水域面积和水体体积逐渐减小。

3）人为因素主导阶段

20 世纪 90 年代至今，为人为因素主导阶段。由于人们继续大量围海造田，修建港口、工厂、公路等，胶州湾的海岸已基本上失去其自然面貌，其动态是受人为控制的，且常具有区段性和突变之特点。目前胶州湾的东西两岸大部分岸段已经被人工码头代替，胶州湾西北部的大部分自然潮滩岸线现已被养殖区和盐田取代。人工岸线的修筑，改变了海岸的自然性状。20 世纪 90 年代以后，河流输沙几乎可以忽略不计，固体垃圾排放成为胶州湾沉积物主要来源，但是随着人类环保意识的增强，垃圾排放逐渐得到控制，加上围垦速率降低，胶州湾面积和体积逐渐稳定下来。

5.4　胶州湾海岸带环境变化

综上所述，1935 年以前，胶州湾岸线主要处于自然演变状态，之后受到人类活动的影响，胶州湾岸线发生了剧烈变化，其中红岛、黄岛陆连，胶州湾西北侧和东北侧盐田养殖区扩建，胶州湾的东侧和西南侧填海造陆修建港口等，使岸线普遍向海推进，总体上趋于平直，局部曲折复杂。在制定了统一的岸线类型分类标准后，统计分析各时段内的岸线类型和长度变化，反映出胶州湾岸线及其几何形态演变历史。20 世纪 30 年代以前，胶州湾岸线及其几何形态演变主要受自然因素影响；20 世纪 30 年代以后，尤其是 20 世纪 50 年代开始的盐田大规模建设，经过 60 年代中期至 70 年代围垦滩涂农业用地的扩张发展和 80 年代以来的滩涂围垦养殖、开发港口、建设公路和临港工程等填海高潮的出现，胶州湾岸线及其几何形态的演变是受控于自然因素和人为因素共同改造作用下。1863—2005 年间，人类的开发用海造成胶州湾总水域面积减少了 37.2%，最低低潮线以深的区域面积减少了近 10%，潮滩面积缩小了 70.8%，体积逐渐缩小，大潮平均高潮位体积缩小了 9.7 %。20 世纪 90 年代以后，胶州湾地区总体面临着经济的快速发展和土地需求的扩张，人为因素开始起主导作用，其周边的海岸带地区也发生了巨大的变化。

5.4.1　近 20 年青岛市城区变化

从 1988 年、1997 年、2002 年青岛市城区空间扩展图（图 5.8）上看，市南、市北、四方、李沧城区面积变化不大，崂山、城阳、黄岛区则发生翻天覆地的变化。1988 年黄岛区仅有黄岛、薛家岛等几个乡镇和村庄散布，1997 年乡镇规模大幅度扩展，北部以黄岛为依托扩展，南部成立开发区，乡镇城区面积约 27 km^2。1997 年以后，黄岛城区面积进一步扩大，南北基本连成一片。

青岛市不同时期发展的侧重点不同，胶州湾东岸发展较为迅速，而北岸和西岸的发展则明显滞后。从自然条件方面来看，图 5.9 中灰色实线基本显示 100 m 等高线所在的

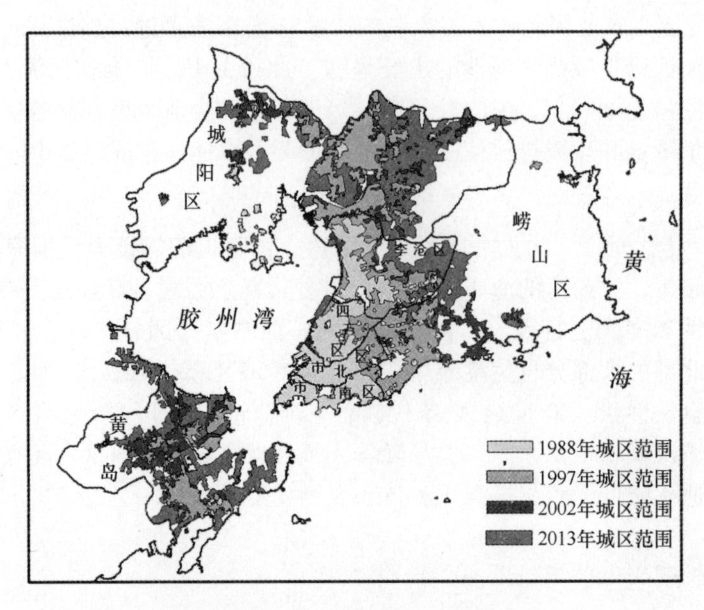

图 5.8 青岛市城区空间扩展

位置，可以看出青岛市东部五区高程小于 100 m 的区域绝大部分被城区占据，发展基本达到饱和状态；而胶州湾北侧的城阳区和西侧的黄岛区未建设的低地面积分别为 350 km^2 和 150 km^2 左右，尚有很大的发展潜力。

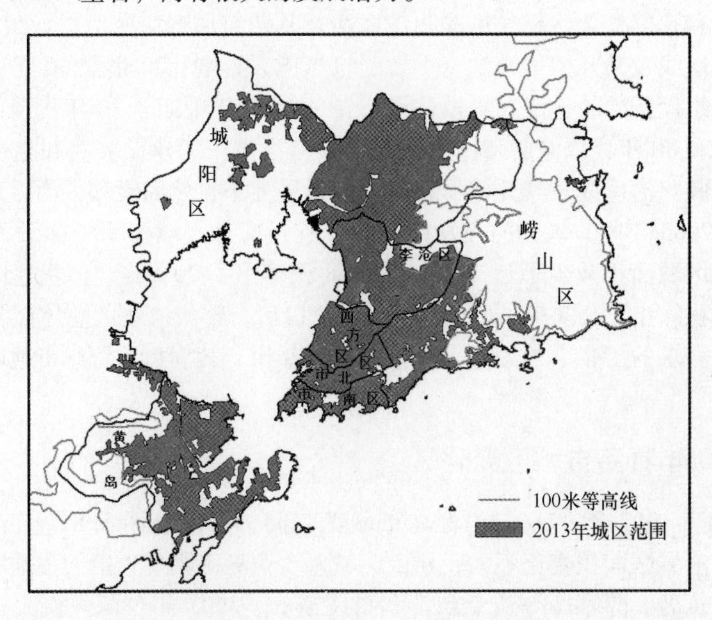

图 5.9 青岛市城区及山地分布

5.4.2　养殖区变化

新中国成立后，大力发展养殖业，因 20 世纪 50 年代的盐田建设高潮，1966 年盐田虾池岸线比 1935 年增长很快，1966—1992 年盐田虾池进一步向海扩建，至 1992 年达到最高，1992—1996 年因黄岛前湾填海造路修港，此处的盐田虾池岸线被人工港口替代，导致 1996 年盐田虾池岸线长度减小，1996—2000 年在基岩岸线向海侧修建养殖池，使盐田虾池又有所增加。1996 年以后盐田虾池逐渐减小，主要被人工填海占据（图 5.10，图 5.11）。

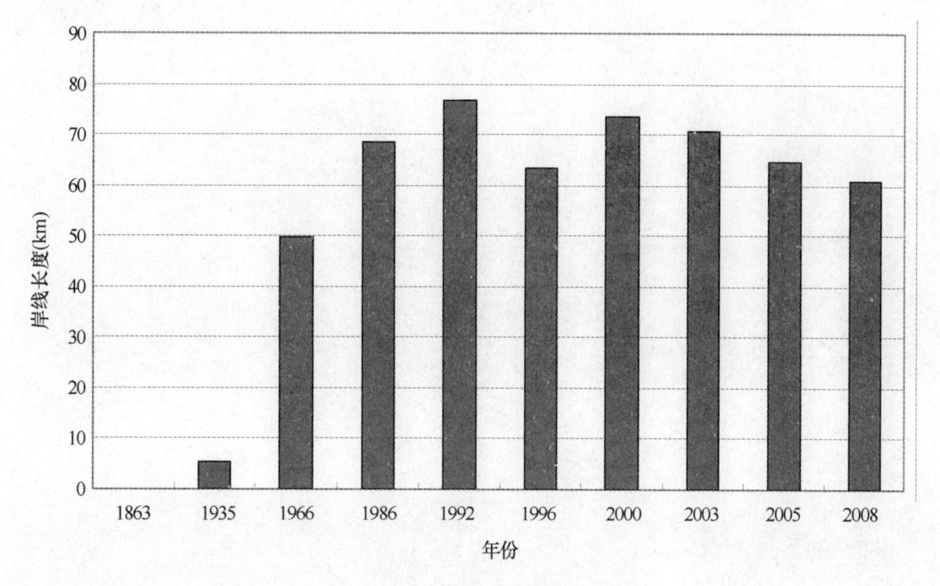

图 5.10　盐田养殖池岸线变化

5.4.3　湿地变化

1）湿地定义

目前关于湿地的定义很多，比较普遍的是 1971 年在国际自然和自然资源保护联盟《关于特别是作为水禽栖息地的国际重要湿地公约》（Ramsar 公约）中的定义：湿地是指不论其为天然或人工、长久或暂时性的沼泽地、水域地带，静止或流动的淡水、半咸水、咸水，包括低潮时水深不超过 6 m 的海水水域。此定义比较具体，具有明显的边界，具有法律约束力，在湿地管理工作中易于操作（杨永兴，2002），但其未揭示出湿地的内涵实质，其内涵和外延不够明确（余国营，2000）。

陆健健（1996）参照国外湿地定义，根据我国实际情况将滨海湿地定义为：陆缘为含 60% 以上的湿生植物的植被区、海缘为海平面以下 6 m 的近海区域，包括江河流域中自然的或人工的、咸水的或淡水的所有富水区域（枯水期水深 2 m 以上的水域除外），不论区域内的水是流动的还是静止的、间歇的还是永久的。并将滨海湿地分潮上带淡水湿地、潮间带滩涂湿地、潮下带近海湿地和河口沙洲离岛湿地四个

图5.11 胶州湾大面积人工湿地（养殖池和盐田，2005年遥感影像）

子系统。

湿地与海洋、森林并称为地球三大生态系统。湿地具有滞留营养物，固定及降解污染，补给与排泄地下水、蓄水调洪、调节地方小气候，增加当地的湿度，增加降水、充当温室气体的“源”和“汇”的功能，是高生产力的生态系统又是巨大的天然“基因库”、野生动物的栖息地和迁徙停歇站。滨海湿地系统不仅具有普通湿地的上述功能，还具有削减海流，减弱海流对海岸的侵蚀、防止海水入侵，减轻海水倒灌导致的土壤盐渍化、为溯河洄游鱼和降河洄游鱼提供产卵孵化地，为淡、咸水鱼等提供生境，同时又是一种独特的旅游资源，如海景、海滩等；舒适的气候为海滨度假、海滨疗养等提供了条件（徐东霞和章光新，2007）。滨海湿地不仅是资源，更是环境（张晓龙等，2005）。

目前，胶州湾的湿地空间不断遭受着被侵占的挑战，1988 年前主要是围垦活动吞噬自然滩涂湿地，1988 年以后围垦活动有所减少，但是填海活动却没有停止，滩涂湿地转为陆地以及人工湿地转为陆地的活动都在进行。沿岸的开发活动已经对胶州湾湿地产生了巨大的影响，除大沽河、洋河河口有较大面积的草地外，其他岸段海岸线以上自然湿地几乎不存在（马妍妍，2006）。

湿地是地球表层独特而重要的生态系统，与森林、草地、农田、海洋等生态系统共同维系着地球表层生物多样性和生态平衡，是功能独特、无可替代的自然综合体。湿地既是陆地上的天然蓄水库，又是许多珍贵生物物种资源的分布、栖息、繁殖地，还有蓄洪防旱、调节气候、控制土壤侵蚀、促淤造陆、净化水质、降解污染等功能，被称为“地球之肾”，得到全世界的广泛关注。

胶州湾湿地的面积约为 440 km^2，是山东省重要的湿地之一，也是青岛最大的湿地自然保护区。随着青岛市的发展，环胶州湾区域开发迅速，自然景观越来越多地被人造工程代替，自然湿地面积急剧缩小，物质能量交换被阻隔，湿地生态系统被破坏，湿地生物不断减少。

通过分析 1988 年、1997 年、2002 年和 2005 年 Landsat 遥感影像资料，我们得到这四个时期胶州湾湿地的分布图（图 5.12）和各湿地类型的面积（表 5.3）。将胶州湾湿地分为自然湿地和人工湿地两类；自然湿地又包括：河流、草地、滩涂、浅海湿地（6 m 等深线以浅的海域）和盐碱地；人工湿地分为：盐田、养殖池和其他人工湿地。

表 5.3　胶州湾湿地面积统计　　单位：km^2

	1988 年	1997 年	2002 年	2005 年
盐田	86.33	88.57	85.3	71.91
养殖池	62.07	97.27	94.2	78.2
其他人工湿地	7.97	4.99	/	/
滩涂	134.9	112.1	106.5	102.3
浅海湿地	170.7	170.4	168.2	167.3
河流	6.15	7.83	7.81	8.93
草地	21.15	3.87	4.12	4.04
其他	19.56	14.35	5.70	4.11
总面积	508.83	499.38	471.83	436.79

胶州湾自然湿地和湿地总面积呈逐年减少的趋势（图 5.13），1988 年到 1997 年期间变化最大；人工湿地先增后减，1997 年面积最大，然后逐年减少。其中盐田的面积和分布变化不大，仅在 2005 年有较大程度的减少；养殖池变化幅度大，先增后减，

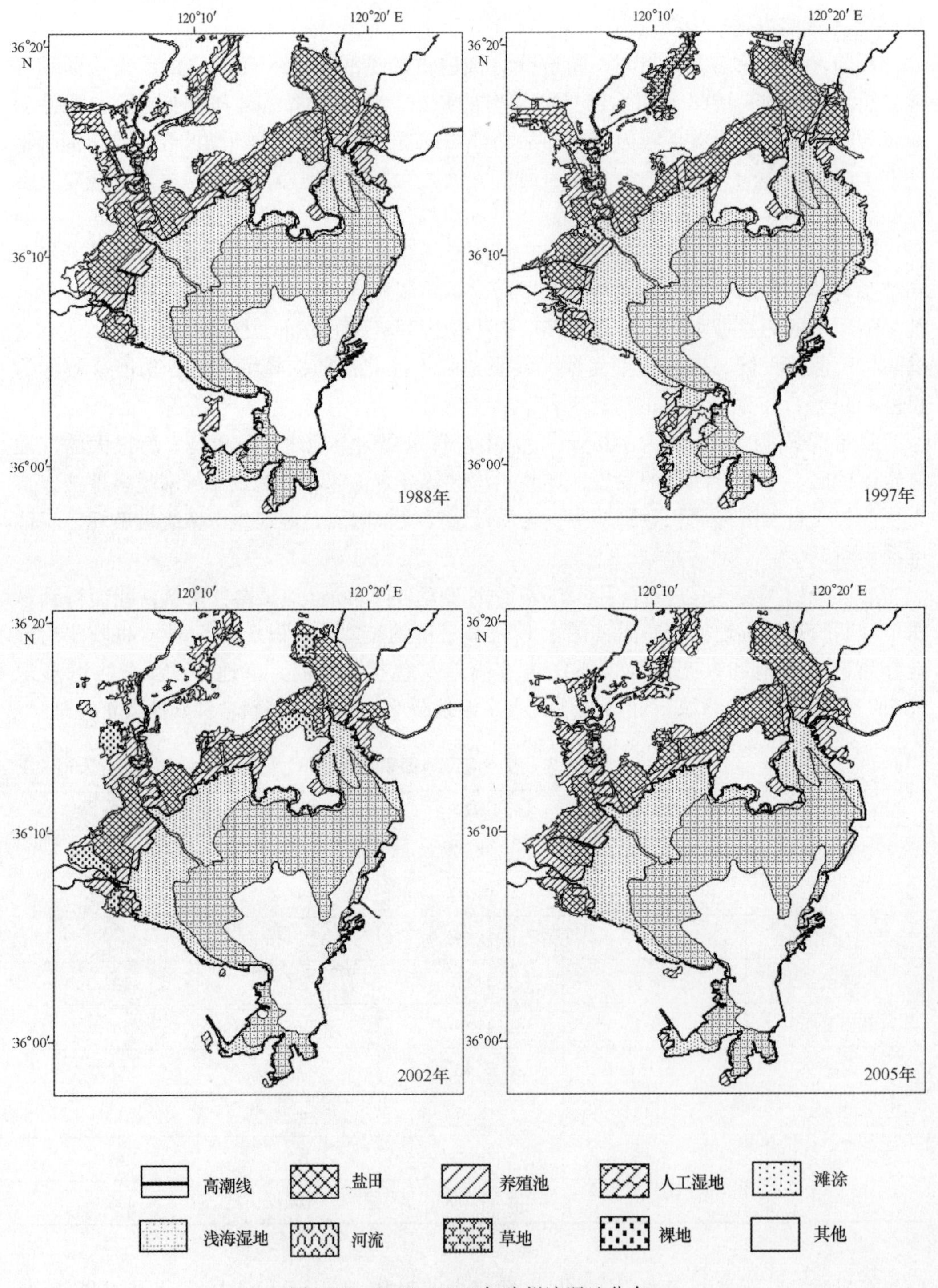

图 5.12 1988—2005 年胶州湾湿地分布

1997 年较 1988 年增加了 34.9 km^2，占 1988 年养殖池面积的 56.23%，1997 年以后逐年减少。河流湿地仅有小幅度波动。

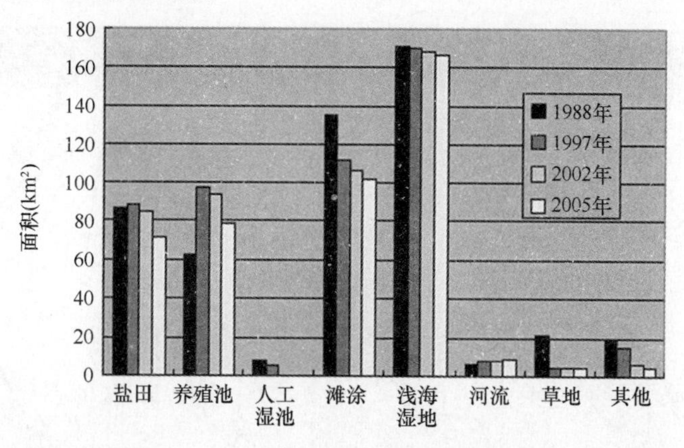

图 5.13　各年份湿地面积对比

从图 5.13 和表 5.4 中可以看出，1988 年与 2005 年相比，盐田面积和位置比较稳定；养殖池变动幅度大，不断地向滩涂和自然湿地扩展，又有较大面积地向非湿地类型转变。浅海湿地、草地和其他湿地类型主要向养殖池和非湿地类型转变，河流有所变动。

表 5.4　1988—2005 年胶州湾湿地面积转换　　单位：km^2

1988 年 \ 2005 年	盐田	养殖池	滩涂	浅海湿地	河流	草地	其他	非湿地
盐田	66.56	3.59	0.04				0.75	15.39
养殖池	2.47	39.62	0.71		0.33	0.04	1.16	17.74
其他人工湿地		0.28						7.69
滩涂	0.06	9.04	97.53		0.38			27.89
浅海湿地				167.3				3.4
河流	0.28	0.81			3.3	0.42	0.05	1.29
草地	0.20	6.62			1.03	0.71	1.36	11.23
其他	0.78	6.61	0.06		0.73	0.85	0.27	10.26
非湿地	1.56	11.63	3.96		3.16	2.03	0.52	

研究表明，近 20 年来引起胶州湾湿地变化的主导因素是人类活动，在不同的阶段、不同的区域人类活动的影响又有较大差异。

2）胶州湾东侧（市内四区沿岸）

1988 年该区域海岸大部分被人工建筑所占据，仅在北侧板桥坊一带有小面积滩涂。

由于环胶州湾高速公路的建设，1997 年后岸线更加平直且大幅度向海推移，滩涂几乎全部消失（图 5.14）。

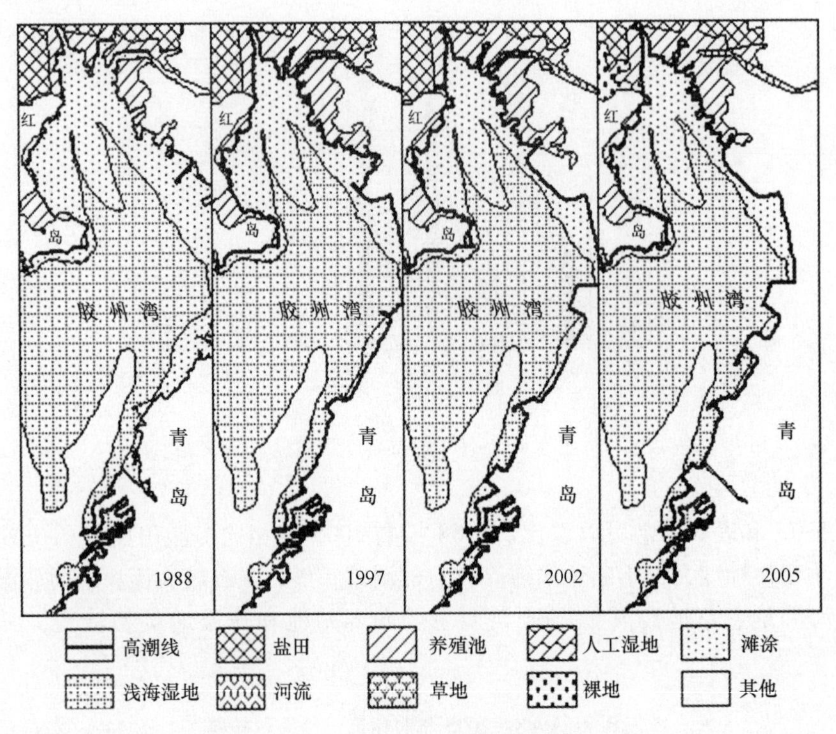

图 5.14 1988—2005 年胶州湾东侧湿地分布

3）胶州湾北侧（城阳区红岛及以西沿湾区域）

该区域的湿地类型有盐田、养殖池、滩涂、浅海湿地、草地。1988—1997 年，盐田面积基本无变化、草地消失、养殖池面积加大，其主要原因是此阶段养殖业的发展，大面积的自然湿地被养殖池所代替；2002 年以后，随着城市化进程的加速，养殖业发展势头下降，到2005 年，分别有 9.22 km^2 和 3.24 km^2 的盐田变成裸地和养殖池，原有养殖池部分废弃（图 5.15）。

4）胶州湾西南侧（黄岛区沿岸）

近 20 年来，青岛市加大对黄岛区的开发力度，原有的农、渔业经济逐渐被工、商、港口等行业替代。大规模的填海造陆、兴建厂房，使得湿地面积不断缩小，是研究区内近 20 年来非湿地化最严重的区域。

总之，1988 年沿岸的开发活动已经对胶州湾湿地产生巨大的影响，除大沽河、洋河河口有较大面积的草地外，其他岸段海岸线以上自然湿地几乎不存在。

1988 年以来，胶州湾东侧和黄岛区沿岸，人工建筑和填海活动不断进行，自然海岸消失，湿地环境被严重破坏，仅存有浅海湿地和零星分布的滩涂。胶州湾东北侧，主要人类活动是围垦，早期养殖业的发展不断侵占自然湿地；近期盐田、养殖池虽有所减少，仍是该区域的主要湿地类型，并且已有向非湿地类型转化的现象发生。

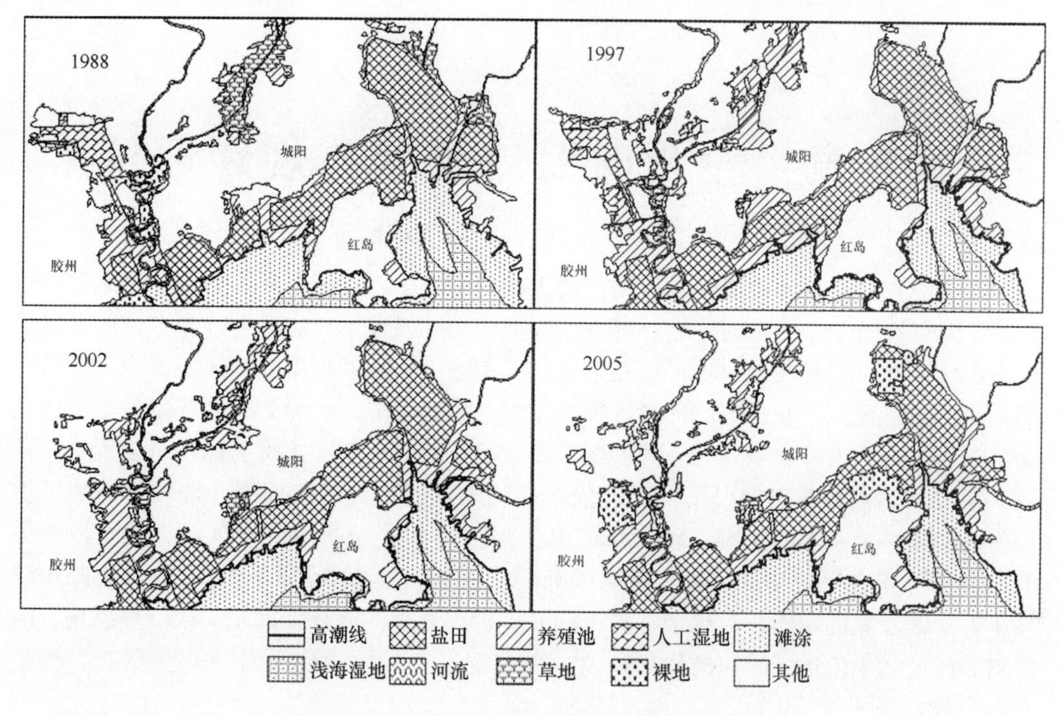

图5.15　1988—2005年胶州湾北侧湿地分布

城市化、港口建设和围垦是胶州湾湿地退化的主要原因。随着青岛的快速发展，胶州湾湿地退化不断加剧，湿地环境非常脆弱。

第6章　胶州湾海岸现状与规划评价

胶州湾在全新世海侵进程及人类活动的共同影响下，逐渐形成了如今的海岸带环境现状。尤其在近150年来的演化过程中，人类社会所展现出来的巨大改造力，使得自然因素达到了几乎被忽视的地步，仅在某些基岩海岸、天然砂砾岸线中还能见到一些自然的痕迹。这种变化对胶州湾的环境也带来了相当大的挑战，胶州湾未来环境的走向也成为青岛市政府和人民越来越关心的议题之一。为了更好地解决胶州湾保护与发展这一矛盾，2007年青岛市政府提出了“环湾保护、拥湾发展”的战略规划，使胶州湾的保护与发展进入一个全新的阶段。环湾保护中“保护”的是胶州湾环境现状，拥湾发展中的“发展”是在保护胶州湾现有环境状况的框架下，发挥海洋科技的优势，使胶州湾具备可持续发展的功能，为整个青岛市的发展提供最大的能量。因此，我们根据现有的资料和研究结果论述了胶州湾环境现状，并建立了一套评价体系对“环湾保护、拥湾发展”战略规划进行评价。

6.1　海岸线现状

根据前一章中确立的统一岸线类型分类标准，得到2008年胶州湾总面积为350.1 km^2，主体岸线总长178.06 km。其中，人工岸线总长158.81 km，自然岸线总长19.25 km，分别占主体总岸线的89.19%和10.81%，两者比例达到8.25。辅助岸线（主要是线状坝）总长22.47 km（图6.1和图6.2）。

在胶州湾入海的河流主要有12条，其中海泊河、李村河、板桥河、楼山河、镰湾河、辛安河6条河流在河口处是桥梁作为岸线边界，另外6条属于人工湿地边界，包括白沙河、墨水河、洪江河、大沽河、洋河、龙泉河。基岩岸线主要分布在团岛和薛家岛湾口位置和红岛南部。胶州湾内部的砂质海滩多分布于小海湾的内侧小区域，上界通常位于陆生植被生长区边缘，或人工建筑靠海一侧，一般分布范围不大。砾石海滩的分布通常与基岩海岸与砂质海滩相连生，多位于两者衔接地带。人工其他类岸线所占比例最大，超过1/3，位置较为显著，集中分布在胶州湾北部和西北部。填海类岸线主要分布在经济较为发达的东岸和西南岸，是近年来变化最大的一类。近期实施完成了几个位于前湾、薛家岛湾以及小岔子湾的大型填海项目，此类岸线以较快速度变化。胶州湾是天然的深水良港，港口码头类岸线较多，占总岸线的26.45%，是胶州湾岸线的重要组成部分，在青岛经济的发展中作用重大。码头岸线绝大部分位于胶州湾南部，为大港、旅游码头、北海造船厂、黄岛油码头等几个大型港口所利用。另外，在红岛南部也有若干段由小型渔码头和修船码头组成的港口码头岸线。

从岸线人工化程度来看，胶州湾东部团岛至女姑山岸段，为市南、市北、四方、李

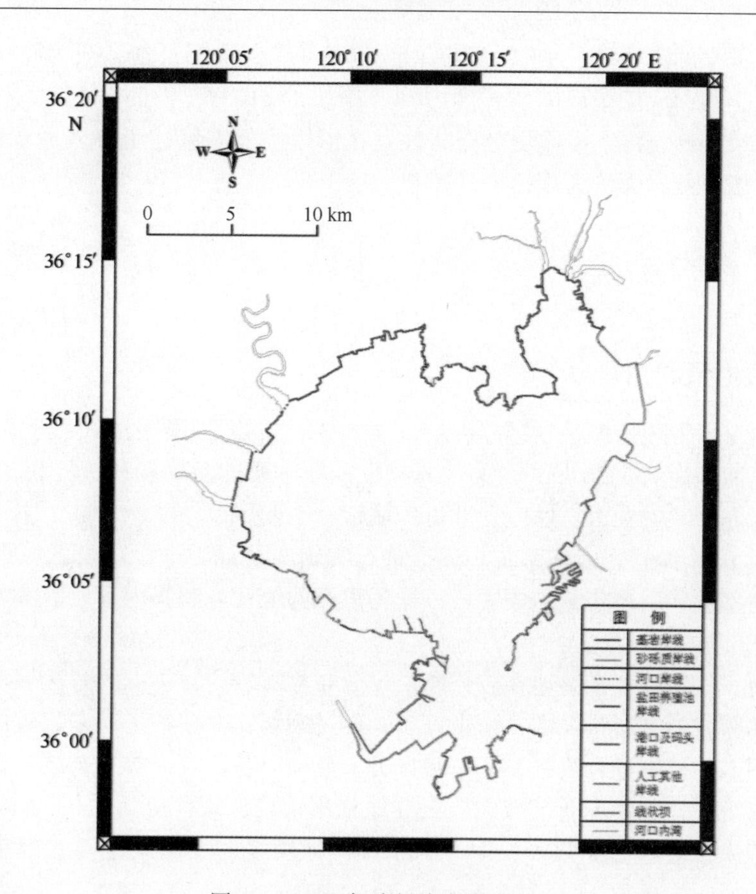

图 6.1　2008 年胶州湾岸线分布

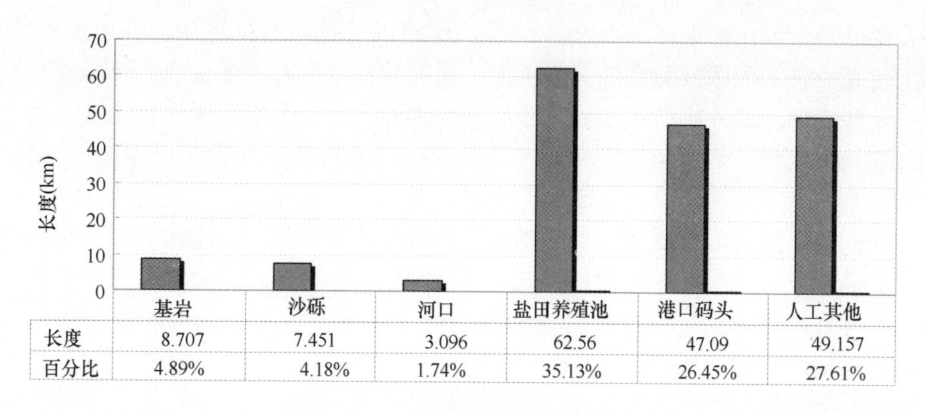

	基岩	沙砾	河口	盐田养殖池	港口码头	人工其他
长度	8.707	7.451	3.096	62.56	47.09	49.157
百分比	4.89%	4.18%	1.74%	35.13%	26.45%	27.61%

图 6.2　主体岸线各类型长度变化

沧辖区，开发时间较早，除河口型岸线和湾口附近基岩岸线外，几乎全部为人工岸线，并且不包含人工岸线中的人工湿地类，人工化程度比较高，比例可达 96.51%。红岛南端岸线类型比较多，自然岸线和人工岸线相间分布。女姑山至大石头以北岸段，胶州湾顶部，由于岬角侵蚀物质向湾顶运移和填充以及河流携带来的泥沙在此沉积，形成了小型的、地势低平的湾顶海积平原，此区沿岸修建了大量盐田虾池，成为胶州湾最主要的养殖集中区，因而人工湿地岸线长度占到此岸段的81.3%。红岛南部海岸属于基岩型海岸，见有小型砾石滩、沿岸堤分布，并且在沿岸堤外围修建了许多面积较小的虾池，由于沿岸坡度较陡，无法大规模向外扩建。

6.2 海岸带现状

6.2.1 潮上带利用现状

胶州湾海岸带利用现状专题图表示（图6.3），潮上带指高潮线以上至图幅边界区域，统计总面积为733.26 km^2。这一部分是人类主要的活动场所，经讨论后将潮上带区域划分为养殖区、农田、村庄、港口、城市、工业用地、陆地水域、主干道路、山地与空闲绿地10个图层在GIS系统中逐个进行编辑与统计。这一部分区域是具体定义海岸带使用类型及利用现状的主体区域，作为重点的统计与制图内容。制图方法如下。

（1）人工湿地

养殖池、盐田等人工湿地在胶州湾沿岸分布相对较广，占据大片区域。此类区域在SPOT5遥感影像图上形状规则、清晰可辨，经过现场比对，解译起来比较简单。在解译过程中按图幅的范围进行绘制，不单独区分养殖池、盐田等小类别，统一作为一个整体进行绘制与统计，判断不同区域的人工湿地利用情况，统计分析具体的土地利用情况。个别区域的人工湿地已经荒废，但并未用作其他用途，在统计过程中仍然按人工湿地计算。

（2）农田

主要分布于胶州湾沿岸的红岛、城阳、胶州以及黄岛东部区域。在SPOT5遥感影像图上也是一种易于区分的土地利用类型，通常与村庄、人工湿地或工业用地相邻，周边偶见一些空闲绿地或小型的陆域水体。该类地物同样按图幅范围完整勾画，颜色填充并统计周长、面积，判断利用情况。

（3）村庄用地

胶州湾沿岸区域内广泛分布着大小不一的城镇或乡村住宅集中区，在青岛市内也存在着一些城中村。这些村庄在胶州湾海岸带地区也占据着比较重要的位置，反映了现阶段胶州湾发展的程度。在SPOT5遥感影像中易于识别，在统计分析过程中作为一个单独的统计单元。

（4）港口用地

胶州湾是天然的深水良港，因此胶州湾周边地区的港口建设非常发达，现今已建成了大港、旅游码头、北海造船厂、黄岛油码头、奥帆基地码头等，还存在一些正在建设中的大型填海区域。港口建设主要分布于胶州湾东部及西南部区域，形成了青岛市发展的龙头产业，带动着整个青岛经济快速发展。伴随港口建设，大片的海域被填平、大面积的土地被占用，同时也形成了胶州湾最具特色的资源。因此，港口区也是胶州湾土地利用的重要组成部分。

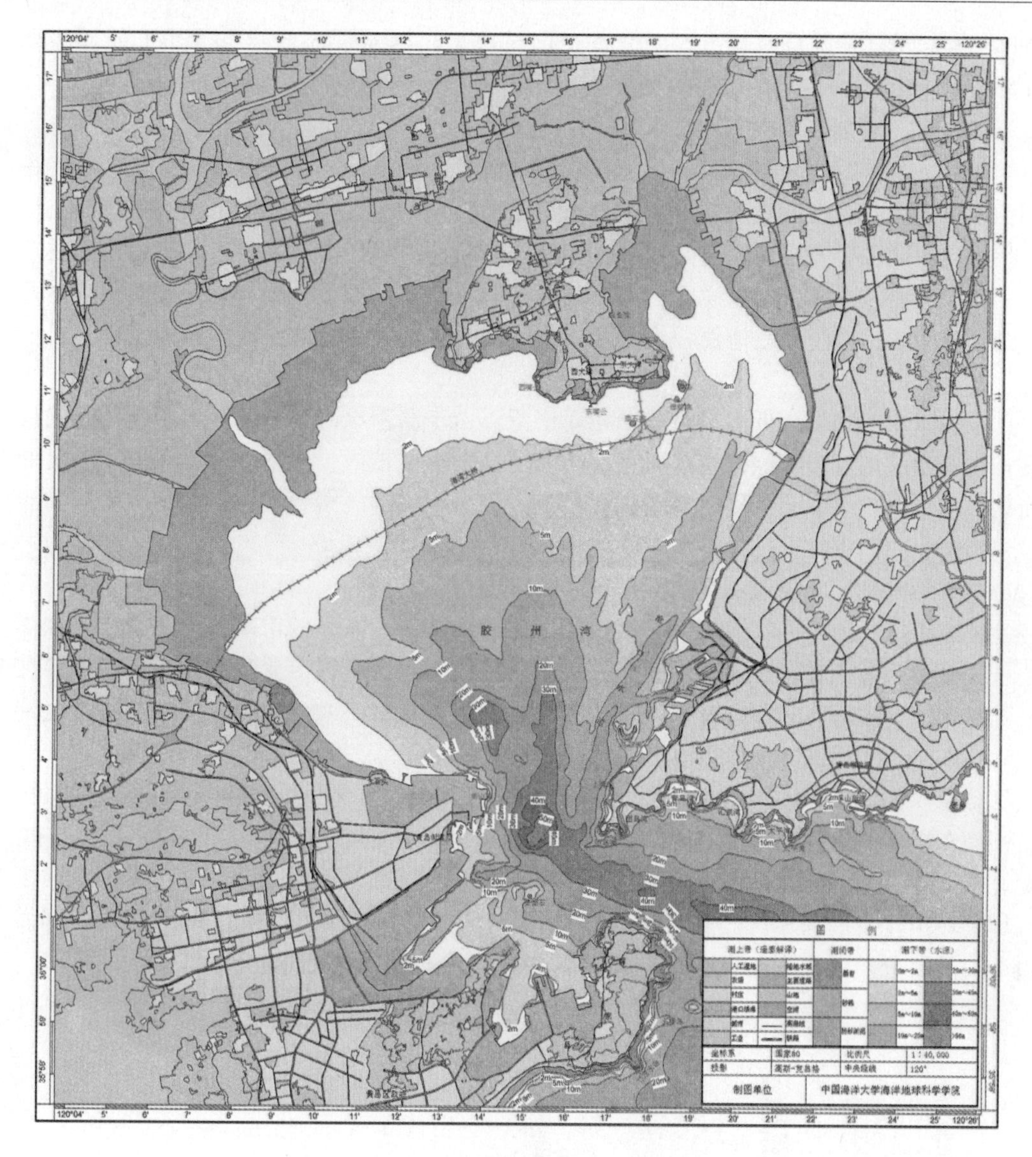

图 6.3　胶州湾海岸带利用现状

（5）城市用地

主要指青岛市与黄岛市市区，城市用地取代了人工湿地与乡村用地，在胶州湾海岸带地区也占据了较大范围，成为土地利用的重要类别。

（6）工业用地

主要分布于城阳、胶州与黄岛区，位于一些乡村周边，占地面积不大，在遥感影像上也能够明显与村庄、农田等其他单元相区分。由于识别难度较大城市内的一些工业用地在本次调查中统计在城市用地之中，不包含在本单元内。

（7）陆地水域

包括在胶州湾入海的 11 条河流（包括其支流部分）、胶州湾周边陆域的水库、池塘等，水域与陆地区分明显。本次调查比例尺较大，在SPOT5遥感影像图上能够清晰分辨各河流的流域，故对各河流的流域均绘制为面状区域并用颜色填充。

（8）主干道路

在1∶10 000比例尺背景下，主干道路是指宽度大于1 mm的城乡公路。在SPOT5遥感影像中柏油公路表现为深灰色色调，水泥路面则呈白色。道路与周围地物区分明显。胶州湾周边区域交通发达，道路纵横，为使图幅简洁易读，仅选取一些具有重要交通意义的主干道路在图幅中加以说明，如青黄高速、204国道以及城区内的主要公路。尽管公路宽度有限，但公路占地面积也不容忽视，是一个非常重要的土地利用类别单元。

（9）山地

胶州湾周边陆域，低山丘陵分布相对广泛。由于高程小，坡降较缓，遭受侵蚀的程度相对不大，山地多为绿色植被覆盖，总体上开发程度较低，在图幅内也占据了一定的面积，作为单独的一个分类。

（10）空闲用地

主要为未利用的裸地，在遥感图像上易于区别。

胶州湾海岸带中面积最大的是城市用地，主要分布于东岸的市南、市北、四方和李沧区，以及西海岸的黄岛区靠海区域，表明目前这几个区域城市化程度比较高。湾顶红岛的东西两侧沿海一带建有大片人工湿地，主要由盐田和养殖池组成，面积达到135.3 km^2。港口用地占比例不大，仅为5.71%（图6.4），但是占据前湾和海西湾的绝大部分沿海区域以及胶州湾东岸的大部分沿岸带，充分体现了胶州湾鲜明的港口特色。胶州湾东岸、北岸和西岸都有村庄用地分布，东岸的村庄用地多散落于城市用地之中，而北岸环湾高速以北的地区以及黄岛北部区域的村庄用地多被农田环绕。可见，后两个区域的城市化发展程度比较低。总之，胶州湾海岸带发展并不均匀，东岸和黄岛北部靠近港口的部分发展程度较高，体现了“以港兴城”的地域发展特色。

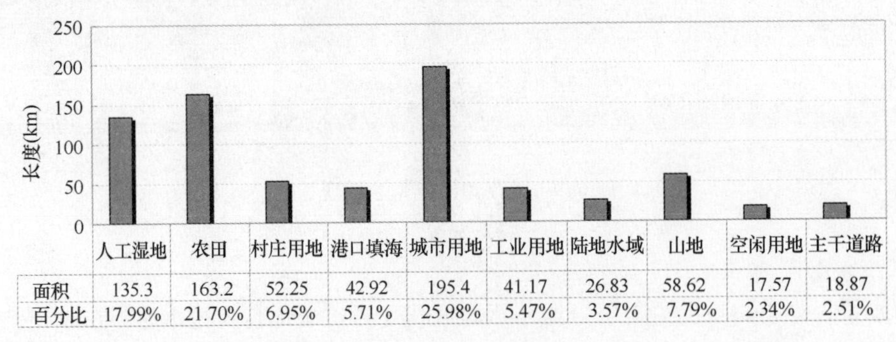

	人工湿地	农田	村庄用地	港口填海	城市用地	工业用地	陆地水域	山地	空闲用地	主干道路
面积	135.3	163.2	52.25	42.92	195.4	41.17	26.83	58.62	17.57	18.87
百分比	17.99%	21.70%	6.95%	5.71%	25.98%	5.47%	3.57%	7.79%	2.34%	2.51%

图6.4 胶州湾潮上带利用状况统计（统计范围为图6.3所示的范围）

6.2.2 滨海湿地现状

胶州湾湿地是青岛市面积最大的湿地，在山东省湿地面积排第三位，湿地生物资源较为丰富。胶州湾沿海区域广泛分布着盐田和养殖池，盐田和养殖池是一种独特的用海形式，将原本的滩涂转化为人工湿地，既不属于潮滩，也不能等同于陆地水域。因此，从景观的角度将胶州湾滨海湿地分为陆地水域、人工湿地、潮滩湿地和近海湿地4个大类（表6.1和图6.5）。

表6.1　胶州湾湿地面积　单位：km^2

类别	陆地水域	人工湿地	潮滩湿地	近海湿地
面积	26.83	129.2	74.81	184

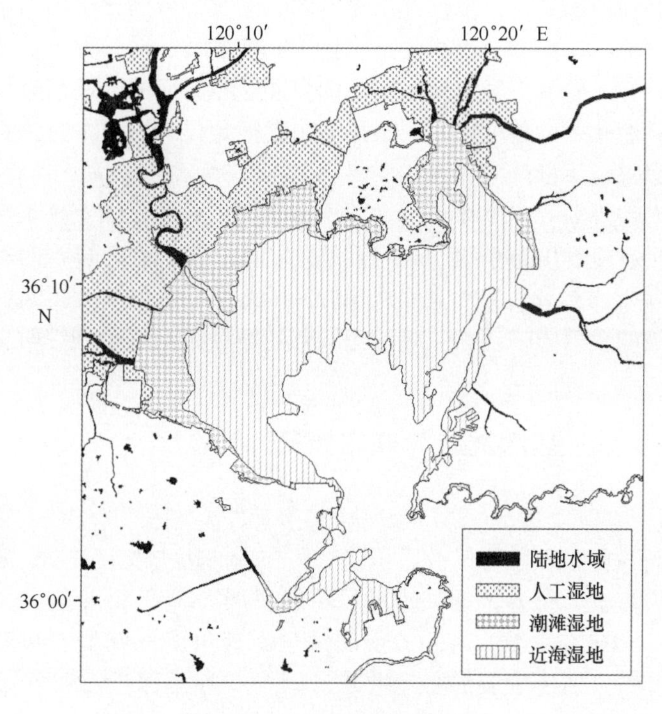

图6.5　胶州湾湿地分布

从遥感影像中解译出高潮线，自2005年胶州湾地区海图中提取低潮线，高潮线与低潮线之间的受潮汐影响区域作为潮滩。胶州湾内的潮间带类型多种多样，包括基岩、砾石滩、砂质海滩、粉砂淤泥质海滩等，其上界受高潮线控制，多数已经成为人工建筑的边界。这里表达的近海湿地为海图6 m等深线至低潮线之间的区域。

胶州湾湿地生物资源比较丰富，海岸湿地植被主要有河口和三角洲湿地的芦苇，有咸水沼泽的碱蓬，微咸水沼泽的盐角草、节缕草、大米草、白茅、章茅、柽柳等；作为重要的水禽栖息地和越冬地，在胶州湾海岸湿地栖息和越冬的鸟类繁多，根据1988—1992年的调查有11目23科59属124种，以旅鸟、冬候鸟为主（张绪良和夏东兴，2004）。

6.3 胶州湾海岸带规划评价

土地利用总体规划是各级政府为实现土地资源优化配置和可持续利用，保障经济社会的可持续发展，在一定区域和时期内，根据土地资源利用状况、开发潜力和各行业用地需求，对城乡土地利用所作的统筹安排和综合部署。在土地利用总体规划的编制、评价、审批、实施和监督检查各个环节中，规划方案的评价和选择是极其重要的一环。

在城市规划的理论体系内，很难找出专门的、系统综合的评价体系，即使存在某些关于评价方法的理论，这些理论也往往是来自于其他学科，对各种评价方法进行分析可以发现，规划评价方法发展与城市规划理论的发展是相对应的。任何规划评价方法也不可能面面俱到，只能从一定角度出发，根据城市功能定位和城市本身特点，选择若干关键问题对规划方案进行评价。

对胶州湾海岸带规划方案的评价不但要评价各类用地的具体安排是否合理，更要将大地景观作为一个有机的生态系统，充分重视地物的自然属性，多视角地探讨人地关系的和谐程度。研究所选的海岸带的宽度从岸线到陆地方向大约为 10 km，为陆海作用强烈之地带，受海湾的辐射影响较大。在讨论胶州湾海岸带规划合理性时更应当特别重视海湾因素的影响。

6.3.1 “环湾保护 拥湾发展”规划概况

1）规划概况

鉴于胶州湾特殊的地理位置以及区位优势，在新的历史发展时期，青岛市委、市政府贯彻落实科学发展观，统筹把握城市的可持续发展，2007 年确立了“环湾保护、拥湾发展”的战略，以依托主城、内涵式发展的全新视角审视城市空间未来的发展，这也是城市科学、集约、紧凑发展的必然要求。围绕“环湾保护、拥湾发展”的城市战略，研究借鉴日本东京湾、美国旧金山湾等地区发展的经验教训，通过对国际上环湾区域产业发展和生态保护进行案例分析，提出青岛市实施“环湾保护、拥湾发展”的规划目标。

（1）规划指导原则

在保护的前提下发展，在发展的过程中保护。

（2）规划指导内容

- 研究胶州湾的整体环境容量，科学确定环湾地区的城市发展规模；
- 制定区域环境政策，进行生态环境空间管制分区，建立产业发展的环境管制体系；
- 制定区域的产业引入标准，提高产业准入门槛，形成以高科技产业为主导，以循环经济为特色的生态型工业体系；
- 建立发展与保护的良性互动，协调经济发展与自然文化遗产保护的关系；
- 平衡地区发展与保护的矛盾，建立区域补偿机制，使得禁止开发与限制开发地区能够分享发展的成果。

（3）环湾保护

“环湾保护、拥湾发展”的战略发展规划是以保护为前提，进行合理、有序发展，引导胶州湾沿良性、健康的道路前进。环湾保护措施采取“保护——治理——再生”三步走的原则。

① 保护

- 保护自然岸线，严禁违法填海：划定海岸保护控制线，严禁填海，保护岸线的自然属性；
- 保护河流水系，维护生态廊道：划定河道保护蓝线以及两侧的生态绿线，打通海滨与内陆的联系廊道；
- 保护生态湿地，减缓和适应气候变化：保护墨水河、大沽河、洋河等河口地区形成的滩涂湿地，通过建设湿地公园，适度发展生态旅游。顺应自然演进规律，建立良好的城市结构和布局形态，有利于提高应对气候变化的能力以及增强应对气候灾害的能力；
- 保护土地资源，循序渐进开发：强化集约节约理念，对建设用地、海域和海岸线等空间资源进行战略储备，加强区域性重大基础设施的规划控制，为未来发展预留空间；严格控制开发时序，制订年度开发计划，确保土地资源的可持续开发。

② 治理

- 流域综合治理，区域达标减排：加强环湾区域产业布局研究和建立环保项目准入制度；
- 环湾区域截污，提高污水处理率：加快城市污水处理系统的建设，实现污水收集和处理率达到100%，并逐步提高再生水的利用率；
- 污水深度处理，再生水循环利用：通过人工湿地技术推进污水深度处理与再生水利用，维系良好的水循环；
- 环湾排污控制，强化监测与管理：编制针对主要污染源的总量控制计划和逐年削减排污总量的规划，确定胶州湾水质达到相关功能区划标准的具体计划；建立环胶州湾环境监测系统，实施动态监察；建立环境事故应急反应体系，提高胶州湾的生态安全。

③ 再生

- 打通红岛水道，建立北部水网体系：结合现状自然水系脉络，开挖人工河道，恢复红岛自然水道，打造胶州湾北部生态岛链。增强区域综合防洪排涝、防风暴潮的能力，建设城市综合防灾体系；
- 建设生态间隔，实施集约紧凑发展：依托水体、农田、山体、道路等规划建设沿湾城市生态间隔区，严格控制城市环湾各组团的连绵开发趋势，防止城镇空间的随意扩张和无序蔓延；
- 加强生物保育，提高生物多样性：严格保护生物栖息地，通过人工措施适度引入适宜物种，提高胶州湾生态系统的能级，恢复胶州湾的生机与活力；
- 生态资源管制，海湾与城市共生：加强环湾地区的生态资源管制，按照生态城市建设的要求，恢复并完善胶州湾地区的物质与能量循环，实现区域碳氧平衡，逐步提高太阳能、风能、潮汐能、生物质能等清洁能源的使用，走可持续发展之路。

（4）功能定位

青岛市环胶州湾区域整体产业发展层次较低，环境影响较大，土地利用效能低，产业集聚程度低，因此，根据不同地区的区位特色进行重新定位与调整。产业整体布局如下。

胶州湾东海岸：以第三产业为主，以金融、信息、商务商贸、旅游等为主的现代服务业集聚地。

胶州湾西海岸：以第二产业为主，港口、制造业新城，主要依托港口进行相关产业功能拓展，强化青岛港在环渤海以及东亚经济圈的枢纽港地位，促进产业集群的集聚与辐射。

胶州湾北海岸：主导产业为第二产业与第三产业，国际一流的生态型科技新城，以面向未来的新型高科技产业为主，是青岛以及半岛都市圈的高端产业聚集区。

在环湾区域各组群的生态环境、功能定位、空间形态、交通组织、基础设施、城市主流风格等规划要素的基础上，提出环湾区域近岸地区功能定位。

一是黄岛片区（前湾港至洋河），对洋河河口生态湿地区实行规划控制的前提下，充分发挥该地区的现代制造业的产业集聚优势和交通的有利区位，重点打造港口、石化、汽车、家电等现代制造业基地。

二是洋河至胶州少海区域，为黄岛产业配套的现代物流、生产性服务业、新兴制造业为主的现代都市工业园区。

三是高新技术产业区及周边区域，在确保区域生态安全的前提下，形成“一核、两带、四岛群、多园区”的岛链状空间发展格局，重点打造高新产业、战略性服务业的国际一流的生态型科技新城。按照生态和可持续的理念，建设成为国际国内生态城的范例。

四是临空经济区，发挥空港对区域经济的带动作用，大力发展与航空服务相关的产业，培育壮大航空物流及相关加工增值等配套产业；依托空港加快发展临空商贸旅游业，建设多业态、综合性、现代化的临空商务区。

五是四方、李沧至城阳环湾区域，积极实施老工业区的产业转型和空间重组，按照多组团、紧凑式、疏密相间的复合规划理念，升级换代都市产业，建设以高端生活性服务业、都市工业、总部经济、文化创意产业、海上旅游为主体功能，集工、商、住一体的现代化滨海城市组团。

六是老港区到团岛，结合港区功能提升更新，引入邮轮母港和旅游休闲产业等，形成“南货北客”的港航经济格局，打造港航经济服务区，同时发展旅游、商务、休闲产业，塑造优美的湾口天际线，构成拥湾城市形象的主要节点。

整体上环胶州湾区域将建设成为集高新技术产业、科技研发、商贸旅游、文化娱乐和优质人居环境等功能于一体的国际一流滨海城市组群。

（5）战略意义

- “环湾保护、拥湾发展”战略，突出了对胶州湾实施生态保护的重大历史和现实意义。“环湾保护、拥湾发展”战略首次全面系统地阐述了环湾区域生态资源保护的策略和意义，明确提出环湾保护是拥湾发展的前提和保障，确立了“在保护的前提下发展，在发展的过程中保护”的原则。

• “环湾保护、拥湾发展”战略的确立，为新时期城市建设、经济发展提供了新的空间载体。打造现代化的生活岸线、经济岸线、生态岸线，将打开青岛城市的全新战略空间，对于进一步提高青岛的城市承载力、科学拓展城市发展空间、提升基础设施集约化程度、彻底改善区域生态环境质量，实现青岛市经济社会发展、空间布局的“重心北移”都具有重要的战略意义。

• “环湾保护、拥湾发展”战略的确立，突出了青岛在全省“一体两翼”和海洋经济战略格局中的龙头作用。青岛将立足环胶州湾地区发展，构建以环胶州湾地区为核心圈层，以即墨、胶州、胶南为内圈层，以莱西、平度为外圈层的拥湾发展格局，并以中心城区为核心，沿 3 条区域城镇发展轴（济南、烟台、日照）对更广阔的地区形成经济辐射，形成全省“一体两翼”和海洋经济战略格局的核心圈层。

• “环湾保护、拥湾发展”战略的确立，为打造国际知名的生态新城、融入国家可持续发展战略创造了条件。加快推进“环湾保护、拥湾发展”战略，提出生态产业新城的规划目标，是探索以生态文明为核心的经济发展模式的理性选择，是实现经济增长与资源节约、环境保护有机结合的有效途径。

北部新城区具有良好的岸线、滩涂、湿地、水系资源，是当前建设生态城市自然条件最好、时机最成熟的地区。应借鉴上海东滩、中（中国）新（新加坡）天津生态城的经验，广泛开展国际经济合作，吸引国际知名投资者参与环境保护、生态建设和资源综合利用等领域，努力争取国家和省政策、资金扶持，将其培育形成全市、全省、全国的创新体系“枢纽”，有力推动青岛融入全球产业版图，打造成为国际一流的生态科技示范区。

胶州湾海岸带是一个由经济、社会与自然耦合而成的城市生态系统，其内部子系统以及各因素之间是相互作用、相互影响的。从一定意义上讲，胶州湾是这个系统中的核心因子，也是本地区最为独特的区位优势和资源优势。青岛市提出“环湾保护、拥湾发展”的战略规划，依托主城、内涵式发展的全新视角审视城市空间未来发展，将胶州湾在青岛市城市发展中的作用提升到一个全新的高度，体现了胶州湾及其海岸带在青岛城市发展中的特殊价值。

环胶州湾产业整体格局分为西海岸、北海岸与东海岸。根据规划（图 6.6），环胶州湾区域整体功能定位为集高新技术产业、科技研发、商贸旅游、文化娱乐和优质人居环境等功能于一体的国际一流滨海城市组群。

2）各类用地含义

城市用地分类系统体现了各类用地在城市中的功能划分，正确理解规划中各类用地的确切含义是研究规划合理性的起点，《城市用地分类与规划建设用地标准》GBJ 137—90 中对于规划中提到的用地分类做了如下规定。

居住用地（R）：居住小区、居住街坊、居住组团和单位生活区等各种类型的成片或零星的用地，包含小区内的住宅用地、公共服务设施用地、道路用地和绿地等。由好到次分为一类居住用地（R1）、二类居住用地（R2）和三类居住用地（R3）。

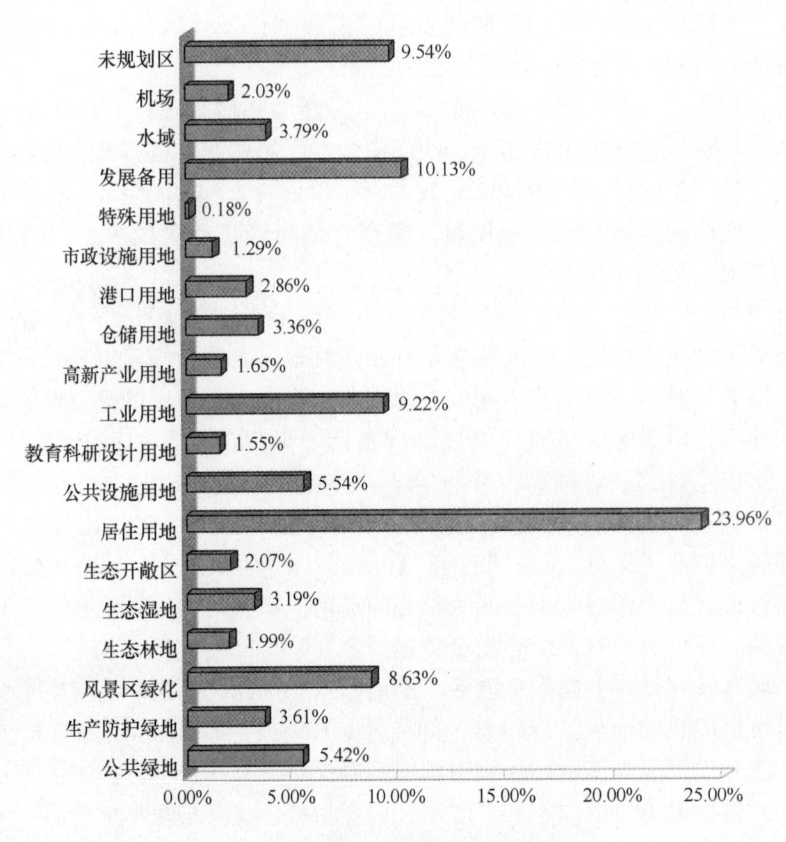

图 6.6 环胶州湾各类规划用地比例统计

公共设施用地（C）： 居住区及居住区级以上的行政、经济、文化、教育、卫生、体育以及科研、设计等机构和设施的用地，不包括居住用地中的公共服务设施用地。下分为行政办公用地（C1）、商业金融用地（C2）、文化娱乐用地（C3）、体育用地（C4）、医疗卫生用地（C5）、教育科研用地（C6）、文物古迹用地（C7）和其他公共设施用地（C8）。

教育科研用地（C6）： 高等院校、中等专业学校、科学研究和勘测设计机构等用地，不包括中学、小学和幼托用地，该用地应归入居住用地（R）。下分为高等学校用地（C61）、中等专业学校用地（C62）、成人与业余学校用地（C63）、特殊学校用地（C64）和科研设计用地（C65）。

工业用地（M）： 工矿企业的生产车间库房及其附属设施等用地包括专用的铁路码头和道路等用地，不包括露天矿用地该用地应归入水域和其他用地。下分为一类工业用地（M1）、二类工业用地（M2）和三类工业用地（M3）。

仓储用地（W）： 仓储企业的库房堆场和包装加工车间及其附属设施等用地。下分为包括普通仓库用地（W1）、危险品仓库用地（W2）和露天堆场用地（W3）。

港口用地（T4）： 属于对外交通用地（T）的一种。含义为通海港和河港的陆地部分包括码头作业区辅助生产区和客运站等用地。下分海港用地（T41）和河港用地

（T42）。

机场用地（T5）：属于对外交用地（T）的一种。包括民用及军民合用的机场用地，包括飞行区航站区等用地不包括净空控制范围用地。

道路广场用地（S）：市级区级和居住区级的道路广场和停车场等用地。下分为道路用地（S1）、广场用地（S2）和社会停车场库用地（S5）。

市政公用设施用地（U）：市级区级和居住区级的市政公用设施用地，包括其建筑物构筑物及管理维修设施等用地。下分为供应设施用地（U1）、交通设施用地（U2）、邮电设施用地（U3）、环境卫生设施用地（U4）、施工与维修设施用地（U5）、殡葬设施用地（U6）和其他市政公用设施用地（U7），如消防防洪等设施用地。

公共绿地（G1）：属于绿地（G）的一种。含义为向公众开放有一定游憩设施的绿化用地，包括其范围内的水域。下分为公园绿地（G11）和街头绿地（G12）。

生产防护绿地（G2）：属于绿地（G）的一种。含义为园林生产绿地和防护绿地。

特殊用地（D）：特殊性质的用地。包括军事用地（D1）、外事用地（D2）和保安用地（D3）。

水域（E1）：江河、湖海、水库、苇地、滩涂和渠道等水域，不包括公共绿地及单位内的水域。

此外，此“标准”中没有明确规定其含义的生态开敞区、风景区绿地、生态林地、生态湿地同属于绿地系统，由于绿地空间属性的非限定性，同一块绿地可以具备多种作用，因此，分类时以其主要功能为依据。生态开敞区的主要形态为自然保护区，风景区绿地一般与名胜古迹区相联系，生态林地和生态湿地对于城市生态安全具有重要意义。

6.3.2　评价指标体系

城市总体规划方案的综合评价，涉及的范围非常广泛，目前关于城市总体规划的评价多集中于环境影响评价、实施评价或生态影响评价，没有一个完整的、统一的指标体系。借鉴国内外经验，对于城市总体规划的综合评价，应当包含以下方面的内容（表6.2）。

表 6.2　城市总体规划综合评价内容

内容
• 与城镇规划体系衔接度，是否可以为顺利进行详细规划奠定良好的衔接
• 城市性质的叙述是否能准确体现城市的主要职能，代表城市发展方向
• 城市规划区范围的划定是否与城市未来发展定位相符，并具有一定弹性
• 城市各类用地的空间布局、功能分区是否合理，用地平衡是否科学，用地布局的整体效益是否能够在社会政治、经济、环境、生活中起促进作用
• 靠近江河湖海地区的城市是否具有完善的防洪体系规划及相应治理目标
• 城市对外交通及内部交通是否形成整体网络系统，发挥城市交通的整体作用
• 对需要保护的风景名胜、文物古迹、重点区域，是否划定了有利于保护规划、有利于形成城市特色的保护和控制范围
• 近期建设规划是否可行

在对规划的综合评价中需考虑的因素众多，只有对其进行筛选，才能建立合理的指标体系。在评价中基于人地关系合理这个出发点，突出以人为本和环境保护，结合胶州湾地域特点，从现有资料着手，综合分析研究后，选择建立了相关的评价指标体系（表6.3），由此对规划的合理性进行分项评价。

表6.3 城市总体规划评价的关键指标

影响总体规划方案的因素	含义	关键评价指标
岸线规划合理性	是否体现沿海城市特色和以人为本	岸线使用属性指标
城市绿地系统质量	数量和布局是否合理	绿地数量和景观生态学指标
工业布局合理性	工业布局与居民区的和谐关系	工业布局风向适宜度
城市布局与防洪	是否保证建设区基本的防洪安全	城市建设防洪警戒线
重点保护区域的范围	规划是否建立在现状基础之上	湿地保护区
开发区生态环境	规划造成的生态影响	生态服务价值

以下主要从城市安全、环境保护和景观生态等角度，围绕表6.3所列的关键评价内容，对岸线属性、绿地系统、工业布局、城市防洪、湿地保护等方面分别进行分析。

6.3.3 岸线使用属性评价

人类对于胶州湾的开发由来已久，上一章从岸线的空间变迁、人工影响程度等属性分析了其岸线的变化和现状，偏重于对岸线自然属性的研究。为了更直观地体现胶州湾与城市功能的关系，我们依据岸线的使用属性，将胶州湾海岸线分为生活岸线、湿地岸线、港口岸线和工业岸线四类。另外，规划中的发展预留岸线和未规划区岸线归为预留岸线一类。

1）岸线长度变化

用于提取现有岸线和规划岸线的底图分辨率差别较大，受到分形等因素的影响，获得的岸线长度数据相差较大。因此，选择百分比数据做数量关系分析（图6.7和图6.8）。

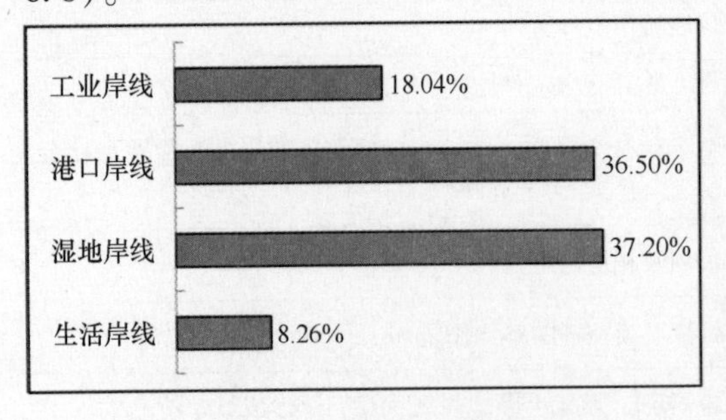

图6.7 胶州湾现有岸线使用类型

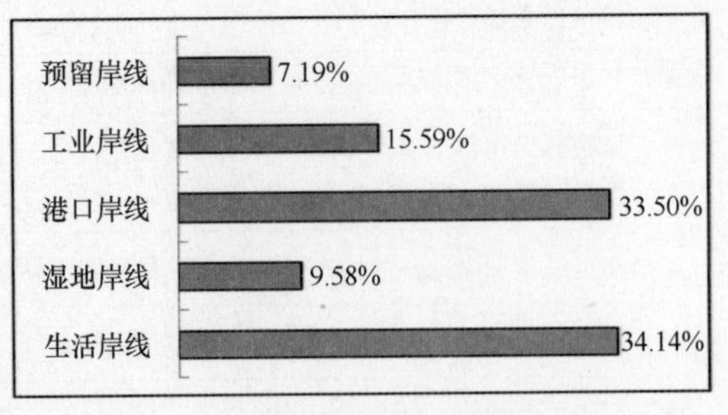

图6.8 胶州湾规划岸线使用类型

如图6.7所示，目前胶州湾现有海岸线中湿地岸线的比例最高，达到37.2%，其次为港口岸线，占总岸线的36.5%，工业岸线比例为18.04%；生活岸线所占比例最小，仅为8.26%，主要是自然形态的基岩海岸和小型砂砾滩，一般被附近村庄占用。如图6.8所示，规划后岸线中生活岸线的比例最大，达到34.14%，其次为港口岸线33.50%，湿地岸线所占比例最小。

为了更直观地分析规划前后的岸线比例变化情况，将各类岸线的变化以图表（图6.9）方式列出。未规划岸段和预留岸段的现状为湿地岸线，为了方便信息管理，在计算中暂时按照现状纳入统计。从数量关系来看，规划后比例变化最大的岸线是生活类和湿地类。生活岸线增加了25.88%，湿地岸线减少了20.43%。另外，工业岸线和港口岸线变化幅度较小，分别减少了2.45%和3%。规划后只有生活岸线比例增加，其余三种类型均有所减少。

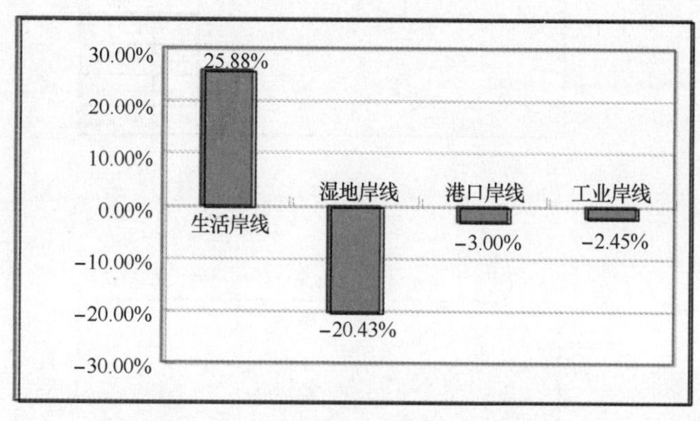

图6.9　规划后胶州湾岸线比例变化

2）岸线空间变化

从图6.10和图6.11中对比规划前后的岸线转化不难发现，岸线变化几乎属于同一种方式，3种类型在规划中向生活岸线转换。这种转换主要分为以下几个岸段。

- 团岛—六号码头以北岸段，主要为工业岸线和港口岸线转换为生活岸线；
- 青岛发电厂以北—四方港大型填海区以南岸段，主要为工业岸线转换为生活岸线；
- 李沧大型填海区以北—楼山河以南岸段，主要为工业岸线转换为生活岸线；
- 红岛南部和东部岸段，主要为湿地岸线和港口岸线转换为生活岸线；
- 胶州湾顶红岛以西，大沽河东岸段，主要为湿地岸线转换为生活岸线；
- 洋河以南—大石头岸段，主要为湿地岸线转换为生活岸线和工业岸线。

其他的岸线类型转换主要有宿流岸段由基岩为主的生活类岸线转换为工业岸线等。

对胶州湾现状岸线和规划岸线从其使用属性的角度进行分类，根据这四类岸线数量组成和空间构成特点，对现状岸线和规划岸线分别做横向比较，结果表明：规划将胶州湾生活岸线在总岸线中的比例增加了25.88%，东岸老城区主要是工业岸线和部分港口岸线向生活岸线转化；北岸以湿地岸线向工业岸线的转化为主，部分小型渔码头规划为

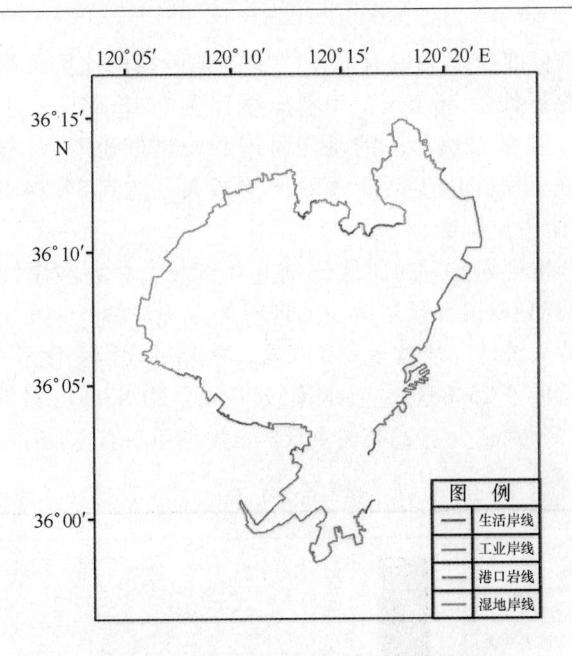

图 6.10　胶州湾岸线类型空间分布现状

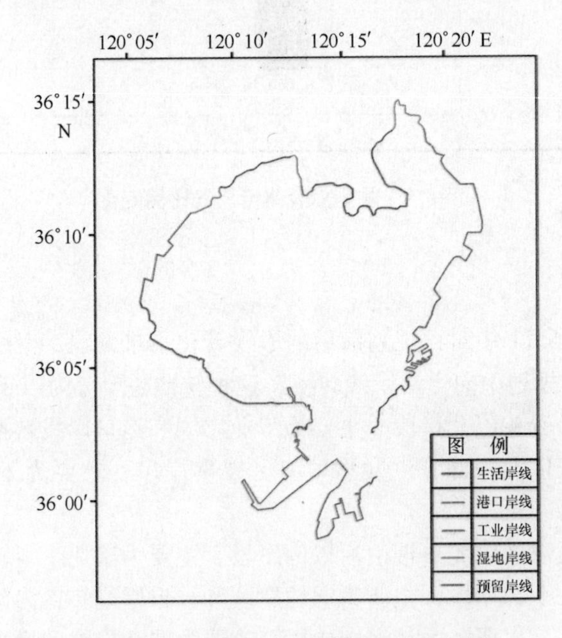

图 6.11　胶州湾岸线类型空间分布规划

生活岸线；西北岸以湿地岸线向生活岸线转化为主；西岸岸线用途变化不大。规划体现了依湾而居的理念，是现代化国际大都市的优化设计方案，从长远来看，对胶州湾的环境依赖程度在快速加大。但有些区域建设规模较大，转换有一定难度，如红石崖周边的石化工业区。

6.3.4　绿地系统评价

《园林术语基本标准》中明确指出："城市绿地是以植物为主要存在形态，用于改善城市生态，保护环境，为居民提供游憩场地和美化城市的一种城市用地。"其兼具游憩、生态、景观、防灾等多种作用。城市绿地系统是由一定质与量的各类绿地相互联系、相互作用而形成的绿色有机整体，即城市中不同类型、性质和规模的各种绿地共同构建而成的一个稳定持久的城市绿色环境体系。城市绿地系统是在自然生态系统之上建立的人工生态系统，由若干对其有直接影响的各类绿地组成。每个国家的城市绿地分类也有所不同。城市绿地系统是一个复杂的综合生态系统，"环湾保护、拥湾发展"规划方案中的城市绿地系统包含了公共绿地、生产防护绿地、风景区绿地、生态林地、生态湿地、生态开敞区 6 种类型。选取了现状绿地率和景观生态学中的特征指标，对研究区绿地的数量和结构进行评价。

1）绿地率

建设部对于绿化指标的规定目前包括人均绿地面积、人均公园绿地面积、建成区绿地率、建成区绿化覆盖率和公园绿地的服务半径 5 项。其中，绿地率是评价绿地系统最简单直观的指标。城市绿地率是指城市各类绿地总面积占城市面积的比率，以百分数表示。

计算公式：绿地率 =（公共绿地面积 + 生产防护绿地面积 + 风景区绿地面积 + 生态林地面积 + 生态湿地面积 + 生态开敞区面积）/城市面积 ×100%

依据此公式计算，研究区城市绿地率为 24.91%，低于近期青岛建成区统计资料的平均绿地率。依据国家规范 GB50180—93《城市居住区规划设计规范》中要求，绿地率新区建设不应低于 30%，旧区改造不宜低于 25%。很明显，研究区的城市绿地率低于规范要求。因为研究区只包含 7 个区的部分区域，崂山、浮山等植被大面积覆盖的山区未包含入内，所以此数据不能代表青岛市整体绿化规划。但是，反映了胶州湾滨海带规划绿地较少的问题。统计分析后得出研究区内各行政辖区的绿地率（图 6.12）。

如图 6.12 所示，胶州湾沿岸各区的滨海带规划绿地率有差别。四方区绿地率最低仅为 8.41%，市北区为 9.56%，两者均低于 10%，仅为其他几个区的 1/2 甚至 1/3。这与规划中东海岸以金融、信息、商务商贸、旅游等为主的现代服务业集聚地的城市功能定位不相协调，需要特别重视。

2）景观生态学评价

景观生态学评价方法是以整个地面景观作为研究对象，通过能量流、物质流、信息流在地球表层传输和交换，通过生物与非生物的相互转化，研究景观的空间构造、内部功能及各部分之间的关系，从而探索异质性发展过程，保持异质性的机理，建立景观的时空模型。福尔曼（1999）将景观生态学应用于城市景观规划中，特别强调维持和恢复景观生态过程及格局的连续性和完整性。具体对城市绿地空间规划而言，就是在城市和郊区绿地景观中要维护自然残遗斑块之间的联系，维持城内残遗斑块与作为城市生态景观背景的自然山地或水系之间的联系等。

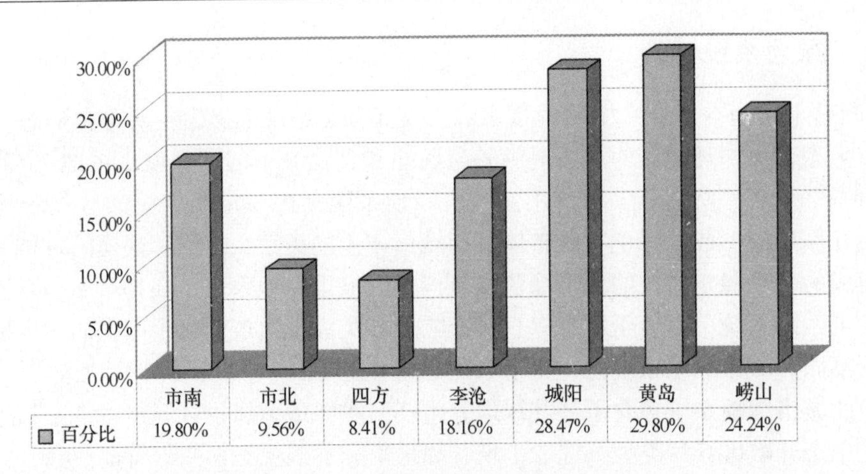

图 6.12 胶州湾海岸带各市区绿地率

斑块—廊道—基质理论：是景观生态学评价方法的核心理论，是指由不同生态系统组成的空间单元，按照各种空间单元在景观中的地位和形状，景观要素被分成 3 种类型：斑块、廊道与基质，而这 3 种类型要素就构成了一个完整的景观空间格局（许慧和王家骥，1993）。空间联系的主要结构是廊道，它既是城市中心区与外部支持区的物质输送通道，也担负着联系城市绿地空间体系各组分的重任。

城市绿地系统中的斑块是指公共绿地、生态林地等；廊道是指能将景观不同部分隔开，并对被隔开的景观起障景的作用，同时又能将景观中不同部分连接起来的绿色通道，主要是由沿河的河道绿化和城市防护隔离带所组成的生产防护用地；而在城市绿地系统中，各类工业、居住、市政设施、公共设施等用地共同组成了景观生态学理论中的基质。如果从整个城市生态系统角度考虑，胶州湾和陆地湖、库塘等也应归于斑块，河道则属廊道。廊道结构的合理性对城市绿地空间乃至整个城市生态系统都至关重要。在城市绿地系统规划中，较为理想的网络结构是：城市外围几个大型的自然植被涵养带，城市内部按照绿地相应的服务半径设置一定数量的中小型公共绿地，用以保障景观的异质性，通过绿色廊道将城市内外部的块状绿色联系起来形成完整的城市绿地系统。

规划方案中明确提出保护胶州湾和湿地等斑块，划定河道保护蓝线以及两侧的生态绿线，打通海滨与内陆的联系廊道，符合斑块—廊道—基质理论的要求，是科学合理的。如果能将高速公路两侧防护林带加宽，起到廊道的作用，环胶州湾滨海城市带的绿地系统将会更加优良。

景观异质性理论：是景观生态学中的重要组成部分，景观异质性越大，景观的种类越多，防止外来干扰的能力越强，生态系统就越稳定（雷捷等，2007），以下用景观多样性指数和景观均匀度指数定量分析。

景观多样性指数：其大小反映景观要素种类的多少和各景观要素所占比例的变化。当景观是由单一要素构成时，景观是均质的，其多样性指数为 0；由两个以上的要素构成的景观，当各类型所占比例相等时，其景观的多样性最高；当各景观类型所占比例差异增大时，多样性下降。计算公式如下：

$$H = -\sum_{i=1}^{n} P_i \log_2 P_i$$
$$H_{max} = \log_2 n \tag{6.1}$$

式中，H 为景观多样性指数（单位为 bit），P_i 是第 i 种绿地景观类型占总面积的比例。n 是绿地景观类型总数，H_{max} 指各类绿地景观所占比例相同时，景观最大的多样性指数。多样性指数越大，表示景观多样性越高。

利用上述计算公式计算得到的景观多样性指数为 2.38，H_{max} 为 2.58。景观多样性指数略小于最大多样性指数，说明研究区内绿地景观类型比较齐全，而且分布较为均衡。

景观均匀度指数：均匀度描述景观里不同景观类型（尤其是斑块）的分配均匀程度，均匀度是景观实际多样性指数（H）与最大多样性指数（H_{max}）的相对比值，取值范围为 0~1。计算公式为：

$$H_{max} = \log_2 n$$
$$\mathrm{H} = -\log_2 \sum_{\mathrm{i}=1}^{n} P_i^2$$
$$E = (H/H_{max}) \times 100\% \tag{6.2}$$

式中，E 是均匀度指数，H 是修正了的 Simpson 指数，H_{max} 指各类绿地景观所占比例相同时，景观最大的多样性指数，P_i 是第 i 种绿地景观类型占总面积的比。n 是绿地景观类型总数。若 E 取其为 0，则格局为完全团聚分布；若 E 取为 1，则格局为随机分布。

计算结果表明，研究区的均匀度指数为 0.484 271，处于团聚状分布和随机分布之间，略倾向团聚状分布。依据景观生态学的基本理论，研究区内绿地规划景观多样性丰富，绿地景观布局基本合理，基本能够满足生态系统中物质、能量流动的需求。

3）绿地系统自然特色性评价

城市是一种特殊的地理环境，自然是人们搭建城市的底质。在自然因素当中，尤以山、水最为重要，绿地建设应该尊重自然山水，体现城市自然特色。城市绿地自然特色性指标是一个整体定性的指标，不容易精确计算，但可以从城市和绿地对自然山水的利用或破坏程度方面来展开衡量。在山体方面，可以考虑山体复绿情况，与山体相关的绿地数量，与山体相关的绿地位置与类型等情况；在水体方面，可以考虑绿网与水系连通，滨水绿地控制宽度，与水体相关的绿地数量，以及与水体相关的绿地位置与类型等情况。

由图 6.13 中绿地与山地的相关性来看，规划的绿地几乎覆盖了建成区内的所有山地，并且规划绿地的范围超出了山地分布的范围，说明绿地规划遵循山体自然分布规律，没有破坏自然山地，同时体现了规划的复绿意图；以规划绿地与水系的结合度来看绿地规划，绿网与水网联系紧密，主要流域都配有一定宽度的防护绿地，绿地规划与水系的相关程度较高。

总体而言，规划绿地整体上多样性较为丰富，结构较为合理，与自然山水结合的较为和谐。但是，胶州湾滨海一带绿地数量偏低，在市北区和四方区沿岸这个问题尤为突出。

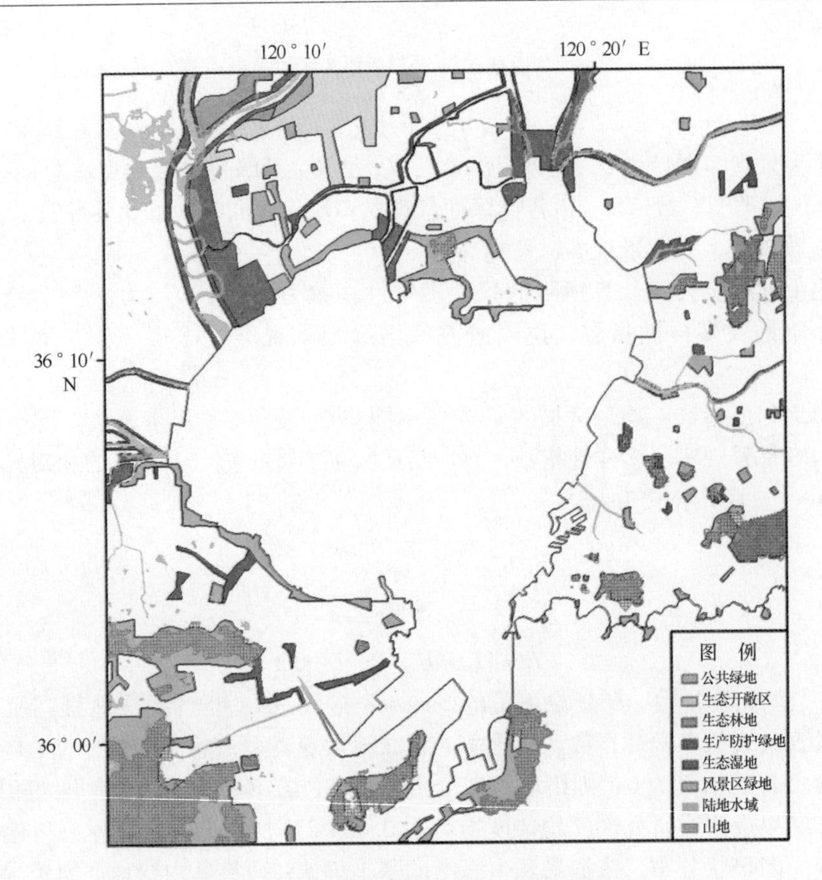

图 6.13 环胶州湾绿地规划与山水分布现状

6.3.5 工业风向布局合理性评价

风向指标是城市选择工业布局的传统方法。在气象学中，某地风频最多的风向称作主导风向，但如果出现两个或三个方向不同，但风频均较大的风向，都可视为盛行风向，或称常风向。

A. Schmauss（1914）最早提出按主导风来布置各功能区，即按主导风把工业布置在城市下风侧，减少工业造成的城区大气污染。因为欧洲许多城市位于西风带，常年盛行西风，按照这个方法进行工业布局取得了良好的效果。然而，季风区全年一般都有两个盛行风向，而且方向大体相反，“主导风向法”就失去了实际意义。在我国，由于大多数类似于季风区地区的城市一般拥有两个风频高的盛行风向，二者风频相近，方向大致相反。因此，在这种情况下，通常应以最小风频原则作为规划布局的原则，即将工业布局在城市最小风频的方向。青岛市的盛行风向为 NNE 和 NW（图 6.14），最小风频上风向为 W。因此，在工业区对附近大气环境的影响度 NE 和 SSW 向最大，NW 和 SE 向较小，E 向最小。

通过分析，与居住区联系比较紧密的 12 个工业规划区的布局和隔离带，情况基本良好，符合工业风向布局的要求。

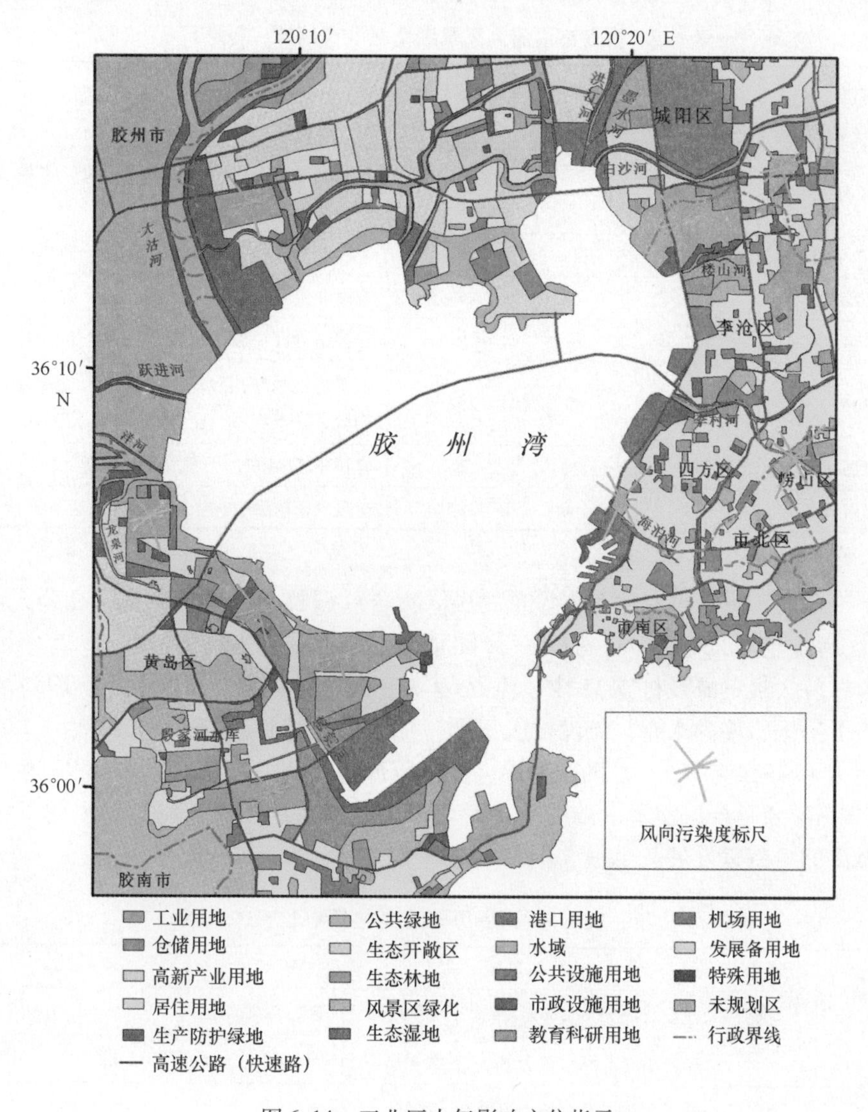

图6.14　工业区大气影响方位指示

6.3.6　城市防洪安全评价

青岛是风暴潮灾害多发的地区之一，历史上该地区曾多次发生过大的风暴潮灾害，给经济和沿岸居民的生命财产安全带来巨大损失。风暴潮是指在强烈气象扰动下导致的海面异常升高或降低，又称风暴潮增水或减水，当大的增水与天文高潮相遇的时候，常使水位暴涨，海水浸漫城区。据统计，1898—1997年的100年间，影响青岛的台风共有130个，平均每年1.3个。林滋新和赵林平（2000）统计表明自1949年以来，青岛港超过警戒水位（525 cm）的台风共有6次（表6.4）。

表 6.4 青岛市沿海大风暴潮情况（李培顺，1994）

时间或台风号	青岛港最高潮位（cm）	增水值（cm）	过程总降水量（mm）	灾害情况
1939 年 8 月 31 日			130	房屋倒塌，道路冲毁，田禾淹没，水电供应受阻，死伤人命，损失特重
1949 年 7 月	525	135		淹没和浸灌较低洼处农田、村舍、厂房
5622	536	108	269.6	淹没和浸灌较低洼处农田、村舍、厂房
8114	529	98	9.1	迎浪岸段堤坝被毁，农田、低洼处积水严重
8509	531	89	254.6	摧毁堤坝和岸边设施，冲毁水产养殖场，毁坏船只，淹没农田、村舍，损失 5 亿多元
9216	548	113	79.3	灾情重于 8509 号台风，损失特重
9711	551	100	185.4	淹没农田村舍，冲毁水产养殖设施，灾情特重

另外，青岛历史上也有过多次严重的山洪灾害。据胶州市史志记载，在公元前 209 年至公元 1985 年的 2000 年间，胶州一带陡降暴雨等严重水灾约 70 次。1925 年因山洪暴发致李村特大洪灾淹没村庄 31 个，淹死 69 人，并冲毁大量房屋、农田。1955 年 7 月胶州市连下暴雨，城内水淹，淹没村庄 87 个，倒塌房屋 11 760 间，农田致涝 25 万亩。1960 年 6 月和 1974 年 7—8 月两次暴雨，洪水曾冲毁胶州一带中小型水库 92 座和塘坝 52 座。1985 年 8 月台风期间，暴雨曾冲毁全市各类道路约千条。频频发生的洪灾，对青岛市经济的可持续发展产生很大影响（表 6.5）。

表 6.5 青岛历史山洪灾害统计

年份	地点	灾害情况
1925	李村	淹没村庄 31 个，69 人死亡，并冲毁大量房屋、农田
1955	胶州	城内水淹，淹没村庄 87 个，倒塌房屋 11 760 间，农田致涝 25 万亩
1985	全市	暴雨曾冲毁全市各类道路约千条

在城市规划与建设中，应当注意避开洪泛区、低洼积水区等，将这些区域定义为非建设区域，并可以根据实际情况将这些用地作为生态公园、湿地等，这对于调蓄洪水、降低风险、保障城市安全具有十分重要的意义。这方面在国内外历史有过很多教训，如新奥尔良市，为了城市的经济和旅游业的发展，在不适宜建设的低洼滨海地区建设了大量的住宅和公共建筑，结果在“卡特列娜”飓风过后，整个城市遭受了毁灭性的打击。

鉴于以上多方面的考虑，胶州湾地区的规划建设应当充分考虑城市低地的防风暴潮和山洪灾害因素。环胶州湾洪灾多发地区主要是北部棘洪滩镇以西地区、胶州市境内大沽河下游地区和胶南市红石崖镇西北地区。上述地区地势低洼而平坦，地表径流不畅。积雨成灾的洪水以及来自区内主要河系上游（大泽山、铁镢山和小珠山区）的洪泄水可将低洼地带的农田和村庄淹没，造成严重损失。

据统计，青岛港验潮站50年一遇的增水值和减水值分别为110 cm和－131 cm。100年一遇的增水值分别为125 cm和141 cm。大港的设计高潮位为434 cm，极端高潮位为558 cm（李乃胜，2006）。因此，可以将5 m等高线之上作为青岛城市居住用地警戒线。

由图6.15可以看出，白沙河入海处规划的一处居住用地地势偏低，大部分位于5 m等高线以下，存在着防洪隐患，建议相关部门慎重定夺。

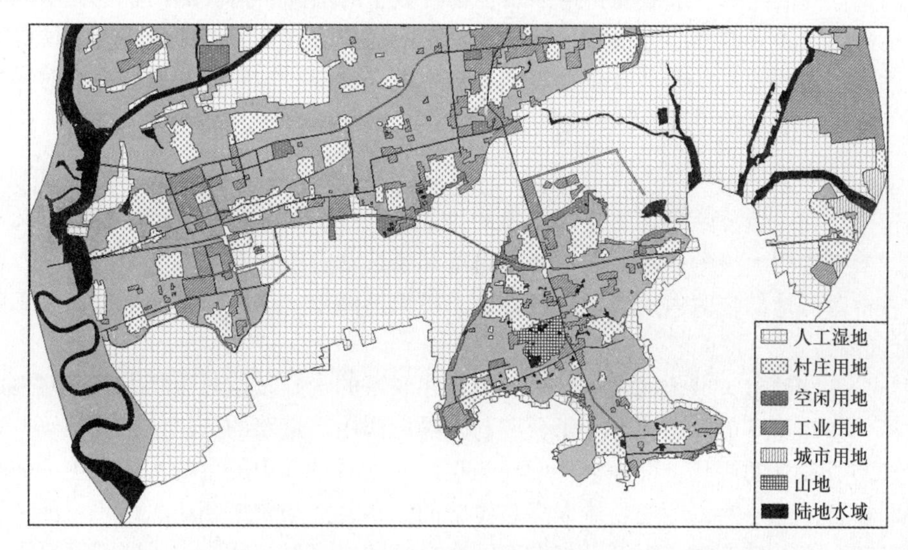

图6.15　青岛沿海低洼地分布

由于海湾和河流沿岸风景优美，人们有"临水而居"的愿望。同时，土地资源稀缺，填海活动不断进行，居住地与水的距离越来越近。然而，海岸带本身属于地质灾害的频发区，居住地的选择不单要考虑舒适性，更要保证安全性。

6.3.7　湿地保护

湿地包含在城市绿地系统之内，但是由于其重要的生态价值和环境价值，以及特殊的环境敏感性，应单独对其现状和规划方案的合理性进行评价。

1）湿地保护区范围划定

规划将墨水河、大沽河、洋河以及规划打通的胶莱河河口形成的滩涂湿地作为湿地保护区，计划通过建设湿地公园，适度发展生态旅游。建立湿地保护区是修复胶州湾脆弱湿地生态环境的必由之路，刻不容缓。湿地保护区的范围划定尤为重要。

从湿地的效益方面来说，湿地的规模越大，则其经济、环境和社会效益越大，但所需投入的淹没及移民补偿、建设和管理费用和所需补充的水资源量也越大。保护湿地需首先解决的一个重要问题是确定适宜的湿地规模，而湿地规模的确定涉及自然、社会和经济等方面的许多影响因素，目前国内还没有成熟的可量化分析确定的方法（苏玉明和赵勇胜，2004）。

胶州湾的湿地系统退化非常严重，仅在大沽河口处还保留极少数的天然草地，其余的几乎全部被围垦或者建为人工湿地，用作盐业或者海水养殖业，自然湿地系统极其脆弱。因此，目前胶州湾地区的湿地保护工作应当从大沽河做起，在现有的基础之上保护、巩固、发展。

目前，中国对于湿地核心保护区面积的确定，是按照当时所观测到的目标物种出现频率高的地方而划定的。随着保护区内目标物种数量的增加，需要的面积也会增加。建议对大沽河的保护采取核心区保护，缓冲区预备的保护方式。另外，建议为了使得湿地保护工作有一定成效，在湿地系统发展到一定规模，具备一定的抗干扰能力的时候再建设观光游览用途的基础设施。

2）公路建设与生态安全

高速公路和一级公路平均每千米占地约为80亩。如果公路建设经过湿地，又不采取措施，就会占用大量的土地，包括公路路基和场站的占压，弃土、弃渣的占压，以及施工过程中对湿地的临时占用，包括各种施工机械的停放、筑路材料的堆放、施工队伍的生活区等。

公路是连接城市与城市的通道，是人类互相联系的走廊。但对生物尤其是对地面的动物来说，它却是一道屏障，产生了分离与阻隔的作用。道路的分割使景观破碎，将自然生境切割成孤立的块状，即生活环境岛屿化，使生活在其中的生物不能在更大的范围内求偶与摄食。如一些两栖动物难以穿越宽阔的公路，活动领域缩小，结果可能使种群变小，种间近亲繁殖率高，引起动物发育不良，疾病增多，抗病能力下降，甚至灭绝。

另外，胶州湾北部水网发达，地表径流较多，公路是连接胶州湾与陆地的重要纽带，其修建可能会引起水流的阻隔、干枯，从而影响其物质能量的流动，不利于整个环境的协调发展，所以应尽可能设置桥梁穿越。

6.3.8 红岛开发区生态服务价值评价

Costanza 等（1997）所主持的由生态学家和经济学家共同完成的研究中，将生态系统服务划分为气体调节、气候调节、干扰调节、水分调节、水分供给、侵蚀控制和沉积物保持、土壤形成、养分循环、废弃物处理、授粉、生物控制、庇护、食物生产、原材料、遗传资料、休闲、文化17种主要功能，根据土地覆盖将全球海陆生态系统区分为外海、河口、海草、珊瑚礁、大陆架、热带森林、温带森林、草原、潮滩、红树林、沼泽、河漫滩、河流湖泊、荒漠、苔原、冰川、农田、城市等生物群落，逐项估计了各种生态系统的各项生态系统服务价值，得出了全球生态系统每年的服务价值为16万亿~54万亿美元，平均为33万亿美元，相当于全世界GNP的118倍。在此模式基础上，谢高地（2008）于2002年和2006年对中国700位具有生态学背景的专业人员进行问卷调查研究，得出了一个认可度更高的、更加适合中国的生态系统单位面积生态服务价值当量表（表6.6）。

表 6.6　中国生态系统单位面积生态服务价值当量

一级分类	二级分类	森林	草地	农田	湿地	河流
供给服务	食物生产	0.33	0.43	1.00	0.36	0.53
	原材料生产	2.98	0.36	0.39	0.24	0.35
调节服务	气体调节	4.32	1.5	0.72	2.41	0.51
	气候调节	4.07	1.56	0.97	13.55	2.06
	水文处理	4.09	1.52	0.77	13.44	18.77
	废物处理	1.72	1.32	1.39	14.4	14.85
支持服务	保持土壤	4.02	2.24	1.47	1.99	0.41
	维持生物多性	4.51	1.87	1.02	3.69	3.42
	提供美学景观	2.08	0.87	0.17	4.69	4.44
合计		28.12	11.67	7.9	54.77	45.34

资料来源：谢高地，2008。

生态服务价值的计算依据以下公式：

$$V = \sum_{i=1}^{n} S_i \times R_i$$

式中，V 为生态服务价值当量，S_i 为生态系统类型 i 的单位面积价值当量，R_i 为生态系统 i 的面积。选取了规划中变动最大的红岛高新技术产业开发新区（图 6.16）中的大沽河以西、胶州湾高速以东的区域计算其生态服务价值。

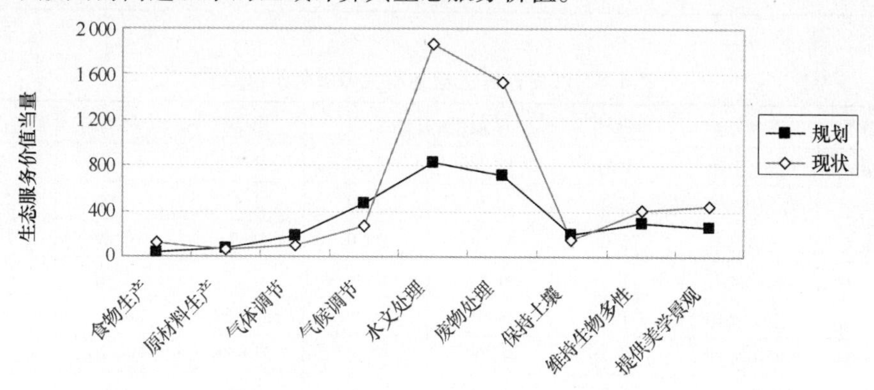

图 6.16　红岛经济区规划前后生态服务当量对比

生态服务价值估算公式为：

$$V = \sum_{i=1}^{n} S_i \times R_i \tag{6.3}$$

式中，V 为生态服务价值当量，S_i 为生态系统类型 i 的单位面积价值当量，R_i 为生态系统 i 的面积。

计算中有几个问题需要说明：现状的人工湿地类在表 6.6 中没有被赋值，因为其提供的生境接近于陆地养殖池，故我们将其面积统计入河流一类；规划中的预留区假设为建成后的市区用地。

由图 6.17 可见，规划后本区有 5 项指标的生态服务当量减少，仅有气体调节、气候调节和原材料生产、保持土壤略微有所增加，增加量远小于减少量，故总量减少。此区规划后生态系统的水文处理和废物处理功能损失较大，各损失了一半以上。规划后的生态价值当量比目前的价值当量减少 1 873.33，减少了 38%，减幅较大（表 6.7 和表 6.8）。说明此区的规划是一个由高生态服务功能价值的生态系统向较低服务价值的生态系统的转化过程。

表 6.7　红岛开发区当前生态服务价值当量

一级分类	二级分类	森林	草地	农田	湿地	河流	合计
供给服务	食物生产	0.33	0.00	67.75	0.00	51.09	119.17
	原材料生产	2.99	0.00	26.42	0.00	33.74	63.15
调节服务	气体调节	4.33	0.00	48.78	0.00	49.16	102.28
	气候调节	4.08	0.00	65.72	0.00	198.58	268.38
	水文处理	4.10	0.00	52.17	0.00	1 809.43	1 865.70
	废物处理	1.73	0.00	94.17	0.00	1 431.54	1 527.44
支持服务	保持土壤	4.03	0.00	99.59	0.00	39.52	143.15
	维持生物多样性	4.52	0.00	69.11	0.00	329.69	403.32
	提供美学景观	2.09	0.00	11.52	0.00	428.02	441.62
合计			28.20	0.00	535.23	0.00	4 370.78
总计：4 934.21							

表 6.8　红岛开发区规划后生态服务价值当量

一级分类	二级分类	森林	草地	农田	湿地	河流	合计
供给服务	食物生产	5.81	13.06	0.00	8.17	11.32	38.36
	原材料生产	52.43	10.93	0.00	5.45	7.48	76.29
调节服务	气体调节	76.00	45.56	0.00	54.71	10.89	187.16
	气候调节	71.60	47.38	0.00	307.59	44.00	470.57
	水文处理	71.96	46.16	0.00	305.09	400.93	824.14
	废物处理	30.26	40.09	0.00	326.88	317.20	714.43
支持服务	保持土壤	70.72	68.03	0.00	45.17	8.76	192.68
	维持生物多样性	79.34	56.79	0.00	83.76	73.05	292.94
	提供美学景观	36.59	26.42	0.00	106.46	94.84	264.31
合计			494.72	354.42	0.00	1 243.28	968.46
总计：3 060.88							

河流生态服务价值减少了 3 420，草地森林等项有所增加，大于综合之后的减少量。河流面积的减少主要是由盐田改造为陆地造成的，尽管规划中注意了绿地增加，但是远

远不能弥补造陆所造成的生态服务损失。

此次估算将预留地假设为城市用地，其生态服务价值定义为0，所以可能一定程度上会影响计算结果的准确性。但是，盐田改陆造成的巨大生态服务价值损失应当引起足够的注意。应该分析盐田的造陆对生态服务价值的影响，并将生态损失纳入盐田造陆的综合效益分析中，可以更科学合理地评价盐田造陆的效益，对于盐田的改造利用具有重要的意义。

第 7 章　胶州湾演变对沉积动力环境的影响

海湾形态的变化会导致其水动力的变化，水动力的变化造成了海湾水交换和泥沙运动过程的变化，进而导致底床的冲淤。而海床的变化又会改变海湾形态，又转而影响到水动力场，海湾就在这种循环过程中不断演化。假设海平面保持稳定，在自然状态下，随着外来物源的不断注入，海湾逐渐缩小，动力变弱，发生淤积，逐渐消亡。这可能是一个非常漫长的地质过程。一般情况下，海湾的寿命都是以千年为单位。但是，据国内外海湾的演化史来看，人类活动的加入基本上都加快了这一过程。胶州湾也不例外，如前面章节所述，百年以来，在全球变化以及人类活动的影响下，胶州湾岸线已经发生了较大变迁。这种变迁对海湾本身会产生什么影响？人类在其中具体扮演什么样的角色？胶州湾的未来又如何变化？如何更好地开发和保护胶州湾？都亟须解答！

本章节基于胶州湾多年历史资料，并借助数值模拟技术，对 100 多年以来胶州湾水动力、水交换和底床冲淤等几方面的演化过程进行了研究，初步探讨人类活动对胶州湾演变的影响，并尝试对其未来变化作出预测。

7.1　胶州湾水动力的演变

根据实测历史资料和模型结果（图 7.1），主要从潮汐、潮流和余流三方面来探讨胶州湾水动力的变化。

7.1.1　潮汐的变化

胶州湾为正规半日潮，M_2 分潮为其主要分潮。图 7.2 为数值模式得出 1966 年、1986 年、2000 年和 2008 年 M_2 分潮同潮图。1966 年黄岛还没有变成陆连岛（周春艳，2010），动力场结构相对独特，主要对比其余三年。图 7.2 结果表明，胶州湾湾外海域潮汐变化不大，湾内振幅增加相位提前。潮汐的变化主要与胶州湾形态的改变密切相关。1986—2000 年，变化主要发生在内湾，由于北部围填海造成大片潮滩的消失，导致振幅增加、相位提前；在黄岛前湾和内湾东北部也有所变化，但是变化幅度不大。2000—2008 年，由于黄岛前湾和海西湾的港口建设，变化主要集中在外湾，内湾则变化较小。总体来看，1986—2008 年，湾内 M_2 分潮振幅平均增加了 2 cm，相位减少了 1°，提前了约 2 min。围填海所造成的潮汐振幅增加，会一定程度加重胶州湾风暴潮灾害发生的强度，尤其北部潮滩区域更为明显，需引起足够的重视。

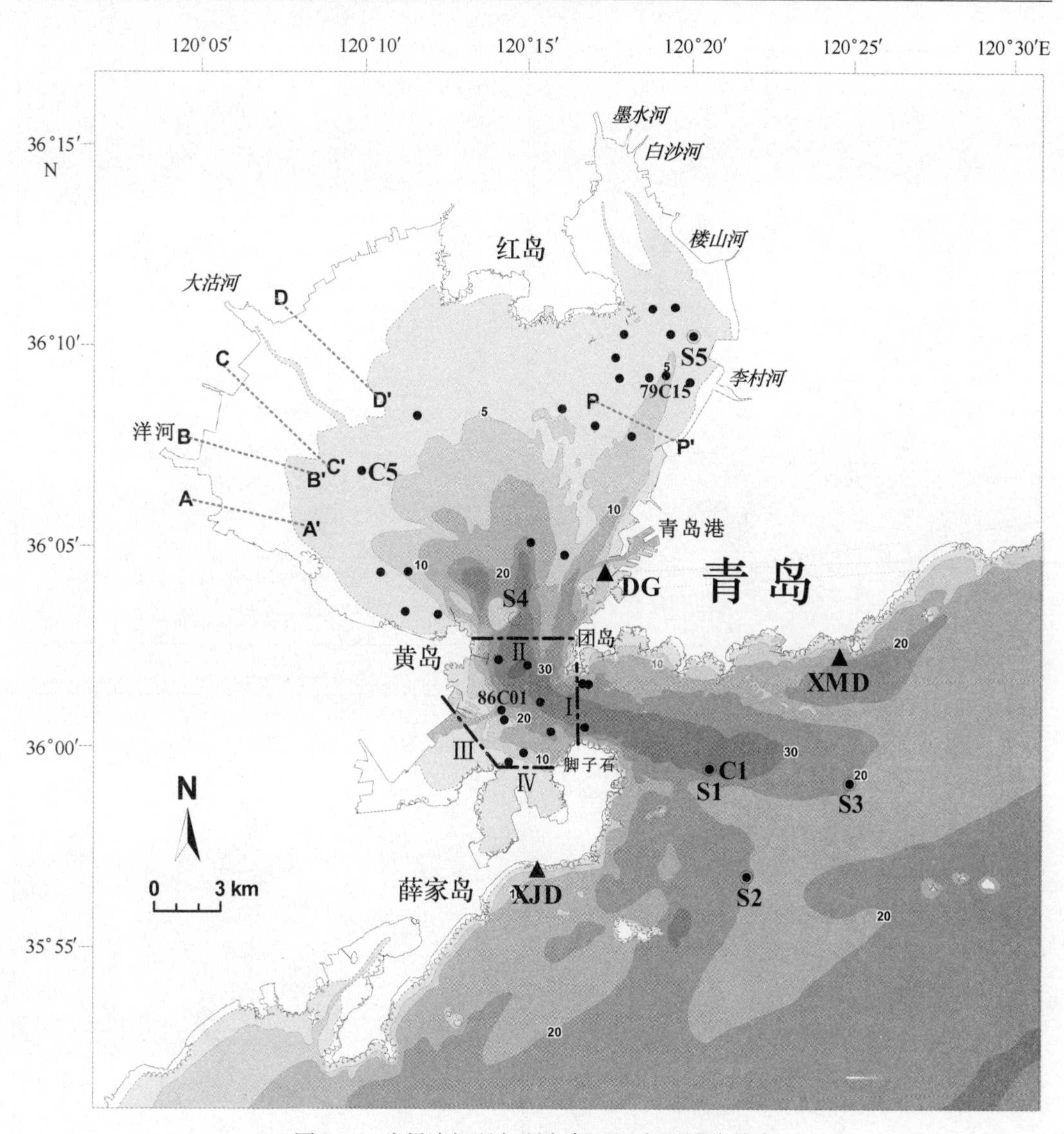

图 7.1　胶州湾概况与研究断面和实测站位分布

7.1.2　潮流的变化

图 7.3 给出了胶州湾 1966 年、1986 年、2000 年和 2008 年模拟年平均流速分布。从年平均流速大于 25 cm/s 的分布范围来看，1966 年主要占据了外湾水道区域、内湾中部和全部的沧口水道，几乎占整个海湾面积的一半。1986 年，内湾中部仅剩下流速较大的水道区，沧口水道也仅余水深较大的一段。2000 年和 2008 年主要分布在外湾水道区域，内湾仅在水道区域有零星分布。从湾口流速来看，由表 7.1 可知，从 1935 年到 2008 年，湾口最大表层涨潮流速降低了 70 cm/s，减少了近 40%；落潮流速降低了 42 cm/s，减少了约 30%。两者都表明，胶州湾潮流流速逐渐减小，水动力弱化严重。这会导致海湾水交换能力下降和潮流挟沙能力降低的恶果。

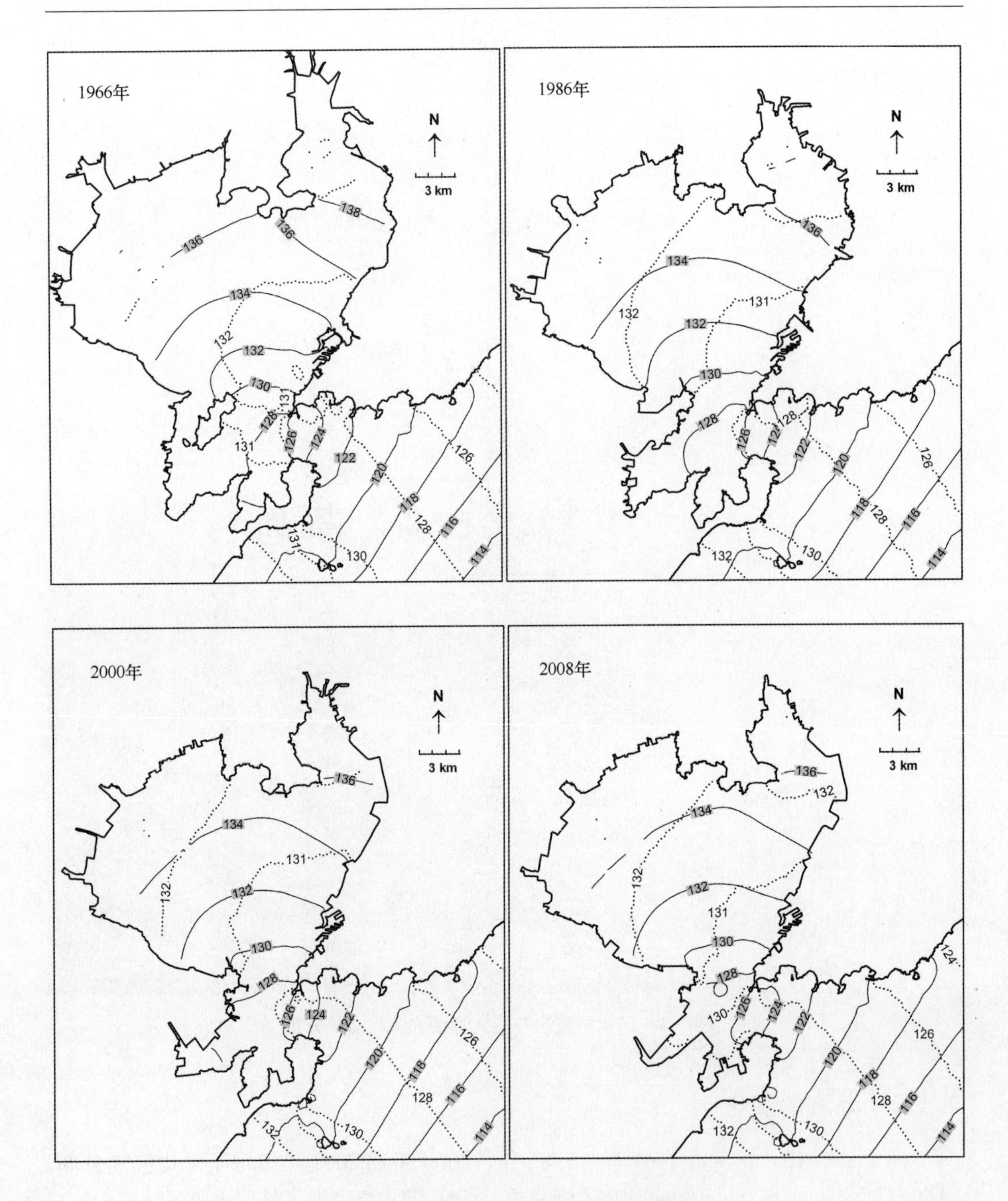

图 7.2　胶州湾 4 个年份 M_2 分潮同潮图

图中实线为等振幅线，虚线为等相位线

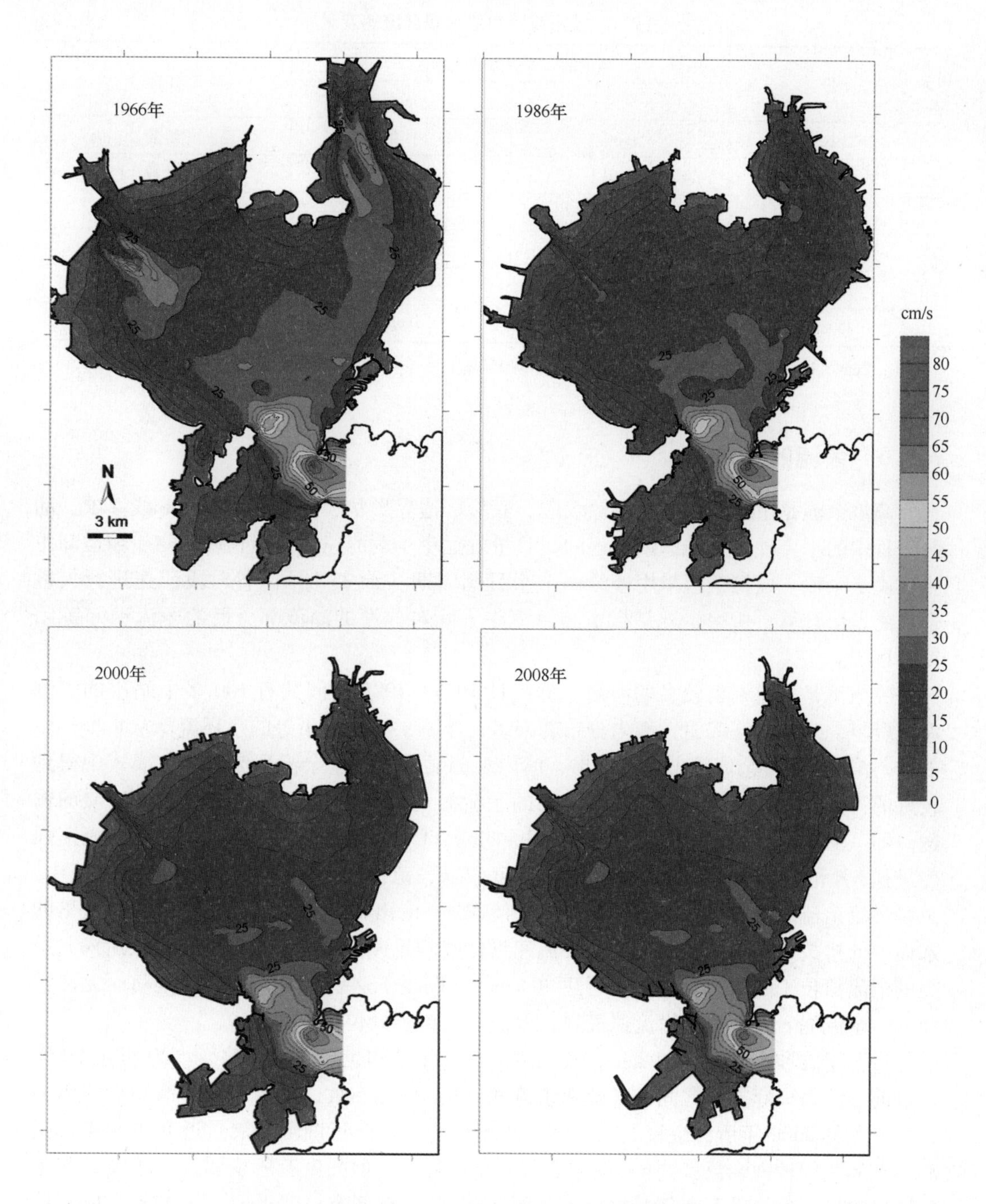

图 7.3　胶州湾 4 个年份年平均流速

表 7.1　胶州湾湾口最大表层流速变化

年份	湾口最大表层流速（m/s）		注释
	涨潮	落潮	
* 1935	1.80	1.40	测量
* 1963	1.40	1.20	测量
* 1980	1.20	1.14	测量
1986	1.24	1.18	模拟
2000	1.14	1.10	模拟
2008	1.10	0.98	模拟

注：数据引自刘学先和李秀亭（1986），其余为数值模型结果（Shi et al.，2011）。

7.1.3　余流的变化

潮汐余流是由于非线性底摩擦效应、底形、边界形状、连续方程中的非线性项、动量方程中的平流项等种种原因引起的，其量阶远小于潮流速度，但长周期物质输运却主要取决于余流。欧拉余流采用连续两个半日潮周期（约 25 h）内各时段流速进行矢量合成的方法计算。所得余流是指实测海流中去除对称性的潮流部分后的净流动（陈宗镛，1980）。

胶州湾是测流资料较多的海湾。据统计 1957—1988 年间共有 100 多个站次的实测海流资料。观测结果表明，湾内分布着很多大小不一、强弱不等的余环流。从 4 个年份的胶州湾 M_2 欧拉余流图中可以看出，湾内观测显示的多个余流环流系统在模式中得到较好的再现，总共可以识别出 7 个较大的余流涡（图 7.4），它们控制着湾内物质的输送。图 7.4 中的 b、d 和 e 为顺时针流涡，a、c、f 和 g 为逆时针流涡。a 和 b 的流速强度最强，d 范围最大，剩余的余流涡旋强度较弱，范围较小。另外，这些环流系统中，总是环流出流的一边流速相对最强。如余流涡 a，流出端位于薛家岛附近，因此这里的水体向外排放的能力最强，形成落潮流速远比涨潮流速大、历时长的现象。余流涡 b 最强的余流值位于团岛附近，流速可达 30 cm/s，以至于这里几乎只有落潮流动而无涨潮流动。余流涡 c 在黄岛北缘流速最强，余流涡 d 最强处位于沧口水道。

由于岸线和水深地形的变化，胶州湾余流环流结构也随之发生改变。20 世纪 80 年代以前，团岛—薛家岛之间的椭圆形余流涡（a）变化不大，随着黄岛前湾和海西湾的开发，尤其 2000 年后，余流涡的范围不断缩小，形状向近圆形发展；近几十年来，团岛—黄岛之间较强余流涡（b）的中心位置基本稳定，但强度有所变弱。由于黄岛前湾的港口建设，致使其西南部变化较大，到 2008 年，在原有位置形成一个与其方向相反的逆时针小型余流涡；黄岛北侧的逆时针余流涡（c）中心位置变化不大，但是，总体强度逐渐变弱，2000 年以来的黄岛填海工程使其范围不断缩小；靠近沧口水道的大型余流涡（d）有整体西移的趋势，而且余流强度不断减弱。这可能与沧口水道变迁有关。据边淑华等（2001）研究，近百年来沧口水道冲淤变化幅度较大，在 1966 年到 1985 年间，沧口水道有西移南退的趋势；20 世纪 80 年代以前，李村河入海口附近的顺

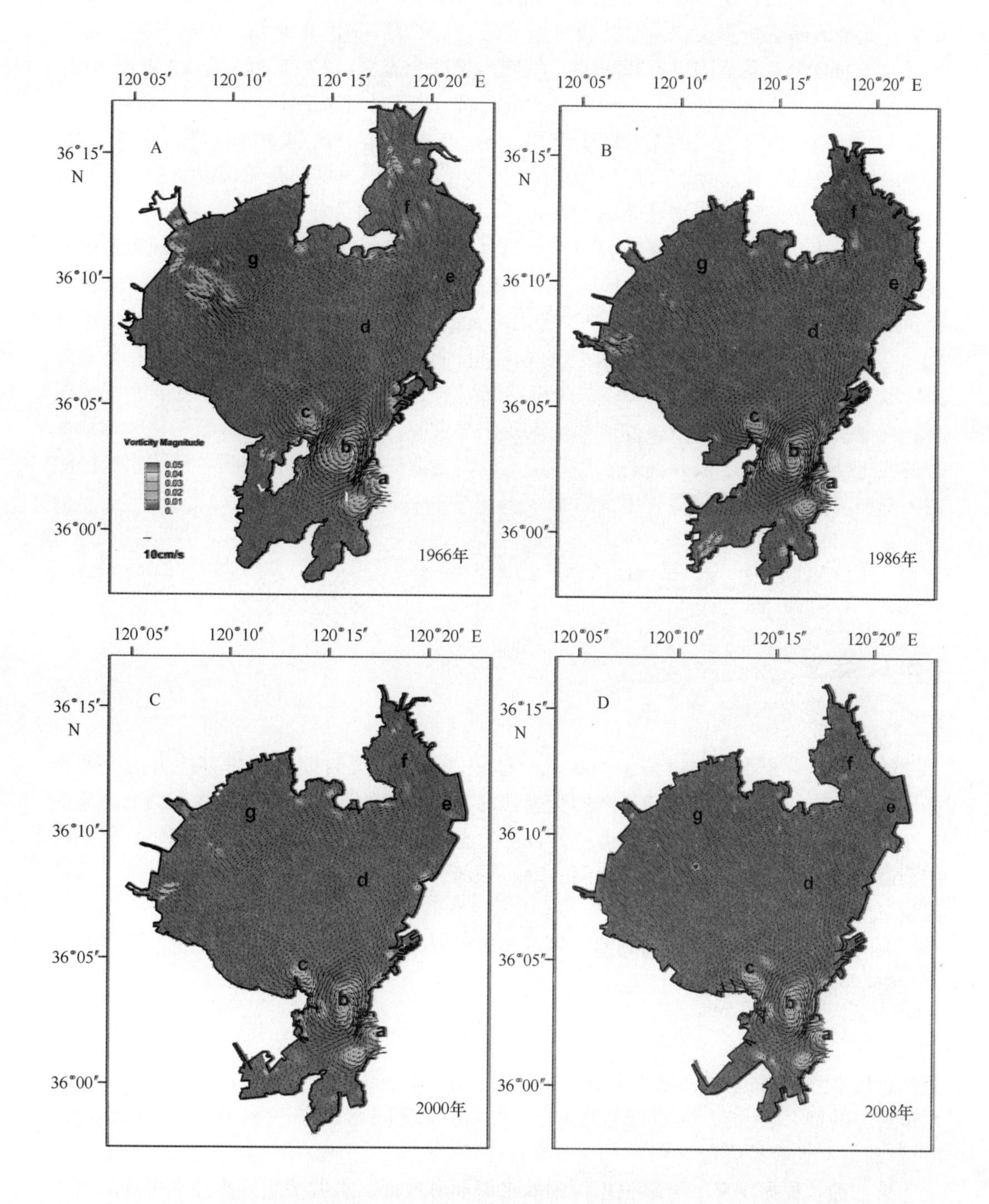

图7.4　胶州湾4个年份 M_2 欧拉余流

时针余流涡（e）变化不大。随着东北部的填海造地，余流涡的中心位置逐渐北移，范围缩小，强度变弱。至2000年，位置向北移动1.3 km，范围仅为1966年的一半。2000年后，此余流涡变化不大；逆时针余流涡（f）控制着胶州湾东北角大部分区域，随着海域面积的减少，其范围也不断减少。此外，靠近余流涡（f）东侧，在20世纪80年代以前，楼山河入海口处有一小型顺时针余流涡。由于人工填海作用，此余流涡逐渐消失；大沽河口—红岛之间的逆时针余流涡（g）有向西南方向移动的趋势。总体来看，随着海湾形态的变化，余流环流结构强度变弱，范围减小，局部余流涡旋消失。余环流场的改变直接影响到胶州湾悬浮物质（包括污染物）的输送。

综上所述，近几十年以来的胶州湾水动力发生了较大变化。潮汐主要表现为湾内振幅增加、相位提前。1986—2008年，湾内M_2分潮振幅平均减少了2 cm，相位减少了1°，提前了约2 min，而湾外海域潮汐变化不大；潮流流速逐渐减小，以内湾减少程度最大。1935—2008年，湾口最大表层涨潮流速降低了70 cm/s，减少了近40%；落潮流速降低了42 cm/s，减少了约30%；余流环流结构变化总体表现为：强度变弱，范围减小，局部余流涡消失。潮汐、潮流和余流变化都表明，胶州湾水动力逐渐弱化，海湾形态的变化已显著改变了胶州湾的水动力场，进而会造成风暴潮灾害加强、海湾水交换能力下降和潮流挟沙能力降低等不良后果。

7.2 胶州湾纳潮量和水交换的演变

7.2.1 定义

1）纳潮量

纳潮量是一个水域可以接纳的潮水的体积，是表征半封闭海湾生存能力的重要指标。其大小直接影响到海湾与外海的交换强度和污染物的迁移扩散，从而制约着海湾的自净能力和环境容量，它对维持海湾的良好生态环境至关重要。此外，纳潮量变化还可能会破坏水动力条件与海湾形态之间的动态平衡，使海湾潮汐汊道随之进行调整，从而影响海湾的寿命。

海湾纳潮量一般是指平均潮差条件下海湾可以接纳的海水体积。计算方法有三种。

第一种计算公式为：

$$P_m = \int_{H_1}^{H_2} S(l)\,\mathrm{d}h \tag{7.1}$$

其中，P_m为平均潮差条件下纳潮量，H_1为平均低潮位，H_2为平均高潮位，$S(l)$为与水位对应的海湾岸线l所圈定的水域面积。由于潮间带形态和水域边线的复杂性，$S(l)$的值不太容易确定。

第二种，根据定义，可以根据详细的水深地形数据，求取平均低潮位和平均高潮位之间的体积，即可获得海湾纳潮量。但是，这种方法对数据质量要求较高，很难广泛使用。传统算法是假定平均高、低潮位之间的潮滩为坡度均匀的斜面，由此进行推算：

$$P_m = (H_2 - H_1) \times S \tag{7.2}$$

其中，$H_2 - H_1$ 为平均潮差，S 为平均高潮位面积和平均高潮位面积的平均值。但当潮间带出现围堤后，水域面积随潮位的变化就变为非线形关系。杨世伦等（2003）提出梯形算法来计算 S 的值，结果显示考虑海堤的存在与否，所得结果差异较大。

第三种是通过测量海湾口门最窄处断面的面积和通过断面的平均流速，直接求得纳潮量，亦称潮通量。这种方法从动力角度考虑，结果比较准确，但通过断面的流速较难测量。本书采取第三种方法计算胶州湾的纳潮量。其中，胶州湾口门（团岛—薛家岛）断面面积自 1935 年有记载以来，几乎没有变化，为 79 875 m^2（刘学先和李秀亭，1986）。各年份湾口断面的流速可由相应模型获得。

2）水交换时间

关于水交换时间有很多定义，名称和内涵比较混乱，如物质滞留时间（Residence Time）就有两种以上的含义。有些学者把它定义为保守性粒子从某个特定位置运移到计算域边界所需的时间（Bolin & Rodhe，1973；Zimmerman，1976；de Kreeke，1983；Prandle，1984）；而另外一些学者定义为体系中所有水体完全交换出去所用的时间（Shen & Larry，2004；Wang et al.，2004；Jouon et al.，2006）。我们采用 Takeoka（1984）定义的平均滞留时间（Average Residence Time）来表示胶州湾的水交换能力。平均滞留时间定义为海湾内整个或者部分水体中初始释放的大部分保守性示踪物质被外海水体交换出去所需的时间，可用于整个海湾水体或部分水体的水交换能力的表征，水交换时间越短，自净能力越强。平均滞留时间特别适用于潮流为主要交换动力的半封闭型海湾自净能力研究（Takeoka，1984）。

根据 Takeoka 的定义，若以 t_0 和 t 分别表示初始时刻和交换过程中某一特定时刻，$C(t)$ 表示保守性示踪物某一时刻的浓度，对于该示踪物，相应的平均滞留时间 T_r 为：

$$T_r = \int_0^{\infty} r(t)\,\mathrm{d}t \tag{7.3}$$

其中，$r(t) = C(t)/C(t_0)$。$r(t)$ 称为残余函数（Remnant function），表示水体中示踪物浓度的减少，直接描述了水交换过程。

如果水体中示踪剂浓度呈指数形式衰减，即 $C(t) = C(t_0)\,e^{-\beta t}$。代入公式（7.3），则 $T_r = 1/\beta$。平均滞留时间 T_r 就相当于示踪剂浓度衰减到初始浓度的 1/e（37%）所需的时间。

3）回流因子

Sanford 等（1992）修正了 Dyer 和 Taylor（1973）的水交换时间计算模型，提出了一个新的平均滞留时间计算模型，这个模式适合计算范围较小而且混合较好海湾的平均滞留时间（T_r），可称为纳潮量模式，公式如下：

$$T_r = \frac{TV}{(1-b)P_m} \tag{7.4}$$

其中，T 为平均潮周期，V 为平均海湾体积，P_m 为纳潮量，b 为回流因子。

所定义的回流因子表示从海湾内流出的水体在涨潮流的作用下重新回到海湾的比例。当 $b=0$，落潮流带出的湾内水体不再回到湾内。当 $b=1$，带出的水体在涨潮流的作用下全部回到湾内。但是大多数情况为 $0<b<1$，表示落潮流带出的湾内水体和外海

水体混合，仅部分交换出去。在下一次涨潮流的作用下，剩下的水体和外海水体一起又重新进入湾内。

根据公式（7.4），回流因子可以通过计算两个平均滞留时间 T_r 和 T_0 来估算（Cucco et al.，2006）：

$$b = \frac{T_r - T_0}{T_r} \tag{7.5}$$

其中，T_0 表示没有回流情况下的水交换时间（$b=0$，$T_0=(TV)/P_m$）。

为了估算每个年份的回流因子，需要进行以下模拟：在模式中设定每次落潮流出胶州湾的示踪剂在湾口浓度立即变成0，人为假定没有示踪剂再重新进入海湾，这样计算所得平均滞留时间即是 T_0。再结合正常情况下平均滞留时间 T_r，根据公式（7-5），就可以估算出回流因子 b。

7.2.2 纳潮量的变化

表7.2给出了利用多种方法计算的4个年份纳潮量。图7.5表示通过历史水深数据计算出来的100多年来胶州湾纳潮量的变化。从表7.2可以看出，模拟计算的潮通量和修正算法以及水深数据计算结果都比较接近，而传统使用的简化算法结果偏小，所以堤坝等人工填海工程对纳潮量的影响不容忽视。这也从另一方面验证了模型的可靠性，结果的准确性。

从图7.5和表7.2可知，1935—2005年这70年间，胶州湾纳潮量减少了近1/3。尤其20世纪60年代以后，减少速率愈来愈快，年均减少 $5.8\times10^6\ m^3$。若以1863年胶州湾纳潮量（$13.1\times10^8\ m^3$）为基准，到2008年，胶州湾纳潮量减少了26%，并不是一般认为的35%。纳潮量的减少直接导致了海湾与外海交换强度的降低和污染物迁移扩散速率的下降，从而致使海湾自净能力减弱。

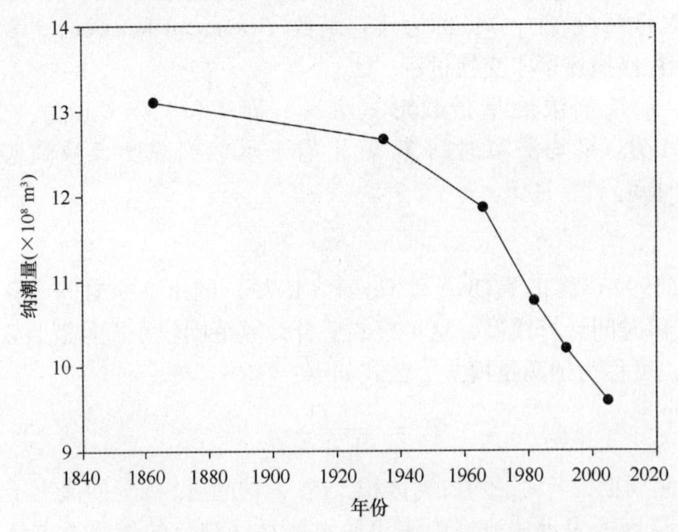

图7.5 100多年以来胶州湾纳潮量变化

表 7.2　多种方法计算纳潮量对比

年份	纳潮量（$\times 10^8\ m^3$）			
	简化算法（公式（7.2））	修正算法*	水深数据计算	潮通量
1966	10.807	11.390	11.704	11.279
1986	9.650	10.826	10.783	10.624
2000	9.074	10.159	10.324（1992 年数据）	9.988
2008	8.586	9.568	9.612（2005 年数据）	9.454

注：*杨世伦公式（杨世伦等，2003）。

为了全面了解胶州湾形态变化对纳潮量的影响，以及纳潮量的变化和水交换能力变化的关系，共选取 4 个湾口断面（图 7.1）：胶州湾口（Ⅰ断面）、胶州湾内湾口（Ⅱ断面）、前湾口（Ⅲ断面）和海西湾口（Ⅳ断面）。分别计算通过各断面的年均纳潮量。

对比图 7.6 和图 7.7 可知，纳潮量的变化和各海湾水域面积的变化几乎成正比。说明潮滩围垦造成的水域面积的变化是导致纳潮量减少的主要原因。对于整个胶州湾的纳潮量的变化，2008 年比 1966 年减少了 16.2%。1966—1986 年间，减少速度相对缓慢，年均减少 $3.275 \times 10^6\ m^3$，1986—2008 年间，减少速度加快，年均减少 $5.250 \times 10^6\ m^3$。这是由于 20 世纪 80 年代以后，对胶州湾开发程度大大增加，反映了人类活动对胶州湾纳潮量的变化起主导作用。

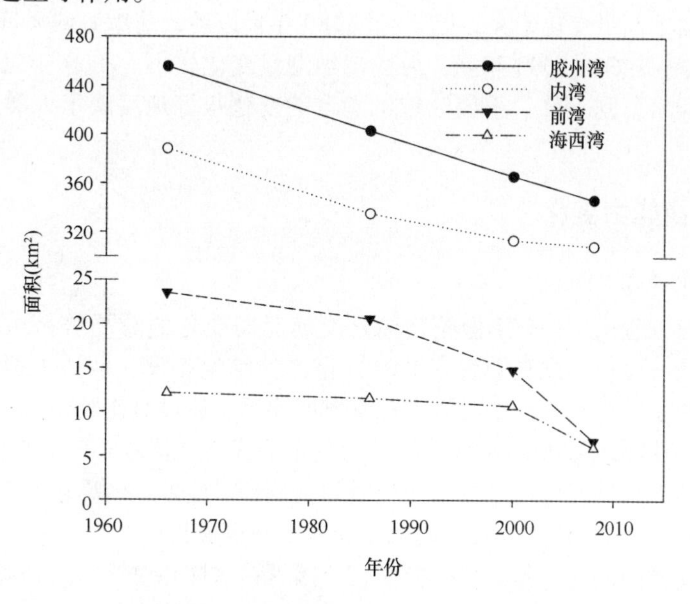

图 7.6　胶州湾海湾和 3 个子海湾面积变化

图 7.7 可以看出湾内各子海湾纳潮量的变化，1966—2008 年，各断面纳潮量均有所减小，并且不同年份，不同断面纳潮量减小的程度也不相同。1966—2000 年间，内湾纳潮量的变化速率基本和全湾的变化速率相同。但是 2000—2008 年间，纳潮量变化

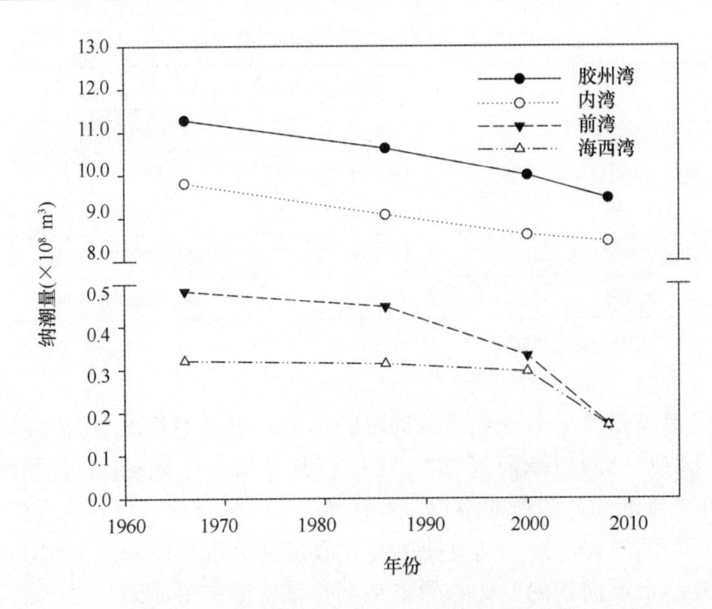

图 7.7 胶州湾海湾和 3 个子海湾年均纳潮量

较小，这与2000年后内湾开发活动逐渐减少有关；黄岛前湾和海西湾的纳潮量变化十分剧烈，与1966年纳潮量相比，到2008年分别减少了64.2%和47.1%。1966—1986年间，黄岛前湾纳潮量变化不大，但20世纪80年代以后，前湾海域大量填海造地，纳潮量大幅度减少；1966—2000年间，海西湾纳潮量变化较小。2000年以后，随着海西湾的开发，纳潮量急剧下降。不同区域纳潮量的变化很好地反映了人类开发胶州湾的进程。

7.2.3 水交换能力变化

1）水交换时间变化

由图7.8可以看出，4个年份胶州湾水交换时间变化的总趋势是由湾口向湾顶递增，东部海区大于西部。这与刘哲（2004）得出的结论相反，他认为西部海区大于东北海区，这可能是由于其模式中没有考虑潮滩的原因。通过对比胶州湾实测化学需氧量（COD）分布（闫菊等，2001），本次模拟的分布形式与之比较相符。实测的COD较高浓度出现在海湾北部，对应的区域水交换时间也较长。此外，内湾东北部是污染最严重的区域（Liu et al.，2005），同样对应的水交换时间也最长。

胶州湾水交换时间的分布主要受控于三个因素：水体相对湾口的距离，潮余流场结构特征和潮滩的特殊性。团岛与薛家岛之间的湾口是胶州湾与外海连接的唯一通道，因此，靠近湾口的水体将优先被外海水稀释，这使得水体交换时间呈南低北高的趋势。此外，胶州湾湾口水体受较强余流涡a和b的影响，很容易与外海水体进行交换。黄岛以北附近海域，交换时间水平差异大，主要原因该区域存在一个逆时针余流涡c，该处水体中的物质进入此环流中难以向湾外运动。这与赵亮等（2002）的结论一致。西北部水体中的物质大多通过余流涡d，顺着胶州湾东岸输运到湾口，然后通过湾口两个较强的余流涡 a 和 b 向外海输送。东北部水体主要受控于逆时针余流涡 f，水体中的物质很难向外海输送。所以导致东部水体平均交换时间要大于西部。潮滩是海湾中比较独特的区域，受潮水的涨落，潮滩不断淹没干出。由于潮滩上的潮流很弱，很难把上面的物质交换到附近水体，从而导致较长时间的水交换时间。所以潮滩面积的大小也影响到胶州湾整体平均水交换时间的长短。

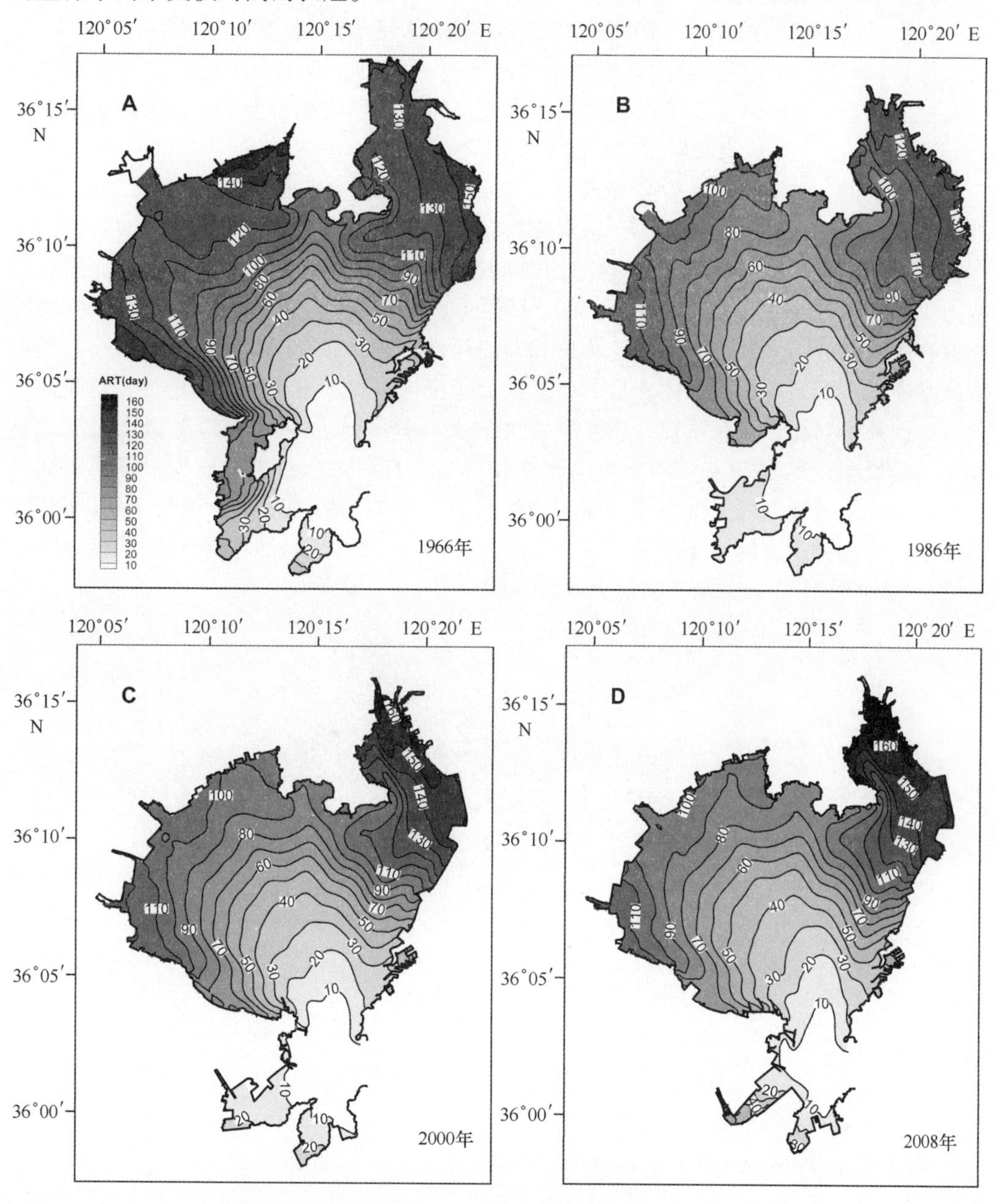

图 7.8　胶州湾 4 个年份平均水交换时间分布

对比4个年份水交换时间分布，可以发现：胶州湾湾口区域水体滞留时间小于10天，即一周左右后这一区域水全部与湾外水交换更新，因此其交换能力较强，而且几十年内变化不大；1966—2008年，外湾水交换时间小于10天的区域范围逐渐缩小，尤其2000年以后更为明显。这主要与余涡流a和b范围减少强度变弱造成（图7.4）；2000年以后，黄岛北部靠近内湾口的水域水交换时间逐渐增加，可能与余涡流c强度的减弱有关；由于人工填海的作用，1986—2008年，海西湾和前湾水域水交换时间从平均10天增加到30天；海湾西北部水体交换时间在100天左右，有减少的趋势，这对大沽河口湿地的生态环境有利。海湾东北部海区水交换时间逐渐增加，由平均的120天增加到150天，更加剧了当地水域生态环境的恶化。

一般来说，纳潮量的减少会导致水交换能力的降低。根据公式（7.3），可以计算出整个胶州湾和东北部水体总体平均水交换时间，近几十年来的变化见图7.9。由图可知，奇怪的是，1966年的全湾平均滞留时间反而最大（41.5天），究其原因，主要有两个：1966年独特的流场结构和大面积潮滩的存在。首先，在20世纪60年代胶州湾尚保存大量潮滩。大部分潮滩位于湾顶和黄岛西部，距湾口较远，并且流速很小，潮滩上的物质很不容易与外海水体交换，所以造成了全湾平均水交换时间的增加，这是原因其一。此外，对比图7.8可知，在潮滩以外的大部分海区，1966年的水交换时间比其他年份的要小，说明1966年总体全湾水交换能力是良好的。总之，减少水交换时间较长的水域会有效地降低整个海域总体水交换时间的长短。另外一个原因与1966年独特的流场结构相关，这将在下一章节详细讨论。1986—2008年间，总体平均滞留时间从36.1天增加到41.2天，水交换能力逐渐减弱。

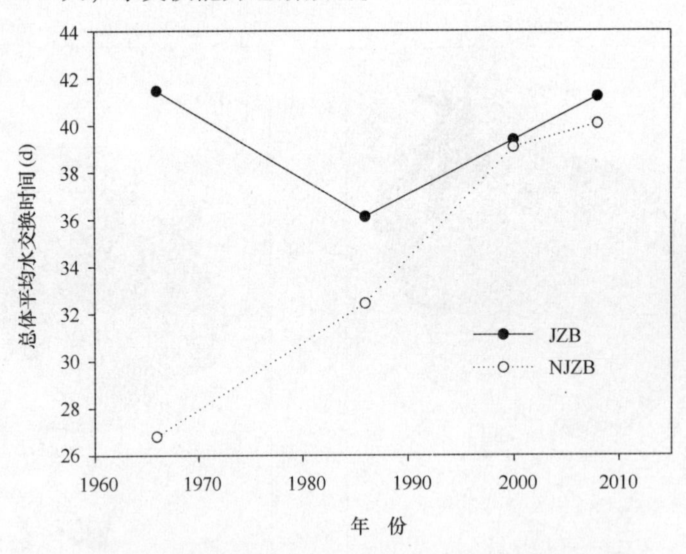

图7.9 整个胶州湾和胶州湾东北部总体平均水交换时间变化

对于污染最严重的东北部水域，由图7.9可知，该区总体平均滞留时间从1966年的26.8天逐渐增加到2008年的40.1天，大约增加了13天，水交换能力急剧减弱。

2000 年之前减少速率最快，而之后逐渐放缓。这主要与海湾东北部围垦的进程密切相关，也与整个海湾水动力的减弱有关。2000 年之后，东北部人们填海速度逐渐放缓，水交换时间也从 2000 年的 39.1 天缓慢增长到 40.1 天。东北部海区存在三个余流系统：e、f 和楼山河入海口处的小型顺时针余流涡。顺时针余流涡 e 和小型余流涡有利于东北部水体的交换。但是随着东北部的填海造地，余流涡 e 的中心位置逐渐北移，范围缩小，强度变弱，而楼山河入海口处的小型余流涡逐渐消失（图 7.4）。以上所有因素都不利于东北部水体的交换。

2）回流因子的变化

根据公式（7.5），利用模式估计出 4 个年份的回流因子。由图 7.10 和表 7.3 可知，胶州湾回流因子 1966—1986 年不断增加，此后又逐渐增加。平均回流因子为 0.41，表明每次落潮携带出去的水体，大约有 2/5 再随着下一次涨潮重新进入胶州湾。

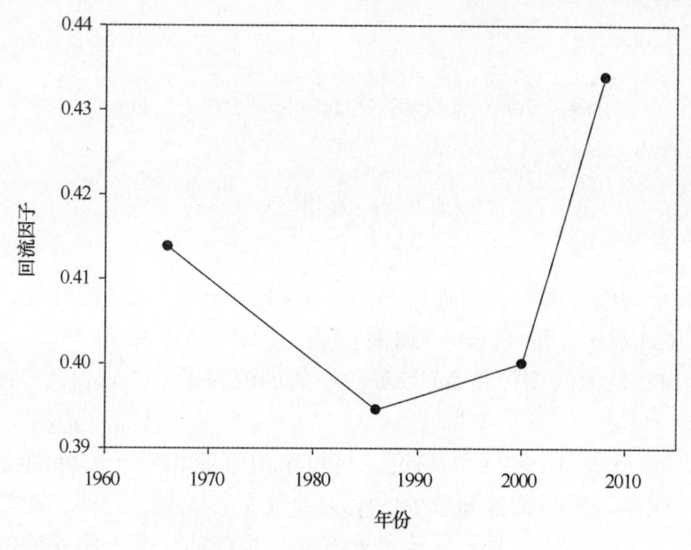

图 7.10　胶州湾回流因子的变化

表 7.3　胶州湾 4 个年份的回流因子和相关控制因素

年份	回流因子 b	V_{Ch}（cm/s）	V_{Co}（cm/s）	$\gamma = \frac{V_{Ch}}{V_{Co}}$	相位差 Δd（度）
1966	0.414	69.9	32.4	2.160	23.27
1986	0.395	65.1	31.6	2.061	28.48
2000	0.400	58.3	31.0	1.880	32.36
2008	0.434	57.3	30.8	1.862	35.37

据 Sanford 等（1992）的研究结果，回流因子的大小主要取决于三个因素：湾口水道内潮流相对于湾外潮流的相位差，湾口水道内潮流相对于湾外潮流的强度和流出湾内水体与湾外水体的混合程度。

胶州湾仅以一个很窄的主水道与外海相连。根据模式结果，可以获得主水道和湾外潮流的平均流速和相位（表7.3）。由表可知，1966—2008年，主水道潮流流速（V_{Ch}）减少速度要远大于湾外潮流流速（V_{C_0}），这就导致了V_{Ch}/V_{C_0}比值（γ）的减少。与之相反，两者的相位差（$\triangle d$）却明显增加（图7.11）。

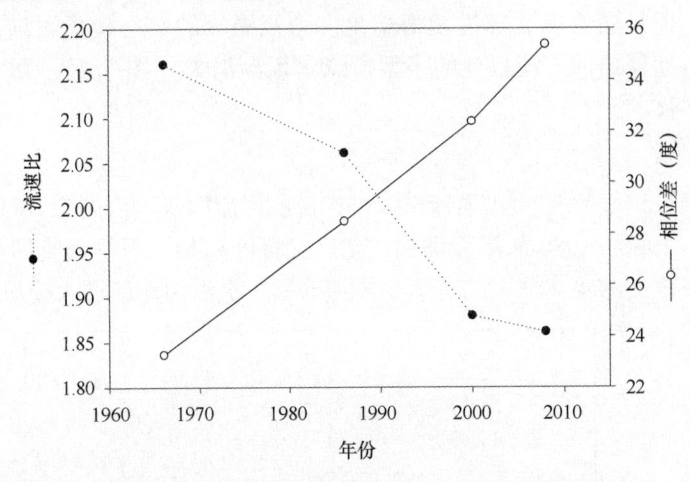

图7.11　胶州湾V_{Ch}/V_{C_0}和相位差（$\triangle d$）的变化

对于面积较小的潮控海湾，比如胶州湾，湾内潮波一般表现为驻波，而湾外潮波形式可以从驻波（$\Delta d=0$和$b=1$）到前进波（$\Delta d=90$和$b=0$）（Sanford et al.，1992）。换句话说，较大的相位差Δd导致较小的回流因子b。胶州湾不断增加的Δd将导致较小的b。

此外，据Sanford等（1992）的研究，湾口水道潮流相对于湾外潮流强度越大，回流效应将越弱。因此，胶州湾逐渐减少的γ会导致b的增加。此外，近几十年以来，主水道和湾外潮流流速的共同减少，导致了外海混合强度的减弱，则b值也会随之增加。

总之，随着人类对胶州湾的改造，形态的变化已经改变了胶州湾动力结构，从而致使影响回流因子三个因素的变化。三个控制因素的综合作用，导致胶州湾回流因子1986年前先降低后增加（表7.3）。回流体积的变化将直接影响到海湾的平均存留时间（Sanford et al.，1992），所以胶州湾总体平均滞留时间的变化趋势与回流因子的变化比较类似（图7.9和图7.10）。因此，1966年较大的回流因子b也是该年份总体平均滞留时间较长的原因之一。

3）影响水交换的主要因素

在一个混合较好的海湾，水交换能力不仅与潮差和海湾体积有关，还受控于回流因素的控制（Sanford et al.，1992）。水域面积、海湾体积、纳潮量、回流因素和相应的平均滞留时间是影响胶州湾水交换能力的主要因素。它们之间相互影响，相互制约。水域面积的变化直接影响胶州湾水体体积的变化，同时也改变了流场结构和纳潮量的大小。纳潮量的变化又影响平均滞留时间的大小，此外平均滞留时间也与水域面积的大小相关。胶州湾水域面积的变化主要是潮滩区域的围垦造成的，潮滩面积的减少不仅影响到纳潮区域的缩小，导致纳潮量的降低，还会直接导致总体平均水交换时间的减小。下面详细讨论各因素之间的关系。

由表7.4可知，模拟计算的总体平均存留时间和简单的纳潮量模式（公式（7.4））计算的结果趋势比较一致，但是两者相差了将近一个量级。这是由于纳潮量模式主要适用于湾内混合程度较好，接纳湾内水体的湾外水体比较均一的海湾。对于胶州湾，远不符合这种限制条件，首先，涨潮流从外海携带的新鲜水体在湾内仅部分混合，尤其在潮滩区域混合程度更小。其次，从模拟结果来看，外海也不能持续保持均一的状态（示踪剂浓度不断累积）。所以简单的纳潮量模式（公式（7.4））不适用于部分混合的海湾。但是由于这种纳潮量模式使用起来简单方便，可以考虑将其修正以适合部分混合的海湾。

表7.4 5个年份不同方法计算的平均存留时间（T_r）和其相关因素*

年份	纳潮量 P_m（$\times 10^8$ m^3）	海湾体积 V（$\times 10^8$ m^3）	潮周期 T(d)	回流因子 b	混合因子 κ	T_r(d)（公式（7.4））	T_r(d)（模拟结果）
1966	11.279	29.551	0.518	0.414	0.056	2.31	41.46
1986	10.624	26.822	0.518	0.395	0.060	2.16	36.11
1992	10.194	26.760	0.518	0.381	0.057	2.19	38.30
2000	9.988	25.918	0.518	0.400	0.057	2.24	39.37
2008	9.454	25.694	0.518	0.434	0.060	2.48	41.21

注：*由于20世纪80年代以来，人类对胶州湾的改造十分剧烈，胶州湾形态明显改变。为了更详细地了解人类活动对水交换时间的影响以及各因素之间的关系，在1986年和2000年之间，选取中间年份1992年建立胶州湾模式，计算其各种指标，与其他年份一起综合分析。

为了考虑湾内混合程度对胶州湾总体平均存留时间（T_r）的影响，特引入一个混合因子κ，取值范围0到1，用来表示流入水体和湾内水体的混合程度。κ值越大，海湾混合程度越好。混合因子（κ）受控于海湾动力强度和海湾的形态。动力越强，海湾地形变化越小，混合因子就越大，海湾混合程度就越高。纳潮量模式可修正为：

$$T_r = \frac{TV}{\kappa(1-b)P_m} \tag{7.6}$$

其中，$\kappa(1-b)P_m$表示在一个潮周期，海湾可以有效利用的纳潮量体积。

根据公式（7.4）和公式（7.6），结合数值模拟获得总体平均存留时间（T_r）结果，可以估算κ值，见表7.4。从表中可知，5个年份的胶州湾混合因子比较接近，平均为0.058。此外，近几十年，胶州湾的潮周期（T）变化不大，为0.518天。对于胶州湾，公式（7.6）可简化为：

$$T_r = 8.92 \times \frac{V}{(1-b)P_m} \tag{7.7}$$

图7.12给出了修正后的纳潮量模式（公式（7.7））与模拟结果对比。虽然修正后纳潮量模式使用统一的κ值（0.058），但是还是很好地模拟出胶州湾近几十年水交换时间的变化。

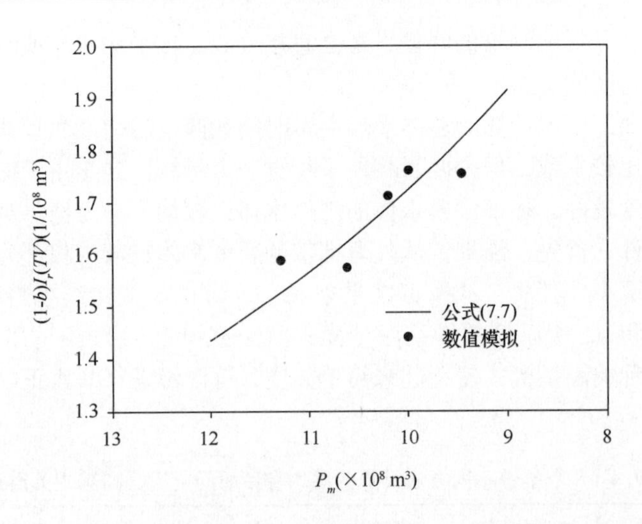

图7.12 修正后的纳潮量模式（公式（7.7））与数值模拟结果对比

近百年以来，胶州湾纳潮量减少了26%，并不是一般认为的35%。1966—2008年，各子海湾纳潮量均有所减小。纳潮量的降低主要是水域面积缩小造成的，尤其是潮滩面积的减少，致使纳潮水域变小。影响水交换时间分布的主要因素有三个，分别为水体相对湾口的距离，潮余流场结构和潮滩的特殊性。1966年以来，胶州湾水交换时间分布趋势总体上保持一致：从湾口向湾顶递增，东部海区大于西部。但是自20世纪80年代以来，胶州湾水交换能力逐年降低。目前，整个胶州湾平均滞留时间约为42天。各区域水交换能力的变化有所不同，除了海湾西北部稍有好转外，其余水域水交换能力逐渐降低，特别是20世纪80年代以后表现得更为明显。其中黄岛前湾、海西湾和东北部海域水交换能力下降的最为剧烈。海湾形态的改变，以及相应水动力的变化是造成胶州湾回流因子变化的主要原因。回流因子变化表明在20世纪90年代胶州湾动力场结构得到一定程度改变，从而直接影响到海湾水交换能力的改变。胶州湾水域面积、海湾体积、纳潮量、回流因子、水体混合程度和相应的平均滞留时间是影响胶州湾水交换能力的主要因素，这些因素之间相互影响，相互制约。

7.3 胶州湾海床冲淤变化

7.3.1 实测冲淤变化

1）海床冲淤历史演变

据图7.13可知，1863—2005年，胶州湾地形地貌和沉积物冲淤形势发生了较大的变化。由于某些年份潮滩区域缺少实测数据，在此主要讨论平均最低低潮线以深的区域海床冲淤变化特征（表7.5），潮滩的冲淤变化随后通过关键剖面的形式加以研究。

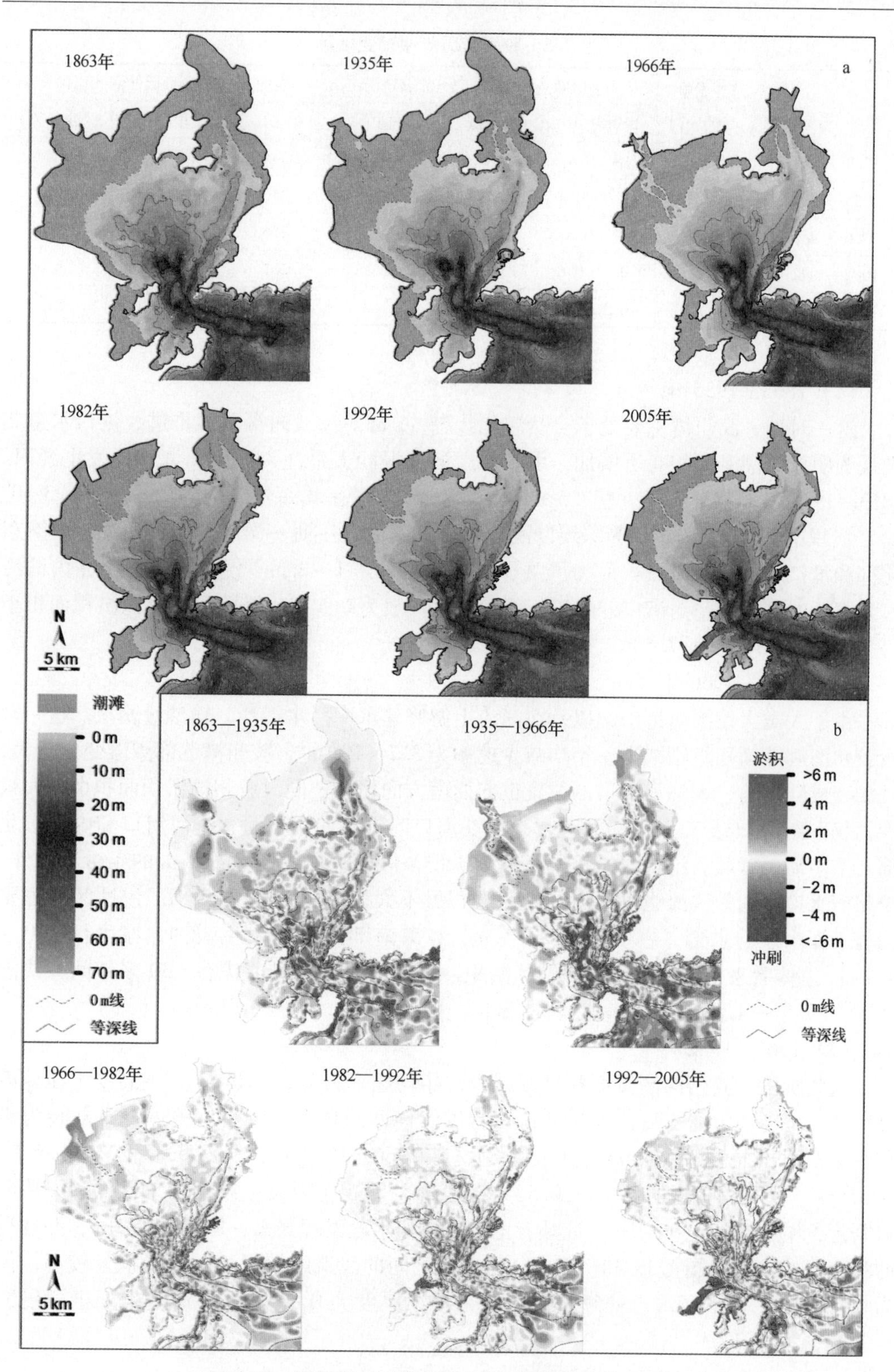

图7.13　胶州湾各时段水深变化a和海床冲淤变化b

表 7.5 胶州湾历年冲淤变化量

时段	总冲淤量（$\times10^6$ m^3）	年均冲淤变化率（$\times10^6$ m^3）			表面积（平均最低低潮线以深）		
		净冲淤量	淤积量	侵蚀量	总和（km^2）	淤积（%）	侵蚀（%）
1863—1935	138 ±26	1.9 ±0.4	2.0	-0.1	244	67	33
1935—1966	-30 ±12	-1.0 ±0.4	1.3	-2.3	246	44	56
1966—1982	28 ±9	1.7 ±0.5	2.7	-1.0	236	64	36
1982—1992	-4 ±6	-0.4 ±0.6	1.7	-2.1	232	48	52
1992—2005	-4 ±3	-0.3 ±0.2	1.5	-1.8	214	38	62

（1）1863—1935 年

这一时期，胶州湾主要处于自然演化状态，5 m 等深线向深水区推进，沧口水道北端最为明显，潮滩面积有所增加。由于沿岸河流泥沙大量注入，胶州湾整体发生淤积。1863—1935 年，共淤积了（137.5 ±25.6）$\times10^6$ m^3，平均每年增加（1.9 ±0.4）$\times10^6$ m^3。淤积主要发生在 10 m 等深线以浅的区域，其中大沽河—洋河水下三角洲、内湾东北部和沧口水道浅水段淤积最为严重，淤积厚度可达 1 ~2 m。侵蚀主要发生在内湾湾口北部、外湾和胶州湾湾口外水道，侵蚀厚度一般为 0.5 m，侵蚀面积也比淤积面积小得多，约占 33%（表 7.5）。

（2）1935—1966 年

由于人类大量围海造田，以及在河流上游修建水库拦水拦沙，输沙量剧减。这一阶段胶州湾潮滩面积急剧减少，年均减少速率为 3.2 $\times10^6$ m^2，胶州湾北部潮滩变化最大，红岛变成陆连岛，大沽河河口的位置也向西南方向摆动。同时胶州湾淤积面积也大大减少，仅占 44%（表 7.5），淤积主要发生在河口附近，如大沽河、洋河河口和内湾东北部几个小河口区域。沧口水道浅水段继续淤积，形成平均厚度大约 1 m 的条带。此外，胶州湾水道之间的浅滩也发生淤积，但淤积量不大，厚度为 0 ~0.5 m。侵蚀区域主要为处于深水区的水道，厚度可达 1 ~5 m，红岛南部区域也发生侵蚀，厚度仅为 0 ~0.5 m。总体看来，胶州湾浅水区继续淤积，而深水区转为侵蚀状态。30 多年间，共侵蚀了（29.8 ±11.5）$\times10^6$ m^3，平均每年减少（1.0 ±0.4）$\times10^6$ m^3。

（3）1966—1982 年

在此阶段，胶州湾潮滩面积继续减少，年均速率为 2.3 $\times10^6$ m^2，主要发生在外湾潮滩区，黄岛成为陆连岛，大沽河口位置继续向西南移动。胶州湾整体上重新转为淤积，淤积面积占总面积的 64%（表 7.5）。从 1966—1982 年，共淤积了（27.8 ±8.5）$\times10^6$ m^3，平均每年增加（1.7 ±0.5）$\times10^6$ m^3。淤积主要发生胶州湾东北部和大沽河口附近，淤积厚度为 0 ~1 m。此外，沧口水道浅水段淤积严重，厚度接近 2 m，并且有西移南退的趋势（图 7.13 和图 7.14）。水道之间的浅滩继续淤积，但淤积量较小，仅为 0 ~0.5 m。深水区水道继续遭受侵蚀，侵蚀厚度为 0 ~1 m。外湾基本处于微侵蚀状态。

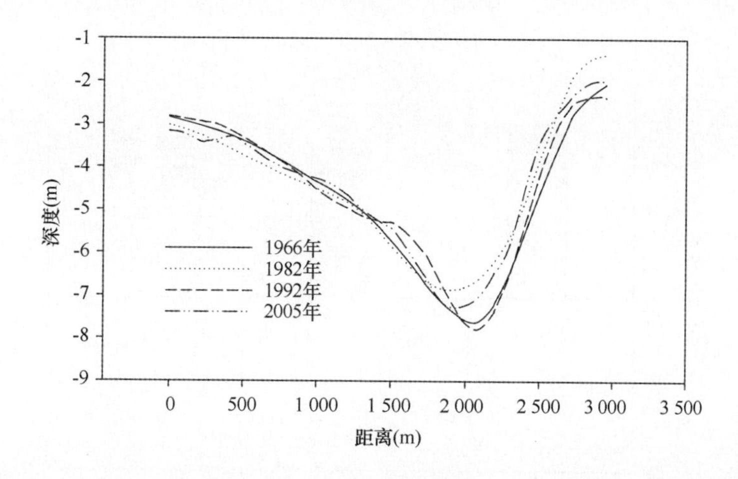

图7.14 1966—2005年间沧口水道剖面变化（p－p¹剖面，位置见图7.1）

（4）1982—1992年

在这10年间，潮滩面积减少的速度放缓，年均速率为$0.6\times10^6\ m^2$，主要是由内湾东北部填海造地和大沽河河口附近盐田虾池建设造成的。在此阶段，胶州湾的冲淤量和冲淤面积都比较接近（表7.5），全湾处于冲淤平衡状态。冲淤总量为$(-3.9\pm6.4)\times10^6\ m^3$。与上一时期相比，胶州湾冲淤形势发生逆转，河口区域比如大沽河洋河三角洲，以及水道之间的浅滩都发生侵蚀，而深水区水道逐渐淤积，但幅度都不大，约为0～0.5 m。此外，内湾东北部和外湾中部也发生淤积。沧口水道浅水段受到侵蚀，水道底部冲刷加深，平均厚度约为0.5 m（图7.14）。

（5）1992—2005年

由于外湾的港口码头建设和内湾东北部的填海造地，潮滩面积减少速率又有所增加，年均速率为$1.7\times10^6\ m^2$。胶州湾整体呈微侵状态，侵蚀面积占62%（表7.5）。十几年间，共侵蚀$(4.0\pm2.5)\times10^6\ m^3$，平均每年减少$(0.3\pm0.2)\times10^6\ m^3$。侵蚀主要发生在10 m等深线以浅的区域，其中沧口水道浅水段底部有所淤积，并继续向西摆动（图7.14）；深水区则发生淤积，但冲淤量都比较小。此外，外湾变化比较剧烈，主要是人类活动造成的，如疏浚和填埋等。

2）胶州湾整体冲淤演变

综合分析1863—2005年胶州湾的净冲淤量变化（图7.15和表7.5），可以看出整个海湾的冲淤变化幅度逐渐减小，反映了物源逐渐减少以及水动力变弱。此外，还具有一定的阶段性：20世纪80年代以前，整个胶州湾基本上呈淤积状态，而且淤积量较大，除了1935—1966年间海湾总体发生侵蚀。这是由于20世纪五六十年代，入湾河流上游集中修建大量水库，截留大量水沙，造成注入胶州湾泥沙急剧减少，海床对此做出调整，整体发生侵蚀响应；在整个90年代，海床处于近冲淤平衡状态，90年代以后，胶州湾整体转为微侵蚀状态。

3）沉积动力相似区冲淤变化

整个海湾的净冲淤量仅能反映胶州湾总体的冲淤变化，不能表示局部区域的沉积物

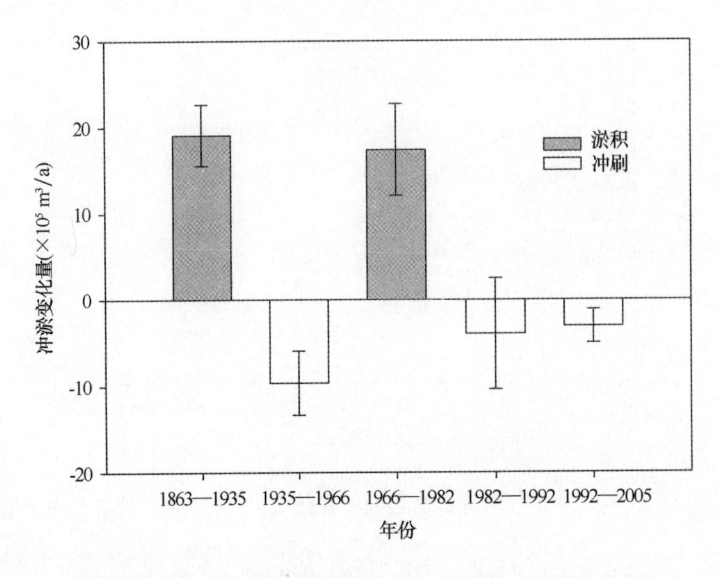

图 7.15 胶州湾整体冲淤量变化（1863—2005 年）

运移形势。为了详细探究自然和人为因素对冲淤变化的影响，根据胶州湾地形地貌，以及潮流和波浪等动力场的分布（Shi et al.，2011），把胶州湾分成 22 个沉积动力相似区（图 7.16）。以历年平均最低低潮线作为外边界，10 m 以浅的海域分成 10 个区域；10 m 以深的海域分为 12 个区域，每个区的冲淤变化详见表 7.6，所得沉积速率与其他方法比较相近（汪亚平和高抒，2007）。具体分析如下。

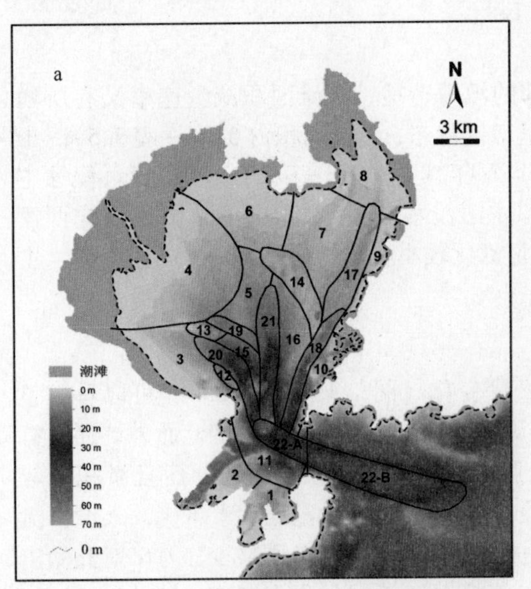

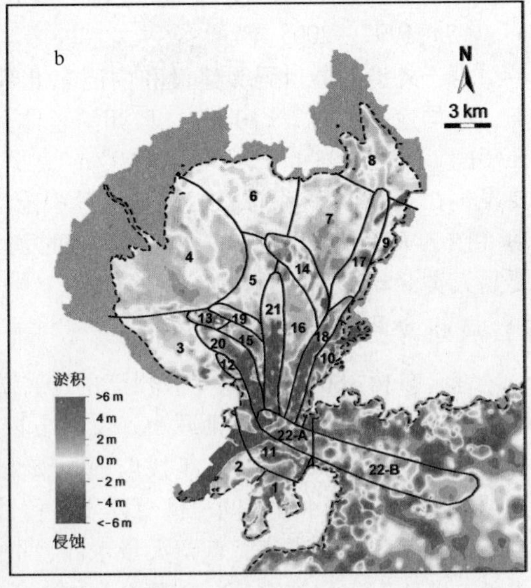

图 7.16 胶州湾沉积动力相似区（区域编号见表 7.6）

a. 2005 年水深地形图；b. 1935—2005 年间的冲淤变化

表7.6　胶州湾动力相似区域冲淤速率变化（分区见图7.16）　单位：cm

分区		年均冲淤速率（cm）					编号
		1863—1935年	1935—1966年	1966—1982年	1982—1992年	1992—2005年	
湾内浅水区	海西湾	0.9 ±0.1	0.5 ±0.2	−1.1 ±0.4	3.3 ±0.4	−7.4 ±0.2*	1
	黄岛前湾	0.2 ±0.2	−0.0 ±0.1	−0.4 ±0.2	3.1 ±0.5	−36.2 ±1.7*	2
	黄岛西北部	0.1 ±0.1	0.1 ±0.1	0.9 ±0.1	−0.9 ±0.1	0.7 ±0.1	3
	水下三角洲	1.1 ±0.1	1.5 ±0.1	2.1 ±0.1	−0.9 ±0.1	−1.6 ±0.0	4
	内湾中部	1.1 ±0.2	0.7 ±0.1	0.8 ±0.1	−0.7 ±0.1	−0.9 ±0.0	5
	红岛南部	0.5 ±0.1	−0.5 ±0.1	2.3 ±0.2	−0.6 ±0.2	−0.9 ±0.0	6
	沧口水道浅水段西部	0.2 ±0.2	−0.9 ±0.1	−0.8 ±0.1	1.2 ±0.1	−1.1 ±0.0	7
	内湾东北部	0.9 ±0.2	−0.5 ±0.1	2.5 ±0.3	0.8 ±0.4	−0.2 ±0.0	8
	沧口水道浅水段东部	0.3 ±0.1	−0.7 ±0.1	3.7 ±0.3	−3.2 ±0.1	7.1 ±0.6*	9
	青岛港附近	−1.1 ±0.2	5.6 ±0.2	−3.0 ±0.3	−3.4 ±0.5	1.4 ±0.2	10
湾内深水区	外湾中部	1.7 ±0.2	0.3 ±0.4	−0.2 ±0.3	2.4 ±1.7	7.3 ±0.9*	11
	前礁沙脊	4.9 ±0.3	0.9 ±0.2	−1.1 ±0.8	−5.6 ±0.9	0.5 ±0.3	12
	大沽沙脊	1.2 ±0.2	−2.1 ±0.2	−0.1 ±0.3	−0.7 ±0.4	−4.1 ±0.6	13
	沧口沙脊	0.3 ±0.1	−1.3 ±0.2	0.3 ±0.2	−1.4 ±0.3	−0.4 ±0.2	14
	大沽浅滩	1.2 ±0.3	1.2 ±0.4	1.6 ±0.2	1.2 ±0.3	2.4 ±0.2	15
	中央浅滩	1.2 ±0.2	1.8 ±0.2	0.6 ±0.1	−5.5 ±0.4	2.2 ±0.1	16
	沧口水道浅水段	0.9 ±0.2	−1.8 ±0.1	2.1 ±0.1	−0.5 ±0.1	0.8 ±0.1	17
	沧口水道深水段	0.7 ±0.2	−1.6 ±0.2	−4.6 ±0.5	5.2 ±0.1	−2.6 ±0.0	18
	大沽水道	3.3 ±0.2	0.5 ±0.2	1.1 ±0.1	−5.1 ±0.4	−1.4 ±0.2	19
	岛儿河水道	1.3 ±0.2	−6.6 ±0.3	−2.2 ±0.5	−1.4 ±0.3	1.8 ±0.2	20
	中央水道	0.1 ±0.1	−7.3 ±0.2	−0.4 ±0.4	1.6 ±0.6	−0.9 ±0.1	21
	主水道湾内段	1.7 ±1.0	−1.7 ±0.9	1.0 ±0.8	0.5 ±0.6	−0.5 ±0.3	22 – A
湾外	主水道湾外段	−1.6 ±0.4	0.2 ±0.6	2.1 ±0.2	2.7 ±2.1	4.1 ±1.7	22 – B

注：*表示受到人类活动（疏浚、挖砂和倾倒等）影响。

（1）内湾

由图7.17a和表7.6可知，在20世纪八九十年代，胶州湾内湾沿岸直接接受沉积物的区域（图7.13和图7.16）的冲淤形势发生逆转，由淤积转变为侵蚀，这主要是河流输沙量和固体垃圾排放量的变化造成。20世纪80年代以后，由于河流上游的拦水拦沙和对固体垃圾排放的控制，胶州湾的沉积物来源大大减少，造成了冲淤形势的转换。

通过对比图7.17a和图7.17b可知，浅水区水道的冲淤变化主要受控于邻近区域沉积物来源的多寡。20世纪80年代以前，两者冲淤变化趋势相同，而80年代之后，由于沉积物来源的减少，两者冲淤形势相反，说明浅水区水道周围区域受到侵蚀，一部分沉积物沉积在水道内。由图7.17c和图7.17d对比可知，在各个时期，深水区水道和水

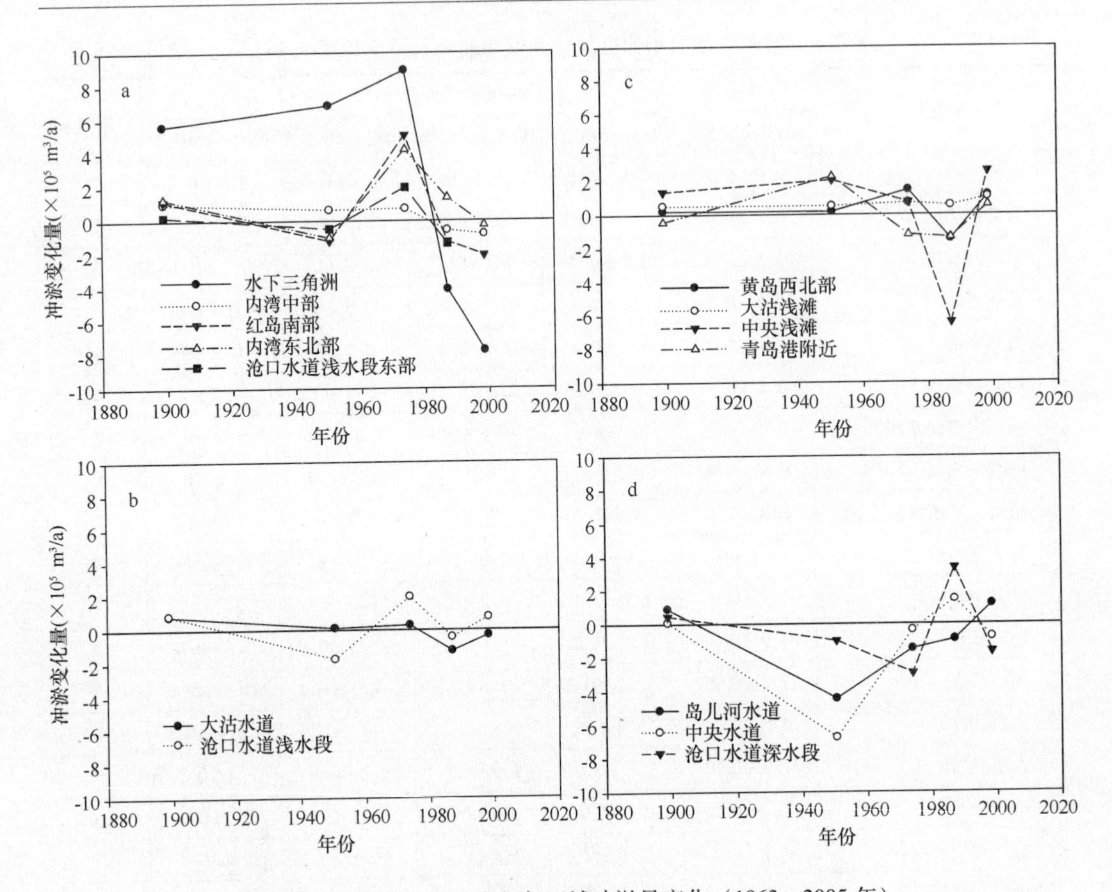

图 7.17 胶州湾内湾动力相似区域冲淤量变化（1863—2005 年）

图中每个时段以中间年份来表示。a. 沿岸直接接受沉积物的区域；b. 浅水区水道；c. 深水区水道之间的浅滩；d. 深水区水道

道之间的浅滩冲淤形势基本相反，而且沉积物冲淤总量比较接近（表 7.6），说明在胶州湾潮流体系的作用下，两者沉积物互相运移。水道侵蚀的沉积物多沉积在浅滩上，导致浅滩淤积；浅滩侵蚀的物质沉积在水道内，致使水道淤积，双方共同维持整个潮汐通道体系的运行。

（2）外湾

从表 7.6 中可知，20 世纪 60 年代以前，黄岛前湾和海西湾呈淤积状态，但量级很小。随着注入湾内河流输沙量的减少，两湾转为侵蚀。随着外湾的进一步开发，人们不断围海造地，大量建设港口码头。20 世纪 90 年代以后，黄岛前湾和海西湾冲淤变化主要受人类活动的影响。

外湾中部位于黄岛前湾、海西湾和主水道之间，受三者水动力和泥沙来源的共同影响。1863—2005 年，基本上处于淤积状态（表 7.6）。20 世纪 80 年代以前，由于外湾沉积物来源的减少，淤积速率逐渐减小。随后，淤积速率又迅速增大，这可能与湾口涨落潮流速降低有关（刘学先和李秀亭，1986），从湾外带入湾内的泥沙落淤或者内湾携带的泥沙沉积在外湾中部，导致淤积，这十分不利于附近港口航道的维护。

（3）湾口

从图7.18和表7.6中可知，主水道湾内段基本处于冲淤平衡状态（图7.18a）。这是由于湾口附近流速比较大，而且基底为基岩，很难被冲刷，所以冲淤变化不大。而主水道湾外段冲淤变化有所不同（图7.18b），20世纪六七十年代以后，湾外段冲淤形势发生逆转，由侵蚀转为淤积，而且淤积速率越来越快。由于湾口涨落潮流流速持续减少，挟沙能力也随之不断降低，从而造成了湾外段逐渐发生淤积。湾外段冲淤形势的转换说明海湾冲淤演化进入一个新阶段，这将威胁到主航道的功能和海湾口门的稳定，需要严加注意。

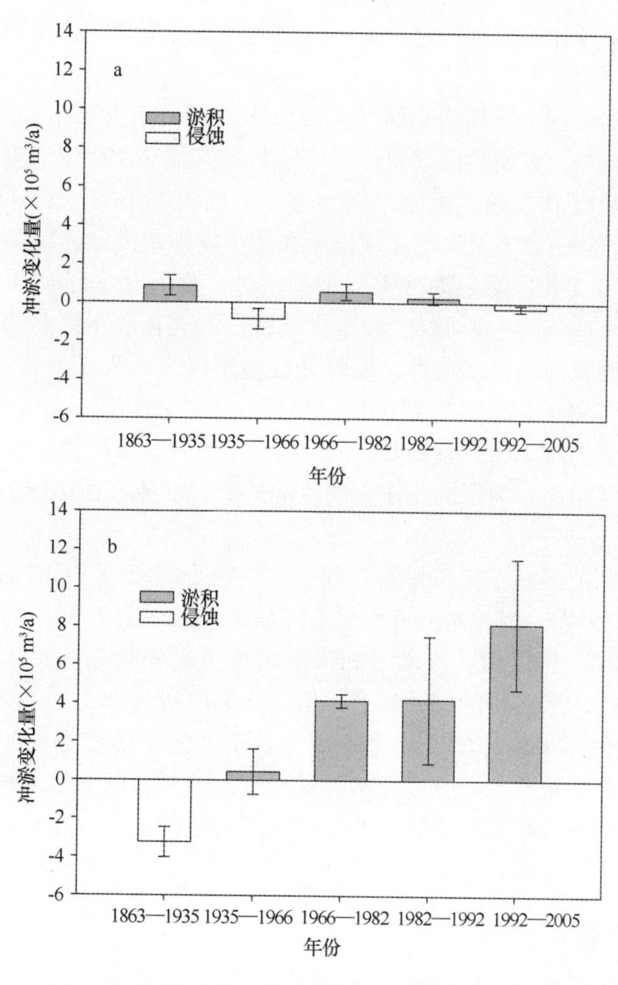

图7.18 胶州湾主水道冲淤变化（1863—2005年）

位置见图7.1，a. 主水道湾内段；b. 主水道湾外段

（4）落潮三角洲

湾外落潮三角洲区域历年数据点比较稀疏，不适合定量研究，所以仅做定性分析。从图7.13可以看出，1935年以前，落潮三角洲呈淤积状态，20世纪60年代以后转为侵蚀，80年代以后，落潮三角洲又逐渐淤积增长。究其原因，胶州湾外海现代沉积物

来源为胶州湾南下悬浮物质、沿岸侵蚀物和残留沉积物中的细颗粒成分（周莉等，1983）。由于湾外沿岸多为基岩海岸，水深较大而且波浪相对较小，沿岸侵蚀物数量较少，残留沉积物也不太容易悬浮（陈正新等，2006），所以落潮三角洲区域泥沙主要来自湾内。20 世纪 50 年代以前，注入胶州湾的沉积物数量比较丰富，落潮流携带大量湾内泥沙沉积在湾外，造成落潮三角洲淤长。但是 60 年代以后，泥沙来源减少，由于缺少物源，落潮三角洲受到侵蚀。80 年代以后，落潮三角洲调整完毕，又逐渐发生淤积，但是速度比较缓慢。据 2003 年实测数据，在湾外落潮流三角洲水域，落潮含沙量略大于涨潮含沙量（李乃胜等，2006），涨潮流把浓度相对较低的泥沙带入湾内，落淤，然后落潮流再把内湾浓度相对较高的悬浮泥沙带出湾外，造成落潮三角洲缓慢淤长。

（5）潮滩

从胶州湾北部潮滩区不同年份剖面（主要位于大沽河水下三角洲两侧）对比可知，从 20 世纪 60 年代至今，胶州湾潮滩总体呈侵蚀状态（图 7.19）。潮滩冲淤变化与河流输沙量密切相关。90 年代以前，潮滩以淤积为主，但速率不大。只有输沙量变化较大的河口区域呈侵蚀状态。如 C－C′剖面，由于大沽河输沙量的迅速减少，河口附近的潮滩逐渐受到侵蚀；90 年代以后，潮滩整体遭受侵蚀，而且速率迅速增加，这种冲淤形势主要是由人类活动造成的。20 世纪 60 年代以后，人类在胶州湾北部潮滩区大量修建堤坝，围海造田，潮滩面积迅速减少，大部分自然岸线变成人工岸线，坝前水深增大，在波浪和潮汐反复作用下，潮滩受到侵蚀。另外，人类在河流上游修建水库，拦水拦沙，造成河流输沙量的减少，尤其是 80 年代以后，河流经常断流，只有洪季才有泥沙向湾内输入，但总量很小。为了响应注入泥沙的减少，潮流侵蚀潮滩上的泥沙，向深水区输送。

浅水区和深水区范围见表 7.6 和图 7.16，图中每个时段以中间年份来表示。

以 10 m 等深线为界，把胶州湾分为浅水区和深水区（表 7.6）。对比两区冲淤变化可知（图 7.20），1935 年以前，浅水区和深水区都呈淤积状态；此后，胶州湾浅水区逐渐转为淤积状态，深水区则为侵蚀状态，但是不同阶段速率有所不同；20 世纪 90 年代，胶州湾浅水区和深水区冲淤变化都不大，处于冲淤平衡状态；20 世纪 90 年代以后，胶州湾冲淤变化形势发生转变，浅水区受到侵蚀，深水区发生淤积。以上变化说明胶州湾底床的调整对注入湾内沉积物的数量和海湾形态的改变，以及相应水动力的变化都比较敏感。

7.3.2　冲淤变化数值模拟

为了考察胶州湾形态的改变引起的动力场变化对泥沙运动的影响，模式中没有考虑外源输入的因素。20 世纪 90 年代以后，湾内基本没有河流输沙，通过对比 2000 年均冲淤变化模拟结果（图 7.21）与 1992—2005 年实测水深对比分析结果（图 7.6），可以发现两者分布形势和冲淤速率都比较接近（史经昊和李广雪，2010）。此外，汪亚平等（2007）总结了多种分析方法获得的胶州湾沉积速率，其中 ^{210}Pb 法和沉积物平衡法获得胶州湾湾内百年尺度以内的沉积速率为 0.2～0.8 cm/a，与模拟结果也比较接近。以上都说明模型很好地模拟了胶州湾冲淤变化。

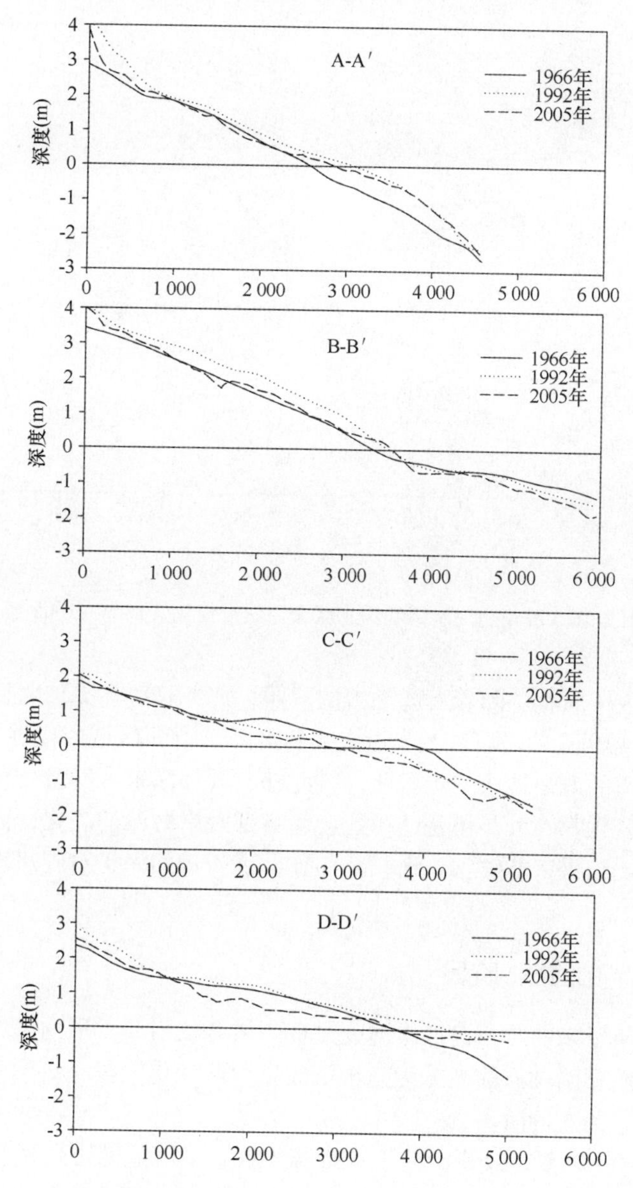

图 7.19　胶州湾潮滩剖面变化（1966—2005 年）（剖面位置见图 7.1）

通过对比 4 个年份年均冲淤变化模拟结果（图 7.21），可以发现几十年来胶州湾冲淤变化有以下特点：①海湾冲淤速率逐渐变小，尤其是 2000 年后变化更为明显，这与实测水深对比结果相吻合（图 7.15），验证了海湾动力变弱是造成这种变化的原因之一。②总体来看，1986 年以前，浅水区淤积，深水水道区侵蚀；1986 年之后，转变为浅水区侵蚀，深水区淤积。这也与实测结果得出的 20 世纪 90 年代为冲淤转换期结论相一致（图 7.20）。③相对于外湾面积，位于外湾中部的淤积中心范围不断扩大，淤积速率也有所增加。这是由于较强的涨潮流携带泥沙进入湾内，受到地形地势的顶托，流速减缓，泥沙在外湾中部落淤。同时落潮流速又小于涨潮流速，落潮时很难把全部泥沙带

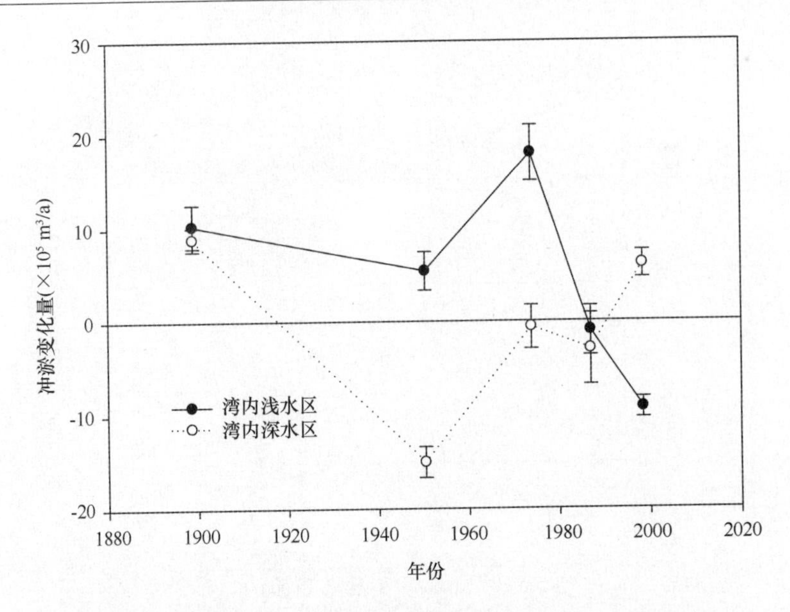

图 7.20　胶州湾浅水区和深水区净冲淤量变化（1863—2005 年）

到湾外，所以造成了淤积。随着海湾动力的减弱，这种趋势会更加明显，这将不利于附近航道的维护。④1986 年之后，主水道末端和落潮三角洲区域由侵蚀转换成淤积状态，将对主航道和海湾的寿命造成一定威胁。⑤此外，湾外深水区冲淤变化较为剧烈，范围和速率几十年来变化都不大。但是这可能会影响到沿岸海滩的演化，需要给予关注。以上结论和水深对比结果都能够很好地相互印证，进一步加深了对胶州湾海床冲淤变化过程的认识。

7.3.3　胶州湾冲淤变化阶段

综合 140 多年以来的胶州湾冲淤演变过程，结合胶州湾沉积物来源、形态和水动力场的变化，可将胶州湾冲淤演变分为三个阶段：自然变化阶段、自然和人为因素共同作用阶段和人为因素为主的阶段。

20 世纪 30 年代以前，胶州湾处于自然演化状态，河流携带大量泥沙注入湾内，大部分泥沙沉积在潮滩和浅水区域，在强大潮流的作用下，逐渐向深水区和湾外搬运，造成了深水区的淤积和湾外落潮三角洲的增长，整个胶州湾处于淤积状态。这一阶段，胶州湾主要受控于自然因素。

随着人类活动的不断增加，泥沙来源逐渐减小，潮滩面积慢慢缩小，水动力也随之减弱。尤其是 50 年代以后，变化最为剧烈。由于注入湾内的泥沙迅速减少，为了响应这种变化，潮流不断侵蚀堆积在潮滩和浅水区的泥沙，并且冲刷深水区的水道，造成深水区发生侵蚀。在这一阶段，胶州湾总体呈侵蚀状态。同时，由于缺少泥沙来源，湾外落潮三角洲也受到冲刷；经过 20 多年的调整，深水区和落潮三角洲的侵蚀速率大大放缓，胶州湾水动力和地形地貌逐渐达到新的平衡，但是随着胶州湾沿岸经济的发展，大量的固体垃圾排入湾内，再加上河流洪季输沙，造成胶州湾浅水区的淤积，尤其在胶州

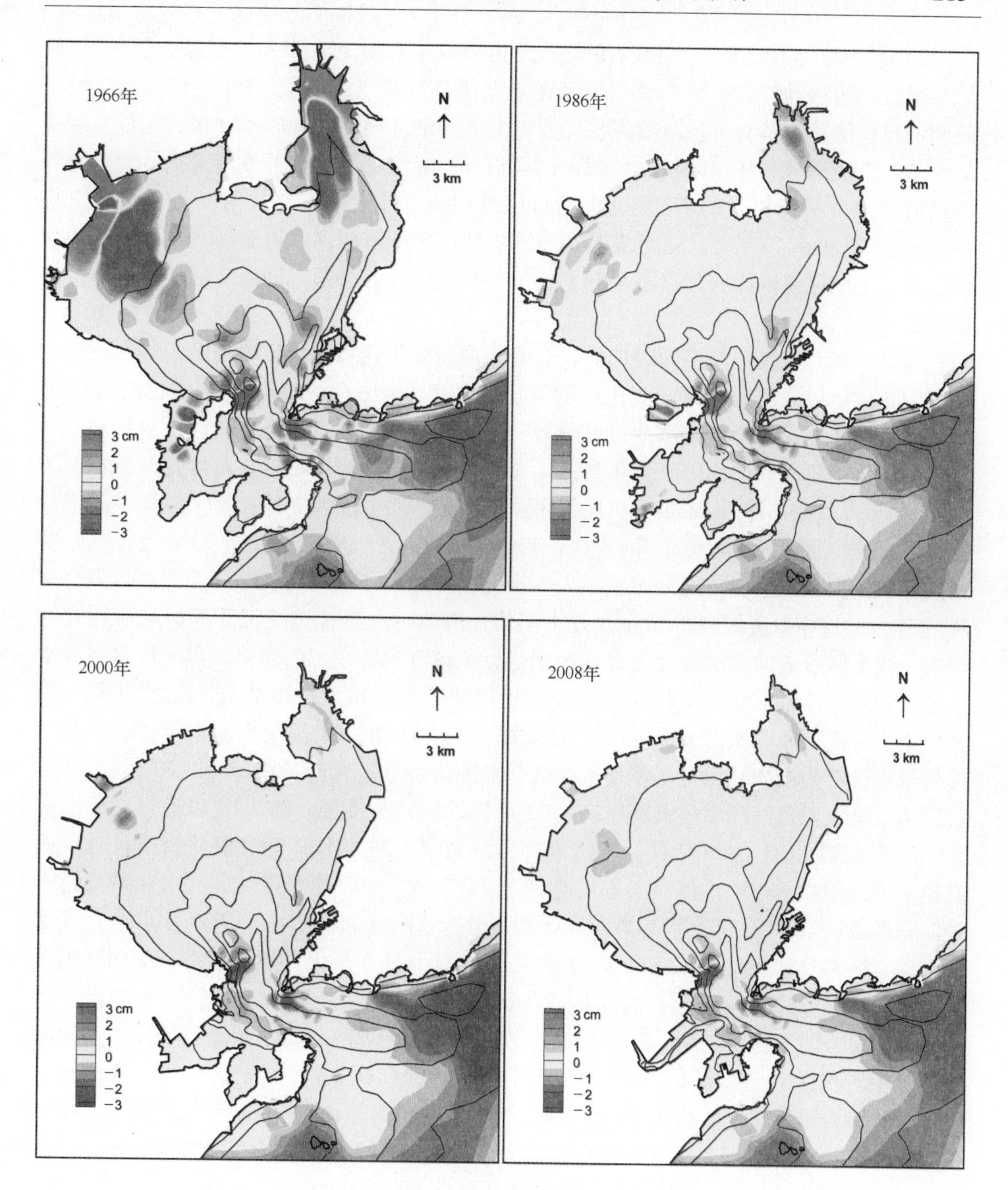

图 7.21　胶州湾 4 个年份模拟年均冲淤变化

湾东北部最为严重。据 20 世纪 80 年代初的调查，沧口水道末端沉积了几十厘米厚的垃圾层（王文海等，1982；国家海洋局第一海洋研究所港湾室，1984）。同时，随着海湾面积的减少，湾口涨落潮流速也逐渐减小，潮流挟沙能力不断降低，外湾中部和主水道湾外段逐渐发生淤积，落潮三角洲亦有所淤长。这一阶段，胶州湾在自然条件和人类活动的共同作用下演化。随着社会经济的发展，人为因素逐渐占了主导地位。

20 世纪 90 年代之后，胶州湾主要受人类活动的影响。随着人类环保意识的增强，垃圾排放慢慢得到控制，整个胶州湾又逐渐调整到冲淤平衡阶段；90 年代以后，整个胶州湾仅在洪水季节有少量河流泥沙注入，潮流逐渐冲刷潮滩和浅水区域，向深水区搬运泥沙，造成潮滩和浅水区侵蚀，深水区淤积。为了满足青岛市的发展需求，胶州湾将继续被围垦，导致水动力继续弱化，湾口涨落潮流流速继续减小，落潮流速下降更快（刘学先和李秀亭，1986），这更容易造成湾内深水区的淤积，水道淤浅以及落潮三角洲增长。以上变化都说明胶州湾已经到了相当危险的阶段，必须立即采取措施，停止一切填海活动。

通过定量分析胶州湾不同时期面积和海床冲淤变化，结合数值模拟结果，系统地讨论了 100 多年以来胶州湾冲淤变化规律。胶州湾海域海床存在阶段性变化规律，在 100 多年的变化中，胶州湾冲淤演变可以分为三个阶段，分别为自然变化阶段、自然和人为因素共同作用阶段和人为因素为主阶段。总体来看，胶州湾冲淤变化幅度逐渐减小。20 世纪 80 年代以前，除了 1935—1966 年间胶州湾总体发生侵蚀之外，整个海湾呈淤积状态，而且淤积量较大；在整个 90 年代，胶州湾处于近冲淤平衡状态，90 年代以后，胶州湾整体转为侵蚀状态，但冲淤量不大。根据地形地貌和水动力特征，胶州湾可划分成 22 个动力地貌相似区域。20 世纪八九十年代，内湾沿岸直接接受沉积的区域淤积转为侵蚀。浅水区水道的冲淤变化主要受控于临近区域沉积物来源的多寡。深水区水道和水道之间的浅滩冲淤形势基本相反，而且沉积物冲淤总量相近；20 世纪六七十年代，外湾由淤积转为侵蚀，90 年代以后，主要受控于人类活动；20 世纪六七十年代，主水道湾外段侵蚀转为淤积，而且淤积速率加快。而湾内段基本保持冲淤平衡；20 世纪 30 年代以前，落潮三角洲区域呈淤积状态，60 年代以后转为侵蚀，80 年代以后，又缓慢淤长；20 世纪 60 年代至 90 年代，潮滩局部遭受微侵，90 年代以后，整体遭受侵蚀，而且速率迅速增加。各区具体冲淤变化速率详见表 7. 6。胶州湾在口门和深水区域开始出现淤积现象，以 10 m 等深线为界，胶州湾可分为浅水区和深水区。1935 年以前，浅水区和深水区都呈淤积状态；此后至 20 世纪 80 年代，浅水区保持淤积状态，深水区则转为侵蚀状态；1982—1992 年，胶州湾浅水区和深水区冲淤变化都不大，处于冲淤平衡状态；20 世纪 90 年代以后，胶州湾冲淤变化形势发生逆转，浅水区受到侵蚀，口门深水区发生淤积。

通过综合分析对比，认为 20 世纪 90 年代是胶州湾冲淤形势转换关键时期。90 年代以前，泥沙主要堆积在潮滩和浅水区，强大的潮流把注入湾内的泥沙带到湾外，保证深水区水道不至于淤浅；90 年代以后，由于水动力场的持续弱化，深水区转为淤积，水道淤浅，口门外落潮三角洲不断淤积增长。演变趋势表明，如果不停止造成胶州湾动力平衡破坏的填海活动，胶州湾口门有可能面临加速淤积，胶州湾寿命将受到影响。

7.4 跨海大桥对胶州湾的影响

2011 年 6 月 30 日，胶州湾跨海大桥建成通车，现场观察和遥感图片上都清楚地表明，在冬天大桥内侧出现了严重的结冰现象。关于冰情加重事件产生的原因，引起了人们的关注，跨海大桥对胶州湾环境的影响到底有多大是社会关心的焦点。要搞清大桥对泥沙运动、污染物扩散以及生物多样性的影响，首先要研究清楚大桥对海湾潮动力的变化（Kitheka，1997）。关于跨海大桥对海洋环境影响的研究不是太多（Qiao et al.，2011），目前也未见胶州湾大桥建成后对环境影响的研究报道。我们通过精细的数值模拟方法，再现了胶州湾跨海大桥建成前后水动力场的变化，以期对制定胶州湾开发与保护相关政策有所帮助，对中国沿海正在开发的 100 多个海湾有所警示。

7.4.1　研究方法

模拟区域包括胶州湾及其口门外邻近海域（图 7.22），该海域水深较浅，大部分区域在 20 m 以内，二维数值模型即可满足潮波运动模拟。利用丹麦 DHI 公司的 MIKE 软件建立了胶州湾潮动力二维数学模型。该模型基于三维不可压缩雷诺平均 Navier - Stokes 方程的解法，采用 Buossinesq 近似和静压假定。模型数值求解采用以下方法：①空间离散采用单元中心的有限体积法；②网格采用非结构化三角形网格；③采用球面坐标系；④潮滩地区采用动边界。

极高分辨率计算网格的建设是本研究的关键之一（图 7.23）。影响海水运动主要是桥墩，桥墩周边网格的细化建设也是本研究的关键。一共有 432 组桥墩，每组桥墩并列 2 个，每个桥墩为正方形，边长 6 m。有桥网格在无桥的基础上建设（图 7.23a），按照大桥桥墩的建设尺寸制作大桥网格，加密了桥墩周边的网格（图 7.23b）。在能够保证网格整体准确性的基础上，对桥墩的模型做了部分简化。桥墩跨度在陆地区域为 50 m，在海中为 60 m，互通立交处 18 ~ 50 m 不等，而在三处悬索桥结构处，桥墩间距也有不同程度的变化；在模型中将桥墩跨度统一为 60 m。上述处理基本与实际情况相符。因为桥墩网格加密，共增加了 50 277 个三角形节点、97 088 个三角形单元，增加量是无桥网格的 2.4 倍。

模拟结果的可靠性主要由模拟和实测的潮位和海流资料的对比来验证。在研究区域内，有 2 个长期潮位观测站，位于胶州湾口门外的小麦岛站（36.050 0°N，120.416 7°E）和位于湾内的 5 号码头（36.083 3°N，120.300 0°E），收集了在 2000 年、2009 年和 2012 年完成的胶州湾内多个站位的潮位观测资料，这些资料用于验证模拟潮位的准确性。完成了 2009 年和 2012 年建桥前后湾内 4 个 25 小时连续潮流观测站，用于验证建桥前后流速、流向的模拟结果。

经过网格独立性检验，排除了网格本身的加密对计算结果带来的影响，对上述无桥和有桥数值模式的计算结果进行验证，我们认为该模式的模拟结果与实际情况的拟合程度极好（Li et al.，2013），模拟结果是可靠的，可以用于进一步地对比分析。

数值模型经验证确定好参数后，我们对 2012 年的 7—8 月进行了模拟，使用相同岸线和水深等条件，模拟了无桥和有桥两种情况，进行潮位、潮流和潮汐余流等变化分析。根据海湾地形地貌情况（Shi et al.，2011），选择了沧口、大沽河、中部、内湾口和外湾口 5 条断面，进行潮通量的变化分析（图 7.23）。

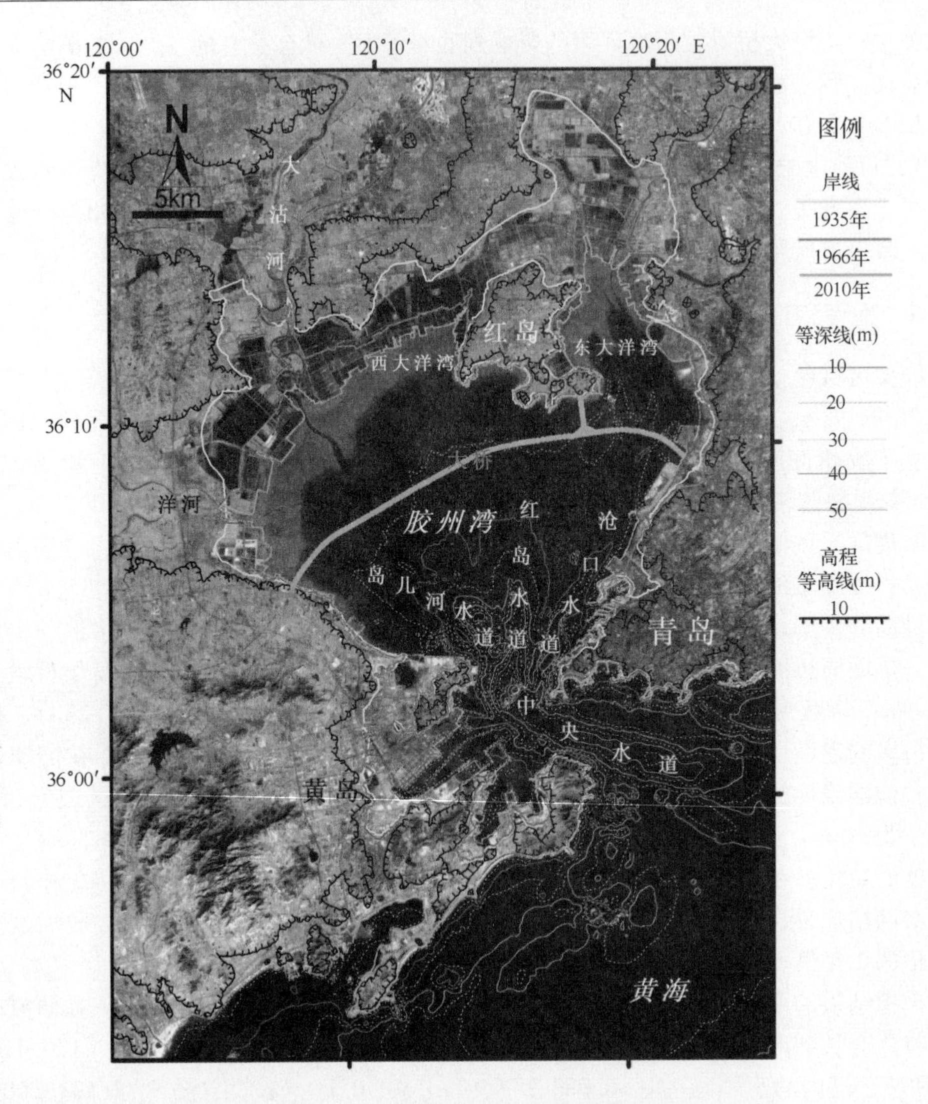

图 7.22 胶州湾跨海大桥与水深地形

7.4.2 大桥对潮位的影响

由于狭窄的口门地形对潮波传播的影响，胶州湾及口门地区同时刻潮高变化比较明显。涨急时刻（图 7.24 a1，图 7.24 b1）潮流流向湾内，落急时刻（图 7.24 a3，图 7.24 b3）潮流流向湾外，海面都是在流向右侧增高，高差 5 ~ 7 cm，可能与科氏力有关；涨急时刻大桥对东大洋湾顶影响比较大，造成 10 cm 减水（图 7.24 c1）。高潮时刻（图 7.24 a2，图 7.24 b2），潮高在湾内比口门外高，无桥时湾内比口门外高 35 cm（图 7.24 a2），有桥时湾内比口门外高 45 cm（图 7.24 b2）；高潮时刻大桥对水位的影响很明显（图 7.24 c2），大桥以北增水，最大在西大洋湾顶达 9 cm，大桥以南减水，最大减水出现在口门附近达 7 cm。低潮时刻与高潮时刻相反，湾内水面比湾外低，无桥时

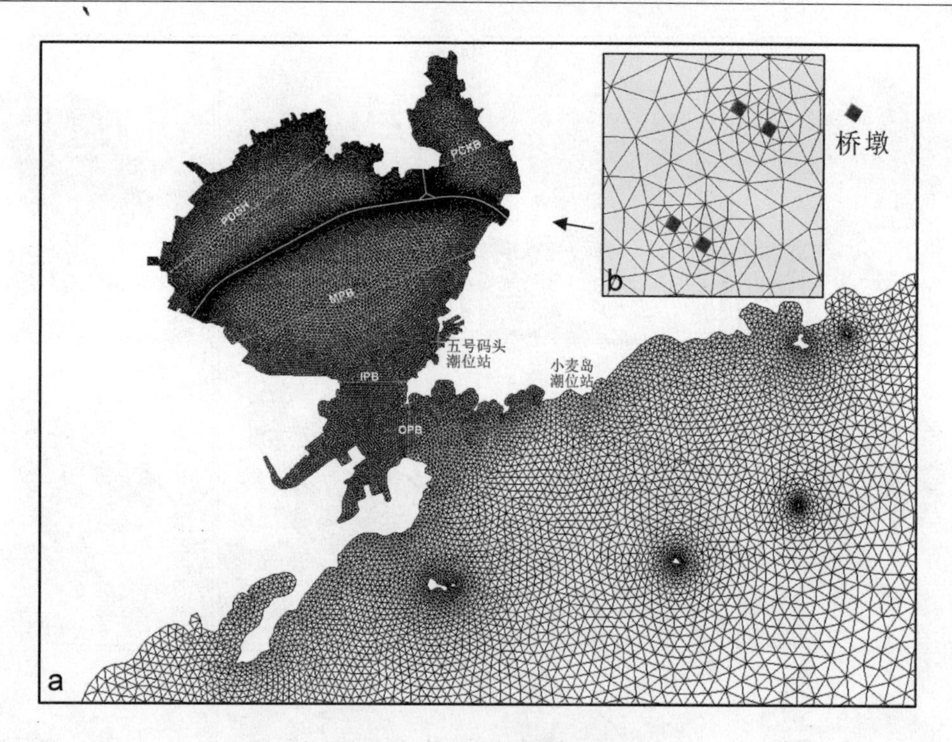

图7.23　胶州湾数学模型网格

a—跨海大桥建设之后；b—大桥桥墩附近网格；OPB—胶州湾口门断面；IPB—胶州湾内湾口门断面；MPB—胶州湾中部断面；PCKB—东大洋湾断面；PDGH—西大洋湾断面

湾内比湾外低30 cm（图7.24 a4），有桥时湾内比湾外低35 cm（图7.24 b4），大桥对水位影响也是比较明显，大桥以北略有降低，口门附近增水最大达7 cm。

大桥桥墩对水位产生了有规律影响，变化比较明显的是在大桥以北和口门附近，桥墩阻流作用似乎在狭窄的口门得到累积，类似于狭管效应。另外，建桥后口门附近的水位结构变得简单多了（图7.24 b1，图7.24 b2，图7.24 b3，图7.24 b4），可能也是与桥墩的联合阻流效应有关。

7.4.3　大桥对潮流的影响

胶州湾是一个小口门的海湾，主要受潮流作用影响。建桥前后潮流的运动形式基本一致（图7.25）。模拟的结果表明，大桥建设前后，胶州湾潮流运动规律变化不大，特别是涨落潮流比较强盛的时刻（图7.25 a1，图7.25 b1，图7.25 a3，图7.25 b3），主潮流基本沿主水道运动，由于狭管效应作用，中央水道潮流最强。但是，大桥对潮流的影响还是比较明显的（图7.25 c1，图7.25 c2，图7.25 c3，图7.25 c4），主要表现在口门附近潮流减弱。在涨急时刻（图7.25 c1），海湾内水道潮流减弱现象明显，口门以外也有大面积减弱，但减弱的幅度不大，在0～10 cm/s之间，而口门内侧主水道上潮流减弱现象明显，减少了30 cm/s；由于地形造成的潮环流有所迁移，造成局部小区域潮流有增强。在落急时刻（图7.25 c3），海湾内水道潮流减弱，口门以外主水道南北

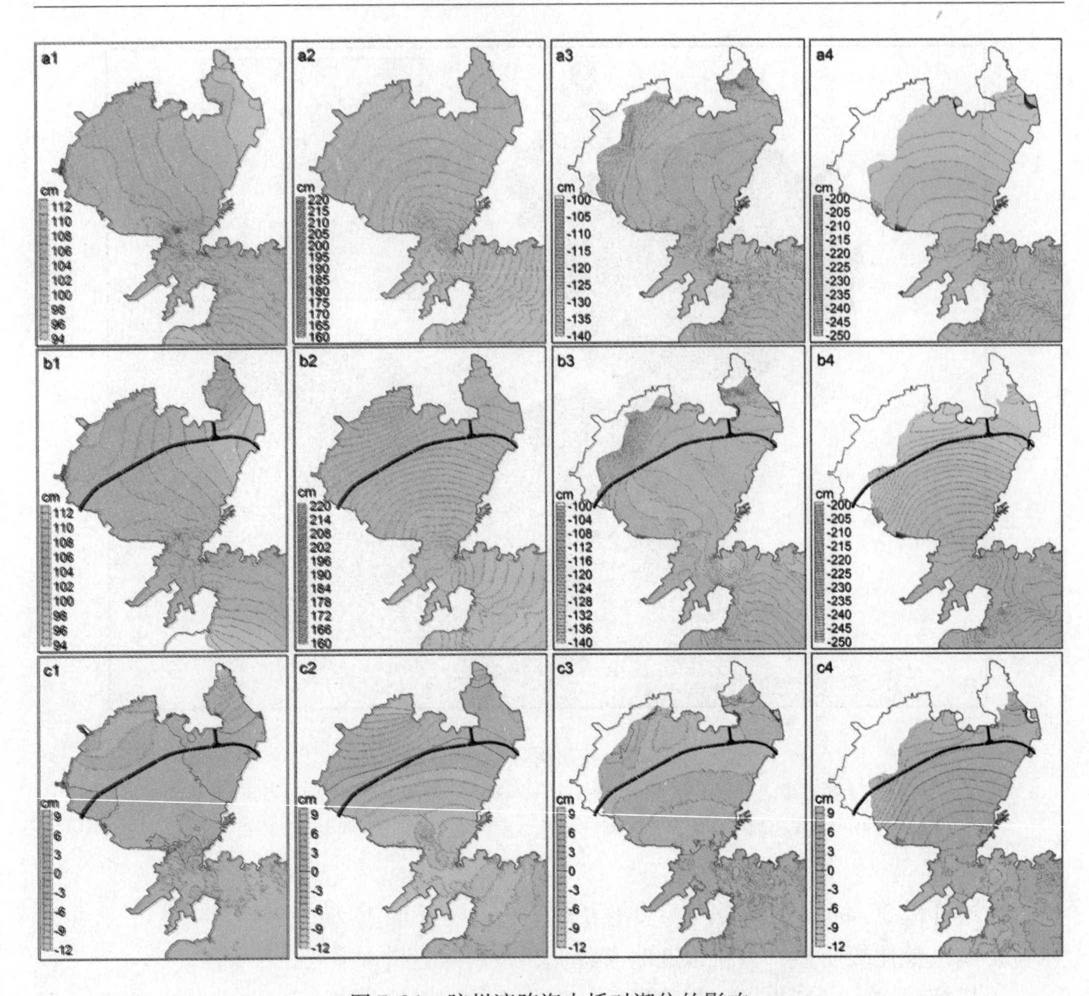

图 7.24　胶州湾跨海大桥对潮位的影响

a1，a2，a3，a4 分别是无桥状态下涨急、涨高、落急和落低时刻的潮高；b1，b2，b3，b4 分别是有桥状态下涨急、涨高、落急和落低时刻的潮高；c1，c2，c3，c4 分别是涨急、涨高、落急和落低时刻有桥减去无桥的潮高变化。

两侧潮流增强，而中央水道潮流降低幅度比较大，垂向平均流速最大降低了 60 cm/s，建桥后口门外中央水道超过 1 m/s 的范围大大缩小。海湾内部三个分支水道（图 7.22）潮流运动都受到影响，都表现为减弱。

过去的研究已经表明跨海大桥对潮流和泥沙扩散有明显的影响（Qiao et al.，2011）。大桥建设对胶州湾及临近的口门外海域的主要水道的潮流运动影响比较大，以降低潮流速度为主，口门中央水道降低比较大。胶州湾内泥沙运动主要受潮流控制（陈斌等，2012），潮流降低会造成挟沙能力降低，未来可能会加快涨、落潮三角洲的发育。建桥也造成一些岬湾形成的潮流环发生迁移，使得局部潮流增强，会造成海底地貌迁移和海滩侵蚀。由于建桥时间比较短，上述的潮流沉积效应还没有显示出来。应该加强监测，观察水道变化和口门附近泥沙冲淤动态。

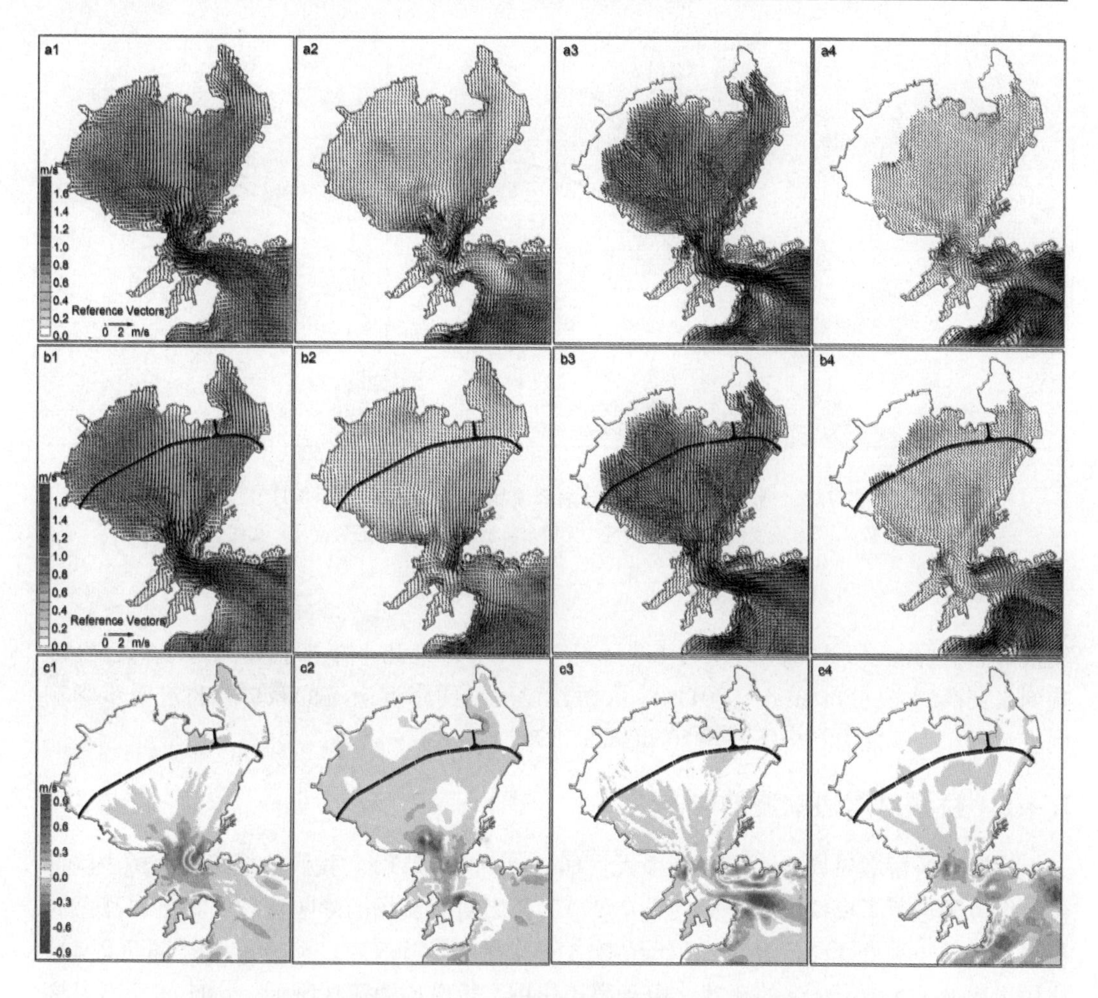

图 7.25　胶州湾跨海大桥对大潮期潮流场的影响（2012 年 8 月 3 日）

a1，a2，a3，a4 分别是无桥状态下涨急、涨高、落急和落低潮流；b1，b2，b3，b4 分别是有桥状态下涨急、涨高、落急和落低潮流；c1，c2，c3，c4 分别是涨急、涨高、落急和落低潮流变化（有桥流减去无桥流）

7.4.4　大桥对潮汐余流场的影响

欧拉余流的计算采用连续两个半日潮周期（约 25 h）内各时段流速进行矢量合成的方法。我们采用欧拉余流计算原理，对 8 月 1 个月的潮流场进行了余流合成（图 7.26）。

口门附近余流的流环最发育（图 7.26），其中 a、b、c 三个流环分布在中央水道主流的两侧，是潮流在地形的影响下形成，在过去就一直存在（Liu et al.，2004；Shi et al.，2011）。流环 a 是落潮流形成的（图 7.25 a3），建桥后，流环 a 有减弱的趋势（图 7.26c），流环 b 位于胶州湾口门内，建桥前后略有减弱，变化不是太大，流环 c 位于胶州湾口门内涨潮主流左侧，建桥前环流就比较弱，建桥后略有减弱（图 7.26c）。

整体来看，建桥后胶州湾内部变化不大，口门附近余流趋向于减弱。余流是海湾水

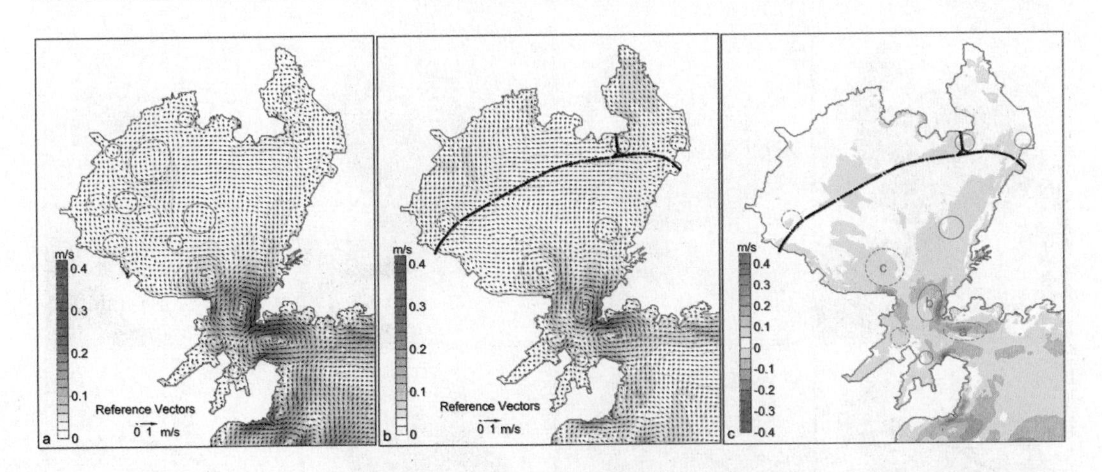

图 7.26 胶州湾跨海大桥对潮余流场的影响（2012 年 8 月）

a—无桥；b—有桥；c—余流变化，有桥减余流去无桥余流值。红色圆圈是余流环，实线为顺时针旋转，折线为逆时针旋转

交换能力的标志（Takeoka，1984；Liu et al.，2004），近几十年来胶州湾围填海已经影响到水交换能力（Shi et al.，2011），大桥建设后口门附近余流的减弱，将进一步影响到胶州湾水交换能力和生态环境（Kitheka，1997）。

7.4.5 桥墩对周边潮流的影响

跨海大桥桥墩对周边水流影响很大（Qiao et al.，2011）。我们选择跨海大桥中间部位 4 组桥墩进行了模拟结果分析（图 7.27），桥墩对潮流场的影响比较明显。在涨急时刻，桥墩周边潮流变化比较大，2 组桥墩之间呈现出导流效应，流速加大（图 7.27a），比周边增加了 5～6 cm/s 的流速；由于阻挡作用，桥墩周边流速降低，影响的范围呈椭圆形；大桥内外的潮流场没有受到太大影响。在涨高时刻，潮流场比较弱（图 7.27b），但是桥墩对流场影响比较大，桥墩就像一堵墙，相比之下减弱了大桥内侧的流速，流向变化也是很大，每组桥墩背流面形成一个小弱流区。在落急时刻，桥墩导流效应明显，桥墩之间形成强流，增加 6～8 cm/s 的流速；每组桥墩也是形成椭圆形弱流区，对大桥外侧影响比较大。在落低时刻，流场也是比较弱，桥墩的影响主要集中在大桥附近。在涨急和落急时刻，桥墩之间流速增加了 20%～21%，与杭州湾大桥的影响结果一致（Qiao et al.，2011）。

Qiao 等（2011）对杭州湾口东海大桥做了研究，证明桥墩之间潮动力加强，加快了海床冲刷。胶州湾模拟结果与东海大桥类似，只是胶州湾潮动力强度比杭州湾弱。

7.4.6 大桥对胶州湾潮通量的影响

为了进一步描述大桥对胶州湾的整体影响，本书根据模拟结果，对沧口剖面、大沽河剖面、中部剖面、内湾口剖面和外湾口剖面的潮通量进行了计算。图 7.28 是 5 条断面 10 min 累积的潮通量变化曲线，正值是向湾内输送，负值是向湾外输送。

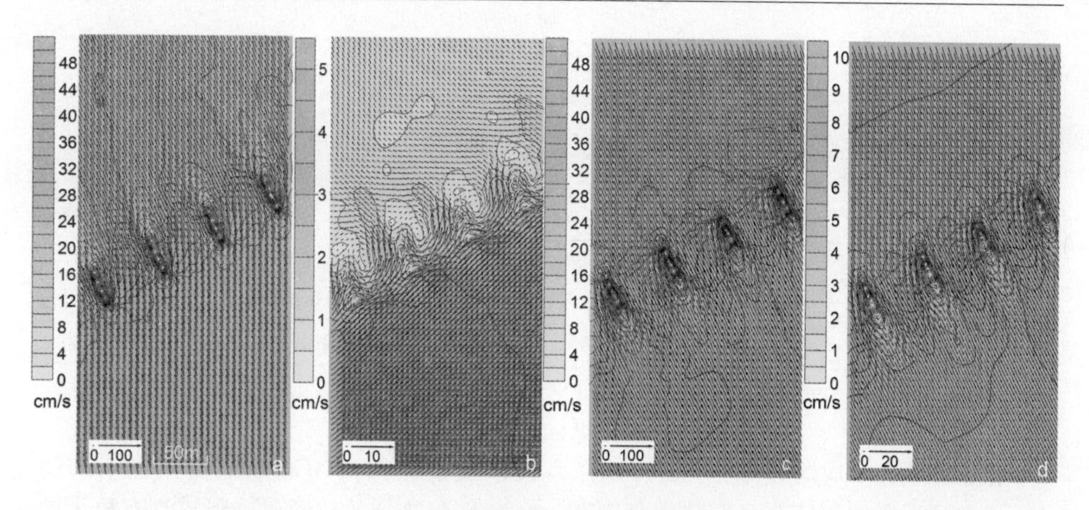

图7.27 桥墩对周边潮流场的影响

a，b，c，d分别是桥墩周边大潮涨急、涨高、落急、落低时刻的潮流场分布。研究区位置选在跨海大桥中部

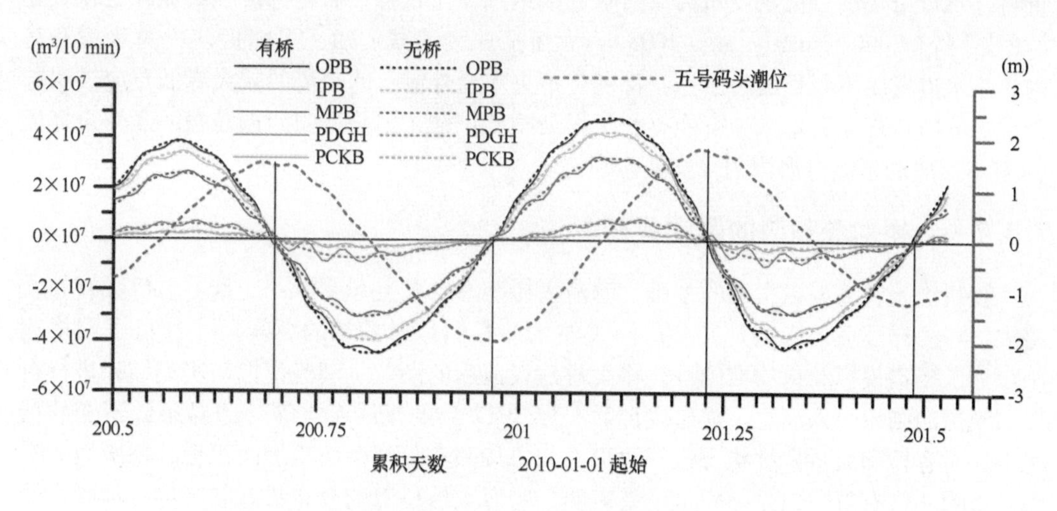

图7.28 胶州湾各断面10 min累积潮通量变化曲线
（2012年7月19日12：00至20日12：40）

潮通量是涨落潮时段内进出海湾的水体积，本文选择月内天文大潮日进行平均进出潮量计算和分析。图7.28表明，潮通量大小与断面所圈定的内湾面积呈正比关系，外湾口门断面潮通量最大，沧口断面潮通量最小。外湾口门计算的进出潮量（表7.7）与Shi等（2011）和周春燕等（2010）计算的胶州湾近期纳潮量基本吻合，说明模拟比较准确。表7.7显示大桥建设后对胶州湾的进出潮量影响比较明显，整个海湾进潮量降低了1.71%，湾内不同断面都有降低的趋势，大沽河口断面略有增加（0.6%）。

表 7.7 胶州湾大潮期潮通量变化（变化量＝有桥量－无桥量）

剖面名	无桥通量（$\times10^9 m^3$）		有桥通量（$\times10^9 m^3$）		变化量（$\times10^9 m^3$）/变化率（%）	
	进潮量	出潮量	进潮量	出潮量	进潮量	出潮量
OPB	1.036 9	1.040 7	1.019 3	1.024 6	-0.017 6/1.71	-0.016 1/1.56
IPB	0.914 0	0.917 4	0.899 3	0.903 7	-0.014 7/1.63	-0.013 7/1.51
MPB	0.694 3	0.696 9	0.685 7	0.687 8	-0.008 6/1.25	-0.009 1/1.31
PDGH	0.154 9	0.155 4	0.155 8	0.155 4	0.000 9/0.60	0.000 0/0.00
PCKB	0.063 8	0.064 0	0.063 6	0.063 6	-0.000 2/0.29	-0.000 4/0.60

注：根据2012年7月19日12：00至20日12：40一个天文大潮日计算，进、出潮量是两次半日潮的平均值。

根据胶州湾平均潮差2.39 m计算，大桥造成的胶州湾纳潮量降低相当于填海7 km^2，实际桥墩的累计总面积只有31 100 m^2，表明长排列的桥墩联合阻流具有放大效应，对纳潮量的影响程度是填海的300多倍。加上大桥造成胶州湾潮流场和余流场的减弱，使得海湾未来将面临诸多环境问题（Yu & Zhang，2011）。大桥北部冰情和淤积加重将是不可避免的。由于胶州湾口门附近水道潮流比较强，搬运的沉积物颗粒也比较粗（汪亚平等，2000；Yuan et al.，2008），大桥造成潮流减弱后，可能促使中央水道和湾内3条水道发生不同程度的淤积，特别是中央水道外侧，落潮流的较大降低更应该引起重视。湾内余环流数量减少可能有利于污染物的扩散，但是口门附近较强的2个余环流（a和b）减弱可能对海湾的水交换不利。

7.4.7 大桥对胶州湾的影响分析

胶州湾是青岛赖以发展的基础，海湾大桥跨海的长度世界第一，864个桥墩密布在海中，对海洋环境的影响是社会广泛关注的。我们是对桥墩的真实尺寸进行了网格刻画。为了提高模拟结果的准确性，将大桥建设前后的潮位、潮流模拟与实测结果进行对比，模拟的结果令人满意。模型验证后，以2012年的岸线、水深等边界条件不变的情况下，对有桥和无桥两种状态进行模拟。如果按照实际的桥墩累加面积看，桥墩填海对海洋影响非常有限，但是，模拟结果表明，跨海大桥桥墩的分布状态能产生一种联合效应，这种效应主要体现在每个桥墩影响被累加后的放大，对胶州湾潮动力环境整体产生影响。

大桥桥墩对海湾潮动力的影响是有规律的，变化比较明显的是在口门附近、湾内水道和大桥内侧，桥墩对潮水的阻流作用在狭窄的口门附近的累积效应更明显，类似于狭管效应。在涨高和落低时刻高潮受大桥的增大，涨高时刻湾内潮高比湾外高35 cm，建桥后达到45 cm，大桥以南减水，口门附近减水最大达7 cm；落低时刻与涨高时刻相反，湾内水面比湾外低，建桥后更低，口门附近增水最大达7 cm。大桥建设后对胶州湾潮流运动形式影响不大，但是流速受到的影响较大。湾内3条水道潮流速度普遍减弱，减弱幅度在0～10 cm/s。速度变化最大的是口门中央水道，涨急时刻在中央水道的湾内一侧潮流减少最大达30 cm/s，落急时刻在中央水道的湾外一侧潮流减少最大达60 cm/s，这种变化预示着口门附近的涨落潮三角洲会得到发展。建桥后，余流在口门附近减弱，余流环数量较少，口门附近三个主要余流环强度减弱。

潮通量是决定海湾环境的关键指标，大桥的建设对潮通量的影响也是比较明显的。大桥建设后整个海湾进潮量降低了1.71%，湾内不同断面都有降低的趋势，只有东大洋略有增加。

桥墩对潮流场的影响比较明显。桥墩之间呈现出导流效应，流速加大，海床建会逐步冲刷变深；桥墩周边和背流面流速降低，影响的范围呈椭圆形，未来肯定发生淤积。在涨高时刻，潮流场比较弱，桥墩就像一堵墙，大桥内外侧的流速和流向变化都很大。

综合分析认为，跨海大桥对胶州湾的动力环境的影响是比较明显的，主要体现在潮流和潮通量变化。长远看可能会造成海湾水交换能力逐步减弱，从而在一定程度上影响胶州湾的生态环境。为了避免胶州湾环境恶化，我们建议：①减少生活垃圾和工业废水的排放，严格控制污染源；②杜绝填海造田工程的实施，防止岸线过度开发造成的湿地退化；③对内湾水道海底进行人工清淤，确保入湾水流通畅；④拆除潮滩地区养殖池，增加海湾纳潮面积。

第 8 章　胶州湾沉积动力环境未来变化

8.1　胶州湾历史回顾

通过前几章节的研究，胶州湾演变过程可总结为：形态变化导致水动力场的变化，水动力场的变化造成了水交换过程以及泥沙运动的变化，进而导致环境容量和海床变化。而海床的变化又会改变海湾形态，进一步影响水动力场，使得胶州湾在这种循环过程中不断缩小（图 8.1）。根据影响因素不同，可以把 100 年以来胶州湾演化过程大体分成两个阶段：自然演变阶段和人为因素参与下的演变阶段。这两个阶段都表现出了上述演化过程，只是人类影响下的胶州湾变化速率更快。

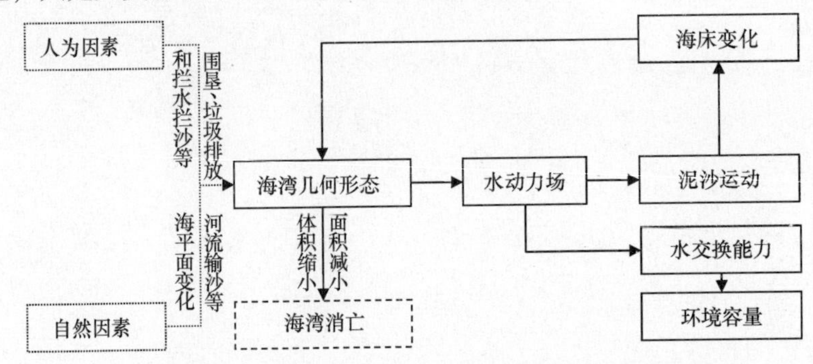

图 8.1　100 年以来胶州湾演化过程示意图

20 世纪 30 年代以前，胶州湾处于自然演化时期，主要受控于自然因素（海面变化、区域性构造运动和沉积物输入）。在三个主要自然因素中，胶州湾海平面每年以大约 1 mm 的极低速率上升（乔建荣，1985）。同时，胶州湾周边区域处于缓慢抬升阶段。由于海平面上升因素抵消了地壳上升的因素，胶州湾海平面基本保持稳定（陈则实，2007）。沿岸河流携带大量的泥沙注入胶州湾，在海湾西北部发育了宽坦的潮滩和水下浅滩，致使海岸淤涨。在强大潮流的作用下，逐渐向湾外搬运，造成湾外落潮三角洲的增长，整个胶州湾处于淤积状态，海湾体积不断缩小，动力也随之变弱。但是这个过程极其缓慢。

30 年代之后，在人为因素的参与下，胶州湾演化速率大大加快，可以分为以下几个时期。

30—80 年代，为自然因素和人为因素共同作用时期。大量潮滩变成工农业用地，人工岸线长度逐渐超过自然岸线。70 年代以前，河流输沙仍是胶州湾泥沙的主要来源。此后，人类在河流上游拦水拦沙，致使注入湾内的泥沙逐渐减少，但向胶州湾倾倒的工业和生活垃圾日益增多。大量围垦和垃圾排放使海湾面积和体积逐渐减小，纳潮量也随着减少，海湾动力减弱。由于大量潮滩的消失和回流因子的减少，水交换能力反而有好转的趋势。这一阶段胶州湾海床仍表现为浅水区淤积，深水区侵蚀。水道和湾外落潮三角洲区域发生侵蚀。

90年代是转换时期。胶州湾继续被围垦，形态的改变致使水动力场结构发生一定程度的转变，回流因子转为增加趋势，水交换能力逐渐变差。整个海湾处于冲淤平衡阶段。无论是从水动力、水交换，还是底床冲淤方面，20世纪90年代都是胶州湾演化的转折期和关键期，90年代初海岸线即可确认为海湾利用“警戒线”。所谓“警戒线”并不是指岸线的具体的形状，而是指在此岸线圈定下的海湾状态。在这个状态下，海湾体系的各个方面，比如水动力、水交换和底床冲淤等，都还可以比较好地运行，整个体系可以得到比较好的维持，不至于朝着恶化的方向发展，也就是整个海湾系统对人类活动最大容忍程度。若海湾围垦利用超过这个“警戒线”，海湾系统将会发生逆转，各方面开始恶化。“警戒线”的确定对一个海湾开发和利用尤为重要，直接决定了海湾的可利用限度，是政府相关决策的重要依据。

90年代至今，是人为因素主导时期。人们继续大量围海造田，海岸已基本上失去其自然面貌，具有区段性和突变之特点。纳潮量进一步降低，动力继续弱化，水交换能力变得更差。在此阶段，河流输沙几乎可以忽略不计，固体垃圾排放成为胶州湾沉积物主要来源。胶州湾海床转变为浅水区侵蚀，深水区淤积的状态，水道和湾外落潮三角洲区域发生淤积。虽然速率较小，但是说明胶州湾海岸利用已经超出了“警戒线”，对人类活动表现出一系列明显响应，到了比较危险的阶段，如不立即停止围垦，采取相应措施，海湾水动力弱化现象会加速。

8.2　胶州湾未来预测

随着青岛市社会经济的快速发展，已经出现问题的胶州湾的用海压力持续增加。比如，2011年围垦近10 km^2，潮滩面积减少到90 km^2，纳潮量也随之减少到9.343×10^8 m^3。此外，大型工程的建设，比如胶州湾跨海大桥，也会导致水动力弱化和淤积加剧等问题（Li et al.，2013）。若其余指标以2008年为准（表7.4），根据公式（7-6），2011年胶州湾总体平均水交换时间为41.7天。由于回流因子会持续增加，所以这个数值偏小。即便如此，加上跨海大桥的影响，与2008年的41.2天相比，胶州湾水交换能力也将继续降低。同时，随着海湾动力继续变弱，水道会加速淤积。虽然胶州湾已经对人类活动表现出来相当明显的响应，海湾未来将会如何演化，为了胶州湾的可持续发展，这是个必须解决的问题!

考虑一种最为极端的情况，就是把潮滩完全围垦后（这种可能性正在发生），胶州湾将会发生什么变化？得出的结论可能会对认识胶州湾的未来演变趋势有所帮助。潮滩全部围垦后，胶州湾总水域面积还剩260 km^2，海湾平均体积2.5×10^9 m^3。假设平均潮差不变，仍为2.78 m，根据公式（7-1）和潮通量计算方法（假设口门面积不变），可以得出，潮滩全部围垦后的纳潮量为7.2×10^8 m^3，口门平均流速降低到20 cm/s。为了详细了解围垦后各种指标的变化，以2008年水深地形和围垦后岸线为基础，动力条件不变，建立围垦后的胶州湾数值模型，模拟结果如下。

对于水交换能力，如图8.2所示，水交换时间分布的总趋势没有变化，仍旧是由湾口向湾顶递增，东部海区大于西部。但是，与2008年相比（见图7.5），湾口水交换时间小于10天的区域大大缩小，仅集中在主水道区；湾顶水交换时间等时线变得尤为密集，无论是海湾西北部还是东北部，水交换时间都有所增加，特别是海湾东北部，水交换时间超过130天的区域逐渐向西南延伸，并在沧口湾外增加一个高值中心。全湾总体平均水交换时间为43.7天。综上所述，虽然把水交换能力最弱的潮滩区域全部围垦掉，海湾水交换能力并没有得到好转，反而变得更为恶化。即使在2008年以前，水交换能力有好转趋势的海湾西北部也有所变差，海湾东北部则变得更为严重。

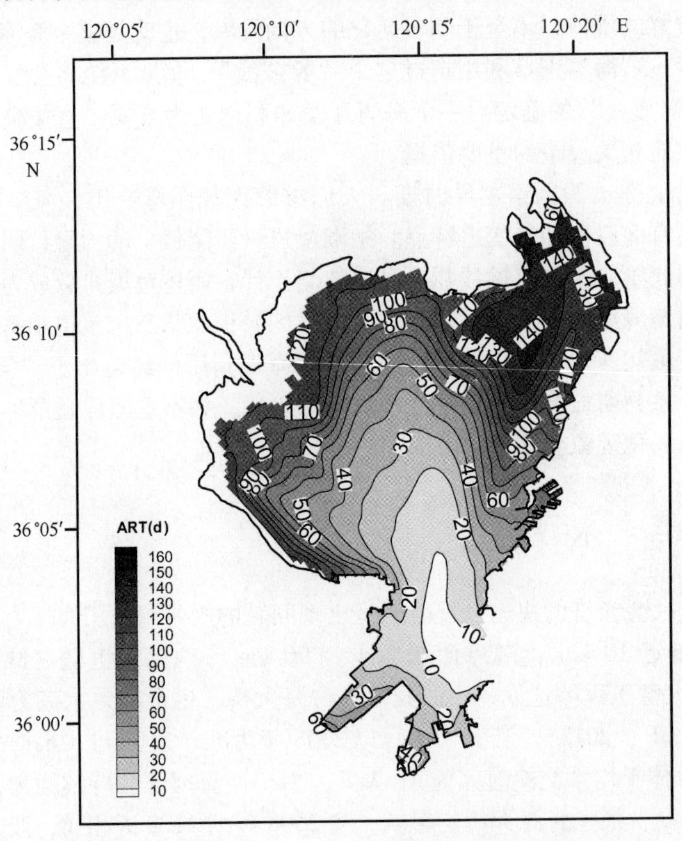

图8.2 潮滩完全围垦后胶州湾平均滞留时间（d）分布

对于底床冲淤变化，对比图8.3和图7.21可知，与2008年的冲淤变化相比，湾内浅水区保持冲淤平衡，基本不发生变化；而湾外深水区几乎全部淤积，淤积范围比2008年要大，即使在流速最大的口门区域也发生了淤积，但是淤积速率变化不大。此外，存在两个淤积速率较大（>1 cm/a）的区域：一个位于外湾中部，具体位置在黄岛前湾和海西湾口门外靠近主水道的水域；另一个位于湾外主水道末端，靠近薛家岛一侧的位置。后者类似于沙坝潟湖体系中的“连岛沙坝”，一端与薛家岛东北角相连，一

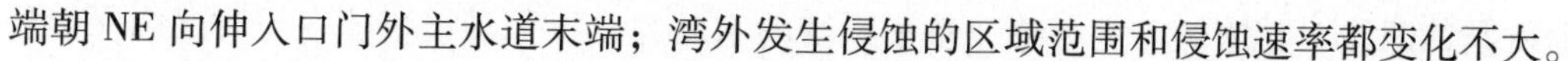
端朝 NE 向伸入口门外主水道末端；湾外发生侵蚀的区域范围和侵蚀速率都变化不大。

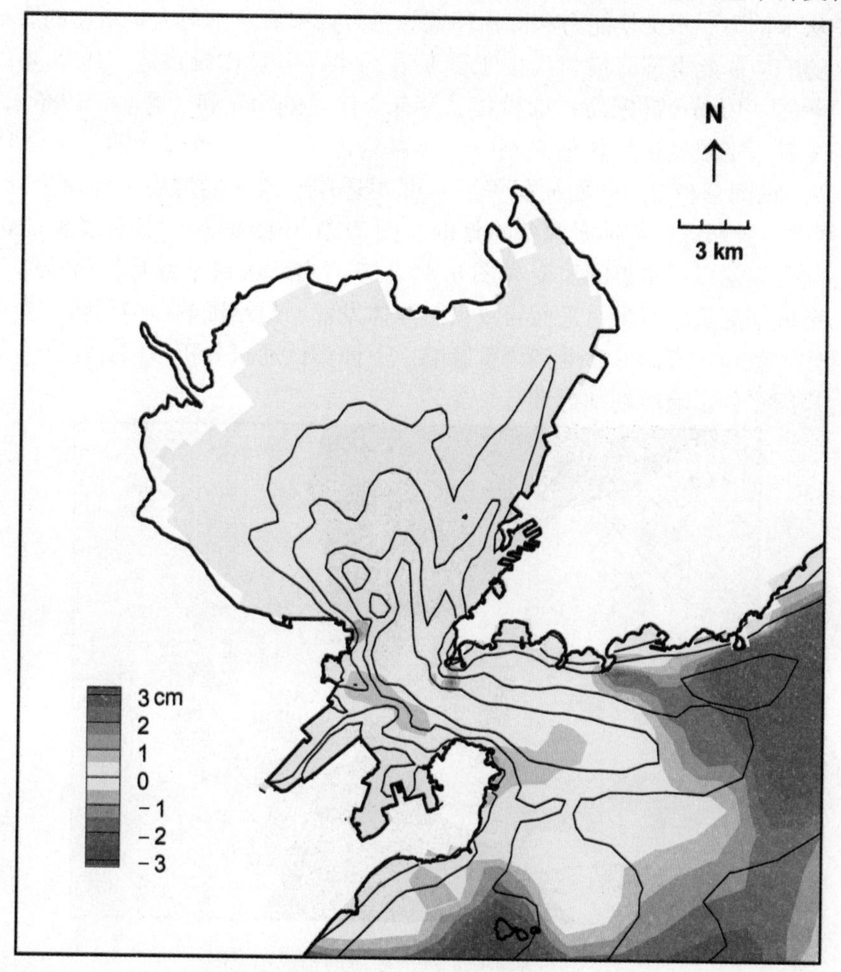

图 8.3　模拟潮滩完全围垦后胶州湾年均冲淤变化

总之，一旦发生这种情况，胶州湾将面临着极其严重的后果。由于湾外深水区保持侵蚀，沙源不断供给，淤积速率会越来越快，随着口门外淤积中心的扩大，胶州湾口门会逐渐变窄，水道迅速淤浅，湾内动力变得极弱，泥沙无法被带出湾外，海湾持续淤积，整个海湾体系朝着沙坝—潟湖体系类型发育，航道港口功能不复存在，水交换能力严重减弱，胶州湾将会变成一个“死湾”，寿命大大缩短。这是一个相当可怕的景象，所以，必须立即制止继续围垦胶州湾的行为，采取补救措施，阻止胶州湾发生这种情况，延长其寿命。

8.3　基岩口门潮汐通道稳定性

由前几章节的研究可知，虽然像胶州湾这样的大型基岩口门潮汐汊道具有较强的反馈机制，即使对其施加一定影响，整个系统的水动力、沉积环境仍能在短时期内保持稳定。但是从水动力、水交换能力和沉积环境等各方面来看，都对人类活动的影响做出了一定程度的响应。此类型海湾口门由于受基岩约束，一般比较稳定，1935年以来，胶州湾口门断面（团岛—薛家岛）面积几乎没有变化（刘学先和李秀亭，1986），但是任何系统都是有一定限度的，如何来判断这类基岩海湾的稳定性是个难题。常用的口门P-A关系（纳潮量和口门断面面积关系）并不适用于这种港湾稳定性评价（张忍顺，1994）。根据对胶州湾历年冲淤演变的分析（图7.21和图8.3），这种类型海湾冲淤变化的核心问题在于口门水道的演变（图8.4）。基岩口门区域常发育拦门沙体，湾内面积的缩小造成纳潮量的减少，进而导致口门沙体发育，最终影响口门通畅，当口门发生淤积的时候，就预示海湾寿命受到严重影响。下面尝试通过分析口门处泥沙净运移的方法来探讨口门受到影响的判别标准。

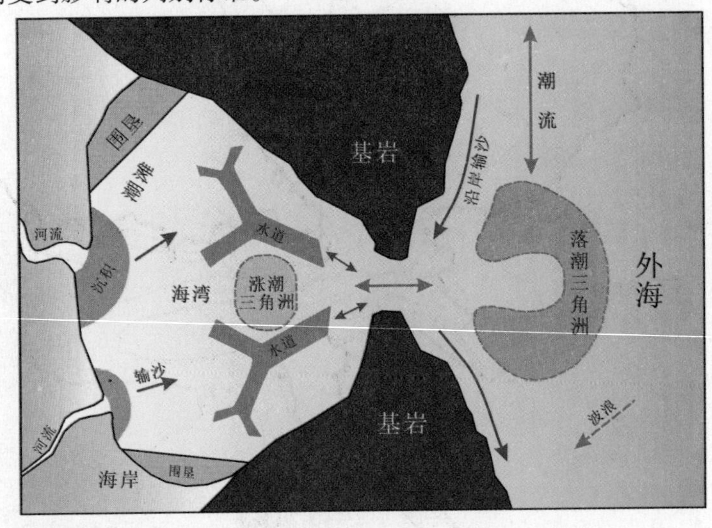

图8.4　基岩口门海湾系统的构成示意图

8.3.1　计算过程

1）进潮量和泄潮量

定义在一个潮周期内，年均涨潮时海湾可容纳的水体体积为进潮量（P_f），年均落潮时海湾退出的水体体积为泄潮量（P_e）。在目前的自然状态下，可以不考虑径流的输入，根据连续性原理，两者是相等的，即$P_f = P_e$。但是，人类活动又会造成进潮量和泄潮量不等现象，常见的是在潮滩上修建大量的盐田虾池，造成落潮时截留一部分潮水体积，则导致$P_f > P_e$。

进潮量和泄潮量可以通过口门的流速分别进行计算：

$$P_f = A\int_0^{T_f} U(t)_f \mathrm{d}t = A\bar{U}_f T_f \tag{8.1}$$

$$P_e = A\int_0^{T_e} U(t)_e \mathrm{d}t = A\bar{U}_e T_e \tag{8.2}$$

式中，A——口门断面面积，T_f——涨潮历时，T_e——落潮历时，$U(t)_f$——口门垂向平均涨潮流速，$U(t)_e$——口门垂向平均落潮流速，$\overline{U}_f$——口门断面涨潮时间平均流速，$\overline{U}_e$——口门断面落潮时间平均流速。根据公式（8.1）和公式（8.2）可知：

口门断面涨潮时间平均流速：

$$\overline{U}_f = \frac{P_f}{AT_f} \tag{8.3}$$

口门断面落潮时间平均流速：

$$\overline{U}_e = \frac{P_e}{AT_e} \tag{8.4}$$

2）潮周期内口门断面深度平均流速

以胶州湾为例，根据大、中和小潮期间口门断面实测流速（汪亚平等，2000；乔贯宇等，2008），可获得一个平均周期内的垂向平均流速曲线 $V(t)$，并进行归一化处理。即将涨落潮流速曲线下的面积分别变为一个单位，可得归一化后垂向平均潮流流速函数 $V_0(t)$，见图 8.5。

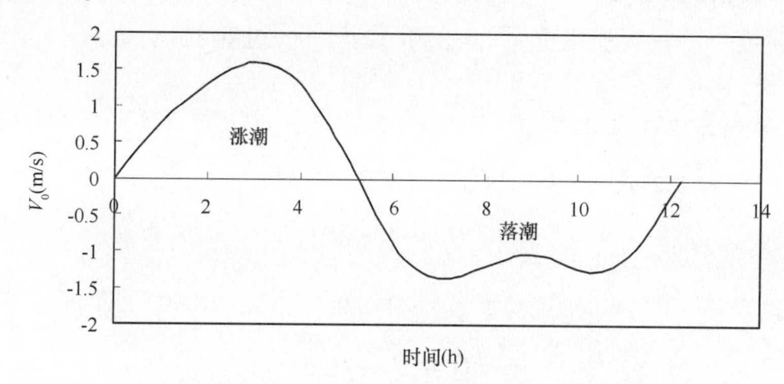

图 8.5　胶州湾口门归一化后的垂向平均潮流流速曲线

据此，在某个年份，平均周期内的海湾口门垂向平均流速可由以下公式计算。

口门垂向平均涨潮流速：

$$U(t)_f = \overline{U}_f V_0(t) \tag{8.5}$$

口门垂向平均落潮流速：

$$U(t)_e = \overline{U}_e V_0(t) \tag{8.6}$$

即，某个年份的口门断面涨落潮时间平均流速（$\overline{U}_f$ 和 $\overline{U}_e$）与归一化后流速函数 $V_0(t)$ 的乘积。

3）全沙输沙率

口门由于地形的束窄，水流强，涨落潮流是搬运泥沙的主要动力。以胶州湾为例，外湾海域以小于 1.5 m 的中小型波浪为主，年出现频率为 95.37%。只有当台风和外海较大涌浪过境时候，可以产生 3 m 左右的大浪，大于 1.5 m 的波浪年出现频率仅为 4.63%。由于口门附近水深为 30～40 m，根据小振幅波理论，波高 1.5 m 的波浪传到海底，能量已经消失殆尽。所以，波浪对口门海床泥沙运动影响较小，可以忽略。

国内外潮流输沙计算公式有很多，本书采用常用的 van Rijn（1993；2007）全沙输沙公式：

$$q_t = q_b + q_s \tag{8.7}$$

式中，推移质输沙量：

$$q_b = 0.015\rho_s uh(d_{50}/h)^{1.2}M_e^{1.5}$$

悬移质输沙量：

$$q_s = 0.012\rho_s ud_{50}M_e^{2.4}(D_*)^{-0.6}$$

其中，

$$M_e = (u_e - u_{cr})/[(s-1)gd_{50}]^{0.5}$$

$$D_* = d_{50}[(s-1)g/v^2]^{1/3}$$

$$u_{cr} = 0.19(d_{50})^{0.1}\log_2(12h/3d_{90}),\ 0.000\,05 < d_{50} < 0.000\,5\ \text{m}$$

$$u_{cr} = 8.5(d_{50})^{0.6}\log_2(12h/3d_{90}),\ 0.000\,5 < d_{50} < 0.002\ \text{m}$$

式中，u_{cr}——临界流速，u_e——垂向平均流速，g——重力加速度，ρ_s——泥沙密度，ρ——水体密度，s——泥沙比重（$s = \rho_s/\rho$），d_{50}——中值粒径，d_{90}——累计百分之九十对应的粒径。

4）一个潮周期内净输沙率计算

由公式（8.5）、公式（8.6）和公式（8.7）可得：

$$Q_f = \int_0^{T_f} q_t \mathrm{d}t \tag{8.8}$$

$$Q_e = \int_0^{T_e} q_t \mathrm{d}t \tag{8.9}$$

$$Q = Q_f - Q_e \tag{8.10}$$

以上各公式都统一采用国际单位制。

8.3.2 胶州湾口门净输沙量变化

首先假设胶州湾进潮量和泄潮量相等，两者都等于纳潮量。此外，涨、落潮期间所起动泥沙粒级不同。根据实测资料，胶州湾湾口中央水道的沉积物以粗砂为主，中值粒径在 $-0.4 \sim 1.5\varphi$ 之间，中值粒径 d_{50} 取 0.44 mm，d_{90} 为 0.80 mm；内湾口附近沉积物较细，中值粒径 d_{50} 取 0.02 mm，d_{90} 为 0.06 mm。

据历史实测资料，胶州湾基岩口门（团岛—薛家岛）断面面积几乎没有变化，即 $A = 95\,480\ \text{m}^2$，口门平均水深 h 为 28 m。由历年海图潮汐数据可知，涨落潮历时变化不大。胶州湾涨潮历时 T_f 为 5.28 h，落潮历时 T_e 为 6.95 h。根据前面研究结果，1863 年，胶州湾纳潮量为 $13.1 \times 10^8\ \text{m}^3$，随后纳潮量不断减少，湾口流速逐渐降低。根据上述公式，可以计算出，随着纳潮量的变化，一个平均潮周期内胶州湾口门处净输沙量的变化（图 8.6）。

当海湾纳潮量较大的时候，潮流足以把湾内泥沙交换出去，从而保持整个海湾体系的稳定。随着纳潮量的减少，当降低到 $10.2 \times 10^8\ \text{m}^3$ 时，相当于 20 世纪 90 年代左右胶

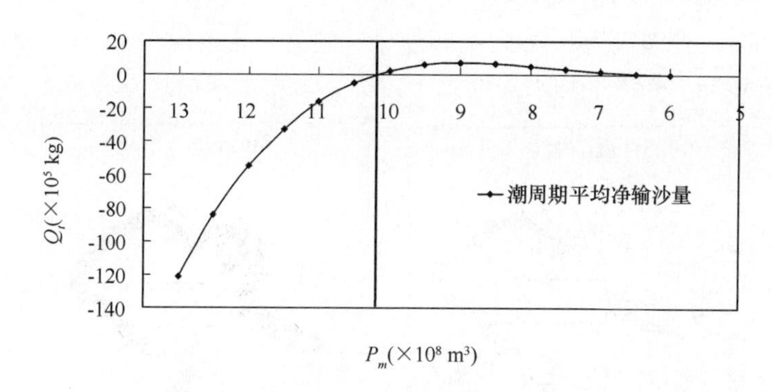

图8.6　不同纳潮量情况下胶州湾口门平均潮周期内净输沙量演变曲线

州湾的纳潮量（图8.6和表7.1），落潮流速已经很难把较粗颗粒泥沙携带出胶州湾，深水区水道开始由冲刷慢慢转成淤积状态，这与历史水深资料对比结果相吻合（见图7.20）。实际上，由于人类活动的影响，泄潮量要小于纳潮量，比如，注入胶州湾河流的上游修建水库、潮滩上大面积建设盐田虾池，以及跨海大桥的建设，都会减缓落潮流速，将加快水道转为淤积状态的速度。

结合历史资料对比和数值计算（图8.6）结果，可进一步明确胶州湾底床冲淤演变的几个阶段。第一个阶段，是在20世纪90年代以前，泥沙主要堆积在潮滩和浅水区，强大的潮流把注入湾内的泥沙带到湾外，保证深水区水道不淤，整个潮汐通道可以很好地维持运转；第二个阶段，20世纪90年代为胶州湾冲淤形势转换时期；第三个阶段，90年代以后，纳潮量的减少致使整个动力系统变弱，潮流不能把较粗粒的沉积物带出海湾，深水区发生淤积，水道淤浅，整个海湾地形有变平缓的趋势；第四个阶段，若继续进行填海活动，纳潮量再进一步减少，湾外拦门沙体将快速发育，胶州湾将面临加速消亡的危险。现在胶州湾处于第三个阶段，已经是相当危险的境地。

8.4　国内外同类型海湾对比

填海造地是沿湾地区缓解土地供求矛盾、扩大生存和发展空间的有效手段，具有巨大的经济和社会效益。因此，国内外许多沿湾地区，尤其是人多地少的地区，都进行了大量的填海工程。同样，在不同地区不同海湾，填海工程也都带来一系列负面问题。我们选取开发较早、研究比较成熟的两个海湾——东京湾和旧金山湾，通过研究它们的开发和保护过程，再结合胶州湾具体情况，为胶州湾的可持续发展提供借鉴。

8.4.1　东京湾

东京湾（Tokyo Bay）位于日本中部，在35°00′—35°40′N和139°40′—140°05′E区域内，为房总、三浦两个半岛所环抱，以浦贺水道连通太平洋的基岩海湾。海湾包括以房总的洲崎、三浦的剑崎连线为界以北的水域。整个海湾呈“S”形，又以富津市和横须贺市的端点连线分为内湾和外湾（图8.7）。南北长80 km，东西宽20～30 km，内湾最窄处为仅 6 km，外湾口为 8 km，里阔外窄。内湾平均水深约 15 m，最大水深位于内湾口，大约有 50 m。外湾平均水深远大于内湾，最大水深可达 600 m。

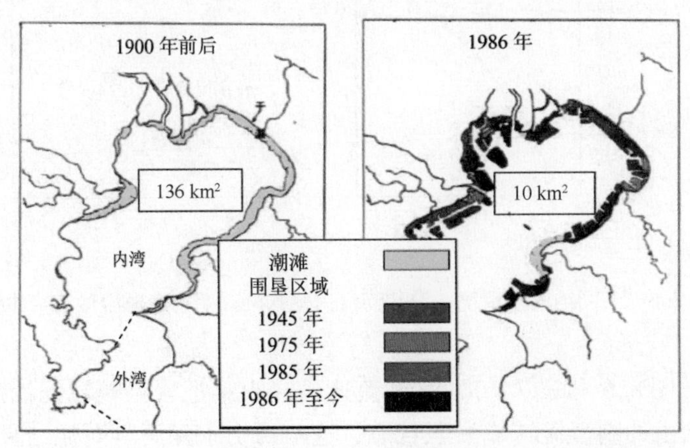

图 8.7　东京湾潮滩变化示意图（图中虚线为海湾界线）

海湾流场受控于潮流、密度流、风生流和洋流（黑潮）。潮流是东京湾的主要动力。潮汐为正规半日潮，大潮潮差为 1.5 m，小潮潮差为 0.5 m。内湾口流速可达 1.2 m/s，湾内流速较小，大约为 0.2 m/s。夏季余流在湾内表现为一个顺时针涡旋。

战后，随着日本人口的增长和经济的腾飞，用地需求急剧增加，东京湾潮滩区域被大量围垦，海湾面积逐年缩小。如图 8.7 所示，与 1900 年相比，2002 年潮滩面积从 136 km^2 减少到 10 km^2，几乎完全消失。总水域面积减少了 26%，体积减小了 9%。尤其是 1945—1975 年这 30 年间，减少速率最快。过度的利用带来了严重的后果，首先，95% 的海岸线由自然岸线变成人工岸线，截断了陆地和海洋的生态联系；其次，湾内水动力不断减弱，M_2 分潮振幅减少了 11%（Unoki & Konishi，1999）。在 1968—1983 年间，外湾口流速减少了 20%，纳潮量降低了 35%（Yanagi & Onishi，1999）；再次，水交换能力减弱，富营养化程度增加，赤潮和青潮频发，在 20 世纪 80 年代达到顶峰；此外，砂质底床转变为淤泥质底床，湾口附近区域表层底质类型从砂变为粉砂，水道发生淤积。

为了缓解以上情况，当地机构采取了一系列措施，主要包括以下几项。

（1）加强立法，严禁排污和继续围垦。从 20 世纪 70 年代起，就制定一系列环境保护法律法规。

（2）通过一系列大型环境治理工程，使得东京湾环境从 20 世纪 80 年代起有了根本的好转。治理措施主要有：①加强现有潮滩和湿地的保护；②对污染区域清淤治理；③修建工程提高现有湿地水交换能力；④拆除部分盐田虾池，恢复纳潮功能；⑤修建人工湿地。

（3）制定东京湾环境长远恢复规划，逐渐修复遭到破坏的生态环境。比如“东京湾再生计划”起始于 2003 年，规划期为 10 年，具体包括削减陆域负荷、净化河川、改善海域环境、实施放射性监测、以天然气代替煤炭等措施。

8.4.2　旧金山湾

旧金山湾（San Francisco Bay）位于美国加利福尼亚西部，是一个几乎全部为陆地环绕的基岩口门海湾，由没入海水中的河谷形成，共包括5个相对独立水体（Suisun湾，Carquinez海峡，San Pablo湾，中湾和南湾）（图8.8）。海湾长97 km，宽5~19 km，通向太平洋的出口金门海峡最窄处仅610 m。总水域面积1 222 km^2，体积为6 km^3，平均水深5 m，湾口水深可达109 m。湾内潮差小，流速较小；湾口流速较大，可超过2.5 m/s；湾外波浪很大，年均有效波可达2.5 m。

自从19世纪淘金热以来，在人类活动持续作用下，旧金山湾发生了巨大变化（图8.8）。到1990年，大约有800 km^2 的湿地遭到围垦，变成盐田、虾池和工农业用地等，共减少了80%。同时，潮滩也减少了42%。随之带来的后果是，纳潮量减少，水交换能力降低，湾口流速减弱，向湾外输沙量下降，生物多样性减少等（Parker et al.，1972；Takekawa et al.，2006）。

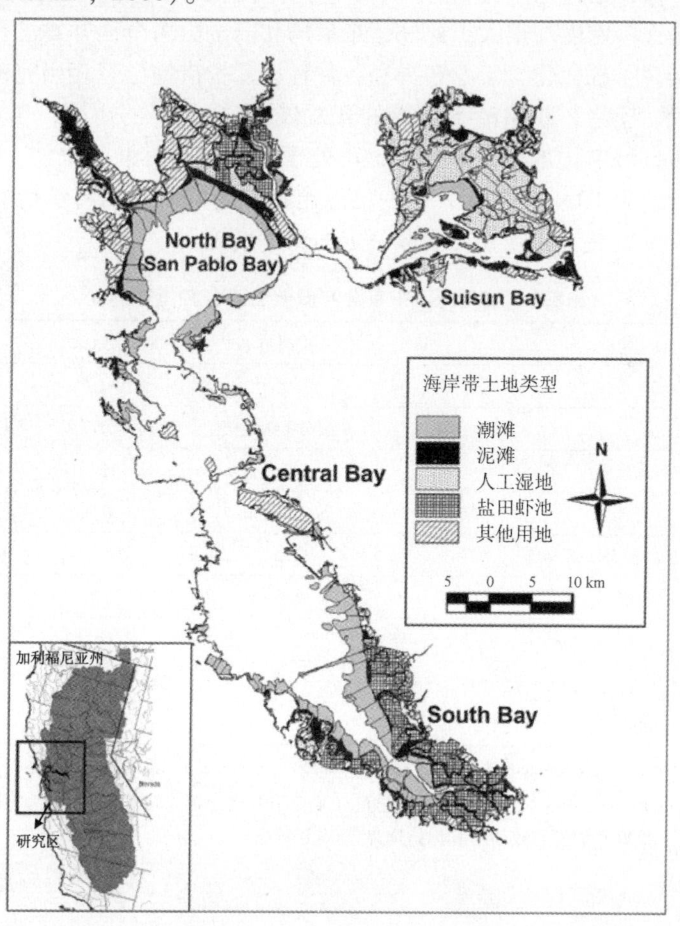

图8.8　旧金山湾土地利用类型（Takekawa et al.，2006）

海湾出现的问题引起了人们的不断关注。早在1961年就成立了“拯救旧金山湾协会”，促使政府立法保护海湾。1965 年，又专门成立了“旧金山湾保护和发展委员会”，来管制岸线资源的利用与发展，致力于减少不必要的填海，并对已经围垦的湿地进行人工补偿性修复。1978 年，美国环境保护署（EPA）实施旧金山河口工程（SFEP），用 5 年的时间对旧金山湾和附属三角洲河口区域水质和自然资源进行保护和修复。5 年后，通过引入社会力量，进一步提出了一个海湾和三角洲综合管理保护计划（CCMP），计划主要关注 5 个方面：①过度的自然资源利用；②生物资源的下降；③持续的污染；④水资源不当利用；⑤航道淤积和维护。CCMP 在海湾和三角洲地区共设置了超过 70 个环境监测点，对水质、生物量，污染源等多方面进行监测。经过不懈努力，使得每年的填海面积减少 0.06 km^2，退化的湿地得到恢复，保存了 344 km^2 的人工和自然湿地，改善了生态环境质量。

8.4.3 海湾对比

由表 8.1 可知，在这三个典型海湾中，胶州湾面积最小，围垦力度最大，而且平均水深较浅，但是人口密度却很大。此外，东京湾和旧金山湾全面开发已有 100 多年的历史，并且已经实现了现代化，工业布局和各种环境保护措施已经相当完善，目前开始进入环境修复阶段。反之，胶州湾大规模的开发仅有 30 多年的历史，工业化方兴未艾，信息化刚刚起步，城市化正在大步推进，正处于快速发展时期。比如，青岛港 2009 年集装箱吞吐量已达到 10×10^6 TEU。说明已经出现问题的胶州湾将承受更大的压力，为了胶州湾的可持续发展，必须立即采取一定的保护措施。

表 8.1 胶州湾、东京湾和旧金山湾各种指标对比

名称	胶州湾	东京湾	旧金山湾
总水域面积（km^2）	356	960※	1222§
汇水面积（$\times 10^3$ km^2）	10.9	7.6※	156.0§
平均水深（m）	7	15※	5§
口门宽度（km）	3	6*	0.61*
汇水面积人口总量（2000 年）（$\times 10^6$ 人）	7.5	27.8*	10.0§
汇水面积人口密度（$\times 10^3$ 人/km^2）	0.69	3.7*	0.06*
水域面积人口密度（$\times 10^3$ 人/km^2）	21	29*	8.1*
围垦面积（km^2）及其所占总水域面积比例	165（46.3%）	249（24.9%）*	240（19.4%）*
年均集装箱吞吐量（2000 年，$\times 10^6$ TEU）***	2.1	5.8	1.9

注：※Ogura（1993），§International EMECS Center（2003），***Degerlund（2005），*Keita Furukawa 和 Tomonari Okada（2006）。为了便于对比，除了人口总量（来自第五次全国人口普查）和年均集装箱吞吐量（来自青岛港集团网站）是 2000 年数据，胶州湾其他指标为 2005 年数据。

8.5 胶州湾保护建议

根据本次研究成果和国内外海湾开发的经验和教训，对胶州湾的利用和保护提出以下建议。

（1）制定保护胶州湾的法律法规

胶州湾水域面积利用已经超过了“警戒线”，而且海湾已经对人类活动表现出一系列明显不相适应的状况；人工岸线占据绝对主导地位，湿地景观大面积消失而且严重破碎，潮滩面积仅剩余不到 30%。需要严格保护现有自然岸线、湿地景观和潮滩区域。必须立即停止任何形式的填海行为，并制定相应的法律法规，严格执行。

（2）制定胶州湾环境修复计划

补救措施不能从根本上改变胶州湾的环境，要使胶州湾环境得到根本的好转，必须实施环境修复工程。比如，可以考虑拆除大沽河和洋河湿地周围盐田虾池，不仅可使湿地景观连成一体，开发旅游，还可以加强其湿地生态功能，恢复其纳潮功能，增加海湾纳潮量，提高海湾自净能力和恢复其动力强度。由于海湾水交换时间变长，自净能力下降，必须严格控制向湾内的排污量，关停沿岸污染重的企业，处理后再排入胶州湾。对于污染已十分严重的区域，比如水交换能力急剧下降的内湾东北部，需要进行专项治理。

（3）制订胶州湾长期监测计划

比如胶州湾寿命的核心问题表现在海湾口门附近水道区域的冲淤变化。据此，要在胶州湾湾口附近区域设置海底固定观测站、固定测量剖面和底质取样点，进行逐年观测，严密监测其变化；定期复测整个胶州湾水深地形和地貌变化；在胶州湾剩余不多的湿地区域，比如大沽河河口和胶州湾湿地自然保护区内建立环境监测点，对水质、生物种群，污染源等多方面进行监测等，以维护其湿地功能；另外，需要在沿岸滨海旅游区设立长期海滩冲淤监测剖面等。

（4）加强宣传，提高全社会的海湾保护意识

海湾作为一个独特的系统，体系中的各方面相互影响、相互联系，局部的较小改变可能会引起整体的较强响应。所以，要加强海岸带综合管理系统建设，加深政府决策人员和专业相关人士对“综合性、系统性海域管理”概念的理解，加强宣传，不断提高公众的海湾保护意识。另外，在政府主导下，引入社会资金和力量，加强海湾的保护，逐渐恢复胶州湾的生态环境。

（5）规划先行，固定发展模式

吸取国内外对海湾先利用后恢复的教训，围绕实施“环湾保护、拥湾发展”战略，实现海湾型大都市建设目标，需要制定长远的发展战略规划，科学合理地进行空间布局和产业定位。

参考文献

边淑华，胡泽建，丰爱平．2001. 近130年胶州湾自然形态和冲淤演变探讨．黄渤海海洋，19（3）：46－53.

边淑华．2004. 基岩海湾潮汐通道动力地貌及其发育演化．青岛：国家海洋局第一海洋研究所.

曹钦臣，刘昌实，牟惟熹．1981. 青岛红岛地区火山—侵入杂岩的研究．山东海洋学院学报，11（3）：71－101.

陈斌，张勇，刘健，等．2012. 胶州湾海域潮流动力特征及其与含沙量的关系．海洋科学进展，30（1）：24－35.

陈庆．1981. 南黄海沉积物中自生黄铁矿的研究．地质学报，3：232－244.

陈则实，王文海，吴桑云．2007. 中国海湾引论．北京：海洋版社.

陈正新，董贺平，赵德志．2006. 青岛前海沉积物运移特征．海洋地质与第四纪地质，26（5）：45－53.

陈宗镛．1980. 潮汐学．北京：科学出版社．

成国栋．1979. 胶州湾地质构造特征及其成因．青岛市地质学会第三届学术会议论文集汇编．

初凤友，陈丽蓉，申顺喜，等．1995. 南黄海自生黄铁矿成因及其环境指示意义．海洋与湖沼，26（3）：227－233.

郭玉贵，邓志辉，尤惠川．2007. 青岛沧口断裂的地质构造特征与第四纪活动性研究．震灾防御技术，2（2）：34－41.

国家海洋局第一海洋研究所．2004. 湾湾口海底隧道工程物探报告．工程研究报告．

国家海洋局第一海洋研究所．2005. 青岛海湾大桥一期工程初步设计阶段工程物理勘察报告．工程研究报告．

国家海洋局第一海洋研究所．1984. 胶州湾自然环境．北京：海洋出版社．

韩喜球，沈华悌，张富元，等．1999. 东太平洋1787柱碎屑组分组合与沉积环境．东海海洋，17（3）：15－21.

韩有松，孟广兰．1984. 胶州湾地区全新世海侵及其海平面变化．科学通报，20：1255－1258.

何永年，林传勇，史兰斌．1975. 山东崂山劈石口断裂的岩组学初步研究．地质科学，（1）.

黄海军，等，2010. 山东海岛．北京：海洋出版社．

姜在兴．2003. 沉积学．北京：石油工业出版社．

金秉福，林振宏，杨群慧，等．2002. 沉积矿物学在陆源海环境分析中的应用．海洋地质与第四纪地质，22（3）：113－117.

雷捷．2007. 呼和浩特市城市绿地布局研究．呼和浩特：内蒙古农业大学.

李官保，刘保华，韩国忠，等．2009. 胶州湾基岩类型与分布特征研究．海洋科学进展，27（1）：102－115.

李广雪，庄振业，韩得亮．1997. 末次冰期以来地层序列与地质环境特征——渤海南部地区沉积序列研究．青岛海洋大学学报，28（1）：161－166.

李广雪，杨子赓，刘勇．2005. 中国东部海域海底沉积环境成因研究（附1:200万海底沉积物成因环境图说明书）．北京：科学出版社.

李乃胜，于洪军，赵松岭，等．2006. 胶州湾自然环境与地质演化．北京：海洋出版社.

李培顺．1994. 青岛地区的台风暴潮与潮灾．海洋预报，（4）．

李善为. 1983. 从胶州湾沉积物看胶州湾的形成演变. 海洋学报, 5 (3): 328 - 340.

李相然. 2000. 滨海城市地区地质环境的分异特色及与地质灾害的成生联系. 地质与勘探, 36 (1): 65 - 67, 84.

李昭荣. 1983. 胶州湾航磁测量及地质特征. 山东海洋学院学报, 13 (3): 61 - 72.

梁瑞才, 王揆洋, 郑彦鹏. 2004. 胶州湾地磁场特征及其工程地质意义. 海洋科学进展, 22 (3): 306 - 311.

林滋新, 赵林平. 2000. 青岛沿海的台风暴潮灾害. 山东气象, (4).

刘 健, 李绍全, 王圣洁, 等. 1999. 末次冰消期以来黄海海平面变化与黄海暖流的形成. 海洋地质与第四纪地质, 19 (1): 13 - 24.

刘桂仪. 2000. 莱州湾南岸海咸水入侵的原因分析及防治对策. 中国地质灾害与防治学报, 1 (2): 1 - 4, 45.

刘洪滨. 1986. 胶州湾成因的探讨. 海洋地质与第四纪地质, 6 (3): 53 - 63.

刘建忠, 李三忠, 周立宏, 等. 2004. 华北板块东部中生代构造变形与盆地格局. 海洋地质与第四纪地质, 24 (4): 45 - 54.

刘学先, 李秀亭. 1986. 胶州湾寿命探讨. 海岸工程, 5 (3): 25 - 30.

刘招君, 董清水, 王嗣敏, 等. 2002. 陆相层序地层学导论与应用. 北京: 石油工业出版社.

刘哲. 2004. 胶州湾水体交换与营养盐收支过程数值模型研究. 青岛: 中国海洋大学.

刘振夏, 夏东兴. 2004. 中国近海潮流沉积沙体. 北京: 海洋出版社.

刘志杰, 庄振业, 韩德亮, 等. 2004. 全新世胶州湾海侵及大沽河古河口湾的形成和演变. 海岸工程, 23 (1): 5 - 11.

陆健健. 1996. 中国滨海湿地的分类. 环境导报, (1): 1 - 2.

陆克政, 戴俊生. 1994. 胶莱盆地的形成和演化. 东营: 石油大学出版社.

栾光忠, 刘红军, 范德江. 1998. 青岛胶州湾地质特征及其成因. 海洋湖沼通报, (3): 18 - 23.

栾光忠, 刘红军, 刘冬雁. 2002. 青岛胶州湾 3.2 级地震构造背景与控震断裂. 青岛海洋大学学报, 32 (5): 763 - 769.

栾光忠, 任鲁川, 段本春. 1999. 青岛及邻区 NE、NW 向断裂的活动性研究. 青岛海洋大学学报, 29 (4): 727 - 732.

栾光忠, 张海平. 2001. 青岛沧口—温泉断裂的空间展布及现代活动性研究. 地震地质, 23 (1): 63 - 68.

栾光忠, 吕进明, 范德江, 等. 1998. 青岛地区 NNW 向断裂及其地质意义. 海洋湖沼通报, (4): 10 - 14.

马妍妍. 2006. 基于遥感的胶州湾湿地动态变化及质量评价. 青岛: 中国海洋大学.

孟广兰, 韩有松. 1997. 莱州湾南岸海水入侵类型及其分区. 黄渤海海洋, 15 (2): 25 - 32.

苗来成, 罗镇宽, 关康, 等. 1998. 玲珑花岗岩中锆石的离子质谱 U - Pb 年龄及其岩石学意义. 岩石学报, 14 (2): 198 - 206.

潘元生, 侯海锋, 万连初, 等. 2004. 2003 年 6 月青岛崂山 4 级震群序列初步分析. 内陆地震, 18 (1): 77 - 83.

潘元生, 李彬, 宋德忠, 等. 2005. 2004 年 11 月 1 日青岛崂山 3.6 级震群概况. 国际地震动态, (6): 37 - 42.

潘元生, 颜景连, 史雯, 等. 2003. 2003 年 6 月 5 日青岛崂山 4.1 级震群概述. 国际地震动态, (11): 19 - 26.

乔贯宇, 华锋, 范斌, 等. 2008. 基于 ADCP 湾口测流的纳潮量计算. 海洋科学进展, 26 (3): 285

-291.
乔建荣. 1985. 60年来黄海平均海平面的变化. 海岸工程, (2).
秦蕴珊, 赵一阳, 陈丽蓉, 等. 1989. 黄海地质. 北京: 海洋出版社.
青岛海洋大学. 1989. 青岛西环海公路工程女姑山跨海桥桥基地质构造特征(工程研究报告).
山东海洋学院. 1977. 红岛水库1:5万区域地质测量报告(工程研究报告).
山东省地质矿产局. 1988. 山东省青岛市综合地质研究报告(青岛市工程地质图、青岛市岩石分布图).
史经昊, 李广雪, 周春艳. 2010. 浅谈海湾沉积环境对人类活动的响应. 海洋地质与第四纪地质, 30(4): 11-18.
苏玉明, 赵勇胜. 2007. 湿地保护范围的量化确定方法. 水利学报, (7): 70-73.
孙英兰, 等. 1994. 青岛胶州湾大桥对胶州湾潮汐、潮流及余环流的影响预测. 青岛海洋大学学报, (8): 105-133.
唐华风, 程日辉, 白云风, 等. 2003. 胶莱盆地构造演化规律. 世界地质, 22(3): 246-251.
汪品先, 闵秋宝, 卞云华. 1980. 我国东部新生代海陆过渡相化石群. 海洋微体古生物论文集. 北京: 海洋出版社.
汪品先, 闵秋宝, 高建西. 1980. 黄海有孔虫、介形虫组合的初步研究. 海洋微体古生物论文集. 北京: 海洋出版社.
汪亚平, 高抒. 2007. 胶州湾沉积速率: 多种分析方法的对比. 第四纪研究, 27(5): 787-796.
汪亚平, 高抒, 贾建军. 2000. 胶州湾及邻近海域沉积物分布特征和运移趋势. 地理学报, 55(4): 449-458.
王加林. 1993. 中国海湾志: 第四分册(山东半岛南部和江苏省海湾). 北京: 海洋出版社.
王伟, 张世奇, 纪友亮. 2006. 环胶州湾海岸线演化与控制因素. 海洋地质动态, 22(9): 7-10.
王文海, 王润玉, 张书欣. 1982. 胶州湾的泥沙来源及其自然沉积速率. 海岸工程, 01: 83-90.
王文正, 栾光忠. 2001. 华北地区NNW向断裂的现代活动性特征. 海洋湖沼通报, (4): 6-11.
王先兰, 马克俭, 陈建林. 1984. 东海沉积碎屑矿物特征的研究. 中国科学, 5: 474-482.
王永吉, 李善为. 1983. 青岛胶州湾地区2万年来的古植被与古气候. 植物学报, 25(4): 385-393.
夏东兴, 吴桂秋, 杨鸣. 1999. 山东海洋灾害研究. 北京: 海洋出版社.
夏东兴. 2006. 海岸带与海岸线. 海岸工程, (25): 13-20.
谢高地. 2008. 一个基于专家知识的生态系统服务价值化方法. 自然资源学报, 23(5): 911-919.
徐东霞, 章光新. 2007. 人类活动对中国滨海湿地的影响及其保护对策. 湿地科学, (3).
徐家声. 1981. 最末一次冰期的渤海—黄海古地理若干新资料的获得及研究. 中国科学(B辑), 5: 205-613.
徐脉直. 2002. 即墨温泉地热的开发前景. 青岛地质学会2002年论文集.
许慧, 王家骥. 1993. 景观生态学的理论与应用. 北京: 中国环境科学出版社.
闫菊, 王海, 鲍献文. 2001. 胶州湾三维潮流及潮致余环流的数值模拟. 地球科学进展, 16(2): 172-177.
阎新兴, 吴明阳, 刘国亭. 2000. 胶州湾地貌特征及海床演变分析. 水道港口, (4): 23-29.
杨怀仁, 谢志仁. 1984. 中国东部近20000年来的气候波动与海面升降运动. 海洋与湖沼, 15(1): 1-13.
杨鸣, 夏东兴, 谷东起. 2005. 全球变化影响下青岛海岸带地理环境的演变. 海洋科学进展, 23(3): 289-295.
杨世伦, 陈启明, 朱骏, 等. 2003. 半封闭海湾潮间带部分围垦后纳潮量计算的商榷——以胶州湾为例

. 海洋科学，27（8）：43－47.
杨永兴. 2002. 国际湿地科学研究的主要特点、进展与展望. 地理科学进展，21（2）：111－120.
杨玉娣，边淑华. 2007. 海岸线及其划定方法探讨. 海洋开发与管理，(9).
叶良辅，喻往渊. 1930. 山东海岸变迁之初步观察及青岛火成岩之研究. 国立中央研究院19年度总报告，169.
尹延鸿，薛春汀. 1987. 山东劈石口断裂的活动特征. 海洋地质与第四纪地质，7（1）：123－128.
余国营. 2000. 湿地研究进展与展望. 世界科技研究与发展，(3).
翟明国，孟庆任，刘建明，等. 2004. 华北东部中生代构造体制转折峰期的主要地质效应和形成动力学探讨. 地学前缘，11（3）：285－298.
张军，孙晓霞，印萍，等. 2002. 薛家岛岬湾型海岸侵蚀演化的定量性研究. 海洋学报，24（3）：60－67.
张忍顺. 1994. 中国潮汐汊道研究的进展. 地球科学进展，9（4）：45－49.
张晓龙，李培英，李萍，等. 2005. 中国滨海湿地研究现状与展望. 海洋科学进展，(1).
张绪良，夏东兴. 2004. 海岸湿地退化对胶州湾渔业和生物多样性保护的研究［J］. 海洋技术，(2)：68－85.
张岳桥，李金良，张田. 2007. 胶东半岛牟平—即墨断裂带晚中生代运动学转换历史. 地质论评，53(3)：289－299.
赵奎寰. 1998. 胶州湾的成因及演变. 黄渤海海洋，16（1）：15－20.
赵亮，魏皓，赵建中. 2002. 胶州湾水交换的数值研究. 海洋与湖沼，33（1）：23－29.
郑全安，吴隆业，张欣梅. 1991. 胶州湾遥感研究—Ⅰ. 总水域面积和总岸线长度量算. 海洋与湖沼，22（3）：193－200.
支鹏遥. 2008. 胶州湾地质构造特征及成因研究. 青岛：国家海洋局第一海洋研究所.
中国海洋大学. 2005. 青岛市活断层探测与地震危险性评价（工程研究报告）.
周春燕，李广雪，刘勇，等. 2010. 青岛胶州湾海岸变迁. 中国海洋大学学报，40（7）：99－106.
周莉，赵其渊，李巍然. 1983. 山东半岛南部表层沉积物粒度分布与泥沙动态. 中国海洋大学学报：自然科学版，13（3）：45－59.
周艳琼. 2004. 中国海平面在上升. 珠江水运，(5)：50－51.
Bard E, Hamelin B, Fairbanks R G, et al. 1990. Calibration of the ^{14}C timescale over the past 30 000 years using mass spectrometric U-Th ages from Barbados corals. Nature, 345: 405－410.
Bard E, Hamelin B, Arnold M et al. 1996. Replacial sea－level record from Tahiti corals and the timing of global meltwater discharge. Nature, 382: 241－244.
Bolin B, Rohde H. 1973. A note on the concepts of age distribution and transmit time in natural reservoirs. Tellus, 25: 58－62.
Costanza R, D' Arge R, DE Groot R, et al. 1997. The value of the world' s ecosystem services and natural capital [J]. Nature, 387: 253－260.
Cucco A, Umgiesser G. 2006. Modeling the Venice Lagoon residence time. Ecological Modelling, 193, 34－51.
de Kreeke J V. 1983. Residence time: application to small boat basins. Journal of Waterway, Port, Coastal, and Ocean Engineering, 109（4）: 416－428.
Degerlund J. 2005. Containerisation International Yearbook 2005. Informa Books, 800p.
Dyer K R, Taylor P A. 1973. A simple, segmented prism model of tidal mixing in well－mixed estuaries. Estuarine and Coastal Marine Science, 1, 411－448.

Fairbanks R G. 1989. A 17 000 – year glacio – eustatic sea level record: influence of glacial melting rates on the Younger Dryas event and deep ocean circulation. Nature, 342: 637 – 647.

Fleming K, Johnston P, Zwartz D, et al . Refining t he eustatic sea level curve since the Last Glacial Maximum using far and intermediate field sites. Earth and Planetary Science Letters, 1998, 163: 327 – 342.

Fork R L, Andrews P B, Lewis D W. 1970. Detrital sedimentary rock classification and nomenclature for use in New Zealand. New Zealand Journal of Geology and Geophysics, 13 (4): 937 – 968.

Furukawa K, Okada T. 2006. Tokyo Bay: Its Environmental Status – Past, Present, and Future. In: Eric Wolanski. The Environment in Asia Pacific Harbours. Dordrecht: Springer Netherlands, 15 – 34.

Galloway W E. 1975. Process framework for describing the morphologic and stratigraphic evolution of deltaic depositional systems. In: Deltas (Broussard M. L. , ed.), Houston Geological Society, 87 – 98.

Ge Yu, Junyan Zhang. 2011. Analysis of the impact on ecosystem and environment of marine reclamation—A case study in Jiaozhou Bay. Energy Procedia 5: 105 – 111.

Houbolt J J H C. 1968. Recent sediments in the Southern Bight of the North Sea. Geologicen Mijnbouw, 47: 245 – 273.

International EMECS Center. 2003. Environmental guidebook on the enclosed coastal seas of the world. International EMECS center, 133p.

Jinghao Shi, Guangxue Li, Ping Wang. 2011. Anthropogenic effects on the water exchanges in Jiaozhou Bay, Qingdao. Journal of Coastal Research, 27 (1): 57 – 72.

Jouon A, Douillet P, Ouillon S, et al. 2006. Calculations of hydrodynamic time parameters in a semi-opened coastal zone using a 3D hydrodynamic model. Continental Shelf Research, 26, 1395 – 1415.

Kitheka J U. 1997. Coastal tidally – driven circulation and the role of water exchange in the linkage between tropical coastal ecosystems. Estuarine, Coastal and Shelf Science, 45: 177 – 187.

Leo C van Rijn, et al. . 1997. Unified View of Sediment Transport by Currents and Waves. I: Initiation of Motion, Bed Roughness, and Bed – Load Transport. J. Hydr. Engrg, 133, 649.

Leo C van Rijn. 1993. Principles of sediment transport in rivers, estuaries, and coastal seas, Aqua Publications.

Liu D Y, Sun J, Zou J Z. 2005. Phytoplankton succession during a red tide of Skeletonema costatum in Jiaozhou Bay of China. Marine Pollution Bulletin, 50, 91 – 94.

Lv Hongbo, Shiyong Yan, Yue Zhang. 2007. Quaternary glacio ~ erosional landforms in Laoshan Mountain and their constraints on the origin of Jiaozhou Bay, Qingdao, east of China. Chinese Journal of Oceanology and Limnology, 25 (2): 139 – 148.

Ogura N. 1993. Tokyo Bay – Its environmental changes (in Japanese) . Koseisha Koseikaku, Tokyo, 193pp.

Park Y A. 1992. The changes of sea level and climate during the late Pleistocene and Holocene in the Yellow Sea region. Korean J. Quat. Res. , 6: 13 – 20.

Parker D S, Norris D P and Nelson A W. 1972. Tidal exchange at Golden Gate. Journal of the Sanitary Engineering Division, 98 (2): 305 – 323.

Pin Li, Guangxue Lib, Xueen Chen, et al. 2013. Modeling the tidal dynamic changes induced by the bridge in Jiaozhou Bay, Qingdao, China. Estuarine, Coastal and Shelf Science, Submited.

Prandle D. 1984. A modeling study of the mixing of ^{137}Cs in the sea of the European continental shelf. Philosophical Transactions of the Royal Society of London. Series A, Mathematical and Physical Sciences, 310: 407 – 436.

Roger G Walker. 1979. Facies Models. Geoscience Canada Reprint Series, J Geo l Soc Canada Waterloo,

57 - 71.

Sanford L, Boicourt W, Rives S. 1992. Model for estimating tidal flushing of small embayments. Journal of Waterway, Port, Coastal, and Ocean Engineering, 118 (6), 913 - 935.

Shen J, Larry H. 2004. Calculating age and residence time in the tidal York River using three - dimensional model experiments. Estuarine, Coastal and Shlef Science, 61, 449 - 461.

Shuna Qiao, Delu Pan, Xianqiang He, et al. 2011. Numerical Study of the Influence of Donghai Bridge on Sediment Transport in the Mouth of Hangzhou Bay. Procedia Environmental Sciences 10: 408 - 413.

Takekawa J Y, Woo I, Spautz H. 2006. Environmental threats to tidal - marsh vertebrates of the San Francisco Bay estuary. Studies in Avian Biology, 32: 176 - 197.

Takeoka H. 1984. Fundamental concepts of exchange and transport time scales in a coastal sea. Continental Shelf Research, 3, 311 - 326.

Unoki S, Konishi T. 1999. Decreases of tides and tidal Currents due to the reclamation in bays and its effect on the distribution of material. Oceanography in Japan, 7: 1 - 9.

Vail P R. 1987. Seismic stratigraphy interpretation using sequence strarigraphy. Part 1 : seismic stratigraphy interpretation procedure. In: Bally, A W. Atlas of Seismic stratigraphy, 1. AAPG, stud Geol. , 27: 1 - 10.

Wang C F, Hsu M H, Albert Y K. 2004. Residence time of the Danshu' ei River estuary, Taiwan. Estuarine, Coastal and Shelf Science, 60, 381 - 393.

Xia Dongxing, Liu Zhenxia. 1986. Formation Mechanism and developmental Conditions of Tidal Current Ridges. Acta Oceanologica Sinica, 5 (2): 247 - 255.

Yanagi T, Onishi K. 1999. Change of tide, tidal current, and sediment due to reclamation in Tokyo Bay. Oceanography in Japan, 8: 411 - 415.

Ye Yuan, Hao Wei, Liang Zhao, et al. 2008. Observations of sediment resuspension and settling off the mouth of Jiaozhou Bay, Yellow Sea. Continental Shelf Research, 28: 2630 - 2643.

Zhe Liu, Hao Wei, Guangshan Liu, et al. 2004. Simulation of water exchange in Jiaozhou Bay by average residence time approach. Estuarine, Coastal and Shelf Science, 61: 25 - 35.

Zimmerman J T F. 1976. Mixing and flushing of tidal embayments in the western Dutch Wadden Sea. Part One: distribution of salinity and calculation of mixing time scales. Netherlands Journal of Sea Research, 10, 149 - 191.

附图

附图Ⅰ　胶州湾地质图

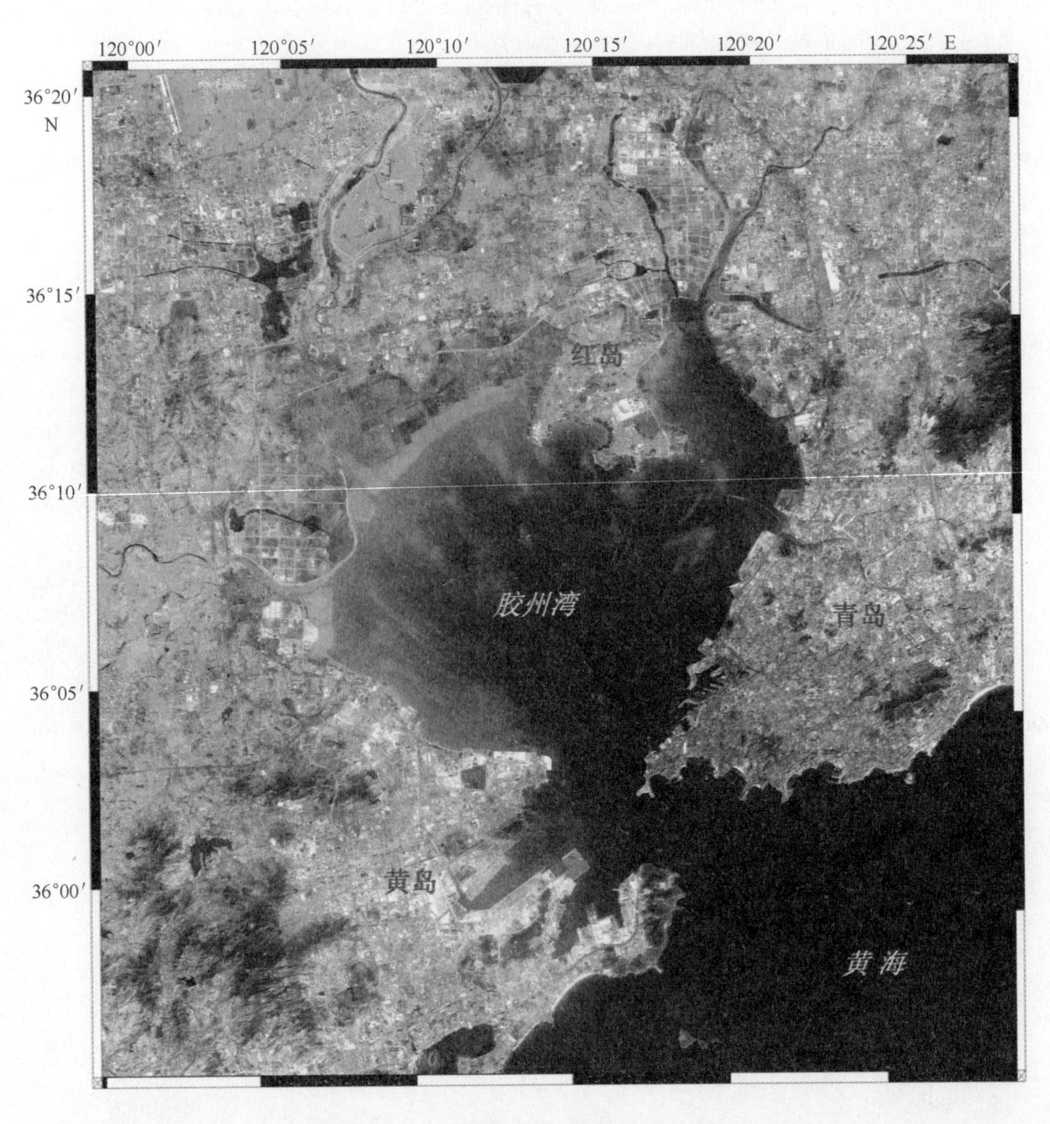

附图Ⅰ-1　胶州湾卫星遥感图（2013年）

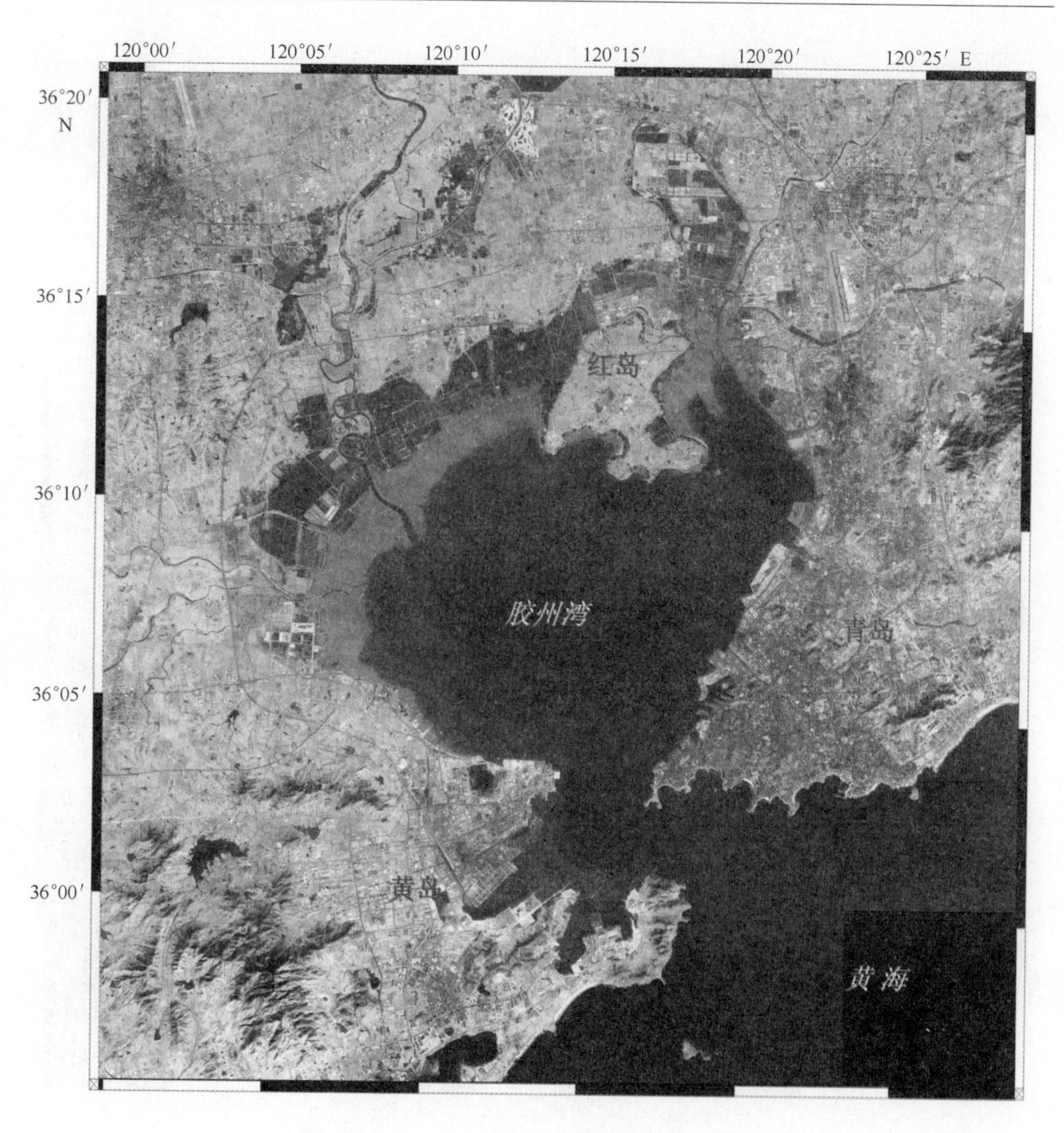

附图Ⅰ-2 胶州湾卫星遥感图（2008年）

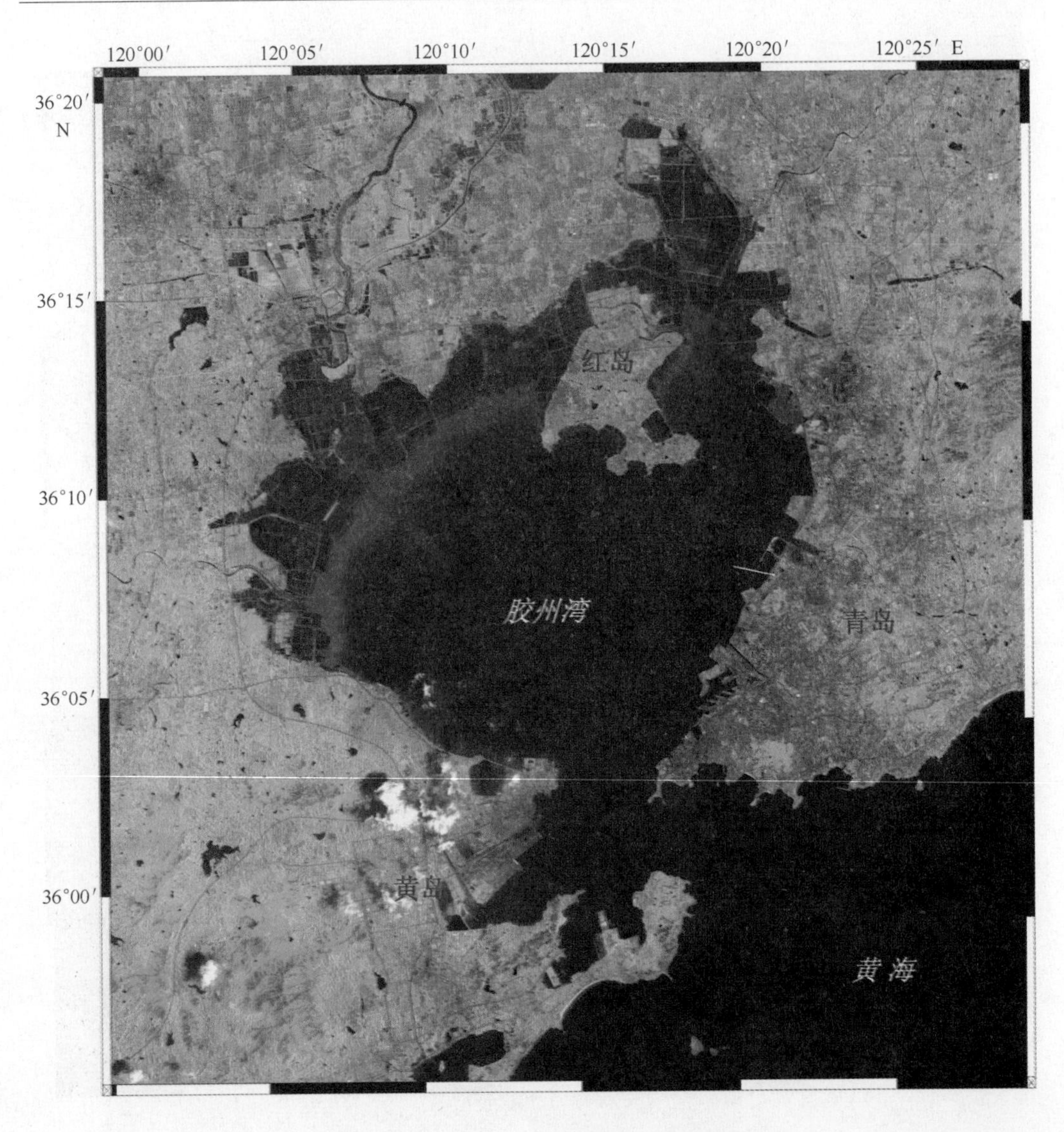

附图Ⅰ-3 胶州湾卫星遥感图（2005年）

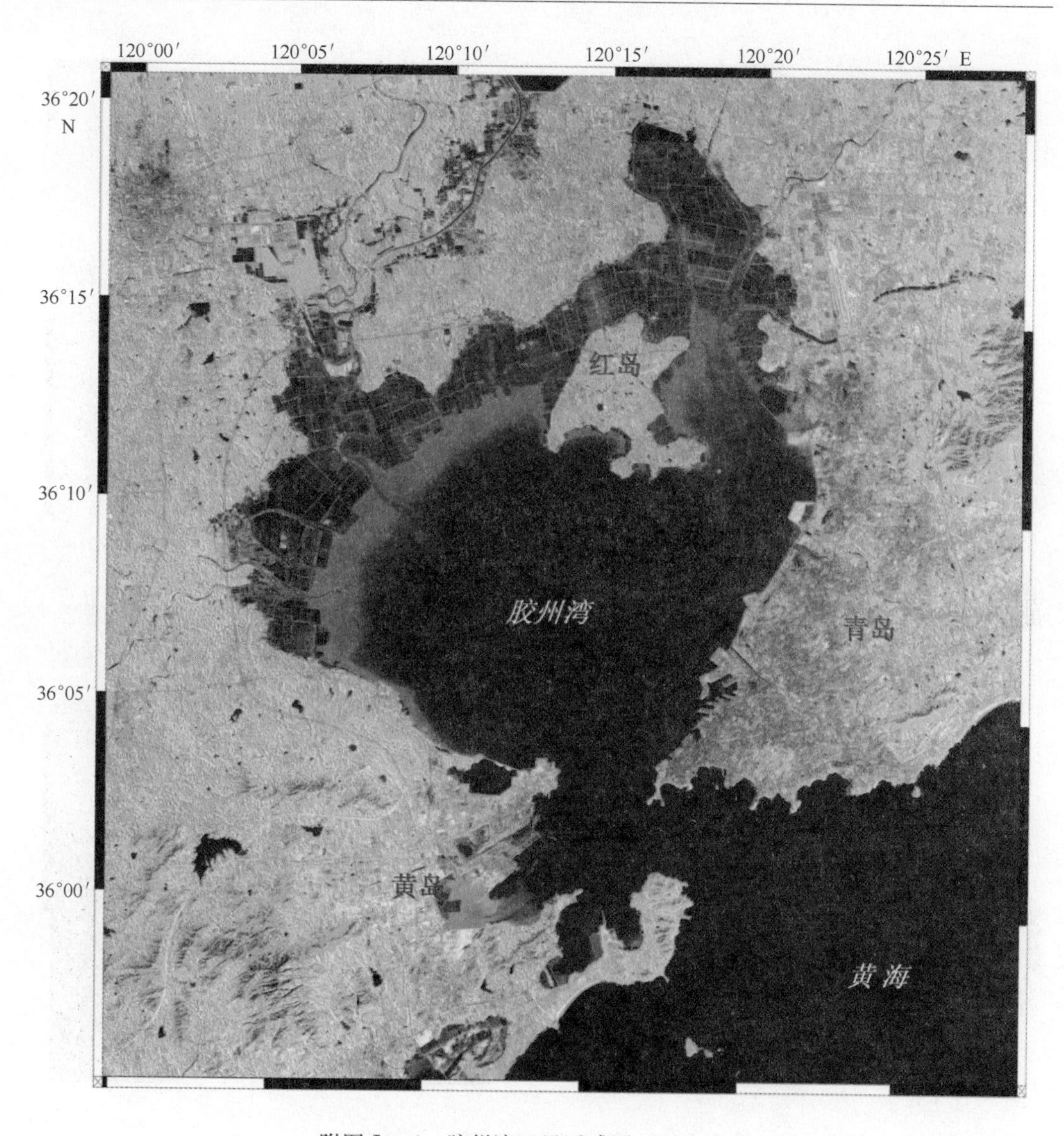

附图Ⅰ-4　胶州湾卫星遥感图（2002年）

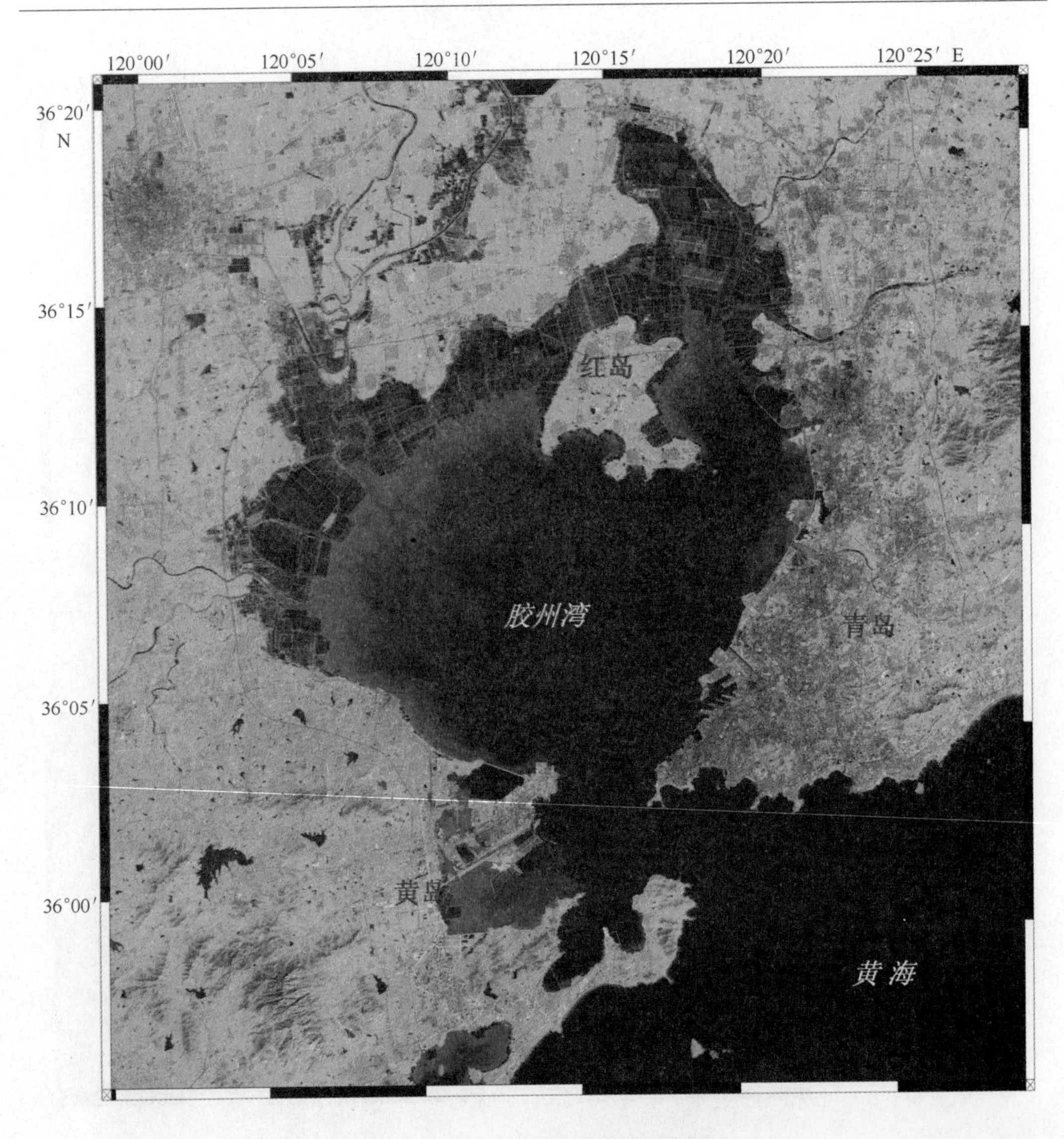

附图Ⅰ-5 胶州湾卫星遥感图（2000 年）

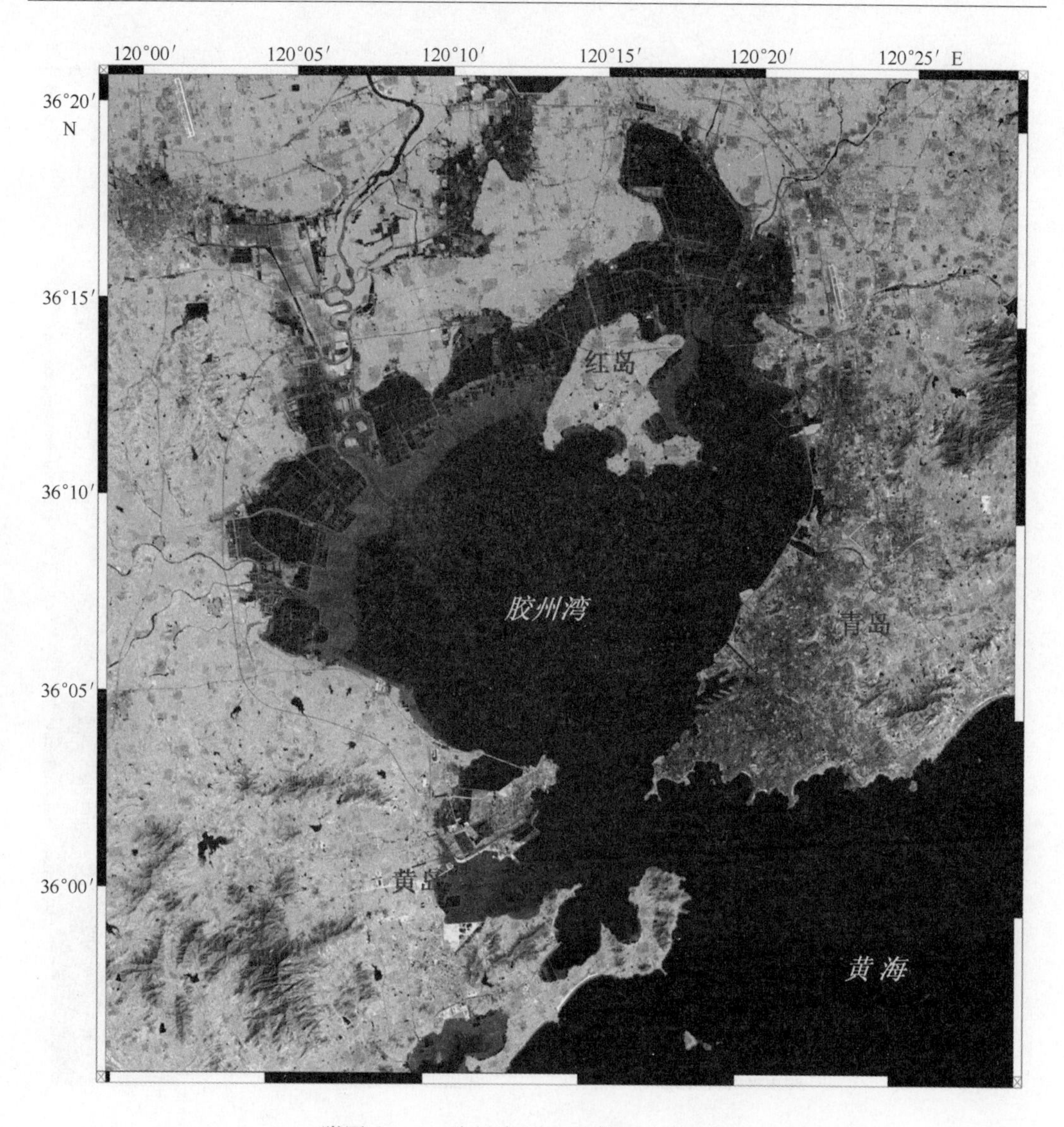

附图Ⅰ-6 胶州湾卫星遥感图（1997年）

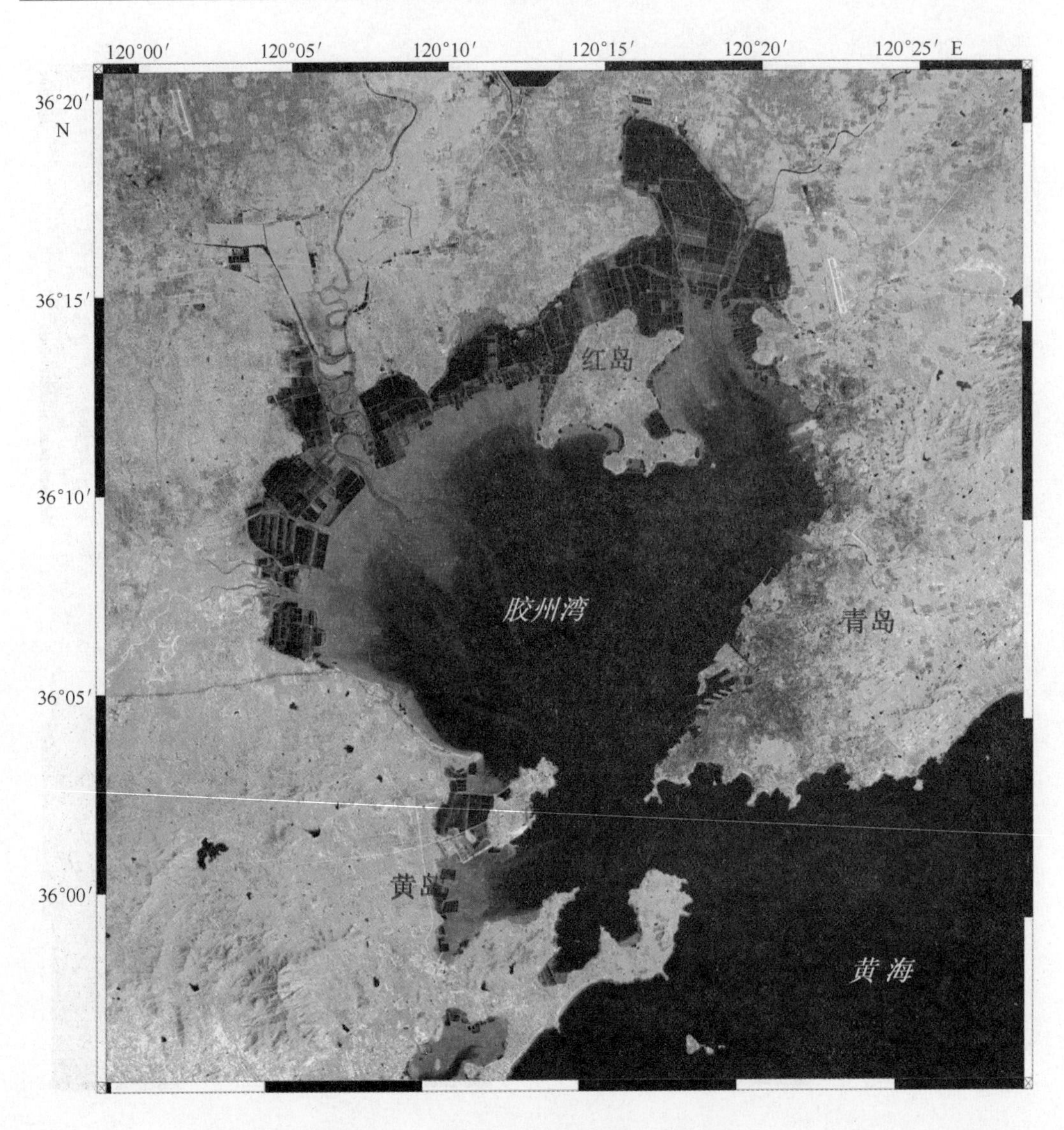

附图Ⅰ-7 胶州湾卫星遥感图（1990年）

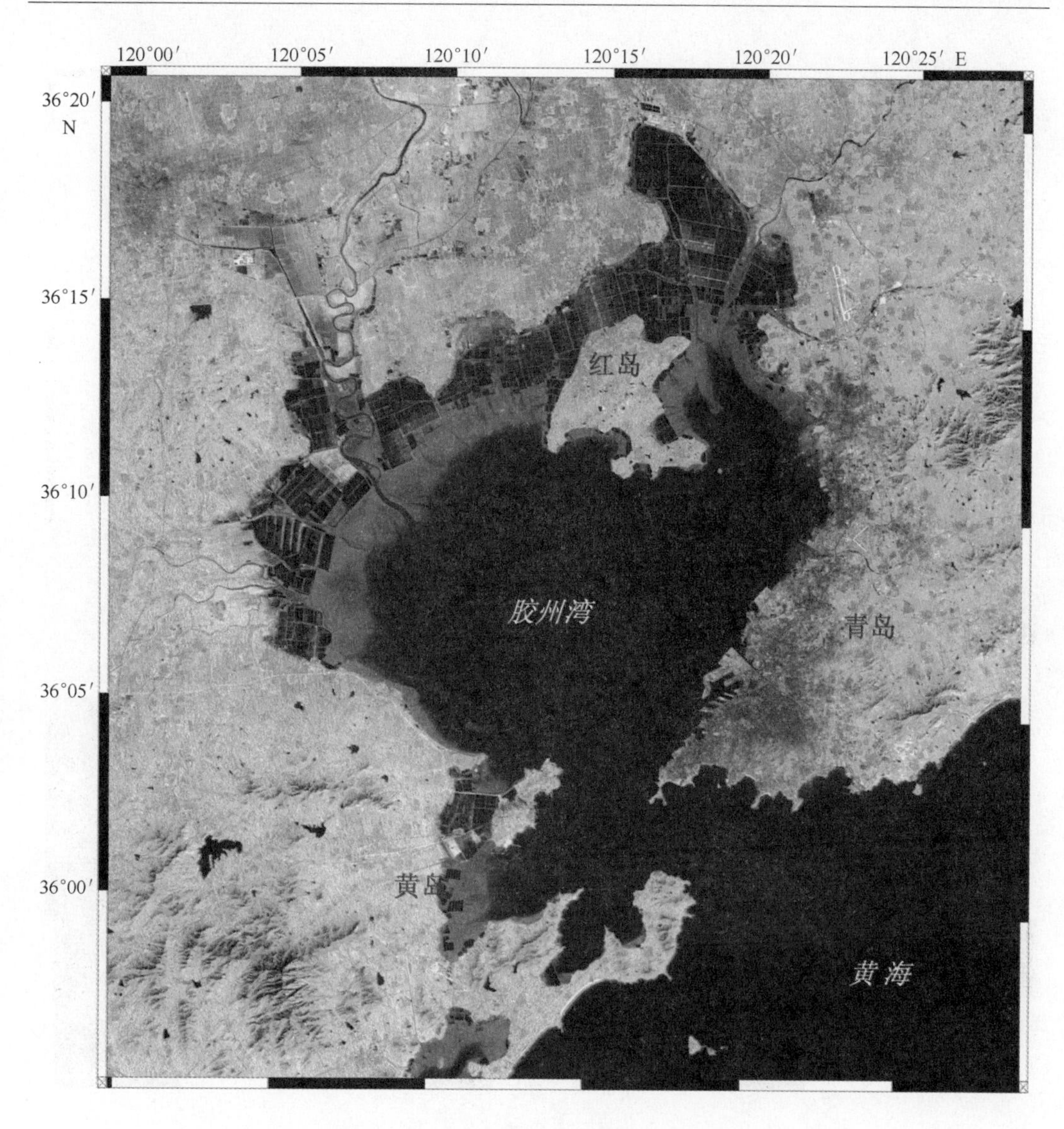

附图Ⅰ-8　胶州湾卫星遥感图（1988年）

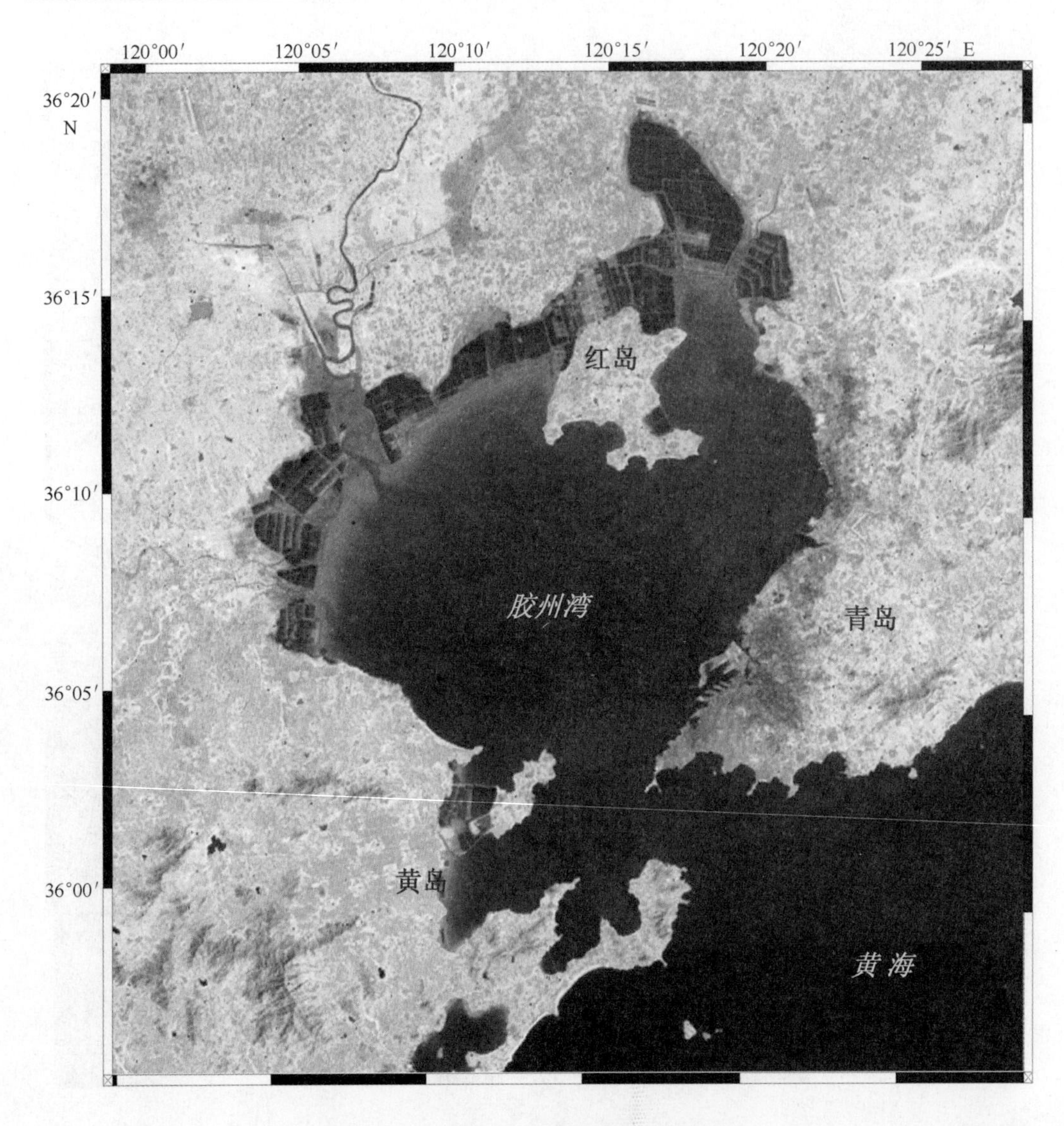

附图Ⅰ-9 胶州湾卫星遥感图（1983 年）

附图Ⅱ 胶州湾岸线历史变迁

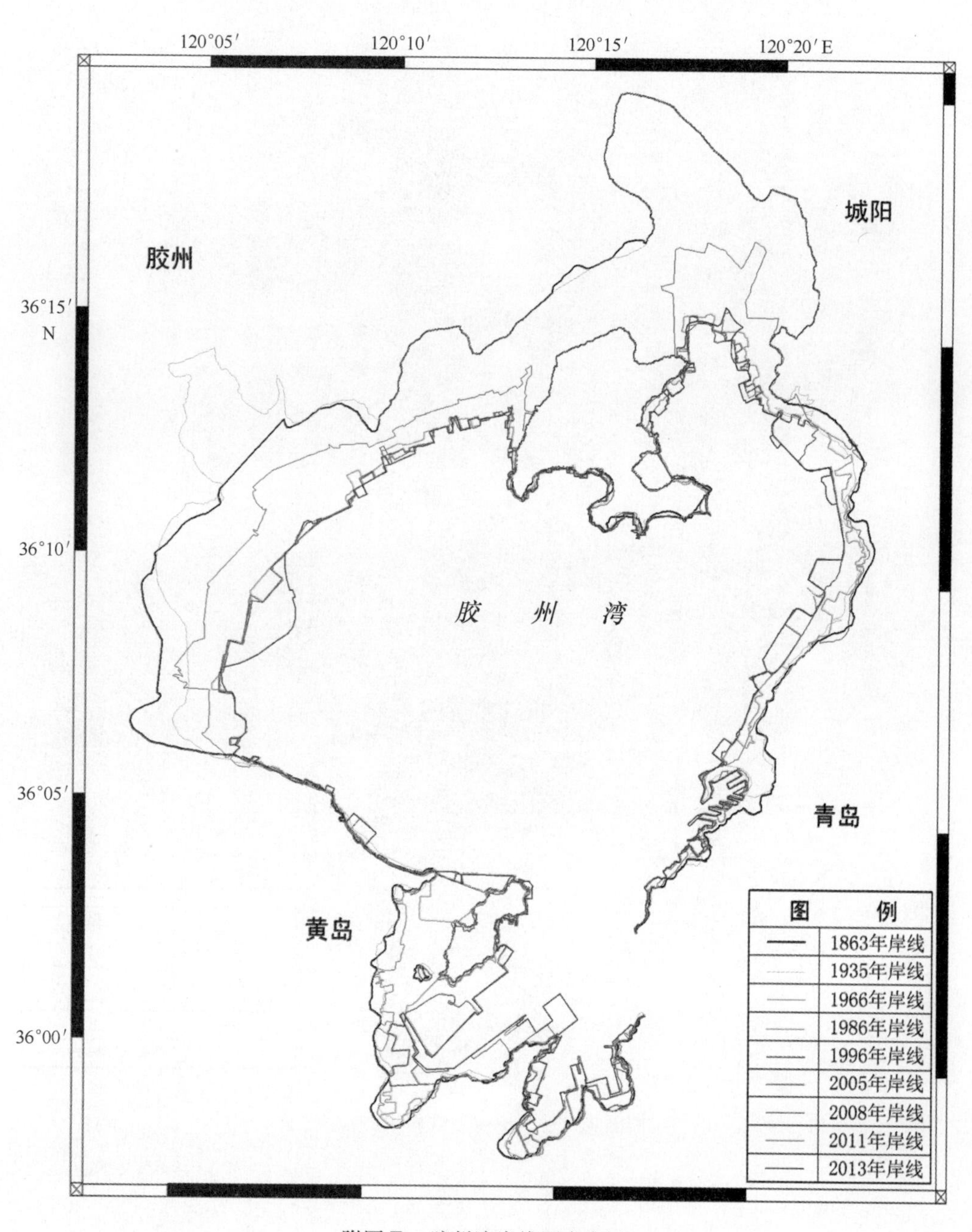

附图Ⅱ 胶州湾岸线历史变迁

附图Ⅲ 胶州湾海岸带利用现状

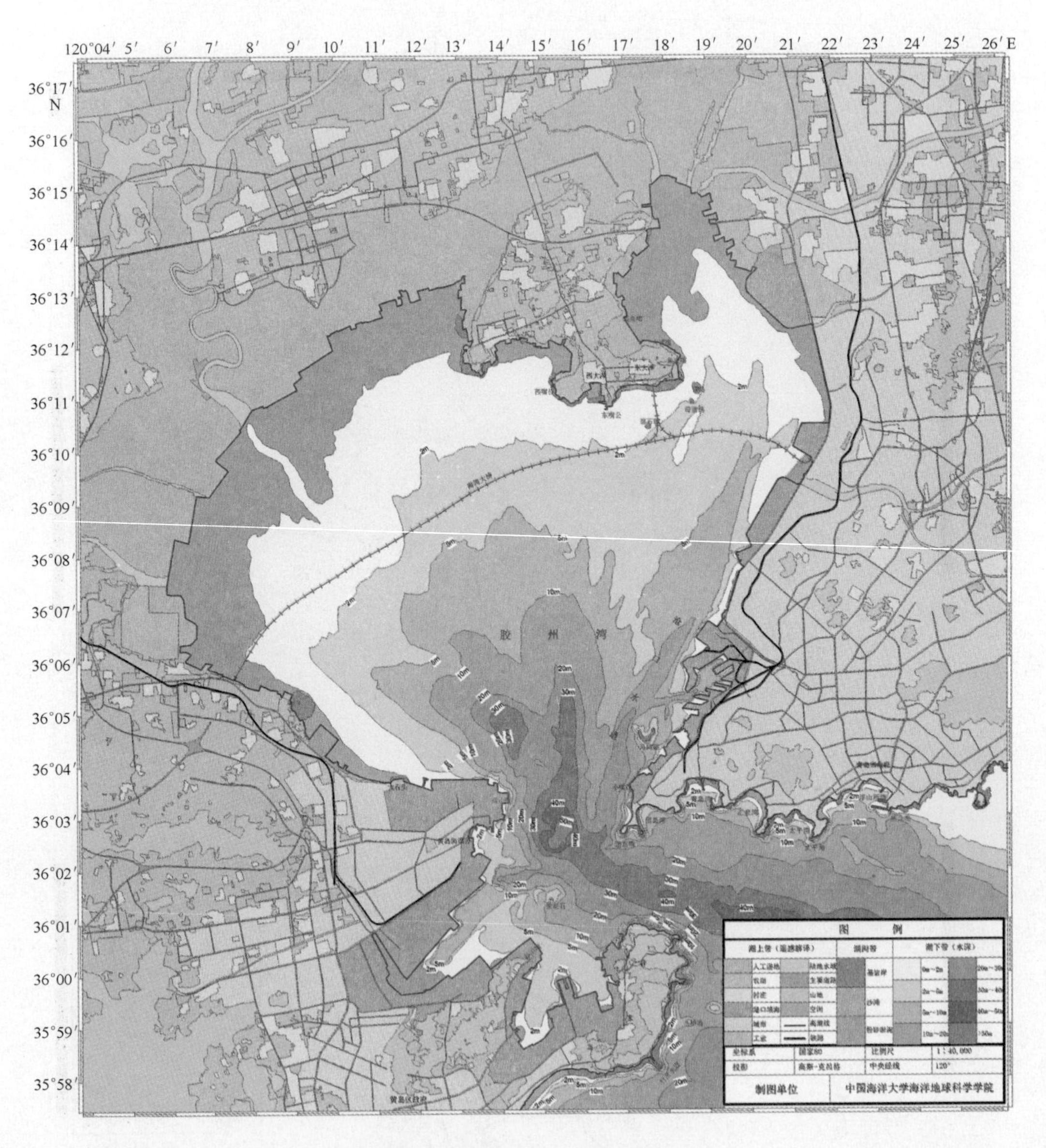

附图Ⅲ 胶州湾海岸带利用现状

附图Ⅳ 胶州湾最新版地质图

胶州湾及周边地质图

比例尺 1:50000

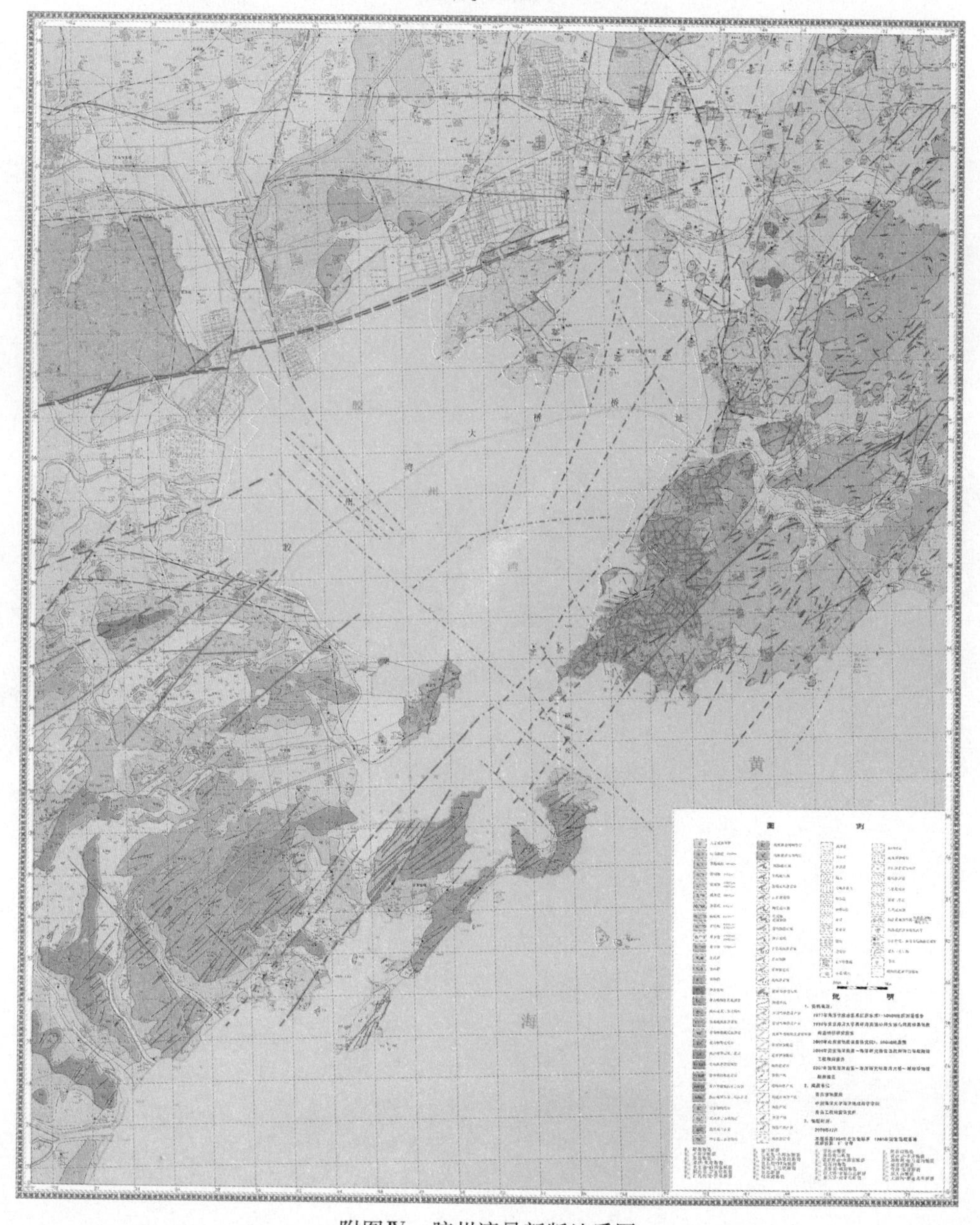

附图Ⅳ 胶州湾最新版地质图